De Gruyter Studium

Siegfried Meier
Andrzej Borkowski

Geometrie
Stochastischer Signale

De Gruyter

Mathematics Subject Classification 2010: 51Nxx, 60Dxx, 60Gxx, 62Dxx, 62Mxx, 86A32, 93Exx.

ISBN: 978-3-11-025321-4
e-ISBN: 978-3-11-025334-4

Library of Congress Cataloging-in-Publication Data

Meier, Siegfried, 1937.
  Geometrie stochastischer Signale: Grundlagen und Anwendungen in der
Geodatenverarbeitung / by Siegfried Meier, Andrzej Borkowski.
    p. cm. – (De Gruyter Studium) Includes bibliographical references and index.
  ISBN 978-3-11-025321-4 (alk. paper)
  Stochastic geometry. 2. Geology – Mathematics. I. Borkowski, Andrzej, 1959. II. Title.
  QA273.5.M45 2011
  519.2'3 – dc22

  2011006103

Bibliografische Information der Deutschen Nationalbibliothek

Die Deutsche Nationalbibliothek verzeichnet diese Publikaion in der Deutschen Nationalbibliografie; detaillierte bibliografische Daten sind im Internet über http://dnb.d-nb.de abrufbar.

© 2011 Walter de Gruyter GmbH & Co. KG, Berlin/Boston

Satz: Da-TeX Gerd Blumenstein, Leipzig, www.da-tex.de
Druck und Bindung: Hubert & Co. GmbH & Co. KG, Göttingen
⊗ Gedruckt auf säurefreiem Papier

Printed in Germany

www.degruyter.com

Vorwort

Umberto Eco bemerkte einmal sinngemäß, der Titel eines Romans solle die Ideen verwirren, nicht ordnen, um vielerlei Lesarten zu ermöglichen. Auch ein Fachbuch lässt verschiedene Lesarten zu, vom systematischen Studium bis zum gelegentlichen Nachschlagen, doch seine Leser oder Nutzer dürfen erwarten, dass der Titel die Grundideen, Ordnungsprinzipien und Hauptinhalte klar benennt. Die Hauptüberschrift *Geometrie stochastischer Signale* besagt, dass wir im vorliegenden Text die Geometrie gewisser stochastischer, d. h. zufällig geformter Objekte behandeln. Somit läge der Titel *Stochastische Geometrie* nahe, doch ist dieser bereits vergeben. Unter stochastischer Geometrie versteht man jene mathematische Disziplin, die sich mit der Klassifizierung, der formelmäßigen Beschreibung und der statistischen Analyse zufälliger Muster auf der Geraden, in der Ebene und im Raum (Stereologie) befasst. Dagegen (oder auch als Ergänzung zur oder Erweiterung der herkömmlichen stochastischen Geometrie) betrachten wir die geometrischen Eigenschaften zufällig schwankender Funktionen und zufällig strukturierter Felder, kurz Signale, *über* den genannten Bereichen, wobei es natürlich zwischen den verschiedenartigen Objektgruppen und Modellen sowohl terminologisch als auch inhaltlich mancherlei Beziehungen gibt. Der Zusatz *Grundlagen und Anwendungen in der Geodaten-Verarbeitung* spezifiziert den Textinhalt weiter und schränkt ihn zugleich in zweierlei Hinsicht ein. Die rasante technologische Entwicklung in der Erhebung, Verwaltung und Verarbeitung digitaler Daten bringt es mit sich, dass ein Buchtext rasch veralten kann. Deshalb haben wir den *Grundlagen* wie Modellbildung, formelmäßige Beschreibung geometrischer Objekteigenschaften, Grundstrukturen der Schätzverfahren für geometrische Größen samt Qualitätsbewertung den Vorzug gegeben. Numerische Verfahren der Signalverarbeitung sind insoweit berücksichtigt, wie sie die Objektgeometrie beeinflussen bzw. verändern. Weit über einhundert Beispiele sollen die teilweise recht abstrakten und auch heterogenen Inhalte zu veranschaulichen helfen. Davon entfallen etwa ein Drittel auf allgemeine Grundlagen und zwei Drittel entstammen dem Geobereich: Geographie, digitale Topographie und Kartographie, Photogrammetrie und Bildverarbeitung, Geodäsie und Geodynamik mit Schwerpunkt der *Geodaten-Verarbeitung*. Ferner werden über vierzig Übungsaufgaben zum Nachrechnen gewisser Sachverhalte angeboten, denn auch im Computerzeitalter sollte die Fähigkeit zu analytischem Denken und Rechnen nicht verkümmern!

Der Buchtext dürfte etwa die Mitte zwischen Monographie und Lehrbuch halten. Er ist, neben weit gefächerten Literaturrecherchen, aus Vorlesungen, Forschungs- und Qualifikationsarbeiten an der *Technischen Universität Dresden* und an der *Wrocław*

University of Environmental and Life Sciences entstanden. Entsprechend der Stoff-auswahl und einer eher mathematisch denn geo-fachspezifisch bestimmten Struktu-rierung hoffen wir, dass dem Buch, modernistisch gesprochen, eine längere Halb-wertszeit beschieden sein möge.

Dresden und Wrocław, im November 2010   Die Verfasser

Inhaltsverzeichnis

Wer die Geometrie begreift,
kann in dieser Welt alles verstehen.
Galileo Galilei (1546–1642)

Kapitel 1
Einführung

Nach Galilei müssten nicht nur Geometer, sondern auch Geowissenschaftler und Geo-
daten-Verarbeiter allwissend, allverstehend sein. Diesen Anspruch erheben sie selbstredend nicht, denn nach einem halben Jahrtausend Wissenschaftsgeschichte stehen
sie auf weiteren Standbeinen: der Topologie, der angewandten Physik und der Infor-
matik im weitesten Sinne. Die Geometrie als Hilfsmittel ist nur eines von mehreren,
wenn auch ein kräftiges. Geometrische Grundlagenkenntnisse einschließlich der sog.
Computergeometrie erweisen sich für jeden Verarbeiter von Geodaten, gleich welcher
Fachdisziplin, als notwendig und nützlich.

Zuerst wollen wir den Begriff des stochastischen Signals erläutern und anschließend seine geometrischen Eigenschaften erörtern. In den Geowissenschaften werden
deterministische und zufällig schwankende Funktionen, auch Signale genannt, gemessen, registriert, digitalisiert, abgelegt, verwaltet, insgesamt erfasst und verarbeitet; man spricht von Geodaten-Verarbeitung (*geo data processing*). Deterministische
Signale, z. B. periodische, kann man analytisch beschreiben, zufällig schwankende
unmittelbar nicht. Jedoch ist es möglich, ihre Eigenschaften *im statistischen Mittel*
anzugeben, indem man Signale, die sich ähnlich verhalten, in einem Ensemble ver-
eint. Ein solches Modell heißt stochastischer Prozess (*stochastic process*) oder Zufallsprozess (*random process*), und jedes Individuum daraus eine Realisierung (*real-
ization*) des Prozesses. Die stochastische Prozesstheorie ist gut fundiert und stellt
wirksame Werkzeuge auch für die Geodaten-Verarbeitung bereit. Die geometrischen
Eigenschaften deterministischer Signale kann man, ebenso wie sie selbst, analytisch
beschreiben und numerisch berechnen. An stochastischen Signalen ist das nicht unmittelbar möglich. Als Realisierungen stochastischer Prozesse kann man jedoch nach
ihren *geometrischen Eigenschaften im statistischen Mittel* fragen. Mit anderen Worten: Man untersucht die geometrischen Eigenschaften jener stochastischen Prozesse,
aus denen die Signale stammen. Manche Eigenschaften erschließen sich über lineare oder nicht-lineare *Transformationen*, z. B. solche, die durch erste und zweite Ableitungen des Eingangsprozesses bestimmt sind: Steigung, Wölbung und Krümmung
eines Höhenprofils, Richtung und Krümmung einer ebenen Kurve, Neigungs- und
Krümmungsverhältnisse einer freien Oberfläche und weitere. Andere Größen, wie
z. B. die Länge einer stochastisch gekrümmten Kurve, der Inhalt einer stochastisch
gekrümmten Oberfläche, der Umfang und der Flächeninhalt einer ebenen Figur mit
stochastisch gekrümmtem Rand und weitere, gewinnt man – statistisch gesprochen –
durch *Punkt- und Parameterschätzungen*. Neben den rein geometrischen Frage-
stellungen gibt es auch solche zur Analog-Digital- und Digital-Analog-Wandlung

(AD- und DA-Wandlung): Gewisse Größen, z. B. die Änderungsgeschwindigkeit eines Signals, bestimmen die Abtastrate (*spacing*) und damit den Datenumfang. Gleichmäßige (ungleichmäßige) Abtastung erleichtert (kompliziert) die Datenorganisation. Aus diesen und weiteren Gründen sind stochastisch-geometrische Größen hilfreich für eine effiziente Geodaten-Verwaltung und -Verarbeitung.

Die seit langem etablierte *Stochastische Geometrie*, in Anwendungen mitunter auch als *Geometrie-Statistik* bezeichnet, verfolgt zufolge ihrer Ursprünge in Geologie, Werkstoffwissenschaften, Computertomographie u. a. Gebieten, die sich vorteilhaft der Bildanalyse und -verarbeitung bedienen, etwas andere Zielstellungen als die oben skizzierten. Ihre Basismodelle sind Punkt- und Faserprozesse, zufällige Flächenzerlegungen (Mosaike) u. a. Darüber gibt es ausgezeichnete Lehrbücher und Monographien, was man von der Geometrie stochastischer Signale nicht sagen kann. Nach Recherchen der Verfasser existieren lediglich an praktischen Aufgabenstellungen orientierte Ansätze und zahlreiche Insel- bzw. ad hoc-Lösungen aus unterschiedlichen Fachgebieten. Die Situation ist ähnlich wie in der Stochastischen Geometrie. Letztere war ursprünglich eine Sammlung von Einzelmodellen. In den letzten Jahrzehnten ist daraus eine wohlfundierte Theorie mit großer Anwendungsbreite entstanden. Analog dazu dürfte es wohl eines Versuches wert sein, die Geometrie stochastischer Signale, bisherige Modellbildungen, bekannte und weniger bekannte Regeln, Schätzformeln usf. – insgesamt ein recht heterogener Stoff – nach mathematischen bzw. objektspezifischen Gesichtspunkten zu ordnen und die vielfältigen Beziehungen, insbesondere zwischen geometrischen und stochastischen Eigenschaften gewisser Klassen von Signalen, mit Blick auf die Bedürfnisse der Geodaten-Verarbeitung darzustellen. Dabei benutzen wir den Begriff des Objektes in zweierlei Hinsicht: entweder als mathematisch definiertes, z. B. ein Zufallsfeld, oder als geo-strukturiertes, z. B. ein natürliches Relief.

Die Beziehungen zur Stochastischen Geometrie, insbesondere zu ihren Basismodellen, sind vielgestaltig. Ein Beispiel möge dies verdeutlichen. Schneidet man ein natürliches Relief als Zufallsfeld mit horizontalen parallelen Ebenen, in der Topographie sinnvollerweise *Zufallsschnitte* genannt, entstehen die Höhenlinien, ein aus kreuzungsfreien Linien bestehendes Faserfeld. Seine Intensität (= Linienlänge je Flächeneinheit) wird von den zufälligen Neigungsschwankungen des Reliefs und dem Abstand der Schnittebenen (= Schichthöhe oder Äuqidistanz) bestimmt. Schneidet man ferner die Höhenlinien mit dem regulären Gitter des dazugehörigen digitalen Höhenmodells, so bilden die Schnittpunkte der Höhenlinien mit den Gitterlinien ein Punktfeld. Seine Intensität (= Punktanzahl je Flächeneinheit) wird nun zusätzlich von der Gitterweite mitbestimmt. Hier deuten sich sogleich zwei Abtastprobleme an: Die Wahl der Schichthöhe für das Analogprodukt Höhenliniendarstellung und die Wahl der Gitterweite für das adäquate digitale Höhenmodell. Beide werden über gewisse Eigenschaften des Zufallsfeldes miteinander in Beziehung stehen. Das Beispiel ließe sich vertiefen und es ließen sich weitere anführen. Doch wollen wir dem Text nicht vorgreifen, sondern seine Hauptinhalte erläutern. Diese sind, von einigen aktuellen Beispielen und Bezügen abgesehen, so ausgewählt, dass sie auch rasche Technologiewechsel überdauern dürften. Als Beispiele seien die Gaußschen Flächeninhaltsformeln und die Koppesche Formel zur Genauigkeitsbeurteilung von Höhenschichtenplänen genannt. Erstere, mit einem ehrwürdigen Alter von ca. zweihundert Jahren, entsprechen einer Diskretisierung des Umlaufintegrals mit spezieller Indizierung der Eingangsgrößen und gehören zum Bestand der digitalen Kartometrie. Die zweitgenannte, über einhundert Jahre alt, wird heute in der gleichen Grundstruktur zur Genauigkeitsbewertung digitaler Höhenmodelle aus Laserscannerdaten benutzt; lediglich ihre freien Parameter haben, entsprechend der gewandelten Messtechnologie, eine andere Bedeutung.

Einschließlich dieser Einführung ist der Text in 12 Kapitel gegliedert. Die Kapitel 2 bis 4 sind den Grundlagen gewidmet. Über zufällige Größen und Vektoren (Kapitel 2) sowie über zufällige Funktionen und Felder (Kapitel 3) sind nur jene Grundzüge und Sachverhalte aufgenommen worden, die wir im weiteren Text, insbesondere beim Schätzen geometrischer Größen, unbedingt benötigen. Dazu zählen auch stochastisch-geometrische Modelle (Kapitel 4, Abschnitt 4.1). Die Fuzzy-Logik (Kapitel 4, Abschnitt 4.2) trägt zwar wenig zur Geometrie bei, doch werden Objekte, deren Geometrie wir untersuchen, häufig aus Bildern mit typischen Unschärfen extrahiert, so dass Grundbegriffe über unscharfe Mengen, Muster und Objekte nützlich sind.

Die Hauptinhalte beginnen mit den Schwellenwert- und Schnittproblemen (Kapitel 5) sowie den Abtast- und Auswahlproblemen (Kapitel 6). In beiden Kapiteln sind jeweils zwei Problemkreise, die eng miteinander in Beziehung stehen, zusammengefasst. Im erstgenannten wird u. a. der Bezug zur herkömmlichen stochastischen Geometrie deutlich; das zweitgenannte könnte man auch als solches der Datenwandlung kennzeichnen. Die dort dargelegten Grundprinzipien und Theoreme kommen besonders in den Anwendungen immer wieder zum Tragen, denn die Schätzung geometrischer Größen an skalaren Signalen (Kapitel 7) sowie an ebenen Kurven und Figuren (Kapitel 8) hängt stark von der Art und dem Umfang der Daten ab. In numerischen Schätzungen benutzen wir vorzugsweise (weitabständige) Vektordaten. Gelegentliche Schätzungen mit (dicht liegenden) Rasterdaten dienen der Ergänzung und zum Vergleich.

Stochastische Signale können durch Erfassungsfehler oder auch Unschärfen, ferner infolge von Transformationen, z. B. beim Ableiten von Folgeprodukten, mehr oder weniger stark verformt sein, wodurch sich auch ihre Geometrie ändert. Zur Fehlerschätzung an verrauschten Signalen (Kapitel 9) benutzen wir fast durchgängig das bewährte stochastische Qualitätsmodell bzw. die statistische Fehlertheorie, das Fuzzy-Modell zur Qualitätsbewertung unscharfer Objekte wieder nur ergänzend und zum Vergleich mit dem stochastischen Modell. Um die Gemetrieänderung durch Transformation (Kapitel 10) und Approximation (Kapitel 11) zu zeigen, erweist sich u. a.

die spektrale Darstellungsweise als effizientes Hilfsmittel: an konventionellen Digitalfiltern und solchen mit geometrischen Restriktionen sowie bei Integraltransformationen wie der Wavelettransformation (Kapitel 10), ferner an interpolierenden und ausgleichenden Splines (Kapitel 11). – Ein Exkurs zur Geometrie fraktaler Kurven und Oberflächen (Kapitel 12) sollte nicht fehlen und beschließt zugleich den Text.

Kapitel 2

Zufällige Größen und Vektoren

2.1 Stetige Zufallsgrößen

Unter einer *zufälligen Größe* oder *Zufallsgröße* (ZG) X versteht man bekanntlich eine, hier vorzugsweise geometrische Größe, deren Zahlenwert dem Zufall unterworfen ist. Eine ZG kann demnach verschiedene potentiell mögliche Werte x_i annehmen, die man *Realisierungen* der ZG nennt. Die Wahrscheinlichkeit dafür, dass die Realisierungen $x_i \in X$ kleiner, höchstens gleich einer vorgegebenen Schranke x ausfallen, werde mit $P(X \leq x)$ bezeichnet. Die durch

$$F(x) := P(X \leq x) \tag{2.1}$$

definierte Funktion heißt *Verteilungsfunktion* der ZG X. Eine ZG X nennt man *stetig*, wenn eine nicht-negative Funktion f derart existiert, dass für jedes reelle x die Beziehung

$$F(x) = \int_{-\infty}^{x} f(x')dx \tag{2.2}$$

besteht. Die Funktion

$$f(x) = F'(x) \geq 0 \quad \text{mit} \quad \int_{-\infty}^{+\infty} f(x)dx = 1 \tag{2.3}$$

heißt *Dichtefunktion*, kurz *Dichte* von X.

Die Definition (2.1) und die Beziehungen (2.2), (2.3) benutzen wir u. a. zur Lösung sog. Schwellenwert- und Schnittprobleme wie z. B. Niveaudurchgänge, Niveauunter- oder Niveauüberschreitungen (Kapitel 5). Außerdem interessiert die Wahrscheinlichkeit dafür, dass X in ein Intervall $[a, b]$ fällt, nämlich

$$P(X \in [a, b]) = P(X \leq b) - P(X \leq a)$$

$$= F(b) - F(a) = \int_{a}^{b} F'(x)dx = \int_{a}^{b} f(x)dx, \tag{2.4}$$

z. B. bei der Datenkompression mit Wavelets als Schwellenwertproblem (Kapitel 10, speziell Abschnitt 10.2.4) und in der Übungsaufgabe 2.4.

Die Funktionen F, f beschreiben (wahlweise) die Eigenschaften einer ZG vollständig. Es gibt aber auch gewisse Parameter, die einen Grobeindruck vom Zufallsmechanismus, dem die betreffende ZG unterworfen ist, vermitteln. Ist X eine stetige

ZG, g eine reelle Funktion und ist die Ungleichung

$$\int_{-\infty}^{+\infty} |g(x)| f(x)dx < +\infty$$

erfüllt, so heißt der Wert

$$\mathsf{E}\{g(X)\} := \int_{-\infty}^{+\infty} g(x) f(x)dx \qquad (2.5)$$

Mittelwert der ZG $g(X)$. Eine besondere Rolle spielen die Mittelwerte der Funktionen

$$g(X) = X^k, \quad \text{nämlich} \quad m_k := \mathsf{E}\{X^k\}. \qquad (2.6)$$

Sie heißen *Momente der Ordnung k*. Das (erste) Moment

$$m_1 = \mathsf{E}X = \int_{-\infty}^{+\infty} x f(x)dx \qquad (2.7)$$

heißt *Erwartungswert*. Er lässt sich anschaulich als der Wert deuten, um den die Realisierungen der ZG schwanken. Die Mittelwerte der ZG

$$g(X) = (X - m_1)^k, \quad \text{nämlich} \quad \mu_k := \mathsf{E}\{(X - m_1)^k\} \qquad (2.8)$$

heißen *zentrale Momente der Ordnung k*. Das (zweite) zentrale Moment

$$\mu_2 = \mathsf{D}^2 X = \int_{-\infty}^{+\infty} (x - \mathsf{E}X)^2 f(x)dx = \int_{-\infty}^{+\infty} x^2 f(x)dx - (\mathsf{E}X)^2 \qquad (2.9)$$

heißt *Varianz*, $\sqrt{\mu_2} := \mathsf{D}X$ *Standardabweichung*. Diese Größen kennzeichnen (wahlweise) die Schwankungsbreite der Realisierungen der ZG um den Erwartungswert.

Zum Schätzen geometrischer Größen an zufällig strukturierten Objekten (Kapitel 7 und 8) benötigen wir, um explizite Ergebnisse erzielen zu können, vor allem die Normalverteilung; gelegentlich benutzen wir auch die Rayleigh-Verteilung.

Beispiel 2.1: Normalverteilung

Die *eindimensionale* oder *univariate Normalverteilung*, symbolisch $N(\mu, \sigma^2)$, hat die Verteilungsfunktion

$$F(x) = \frac{1}{\sqrt{2\pi\sigma^2}} \int_{-\infty}^{x} e^{-(x'-\mu)^2/2\sigma^2} dx' \quad \left(\begin{array}{c} -\infty < x < +\infty \\ \sigma^2 > 0 \end{array} \right) \qquad (2.10)$$

und die Dichtefunktion

$$f(x) = \frac{1}{\sqrt{2\pi\sigma^2}} e^{-(x-\mu)^2/2\sigma^2}. \qquad (2.11)$$

Die Parameter μ und σ^2 entsprechen gerade dem Erwartungswert und der Varianz: $\mathsf{E}X = \mu$, $\mathsf{D}^2X = \sigma^2$.

Ein *Sonderfall* ist die *standardisierte* Normalverteilung $N(0,1)$. Mit $\mu = 0, \sigma^2 = 1$ ist die zugehörige Dichte $f(x) = \frac{1}{2\pi}e^{-x^2/2}$ eine gerade Funktion, so dass

$$\int_{-a}^{+a} f(x)dx = \frac{2}{\sqrt{2\pi}}\int_0^a e^{-x^2/2}dx. \tag{2.12}$$

Dieses Integral heißt *Wahrscheinlichkeitsintegral*. Man benutzt es zweckmäßig, um entsprechend (2.4) die Wahrscheinlichkeit dafür zu bestimmen, dass ein Wert x in ein vorgegebenes Intervall fällt, z. B.

$$P(\mu - \sigma \leq x \leq \mu + \sigma) = P\left(-1 \leq \frac{x-\mu}{\sigma} \leq +1\right)$$

$$= \frac{2}{2\pi}\int_0^1 e^{-x^2/2}dx \approx 0{,}683.$$

Beispiel 2.2: Rayleigh-Verteilung

Die Rayleigh-Verteilung, ein Sonderfall der sog. Weibull-Verteilung mit Formparameter zwei, symbolisch $\mathrm{Ra}(\sigma^2)$, hat die Verteilungsfunktion

$$F(x) = 1 - e^{-x^2/2\sigma^2} \quad (x \geq 0, \ \sigma^2 > 0) \tag{2.13}$$

und die Dichtefunktion

$$f(x) = \frac{x}{\sigma^2}e^{-x^2/2\sigma^2}. \tag{2.14}$$

Erwartungswert und Varianz sind

$$\mathsf{E}X = \sqrt{\frac{\pi}{2}\sigma^2}, \quad \mathsf{D}^2X = \frac{4-\pi}{2}\sigma^2. \tag{2.15}$$

Da diese Verteilung nur von *einem* Parameter abhängt, stehen die Momente in einem wohldefinierten Verhältnis zueinander, z. B. $\mathsf{E}X/\mathsf{D}X = \sqrt{\pi/(4-\pi)} \approx 1{,}91$. Im Gegensatz zur Normalverteilung ist die Rayleigh-Verteilung nur für nicht-negative Werte definiert. Der wahrscheinlichste Wert x_w an der Stelle des Dichtemaximums fällt *nicht* mit dem Erwartungswert zusammen, sonder ist kleiner als dieser: $x_w = \sqrt{\sigma^2} = \sqrt{2/\pi}\mathsf{E}X$; siehe auch die vergleichende Darstellung der Dichtefunktionen in Abbildung 5.4 sowie die Übungsaufgabe 2.2.

Funktionen einer oder auch mehrerer ZG sind natürlich ebenfalls solche. In manchen Fällen gelingt es, die Verteilung der Ausgangsgröße zu bestimmen, wenn jene der Eingangsgröße(n) bekannt ist (sind). Sei X eine stetige ZG mit der Dichte f und

g eine stetig differenzierbare, umkehrbare Funktion. Die zu g inverse Funktion sei h.
Dann ist $Y = g(X)$ wiederum eine stetige ZG mit der Dichte

$$\psi(y) := f(h(y)) \cdot |h'(y)|. \tag{2.16}$$

Seien ferner X und Y unabhängige stetige ZG mit den zugehörigen Dichten f und g.
Dann ist $Z = X + Y$ wiederum eine stetige ZG mit der Dichte

$$\psi(z) := \int_{-\infty}^{+\infty} f(x)g(z-x)dx = f * g. \tag{2.17}$$

Nachfolgend geben wir ein Beispiel zu (2.16), ein weiteres anwendungsbezogenes
zum Faltungsintegral (2.17) findet sich im Abschnitt 9.4 (Beispiel 9.13). Zum Begriff
der Unabhängigkeit von ZG siehe Abschnitt 2.3.

Beispiel 2.3: Ordinatenverteilung eines sinusförmigen Signals

In den Geowissenschaften kommen häufig sinusförmige Variationen $s(t) = a_0 + a \sin \omega t$ vor. Wir betrachten alle möglichen Signale $s(t)$ mit $a_0 = \text{const}$, $a = \text{const}$,
ω variabel, die o. B. d. A. auf $[-\pi/2, +\pi/2]$ definiert sein mögen, ferner die stetige
ZG $\eta := \omega t$. Letztere ist gleichverteilt mit der Dichtefunktion

$$e(y) = \frac{1}{\pi} \Pi\left(\frac{y}{\pi}\right); \quad \Pi(x) := \begin{cases} 0 \\ 1 \end{cases} \text{für} \quad \begin{matrix} |x| \geq 1/2 \\ |x| < 1/2. \end{matrix} \tag{2.18}$$

Gesucht ist die Dichte $f(x)$ der ZG $\xi := s(\omega t)$. Mit Hilfe der Transformation (2.16),
der Umkehrfunktion von s,

$$\omega t = \arcsin[(s(\omega t) - a_0)/a],$$

ihrer ersten Ableitung $[a^2 - (x - a_0)^2]^{-1/2}$ und der Dichte (2.18) findet man

$$f(x) = \frac{1}{\pi} \Pi\left(\frac{1}{\pi} \arcsin\frac{x - a_0}{a}\right) [a^2 - (x - a_0)^2]^{-1/2}$$

$$= \frac{1}{\pi} \Pi\left(\frac{x - a_0}{a}\right) [a^2 - (x - a_0)^2]^{-1/2} \tag{2.19}$$

mit dem Erwartungswert $\mathsf{E}\xi = a_0$ und der Varianz $\mathsf{D}^2\xi = a^2/2$; vgl. auch die
Darstellung von $f(x)$ in der Abbildung 9.7.

2.2   Diskrete Zufallsgrößen

Eine diskrete ZG kann, im Gegensatz zu einer stetigen, nur endlich viele oder
abzählbar unendlich viele Werte mit Wahrscheinlichkeiten $P(X = x_k) = p_k$

$(k = 1, 2, \dots)$ annehmen. Die Verteilungsfunktion ist

$$F(x) = \sum_{x_k \leq x} p_k. \tag{2.20}$$

Anstelle der Dichte einer stetigen ZG stehen die Eintrittswahrscheinlichkeiten p_k mit $\sum_k p_k = 1$. Die Mittelwerte einer diskreten ZG werden analog jener einer stetigen ZG gebildet, nur steht anstelle des Integrals (2.5) eine Summe:

$$\mathsf{E}\{g(X)\} = \sum_k g(x_k) p_k. \tag{2.21}$$

Speziell ist der Erwartungswert

$$m_1 = \mathsf{E}X = \sum_k x_k p_k, \tag{2.22}$$

entspricht also dem allgemeinen arithmetischen oder gewogenen Mittel der mit Wahrscheinlichkeiten p_k gewichteten Werte x_k, und die Varianz ist

$$\mu_2 = \mathsf{D}^2 X = \sum_k (x_k - \mathsf{E}X)^2 p_k = \sum_k x_k^2 p_k - (\mathsf{E}X)^2. \tag{2.23}$$

Beispiel 2.4: Poisson-Verteilung

Eine diskrete ZG X mit der Verteilungsfunktion

$$P(X = k) = \frac{\lambda^k}{k!} e^{-\lambda} \quad (k = 0, 1, 2, \dots; \lambda > 0) \tag{2.24}$$

heißt *poissonverteilt* mit dem Parameter λ. Diese Verteilung benutzt man vorzugsweise in der Statistik seltener Ereignisse. Dabei bedeuten k die Anzahl der Ereignisse und λ ihre durchschnittliche Anzahl (= Erwartungswert) in einem Beobachtungsintervall oder -gebiet, z. B. das Auftreten punktförmiger Objekte in einer (Karten-)Ebene, modelliert als sog. Punktprozess oder -feld (vgl. Abschnitt 4.1.2). Die Varianz ist identisch mit dem Erwartungswert: $\mathsf{D}^2 X = \mathsf{E}X = \lambda$. Sind X_1 und X_2 zwei voneinander unabhängige poissonverteilte ZG, dann ist auch $X = X_1 + X_2$ poissonverteilt mit dem Parameter $\lambda = \lambda_1 + \lambda_2$.

Beispiel 2.5: Verteilung von Grauwerten

Ein Schwarz-Weiß-Bild werde in $N \times M$ Bildelemente (Pixel) zerlegt und nach Grauwerten diskretisiert. Als ein Standard hat man $2^8 = 256$ potentiell mögliche Grauwerte $x_k = d_k$ ($k = 0, 1, \dots, 255$). Diese entsprechen den Realisierungen einer diskreten ZG, die man formelmäßig nicht beschreiben, jedoch mit Schätzwerten der

Eintrittswahrscheinlichkeiten und Momente ganz gut charakterisieren kann. Bei einem Stichprobenumfang von $N \times M$ sind die absoluten und relativen Häufigkeiten

$$h_k \text{ mit } \sum_{k=0}^{255} h_k = NM \quad \text{und} \quad h_k/NM \text{ mit } \frac{1}{NM} \sum_{k=0}^{255} h_k = 1,$$

wobei die relativen Häufigkeiten Schätzwerten der diskreten Eintrittswahrscheinlichkeiten $p_k = P(d = d_k)$ entsprechen. Der mittlere Grauwert, nach (2.22)

$$\overline{d} = \frac{1}{NM} \sum_{k=0}^{255} d_k h_k,$$

ist ein Maß für die *mittlere Helligkeit* des Bildes: In einem sehr hellen (dunklen) Bild ist $\overline{d}$ klein (groß). Die Streuung der Grauwerte um $\overline{d}$, ausgedrückt durch einen Schätzwert der Varianz (2.23),

$$\widehat{\sigma_d^2} = \frac{1}{NM-1} \sum_{k=0}^{255} (d_k - \overline{d})^2 h_k \approx \frac{1}{NM} \sum_{k=1}^{255} d_k^2 h_k - \overline{d}^2$$

oder die Standardabweichung $\hat{\sigma}_d$ sind Maße für die *Helligkeitsschwankung* um $\overline{d}$ bzw. für den *mitttleren Kontrast*. Ein ideales Schwarz-Weiß-Bild hätte eine Zwei-Punkt-Verteilung mit $x_0 = d_0$ (weiß) und $x_{255} = d_{255}$ (schwarz), praktisch häufen sich jedoch die d_k an jeweils wenigen Stellen nahe d_0 (fast weiß) und nahe d_{255} (fast schwarz). Die Schwankungsbreite um diese Stellen sind Maße für den *lokalen Kontrast*. Speziell zeugt eine geringe Schwankungsbreite der d_k nahe d_{255} für gute Strichqualität bzw. kontrastreiche Kanten.

2.3   Zufällige Vektoren

Unter einem *zufälligen Vektor* oder *Zufallsvektor* versteht man einen, i. Allg. n-dimensionalen Vektor $\mathbf{X} = [X_1, X_2, \ldots, X_n]^\top$, dessen Komponenten ZG sind. Seine Verteilungsfunktion ist

$$F(x_1, x_2, \ldots, x_n) := P(X_1 \leq x_1, X_2 \leq x_2, \ldots, X_n \leq x_n)$$

$$= \int_{-\infty}^{x_1} \int_{-\infty}^{x_2} \cdots \int_{-\infty}^{x_n} f(x_1', x_2', \ldots, x_n') dx_1' dx_2' \ldots dx_n' \quad (2.25)$$

und seine Dichtefunktion

$$f(x_1, x_2, \ldots, x_n) = \frac{\partial^n F(x_1, x_2, \ldots, x_n)}{\partial x_1 \partial x_2 \ldots \partial x_n} \qquad (2.26)$$

mit

$$\int_{-\infty}^{+\infty} \int_{-\infty}^{+\infty} \cdots \int_{-\infty}^{+\infty} f(x_1, x_2, \ldots, x_n) dx_1 dx_2 \ldots dx_n = 1.$$

Ebenso wie eine ZG lässt sich auch ein ZV durch gewisse Parameter, speziell durch Momente verschiedener Ordnung charakterisieren, und zwar sowohl durch solche, die sich allein auf die Eigenschaften der Komponenten, als auch auf solche, die sich auf Zusammenhänge zwischen den Komponenten beziehen.

Wir betrachten zwei ZG X, Y und eine Funktion $g(X, Y)$. Analog (2.5) heißt

$$\mathsf{E}\{g(X, Y)\} := \iint_{-\infty}^{+\infty} f(x, y) g(x, y) dx dy \tag{2.27}$$

Mittelwert der ZG $g(X, Y)$ und in Analogie zu (2.6) nennt man die Mittelwerte

$$m_{ln} := \mathsf{E}\{X^l Y^n\} \tag{2.28}$$

der ZG $g(X, Y) = X^l Y^n$ *Momente der Ordnung* $l + n$ des ZV $[X, Y]^\top$. Ferner nennt man die Mittelwerte

$$\mu_{ln} := \mathsf{E}\{(X - m_{10})^l (Y - m_{01})^n\} \tag{2.29}$$

der Funktion

$$g(X, Y) := (X - m_{10})^l (Y - m_{01})^n$$

zentrale Momente der Ordnung $l + n$ des ZV, wobei $m_{10} = \mathsf{E}X, m_{01} = \mathsf{E}Y$ die Erwartungswerte der Komponenten X, Y sind, die man auch zum *Erwartungswertvektor* **m** zusammenfasst. Die zentralen Momente 2. Ordnung sind

$$\mu_{20} = \mathsf{E}\{(X - \mathsf{E}X)^2\}, \quad \mu_{02} = \mathsf{E}\{(Y - \mathsf{E}Y)^2\}, \quad \mu_{11} = \mathsf{E}\{(X - \mathsf{E}X)(Y - \mathsf{E}Y)\},$$

wobei gemäß (2.9) $\mu_{20} = \mathsf{D}^2 X, \mu_{02} = \mathsf{D}^2 Y$ den Varianzen von X, Y entsprechen. Das sog. gemischte Moment μ_{11} heißt *Kovarianz* und man schreibt dafür auch $\mu_{11} = C(X, Y)$ oder $\mu_{11} = \mathrm{cov}(X, Y)$. Diese Größe ist symmetrisch und beschränkt:

$$C(Y, X) = C(X, Y), \quad |C(X, Y)| \leq \sqrt{\mathsf{D}^2 X \cdot \mathsf{D}^2 Y}.$$

Die *normierte Kovarianz*

$$\frac{C(X, Y)}{\sqrt{\mathsf{D}^2 X \cdot \mathsf{D}^2 Y}} =: \varrho \quad (-1 \leq \varrho \leq +1) \tag{2.30}$$

ist der *lineare Korrelationskoeffizient* zwischen X und Y. Die Varianz einer ZG entspricht der Kovarianz dieser ZG mit sich selbst: $\mathsf{D}^2 X = C(X, X)$. Somit kann man die zentralen Momente 2. Ordnung eines ZV $\mathbf{X} = [X_1, X_2, \ldots, X_n]^\top$ in einheitlicher Matrix-Schreibweise zusammenfassen: Die Matrix

$$\mathbf{C}_{XX} := \begin{bmatrix} C(X_1, X_1) & C(X_1, X_2) & \cdots & C(X_1, X_n) \\ C(X_2, X_1) & C(X_2, X_2) & \cdots & C(X_2, X_n) \\ \vdots & \vdots & \ddots & \vdots \\ C(X_n, X_1) & C(X_n, X_2) & \cdots & C(X_n, X_n) \end{bmatrix} \tag{2.31}$$

heißt *Kovarianzmatrix* des ZV $\mathbf{X}$. Sie ist symmetrisch und positiv definit. Andere (kompaktere) Schreibweisen sind

$$\mathbf{C}_{ik} = \mathbf{C}(X_i, X_k) = (C(X_i, X_k)), \quad \mathbf{C} = \mathsf{E}\{(\mathbf{X} - \mathsf{E}\mathbf{X})(\mathbf{X} - \mathsf{E}\mathbf{X})^\top\}.$$

Häufig verwendet man auch die Symbole σ_i^2 für die Varianzen und $\sigma_{ik} = \varrho_{ik}\sigma_i\sigma_k$ für die Kovarianzen, insbesondere dann, wenn der ZV ein normaler ist (siehe auch Beispiel 2.6). Ist $\sigma_1^2 = \sigma_2^2 = \cdots = \sigma_n^2 =: \sigma^2$, kann man σ^2 in (2.31) ausklammern. Die verbleibende Matrix

$$\varrho := \begin{bmatrix} 1 & \varrho_{12} & \cdots & \varrho_{1n} \\ \varrho_{21} & 1 & \cdots & \varrho_{2n} \\ \vdots & \vdots & \ddots & \vdots \\ \varrho_{n1} & \varrho_{n2} & \cdots & 1 \end{bmatrix} \tag{2.32}$$

heißt *Korrelationsmatrix* des ZV $\mathbf{X}$. Sind die $\varrho_{ik} \equiv 0$, dann heißen die Komponenten von $\mathbf{X}$ *vollständig unkorreliert*; in diesem Falle ist (2.32) die Einheitsmatrix $\mathbf{I}$. Wenn außerdem $\sigma_i^2 \equiv \sigma^2$, dann ist $\mathbf{C} = \sigma^2\mathbf{I}$. Der Begriff der Unabhängigkeit ist allgemeiner gefasst: Zwei ZG X, Y heißen *voneinander unabhängig*, wenn sich ihre zweidimensionalen Verteilungs- bzw. Dichtefunktionen als Produkt zweier eindimensionaler darstellen lassen:

$$F(x, y) = F_1(x)F_2(y) \quad \text{bzw.} \quad f(x, y) = f_1(x)f_2(y), \tag{2.33}$$

vgl. auch die nachfolgenden Beispiele 2.6 und 2.7. Die Erweiterung auf mehrere ZG bzw. Komponenten von $\mathbf{X}$ ist evident.

Beispiel 2.6: Mehrdimensionale Normalverteilung

Ein n-dimensionaler ZV heißt *normal*, wenn er die n-dimensionale Dichtefunktion

$$f(\mathbf{x}) = \frac{1}{\sqrt{(2\pi)^n \det \mathbf{C}}} \exp\left\{-\frac{1}{2}(\mathbf{x} - \mathbf{m})^\top \mathbf{C}^{-1}(\mathbf{x} - \mathbf{m})\right\} \tag{2.34}$$

besitzt. Darin ist $\mathbf{x}$ der Variablenvektor, $\mathbf{m}$ der Erwartungswertvektor und $\mathbf{C}$ die Kovarianzmatrix. Speziell ist die Dichtefunktion der *zweidimensionalen* oder *bivariaten*

Normalverteilung

$$f(x_1, x_2) = \frac{1}{2\pi\sigma_1\sigma_2\sqrt{1-\varrho^2}} \tag{2.35}$$

$$\cdot \exp\left\{-\frac{1}{2(1-\varrho^2)}\left[\frac{(x_1-m_1)^2}{\sigma_1^2} - 2\varrho\frac{(x_1-m_1)(x_2-m_2)}{\sigma_1\sigma_2} + \frac{(x_2-m_2)^2}{\sigma_2^2}\right]\right\}$$

mit den Parametern

$$m_{1,2} = \mathsf{E}X_{1,2}, \quad \sigma_{1,2}^2 = \mathsf{D}^2 X_{1,2}, \quad \varrho = C(X_1; X_2)/\sqrt{\mathsf{D}^2 X_1 \cdot \mathsf{D}^2 X_2}.$$

Wenn $\varrho = 0$, dann sind X_1, X_2 nicht nur unkorreliert, sondern wegen

$$f(x_1, x_2) = \left\{\frac{1}{\sqrt{2\pi\sigma_1^2}}\exp\left[-\frac{(x_1-m_1)^2}{2\sigma_1^2}\right]\right\}\left\{\frac{1}{\sqrt{2\pi\sigma_2^2}}\exp\left[-\frac{(x_2-m_2)^2}{2\sigma_2^2}\right]\right\}$$

$$\equiv f(x_1)f(x_2),$$

$f(x_{1,2})$ wie (2.11), und Definition (2.33) sogar voneinander unabhängig.

Zur Lösung spezieller Schwellenwert- und Schnittprobleme im Kapitel 5 benötigen wir außer der zweidimensionalen Dichte (2.35) im Beispiel 5.5 auch die dreidimensionale im Beispiel 5.9 und die vierdimensionale im Beispiel 5.10, und zwar für erwartungswertzentrierte Komponenten ($\mathbf{m} = \mathbf{0}$) mit jeweils gleicher Varianz. Dazu muss man entsprechend (2.34) in beiden Fällen die Determinante $\det \mathbf{C}$, die Inverse $\mathbf{C}^{-1}$ und die quadratische Form $\mathbf{x}^\top\mathbf{C}^{-1}\mathbf{x}$ explizit berechnen (Übungsaufgabe 2.5). Die recht umfangreichen Endformeln sind u. a. bei Borkowski (1994, S. 29, 41) angegeben.

Die Lage eines Punktes im Raum ist durch seinen Ortsvektor eindeutig bestimmt. Ist allerdings seine Lage zufällig, so ist dieser Vektor ein ZV. Die Lage von Punkten kann a priori zufällig sein, z. B. um ein Zentrum zufällig verteilte Punktobjekte, Punktlagefehler oder auch Punktfelder (Abschnitt 4.1.2) oder a posteriori, wenn z. B. die Lage eines Punktes mehrfach bestimmt wird und seine Koordinaten mit unvermeidlichen Messfehlern behaftet sind, oder beides zugleich. Ist die Verteilung eines ZV in rechtwinklig-kartesischen Koordinaten bekannt, dann kann man sie ggf. in die Verteilung in Polarkoordinaten transformieren und umgekehrt.

Koordinaten sind geometrische Größen und können doch zugleich zufällige sein. Hier zeigt sich (zum ersten Male im Buchtext) der enge Zusammenhang zwischen Geometrie und Stochastik. Zahlreiche Aufgabenstellungen in den Geowissenschaften erweisen sich als geometrische und stochastische *zugleich* und erfordern deshalb eine stochastisch-geometrische Betrachtungsweise.

Beispiel 2.7: Zufällige Punktlage in der Ebene

Sei $[X, Y]^\top$ ein ZV in rechtwinklig-kartesischen, $[R, \phi]^\top$ mit $R = |\mathbf{X}|$ und $\phi = \arctan(Y/X)$ der entsprechende ZV in Polarkoordinaten, und sie mögen die Dichtefunktionen $f(x, y)$, $g(r, \varphi)$ besitzen. Beim Übergang $(x, y) \mapsto (r, \varphi)$ besteht die Beziehung

$$g(r, \varphi) = Jf(x, y)|_{x=r\cos\varphi,\ y=r\sin\varphi}. \tag{2.36}$$

J ist die Jakobische Funktionaldeterminante, hier $J = r$. Seien ferner die Komponenten X, Y normalverteilt wie $N(0, \sigma^2)$ und voneinander unabhängig, $f(x, y) = f_1(x) f_2(y)$, dann bekommt man mit (2.35), (2.36)

$$\begin{aligned}
g(r, \varphi) &= r \frac{1}{\sqrt{2\pi\sigma^2}} e^{-x^2/2\sigma^2} \frac{1}{\sqrt{2\pi\sigma^2}} e^{-y^2/2\sigma^2} \\
&= \frac{1}{2\pi} \cdot \frac{r}{\sigma^2} e^{-r^2/2\sigma^2} \equiv g_1(\varphi) g_2(r).
\end{aligned}$$

Wenn X und Y voneinander unabhängig, dann sind es auch R und ϕ. Die ZG ϕ ist gleichverteilt mit $g_1(\varphi) = 1/2\pi$ auf dem Intervall $[0, 2\pi)$ und R ist rayleighverteilt mit der Dichte $g_2(r)$ entsprechend (2.14) und dem Parameter $\sigma^2 = D^2 X = D^2 Y$. Resultiert die zufällige Punktlage aus Messfehlern, so entspricht im Fall $\mathbf{C} = \sigma^2\mathbf{I}$ der wahrscheinlichste Wert $r_w = \sigma$ dem in der Geodäsie üblichen mittleren Punktlagefehler nach Möhle und nach Werkmeister (vgl. auch Abschnitt 9.3.1, Tabelle 9.2).

Beispiel 2.7 ist der denkbar einfachste Fall der Dichtetransformation $f(x, y) \mapsto g(r, \varphi)$ (Umkehrung in Übungsaufgabe 4.2). Sind X, Y voneinander abhängig, dann sind es auch R und ϕ. Wenn fernerhin $\mathbf{X}$ n-dimensional normalverteilt wie $N(\mathbf{m}, \mathbf{C})$, die Kovarianzmatrix $\mathbf{C}$ voll besetzt, dazu ggf. der Erwartungswertvektor $\mathbf{m} \neq \mathbf{0}$ sind, werden Dichtetransformationen erheblich komplizierter. Hierzu verweisen wir auf Mardia (1972), speziell zu Anwendungen in der Fehlertheorie und Fehlerschätzung auf Caspary et al. (1990). Wenn schlussendlich die Eingangsgrößen nicht normal sind, besteht kaum noch die Chance auf explizite Transformationen. Man muss sich dann zwangsläufig mit der Fortpflanzung der ersten und der zweiten zentralen Momente bzw. der Erwartungswerte, Varianzen und Kovarianzen begnügen, was in vielen Anwendungen, z. B. der Fehlerfortpflanzung, ausreicht.

2.4 Varianz-Kovarianz-Fortpflanzung

Nachfolgend notieren wir Fortpflanzungsregeln für erste und zweite zentrale Momente, und zwar in der Reihenfolge lineare Transformation einer ZG, algebraische Summe zweier ZG, lineare Transformation eines ZV. Es handelt sich also durchweg um lineare Transformationen, und das aus gutem Grund: Erwartungswerte sind als lineare,

Varianzen und Kovarianzen als quadratische Mittelwerte definiert, so dass man durchgängig die Linearitätseigenschaft der Mittelbildung ausnutzen kann. Danach folgt ein
einfaches Anwendungsbeispiel, das wir im weiteren Text benötigen. Der Abschnitt
schließt mit Bemerkungen über nichtlineare Transformationen.

(1) Sei X eine ZG und a, b Konstante, dann ist $Y = aX + b$ eine ZG mit

$$\mathsf{E}Y = \mathsf{E}\{aX + b\} = a\mathsf{E}X + b, \tag{2.37}$$

$$\mathsf{D}^2Y = \mathsf{E}\{[(aX + b) - (a\mathsf{E}X + b)]^2\} = a^2\mathsf{E}\{(X - \mathsf{E}X)^2\} = a^2\mathsf{D}^2X. \tag{2.38}$$

(2) Sei X, Y ein Paar von ZG, dann ist $Z = X \pm Y$ eine ZG mit

$$\mathsf{E}Z = \mathsf{E}X \pm \mathsf{E}Y, \tag{2.39}$$

$$\begin{aligned}\mathsf{D}^2Z &= \mathsf{E}\{[(X \pm Y) - \mathsf{E}(X \pm Y)]^2\} = \mathsf{E}\{[(X - \mathsf{E}X) \pm (Y - \mathsf{E}Y)]^2\} \\ &= \mathsf{E}\{(X - \mathsf{E}X)^2\} \pm 2\mathsf{E}\{(X - \mathsf{E}X)(Y - \mathsf{E}Y)\} + \mathsf{E}\{(Y - \mathsf{E}Y)^2\},\end{aligned}$$

somit

$$\mathsf{D}^2Z = \mathsf{D}^2X \pm 2C(X, Y) + \mathsf{D}^2Y. \tag{2.40}$$

Sind X, Y unabhängige ZG, dann sind sie auch unkorreliert, (2.39) bleibt bestehen
und (2.40) vereinfacht sich zu

$$\mathsf{D}^2Z = \mathsf{D}^2X + \mathsf{D}^2Y. \tag{2.41}$$

(3) Sei $\mathbf{X}$ ein ZV zu n Komponenten, $\mathbf{A}$ eine Koeffizientenmatrix vom Umfang $m \times n$
und $\mathbf{b}$ ein kostanter Vektor zu m Komponenten, dann ist

$$\underset{(m,1)}{\mathbf{Y}} = \underset{(m,n)(n,1)}{\mathbf{A}\,\mathbf{X}} + \underset{(m,1)}{\mathbf{b}}$$

ein ZV mit m Komponenten, dem Erwartungswertvektor

$$\mathsf{E}\mathbf{Y} = \mathsf{E}\{\mathbf{AX} + \mathbf{b}\} = \mathbf{A}\mathsf{E}\mathbf{X} + \mathbf{b} \tag{2.42}$$

und der Kovarianzmatrix

$$\begin{aligned}\mathbf{C}_{YY} &= \mathsf{E}\{(\mathbf{Y} - \mathsf{E}\mathbf{Y})(\mathbf{Y} - \mathsf{E}\mathbf{Y})^\top\} \\ &= \mathsf{E}\{(\mathbf{AX} + \mathbf{b} - \mathbf{A}\mathsf{E}\mathbf{X} - \mathbf{b})(\mathbf{AX} + \mathbf{b} - \mathbf{A}\mathsf{E}\mathbf{X} - \mathbf{b})^\top\} \\ &= \mathsf{E}\{\mathbf{A}(\mathbf{X} - \mathsf{E}\mathbf{X})(\mathbf{X} - \mathsf{E}\mathbf{X})^\top\mathbf{A}^\top\} = \mathbf{A}\mathsf{E}\{(\mathbf{X} - \mathsf{E}\mathbf{X})(\mathbf{X} - \mathsf{E}\mathbf{X})^\top\}\mathbf{A}^\top,\end{aligned}$$

somit

$$\underset{(m,m)}{\mathbf{C}_{YY}} = \underset{(m,n)}{\mathbf{A}}\,\underset{(n,n)}{\mathbf{C}_{XX}}\,\underset{(n,m)}{\mathbf{A}^\top}. \tag{2.43}$$

In dieser wichtigen und häufig benutzten Fortpflanzungsregel für Kovarianzmatrizen sind viele Sonderfälle enthalten, z. B.

$$\underset{(1,1)}{Y} = \underset{(1,n)}{\mathbf{a}^\top} \underset{(n,1)}{\mathbf{X}} + \underset{(1,1)}{b} = [a_1, a_2, \ldots, a_n][X_1, X_2, \ldots, X_n]^\top + b,$$

$$\mathbf{C}_{YY} \mapsto \underset{(1,1)}{\mathsf{D}^2 Y} = \underset{(1,n)}{\mathbf{a}^\top} \underset{(n,n)}{\mathbf{C}_{XX}} \underset{(n,1)}{\mathbf{a}}.$$

Wenn die Komponenten von $\mathbf{X}$ vollständig unkorreliert sind, bekommt man die Varianz

$$\mathsf{D}^2 Y = [a_1, a_2, \ldots, a_n]\,\mathrm{diag}[\mathsf{D}^2 X_1, \mathsf{D}^2 X_2, \ldots, \mathsf{D}^2 X_n][a_1, a_2, \ldots, a_n]^\top$$

$$= \sum_{i=1}^{n} a_i^2 \mathsf{D}^2 X_i. \tag{2.44}$$

Darin sind wiederum die Regel (2.38) im Falle $a_1 = a$, $a_2 = a_3 = \cdots = a_n = 0$ und die Regel (2.41) im Falle $a_1 = a_2 = 1$, $a_2 = a_3 = \cdots = a_n = 0$ enthalten.

Als nächstes könnten wir die algebraische Summe zweier ZV und weitere, umfangreichere Transformationen untersuchen. Dies kann unterbleiben, denn die exemplarischen Fälle (1) bis (3) zeigen hinlänglich, wie man in jedem Einzelfall vorzugehen hat.

Beispiel 2.8: Kovarianzmatrix der Differenzen benachbarter ZG

Aus einer Folge $\{X_i; i = 1, 2, \ldots\}$ von ZG mit jeweils gleicher Varianz σ_X^2 greifen wir die ersten drei heraus. Die direkten Nachbarn X_1, X_2 und X_3, X_4 seien jeweils mit ϱ_1, die indirekten Nachbarn X_1, X_3 mit ϱ_3 korreliert. Die Kovarianzmatrix dieser drei ZG ist dann

$$\mathbf{C}_{XX} = \sigma_X^2 \begin{bmatrix} 1 & \varrho_1 & \varrho_2 \\ \varrho_1 & 1 & \varrho_1 \\ \varrho_2 & \varrho_1 & 1 \end{bmatrix}.$$

Gesucht ist die Kovarianzmatrix $\mathbf{C}_{\Delta X \Delta X}$ des ZV $\Delta \mathbf{X} = [X_2 - X_1, X_3 - X_2]^\top$, womit wir Fall (3) vor uns haben:

$$\mathbf{Y} = \Delta \mathbf{X}, \quad \mathbf{A} = \begin{bmatrix} -1 & 1 & 0 \\ 0 & -1 & 1 \end{bmatrix}, \quad \mathbf{b} = \mathbf{0}.$$

Mit Hilfe der Fortpflanzungsregel (2.43) findet man

$$\mathbf{C}_{\Delta X \Delta X} = \sigma_X^2 \begin{bmatrix} -1 & 1 & 0 \\ 0 & -1 & 1 \end{bmatrix} \begin{bmatrix} 1 & \varrho_1 & \varrho_2 \\ \varrho_1 & 1 & \varrho_1 \\ \varrho_2 & \varrho_1 & 1 \end{bmatrix} \begin{bmatrix} -1 & 0 \\ 1 & -1 \\ 0 & 1 \end{bmatrix} \tag{2.45}$$

$$= \sigma_{\Delta X}^2 \begin{bmatrix} 1 & r \\ r & 1 \end{bmatrix}, \quad \sigma_{\Delta X}^2 = 2(1 - \varrho_1)\sigma_X^2, \quad r = \frac{2\varrho_1 - \varrho_2 - 1}{2(1 - \varrho_1)}.$$

Das Beispiel 2.8 lässt sich natürlich auf mehr als drei ZG und damit auf mehr als zwei Differenzen von ZG erweitern, wie es z. B. an zweidimensionalen Folgen auf regulären Gittern vorkommt (Abschnitt 5.3.2). – Sind die Beziehungen nicht linear, kann man die Funktionen nach Taylor entwickeln und nach dem linearen Glied abbrechen. Diese Linearisierung ist z. B. in der Fehlerfortpflanzung üblich, weil – von Grobfehlern bzw. Ausreißern abgesehen – zufällige Fehler in der Regel kleine Größen sind. Allgemein hat man m Funktionen $Y_k = F_k$ ($k = 1, 2, \ldots, m$) in n Beobachtungsgrößen L_i ($i = 1, 2, \ldots, n$) zu linearisieren, so dass man die Regel (2.43) wie folgt schreiben kann:

$$\mathbf{C}_{FF} = \mathbf{A}\mathbf{C}_{LL}\mathbf{A}^\top, \quad \mathbf{A} = \begin{bmatrix} \partial F_1/\partial L_1 & \partial F_1/\partial L_2 & \cdots & \partial F_1/\partial L_n \\ \partial F_2/\partial L_1 & \partial F_2/\partial L_2 & \cdots & \partial F_2/\partial L_n \\ \vdots & \vdots & \ddots & \vdots \\ \partial F_m/\partial L_1 & \partial F_m/\partial L_2 & \cdots & \partial F_m/\partial L_n \end{bmatrix}, \tag{2.46}$$

wobei die Ableitungen $\partial F_k/\partial L_i$ mit Näherungswerten $L_{i,0}$ zu berechnen sind. Die Fortpflanzungsregel (2.46) bezeichnet man auch als *allgemeines Fehlerfortpflanzungsgesetz* der i. Allg. korrelierten zufälligen Fehler. Darin sind analog zu (2.43) zahlreiche Sonderfälle enthalten, z. B.

$$\mathsf{D}^2 F = \sum_{i=1}^{m} \left(\frac{\partial F}{\partial L_i} \right)^2 \mathsf{D}^2 L_i \tag{2.47}$$

als Fehlervarianz *einer* Funktion F, wenn die zufälligen Fehler der Beobachtungen L_i vollständig unkorreliert sind. Diese Regel nennt man auch *einfaches Fehlerfortpflanzungsgesetz*. – Zur statistischen Fehlertheorie sei u. a. auf die Lehrbücher von Koch (1997), Niemeier (2002) hingewiesen. Anwendungen finden sich im Kapitel 9, speziell im Abschnitt 9.3.1.

Übungsaufgaben zum Kapitel 2

Aufgabe 2.1: Anwendung der standardisierten Normalverteilung

Man bestimme die Wahrscheinlichkeit dafür, dass ein Wert aus $N(\mu, \sigma^2)$ in das Intervall $[\mu - 3\sigma, \mu + 3\sigma]$ fällt!

Lösung: Analog Beispiel 2.1 ist

$$P(\mu - 3\sigma \leq x \leq \mu + 3\sigma) = P\left(-3 \leq \frac{x - \mu}{\sigma} \leq 3\right)$$

$$= \frac{1}{\sqrt{2\pi}} \int_{-3}^{+3} e^{-x^2/2} dx$$

$$= \frac{2}{\sqrt{2\pi}} \int_{0}^{3} e^{-x^2/2} dx \approx 0{,}997.$$

Wegen der geringen Abweichung von Eins hat es also seine Berechtigung, dass man in der konventionellen Fehlerlehre den Wert 3σ als *Maximalfehler* bezeichnet.

Aufgabe 2.2: Vergleich von Normal- und Rayleigh-Verteilung

Unter welcher Voraussetzung haben Normal- und Rayleigh-Verteilung, wie in Abbildung 5.4 dargestellt, den gleichen Erwartungswert und die gleiche Varianz?

Lösung: Da die Rayleigh-Verteilung von genau einem Parameter abhängt, ist das Verhältnis $\mathsf{E}X/\mathsf{D}X = \sqrt{\pi/(4-\pi)} \approx 1{,}91$ konstant (vgl. Beispiel 2.2). Das gleiche Verhältnis muss dann auch für $N(\mu, \sigma^2)$ gelten: $\mu/\sigma \approx 1{,}91$.

Aufgabe 2.3: Exponentialverteilte Flusslängen

Üblicherweise werden Flusslängen als exponentialverteilte ZG X mit der Dichte

$$f(x) = \lambda e^{-\lambda x} \quad (x > 0, \lambda > 0) \quad \text{und} \quad \mathsf{E}X = 1/\lambda, \quad \mathsf{D}^2 X = 1/\lambda^2$$

angenommen, z. B. bei Töpfer (1979). Da beliebig kurze Fließgewässer nicht vorkommen bzw. als solche in Karten nicht dargestellt sind, sollte man diese Verteilung realistischerweise modifizieren, und zwar so, dass die exponentielle Abnahme erhalten bleibt!

Lösung: Es existiere eine (in Karten maßstabsabhängige) Mindestlänge $l > 0$, so dass

$$f(x) = \lambda e^{-\lambda(x-l)} \quad (x > l, \lambda > 0), \quad \mathsf{E}X = (1/\lambda) + l, \quad \mathsf{D}^2 X = 1/\lambda^2.$$

Aufgabe 2.4: Trefferwahrscheinlichkeit

Das Runde muss ins Eckige! Elfmeterflachschüsse treffen häufiger in die Torecken als in die Mitte. Die Trefferlage werde durch eine Wahrscheinlichkeitsverteilung mit der Dichte

$$f(x) = \frac{1}{\pi} \frac{1}{\sqrt{a^2 - x^2}} \quad (|x| < a),$$

und der um den Ballhalbmesser verminderten halben Torbreite a approximiert. Wieviel Prozent der Treffer gehen in einen mittleren Bereich zwischen $-a/2$ und $+a/2$ und wieviele in die Eckbereiche?

Aufgabe 2.5: Dichtefunktion der dreidimensionalen Normalverteilung

Man stelle die Dichtefunktion (2.34) der n-dimensionalen Normalverteilung im Falle erwartungswertzentrierter Komponenten ($\mathbf{m} = \mathbf{0}$) mit jeweils gleicher Varianz, so dass $\mathbf{C} = \sigma^2 \varrho$, Korrelationsmatrix ϱ wie (2.32), für $n = 3$ explizit dar!

Aufgabe 2.6: Kovarianzmatrix zweiter Differenzen

Aus einer äquidistanten Folge von ZG $\{X_i; i = 1, 2, \ldots\}$ mit jeweils gleicher Varianz σ_x^2 seien vier benachbarte herausgegriffen. Die direkten Nachbarn X_i, X_{i+1} seien jeweils mit ϱ_1, die nächstbenachbarten X_i, X_{i+2} mit ϱ_2 und die übernächst benachbarten X_i, X_{i+3} mit ϱ_3 korreliert. Gesucht ist die Kovarianzmatrix $\mathbf{C}_{\Delta^2 \mathbf{X} \Delta^2 \mathbf{X}}$ des ZV $\Delta^2 \mathbf{X} := [X_3 - 2X_2 + X_1, \ X_4 - 2X_3 + X_2]^\top$.

Kapitel 3

Zufällige Funktionen und Felder

3.1 Grundbegriffe und Definitionen

Zufällig schwankende Funktionen und zufällig strukturierte Felder kommen in Natur und Technik in nahezu unüberschaubarer Fülle vor. Sie reichen von den periodischen Funktionen als determinierten Grenzfall bis zu „gebrochenen", nicht differenzierbaren, ja chaotischen Vorgängen und Strukturen. Das allen *gemeinsame* mathematische Modell ist der *Zufallsprozess* (ZP; *random process*) oder *stochastische Prozess* (*stochastic process*). Hier beschränken wir uns auf die wichtigsten Grundlagen, besonders auf jene, die wir in den stochastisch-geometrisch orientierten Abschnitten häufig benötigen. Das dürfte umso eher erlaubt sein, als es über die ZP eine umfangreiche Literatur gibt. An Grundlagenwerken nennen wir Wiener (1950), Jaglom (1959), Sweschnikow (1965, 1968), Rosanow (1975), Papoulis (1991), bezüglich der zufälligen Felder Whittle (1954, 1963), Obuchow (1958), Nayak (1971), Adler (1981). Darüber hinaus existiert ein breites Spektrum anwendungsorientierter Arbeiten, Monographien und Lehrbücher, in den Geowissenschaften einschließlich der Geostatistik sowie in der Signalanalyse und -verarbeitung, u. a. von Bartels (1935), Taubenheim (1969), Grafarend (1976), Meier (1981b), Anděl (1984), Schönwiese (1985), Meier und Keller (1990), Christakos (1992), Koch und Schmidt (1994). – Am Anfang stehe die Definition des eindimensionalen ZP.

Definition 3.1. Eine geordnete Menge von Zufallsgrößen $X(t)$, die von einem Parameter t abhängen, der in einer gewissen Zahlenmenge T variiert, heißt *Zufallsprozess* oder *stochastischer Prozess*.

Den Parameter t bezeichnet man gewöhnlich als Zeit, obwohl er auch eine Ortskoordinate sein kann. Ist T diskret, so spricht man von *ZP mit diskreter Zeit*, andernfalls von *ZP mit stetiger Zeit*. Erstere bezeichnet man auch als *zufällige Folgen* oder als *Zeitreihen* (*time series*). Sind die Prozesswerte diskret (stetig), hat man *ZP mit diskreter (stetiger) Ordinate*. Außer der genannten Klassifizierung ist die Einteilung nach weiteren Gesichtspunkten möglich: differenzierbare oder nicht-differenzierbare ZP; stationäre oder instationäre ZP; reellwertige oder komplexwertige ZP; eindimensionale, zweidimensionale (ebene), allgemein n-dimensionale ZP. Außer den ZP im $\mathbb{R}^n$ gibt es solche auf der Kugel (*sphärische Prozesse*). In Anwendungen unterscheidet man gelegentlich (fehlerfreie) *Signalprozesse* und *Fehlerprozesse* (*Rauschen; noise*). Eine zentrale Bedeutung in der Modellbildung, auch der stochastisch-geometrischen, hat der *stationäre* Gauß-*Prozess*. Er besitzt gewisse zeitunabhängige Eigenschaften und seine Ordinaten sind normalverteilt.

Einen ZP $X(t)$ kann man, ebenso wie eine ZG, als ein Ensemble von Realisierungen $\{x_k(t); k = 1, 2, \dots\}$ auffassen (Abbildung 3.1) und an jeder festen Stelle $t_i \in T$ ist $X(t_i)$ eine ZG. Ebenso wie die ZG sind die Eigenschaften der ZP durch Verteilungsfunktionen bestimmt. Diese sind allerdings mehrdimensional und, wenn überhaupt, nur mit hohem Aufwand zu erschließen. Deshalb beschränkt man sich auch hier auf die Momente 1. und 2. Ordnung (= *Korrelationstheorie* stochastischer Prozesse).

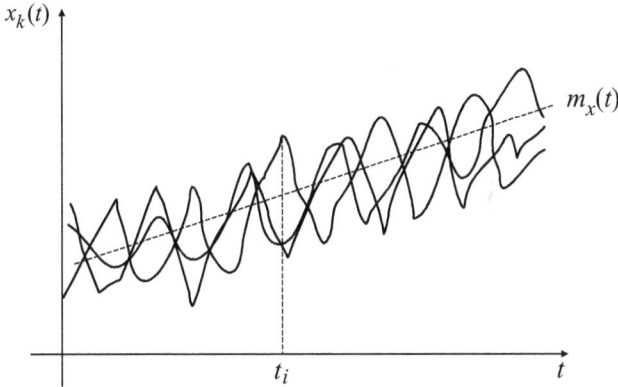

Abbildung 3.1. Prozessrealisierungen $x_k(t)$ mit linear ansteigender Mittelwertfunktion $m_x(t)$.

Definition 3.2. Eine auf T definierte Funktion m_X heißt *Erwartungswertfunktion (expectation value function)* oder *Mittelwertfunktion* des Prozesses $X(t)$, wenn für alle $t \in T$ die Beziehung

$$m_X(t) = \mathsf{E}\{X(t)\} \tag{3.1}$$

gilt.

Definition 3.3. Eine auf $T \times T$ definierte Funktion C_{XX} heißt *Autokovarianzfunktion* (AKF; *auto covariance function*; ACF), wenn für alle $t', t'' \in T$ die Beziehung

$$C_{XX}(t', t'') = \mathsf{E}\{[X(t') - m_X(t')][X(t'') - m_X(t'')]\} \tag{3.2}$$

gilt.

Wenn $t' = t'' =: t$, folgt aus (3.2)

$$C_{XX}(t) = \mathsf{E}\{[X(t) - m_X(t)]^2\} =: \sigma_X^2(t). \tag{3.3}$$

Prozess-eigenschaften	Korrelationseigenschaften	
	Symmetrie	Beschränktheit
Instationär	$C_{XX}(t', t'') = \overline{C_{XX}(t'', t')}$ $C_{XY}(t', t'') = \overline{C_{YX}(t'', t')}$	$2\|\mathrm{Re}\{C_{XX}(t', t'')\}\|$ $\leq C_{XX}(t', t') + C_{XX}(t'', t'')$ $\|C_{XY}(t', t'')\|$ $\leq [C_{XX}(t', t')C_{YY}(t'', t'')]^{1/2}$
Stationär	$C_{XX}(\tau) = \overline{C_{XX}(-\tau)}$ $C_{XY}(\tau) = \overline{C_{YX}(-\tau)}$	$\|\mathrm{Re}\{C_{XX}(\tau)\}\| \leq C_{XX}(0)$ $\|C_{XY}(\tau)\| \leq [C_{XX}(0)C_{YY}(0)]^{1/2}$

Tabelle 3.1. Auto- und Kreuzkorrelationseigenschaften eindimensionaler Prozesse $X(t)$, $Y(t)$. $\overline{C}$ ist die zu C konjugierte-komplexe Funktion, für reellwertige Prozesse identisch mit C. $\tau := t'' - t'$.

Die Funktion (3.3) heißt *Varianzfunktion* (*variance function*) und die *normierte* AKF

$$K_{XX}(t', t'') = C_{XX}(t', t'')/[C_{XX}(t', t')C_{XX}(t'', t'')]^{1/2} \qquad (3.4)$$

Korrelationsfunktion (*correlation function*). Wenn $t' = t''$, nimmt (3.4) den Maximalwert Eins an.

Mit der linearen Mittelwertfunktion (3.1) und der quadratischen Mittelwertfunktion (3.2) werden wesentliche Prozesseigenschaften erfasst: $m_X(t)$ beschreibt das mittlere Verhalten von $X(t)$ entlang t (vgl. Abbildung 3.1), $\sigma_X^2(t)$ die mittlere Schwankung um $m_X(t)$. Außerdem enthält (3.2) bzw. (3.4) den Grad der Abhängigkeit (Korrelation, Erhaltung, Persistenz, Kopplung) zwischen beliebigen Paaren $X(t')$, $X(t'')$. Die AKF (3.2) ist eine symmetrische und beschränkte Funktion (siehe Tabelle 3.1, oben), außerdem eine positiv-semidefinite, ausgedrückt durch

$$\iint_{-\infty}^{+\infty} C(t', t'')f(t')f(t'')dt'dt'' \geq 0 \qquad (3.5)$$

für eine beliebige reelle Funktion f. Diese Eigenschaft besagt, dass $|C(t', t'')|$ bei zunehmendem $|t'' - t'|$ „genügend rasch" abnehmen muss; mit anderen Worten: Weit auseinander liegende Prozesswerte sind i. Allg. schwächer korreliert als benachbarte.

Sind nun die ersten beiden Momente bekannt bzw. geschätzt worden, so kann man $X(t)$ aus diesen *Kennfunktionen mit verdichteter Information* trotzdem nicht rekonstruieren, weil i. Allg. beliebig viele Realisierungsmöglichkeiten bestehen. Dieser Tatbestand zwingt zu (dauerhafter) *Messwertspeicherung*. In der Mittelbildung muss Information verloren gegangen sein; es betrifft gerade die Phaseninformation: Die AKF bewertet *keine* Phasenbeziehungen. Besteht der ZP aus genau einer Realisierung und sind in dieser alle Informationen enthalten, bezeichnet man ihn als *ergodisch*. Mitunter liegt nur eine einzige Realisierung $x(t)$ vor. Die Annahme der Ergodizität als *Arbeitshypothese* ist nur zulässig, wenn man $x(t)$ in Teilstücke zerlegen kann, die „weitgehend voneinander unabhängig" sind; mit anderen Worten: Die AKF muss „genügend rasch" abklingen. Diese Bemerkungen gelten auch für mehrdimensionale ZP, denn letztere sind natürliche Verallgemeinerungen des eindimensionalen.

Definition 3.4. Ein Prozess $X = X(x_1, x_2, \ldots, x_n)$, der von den reellen Variablen $x_1, x_2, \ldots, x_n$ abhängt, heißt *n-dimensionaler Zufallsprozess* oder *skalares Zufallsfeld*.

Die 1. und 2. Momente skalarer Felder sind ebenso definiert wie im 1D-Fall (3.1) bis (3.4). Lediglich die Zeit t ist in der Erwartungswertfunktion (3.1) und in der Varianzfunktion (3.3) durch den Vektor $\mathbf{x} = [x_1, x_2, \ldots, x_n]^\top$ zu ersetzen und in der AKF (3.2) sowie in der Korrelationsfunktion (3.4) stehen anstelle t', t'' die apostrophierten Vektoren $\mathbf{x}', \mathbf{x}''$ (vgl. auch Tabelle 3.4, oben).

Definition 3.5. Ein Zufallsprozess $\mathbf{X} = [X_1, X_2, \ldots, X_m]^\top$, dessen Komponenten die i. Allg. mehrdimensionalen Prozesse $X_1(\mathbf{x}), X_2(\mathbf{x}), \ldots, X_m(\mathbf{x})$ sind, heißt *n-dimensionaler vektorieller Zufallsprozess* (zu m Komponenten; kurz *Vektorprozess*) oder *vektorielles Zufallsfeld*.

Um die Eigenschaften 1. und 2. Ordnung solcher Felder vollständig zu beschreiben, braucht man die 1. und 2. Momente *aller* Komponenten $X_i(\mathbf{x})$; $i = 1, 2, \ldots, m$, also von skalaren Feldern wie o. a., außerdem die sog. gemischten Momente 2. Ordnung zwischen *allen* Paaren $X_i(\mathbf{x})$, $X_k(\mathbf{x})$, $i \neq k$.

Die Definitionen 3.4 und 3.5 entsprechen gut den geowissenschaftlichen Aufgabenstellungen: Es sind sowohl rein ortsabhängige Skalar- und Vektorfelder $X(\mathbf{x})$, $\mathbf{X}(\mathbf{x})$ als auch orts- und zeitabhängige Felder $X(\mathbf{x}; t)$, $\mathbf{X}(\mathbf{x}; t)$ zu beschreiben oder zu analysieren. Sei z. B. ein natürliches Relief $h(x_1, x_2)$ die Realisierung eines ebenen Skalarfeldes $H(x_1, x_2)$. Dann ist die Oberflächenneigung $\mathrm{grad}\, h = [\partial h/\partial x_1, \partial h/\partial x_2]^\top$ die Realisierung eines ebenen Vektorfeldes $\mathrm{grad}\, H$ mit zwei Komponenten und die stochastischen Eigenschaften von H pflanzen sich auf $\mathrm{grad}\, H$ fort. Weiteres dazu folgt im Abschnitt 3.3.2.

3.2 Eindimensionale stationäre Zufallsprozesse

3.2.1 Darstellung im Zeit- und Frequenzbereich

Wenn sich die stochastischen Eigenschaften eines ZP im Zeitverlauf nicht ändern, heißt er stationär, andernfalls nicht- oder instationär. Indem man stationäres Verhalten voraussetzt, wird zwar die Anwendungsbreite eingeengt, jedoch hat man zur Lösung praktischer Aufgaben wirkungsvollere Hilfsmittel zur Hand und viele Prozessabläufe können leichter und/oder vollständiger beherrscht werden. Auch wir werden in den stochastisch-geometrischen Untersuchungen von einer solchen Annahme profitieren.

Definition 3.6. Ein Zufallsprozess $X(t)$ heißt *im weiteren Sinne stationär*, wenn für beliebige $t', t'' \in T$ die Beziehungen

$$m(t') = m(t''), \quad C(t', t'') = C(t'' - t') = C(\tau) \tag{3.6}$$

gelten.

Die AKF eines im weiteren Sinne stationären ZP ist eine gerade und beschränkte Funktion (vgl. Tabelle 3.1, unten). Mit $m = $ const, $C(0) =: \sigma^2 = $ const, $\tau := t'' - t'$ (Zeitdifferenz, -verschiebung; *time lag*) bezieht sich diese Art von Stationarität auf die Momente 1. und 2. Ordnung. (Wenn nur $m = $ const und/oder $\sigma^2 = $ const benutzt man in Anwendungen gelegentlich Begriffe wie mittelwert- und/oder varianz-stationär.) *Stationär im engeren Sinne* heißen ZP, wenn sich die mehrdimensionalen Verteilungen bei Verschiebung des Zeitursprungs ($t \mapsto t + \tau$) nicht ändern. Beide Stationaritätsbegriffe fallen genau dann zusammen, wenn der ZP ein Gauß-Prozess ist.

Häufig betrachtet man *Modellprozesse* oder approximiert empirisch geschätzte AKF durch Modellfunktionen. Entsprechend der Vielfalt natürlicher Prozessabläufe ist die Auswahl groß (vgl. z. B. Meier und Keller, 1990, Anhänge A1 bis A3, S. 190–197). Gewisse Parameter solcher Funktionen dienen dazu, spezielle AKF-Eigenschaften auszudrücken; z. B. charakterisiert die *Korrelationslänge* oder *Halbwertsbreite* τ_0, festgelegt durch $C(\tau_0) = C(0)/2 = \sigma^2/2$, das Abklingen der AKF. ZP mit diskreter Zeit $\{X_k = X(t_k); k = 0, 1, 2, \ldots\}$ haben auch eine diskrete AKF. Ist $\{X_k\}$ insbesondere eine äquidistante Folge von Prozesswerten im Abstand $t_{k+1} - t_k =: \Delta$, dann ist die zugehörige AKF $C = C(j\Delta); j = 0, \pm 1, \pm 2, \ldots$; siehe auch Abbildung 5.7.

Nach einer fundamentalen Entdeckung von J. P. Fourier aus dem Jahre 1811 lässt sich jede auf einem endlichen Intervall gegebene periodische Funktion und jede absolut integrierbare aperiodische Funktion spektral zerlegen. Die duale Betrachtungsweise solcher Funktionen im Zeit- und im Frequenzbereich erhöht die Anschaulichkeit und bietet gewichtige Rechenvorteile. N. Wiener und A. J. Chintschin haben (unabhängig voneinander) die Spektralzerlegung auf stationäre ZP erweitert. Unbeschadet der gängigen Praxis, endliche oder Teilstücke unendlich ausgedehnter Prozessrealisierungen $x(t)$ nach Fourier zu transformieren (*Amplitudenspektren*), erstreckt sich die spektrale Betrachtungsweise stationärer ZP auf die über $\tau \in (-\infty, +\infty)$ beschränkte und daher absolut integrierbare AKF $C(\tau)$, theoretisch fundiert im

Theorem von Wiener/Chintschin. *Die Funktion $C(\tau)$ ist genau dann die AKF eines im weiteren Sinne stationären Prozesses, wenn eine nicht-negative Funktion $S(\omega)$*

existiert, so dass

$$C(\tau) = \mathcal{F}^{-1}\{S(\omega)\}, \quad S(\omega) = \mathcal{F}\{C(\tau)\} \tag{3.7}$$

gilt.

Die Funktion $S(\omega)$ mit der Kreisfrequenz $\omega = 2\pi\nu$ heißt *Spektraldichte* (*spektrale Leistungsdichte, Leistungsspektrum*; *power spectrum*). $\mathcal{F}$ und $\mathcal{F}^{-1}$ sind die Symbole der Fourier-Transformation (FT) und der inversen FT, wozu es verschiedene Schreibweisen gibt. Nachfolgend sind die Faktoren der FT gerade so gewählt, dass man im sog. Faltungssatz keinen zusätzlichen Faktor braucht. Die Transformationen (3.7) sind dann ausgeschrieben

$$\begin{aligned}
S(\omega) &= \int_{-\infty}^{+\infty} C(\tau)e^{-j\omega\tau}d\tau \\
&= \int_{-\infty}^{+\infty} C(\tau)\cos\omega\tau d\tau - j\int_{-\infty}^{+\infty} C(\tau)\sin\omega\tau d\tau \\
&= 2\int_0^{\infty} C(\tau)\cos\omega\tau d\tau, \tag{3.8}
\end{aligned}$$

$$\begin{aligned}
C(\tau) &= \frac{1}{2\pi}\int_{+\infty}^{+\infty} S(\omega)e^{j\omega\tau}d\omega \\
&= \frac{1}{2\pi}\int_{-\infty}^{+\infty} S(\omega)\cos\omega\tau d\omega + \frac{j}{2\pi}\int_{-\infty}^{+\infty} S(\omega)\sin\omega\tau d\omega \\
&= \frac{1}{\pi}\int_0^{\infty} S(\omega)\cos\omega\tau d\omega. \tag{3.9}
\end{aligned}$$

Die Realteile entsprechen der Fourier-Kosinus-, die Imaginärteile der Fourier-Sinus-Transformation. Letztere verschwinden, weil die Integranden ungerade sind, so dass sich (3.8), (3.9) auf die Fourier-Kosinus-Transformation reduziert. Ebenso wie $C(\tau)$ ist $S(\omega)$ eine gerade Funtion: $S(-\omega) = S(\omega)$. Außerdem ist sie nicht-negativ, $S(\omega) \geq 0$, und beschränkt, denn aus (3.9) folgt

$$0 < C(0) = \sigma^2 = \frac{1}{\pi}\int_0^{\infty} S(\omega)d\omega < +\infty. \tag{3.10}$$

Für reale stationäre ZP existiert das sog. *Leistungsintegral* (3.10) immer.

Beispiel 3.1: Breitbandrauschen

Das Breitbandrauschen ist ein stationärer ZP mit konstanter Spektraldichte bis zu einer oberen Grenzfrequenz ω_g:

$$S(\omega) = \begin{cases} S_0 & \text{für } |\omega| \leq \omega_g \\ 0 & \text{für } |\omega| > \omega_g. \end{cases} \tag{3.11}$$

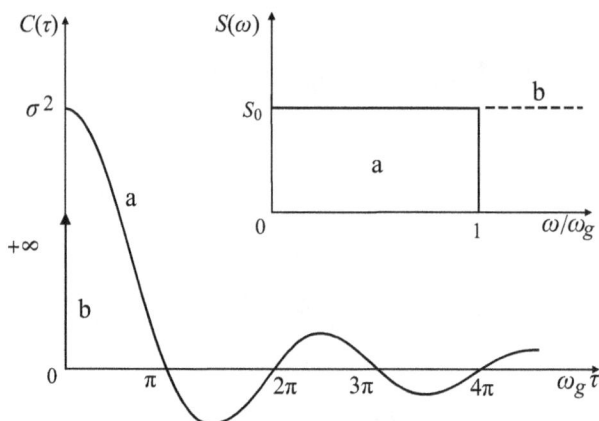

Abbildung 3.2. AKF $C(\tau)$ und Spektraldichte $S(\omega)$ des breitbandigen (a) und des weißen Rauschens (b).

Eingesetzt in (3.9) ergibt sich die AKF zu

$$C(\tau) = \frac{S_0}{\pi} \int_0^{\omega_g} \cos \omega \tau \, d\omega = \frac{S_0}{\pi} \frac{\sin \omega \tau}{\tau} \bigg|_0^{\omega_g} = \frac{S_0 \omega_g}{\pi} \cdot \frac{\sin \omega_g \tau}{\omega_g \tau},$$

$$C(\tau) = \sigma^2 K(\tau), \quad \sigma^2 = S_0 \omega_g / \pi, \quad K(\tau) = \mathrm{sinc}(\omega_g \tau). \tag{3.12}$$

Die Korrelationsfunktion $K(\tau)$ ist die Spaltfunktion mit abklingenden, wechselnd positiven und negativen Werten, getrennt durch die Nullstellen bei $\tau_k = k\pi/\omega_g$; $k = 1, 2, \ldots$ (Abbildung 3.2).

Die Korrelationslänge ist $\tau_0 \approx 1{,}9/\omega_g$. Je breiter das Spektralband, umso rascher fällt die AKF ab. Im Grenzfall

$$\frac{S_0}{\pi} \lim_{\omega_g \to \infty} \frac{\sin \omega_g \tau}{\tau} = S_0 \delta(\tau)$$

entartet die AKF zu einem Dirac-Impuls $\delta(\tau)$. In Analogie zur Optik (Spektralfarben) bezeichnet man diesen entarteten Prozess als *weißes Rauschen*. Seine Ordinaten sind für beliebige, insbesondere für beliebig kleine Abstände $\tau, \tau \neq 0$, unkorreliert. Wegen $C(0) \to \infty$, d. h. unbeschränkte Varianz oder Leistung, kann ein solcher ZP real nicht existieren, ist jedoch gut geeignet, um chaotische Fluktuationen mit extrem schwach korrelierten Prozesswerten oder auch Messfehlern zu beschreiben.

3.2.2 Lineare Transformationen und Prozesspaare

Unterwirft man den ZP $X(t)$ einer linearen Transformation, dann pflanzen sich seine Eigenschaften, ebenso wie jene der ZG (Abschnitt 2.4), auf den transformierten ZP $Y(t)$ fort.

Beispiel 3.2: Linearkombination

Der transformierte ZP sei $Y(t) = aX(t) + b$. Sein Erwartungswert ist $m_Y = \mathsf{E}Y = a\mathsf{E}X + b$ und seine AKF berechnet sich lt. Definition in (3.2) und (3.6) wie folgt:

$$C_{YY}(\tau) = \mathsf{E}\{[Y(t) - m_Y][Y(t + \tau) - m_Y]\}$$
$$= \mathsf{E}\{[(aX(t) + b) - (am_X + b)][aX(t + \tau) + b) - (am_X + b)]\}$$
$$= a^2\mathsf{E}\{[X(t) - m_X][X(t + \tau) - m_X]\} = a^2 C_{XX}(\tau). \qquad (3.13)$$

Speziell ist $C_{YY}(0) = a^2 C_{XX}(0)$, d.h. $\sigma_Y^2 = a^2\sigma_X^2$ wie (2.38). Die zugehörige Spektraldichte ist lt. Definition (3.7)

$$S_{YY}(\omega) = \mathcal{F}\{C_{YY}(\tau)\} = a^2\mathcal{F}\{C_{XX}(\tau)\}, \quad S_{YY}(\omega) = a^2 S_{XX}(\omega). \qquad (3.14)$$

Beispiel 3.3: Differentiation

Die Ableitung $X'(t)$ eines im weiteren Sinne stationären ZP $X(t)$ im quadratischen Mittel existiert genau dann, wenn seine AKF (mindestens) zweimal differenzierbar ist. Die sog. Quadratmittelableitung $X'(t)$ ist ebenfalls stationär und es gilt (ohne Beweis; zu erbringen in Übungsaufgabe 3.4)

$$\mathsf{E}\{X'(t)\} = 0, \quad C_{X'X'}(\tau) = -C_{XX}''(\tau), \quad S_{X'X'}(\omega) = \omega^2 S_{XX}(\omega). \qquad (3.15)$$

Fortpflanzungsregeln wie (3.15) gibt es auch für höhere Ableitungen. In Tabelle 3.2 sind sie sowohl für stationäre als auch für instationäre ZP zusammengestellt, desgleichen Fortpflanzungsregeln für Integraltransformationen mit endlichen Grenzen. Wenn im Beispiel 3.2 $Y(t)$ aus $X(t)$ und im Beispiel 3.3 $X'(t)$ aus $X(t)$ hervorgeht, dann sind $Y(t)$ mit $X(t)$ und $X'(t)$ mit $X(t)$ verwandt. Ihre Verbundeigenschaften beschreibt man mit Hilfe gemischter Momente 2. Ordnung.

Definition 3.7. Die Funktion

$$C_{XY}(t', t'') := \mathsf{E}\{[X(t') - m_X(t')][Y(t'' - m_Y(t'')]\} \qquad (3.16)$$

heißt *Kreuzkovarianzfunktion* (KKF; *cross covariance function*, CCF) und die *normierte* KKF

$$K_{XY}(t', t'') := C_{XY}(t', t'')/[C_{XX}(t', t')C_{YY}(t'', t'')]^{1/2} \qquad (3.17)$$

Kreuzkorrelationsfunktion (cross correlation function) der Prozesse X, Y.

Die Eigenschaften der KKF sind, gemeinsam mit jenen der AKF, in Tabelle 3.1 zusammengestellt. Neben der Beschränktheit beachte man die Vertauschungsregel $XY \leftrightarrow YX, t' \leftrightarrow t''$. Selbst wenn X, Y im weiteren Sinne stationär sind, *kann* C_{XY} von t', t'' einzeln abhängen. Andernfalls gilt

Linearer transformierter Prozess $Y(t)$	AKF C_{YY}		Spektraldichte S_{YY}
	X instationär	X stationär	X stationär
$aX(t) + b$	$a^2 C_{XX}(t', t'')$	$a^2 C_{XX}(\tau)$	$a^2 S_{XX}(\omega)$
$\dfrac{d}{dt}X(t)$	$\dfrac{\partial^2}{\partial t' \partial t''}C_{XX}(t', t'')$	$-\dfrac{d^2}{d\tau^2}C_{XX}(\tau)$	$\omega^2 S_{XX}(\omega)$
$\dfrac{d^n}{dt^n}X(t)$	$\dfrac{\partial^{2n}}{\partial t'^n \partial t''^n}C_{XX}(t', t'')$	$(-1)^n \dfrac{d^{2n}}{d\tau^{2n}}C_{XX}(\tau)$	$\omega^{2n} S_{XX}(\omega)$
$\displaystyle\int_0^t X(t')dt'$	$\displaystyle\int_0^{t_1}\int_0^{t_2} C_{XX}(t', t'')dt'dt''$	$\displaystyle\int_0^{t_1}\int_0^{t_2} C_{XX}(t''-t')dt'dt''$	
$\displaystyle\int_0^t p(t,t')X(t')dt'$	$\displaystyle\int_0^{t_1}\int_0^{t_2} p_1 p_2 C_{XX}(t', t'')dt'dt''$ $p_1 = p(t_1, t')$	$\displaystyle\int_0^{t_1}\int_0^{t_2} p_1 p_2 C_{XX}(t''-t')dt'dt''$ $p_2 = p(t_2, t'')$	

Tabelle 3.2. AKF und Spektraldichten linear transformierter eindimensionaler Prozesse $Y(t)$. $\tau := t'' - t'$.

Definition 3.8. Zwei stationäre Prozesse X, Y heißen *stationär verbunden*, wenn

$$C_{XY}(t', t'') = C_{XY}(t'' - t') = C_{XY}(\tau). \tag{3.18}$$

Auch hier beachte man die Vertauschungsregel in Tabelle 3.1: $XY \leftrightarrow YX$, $\tau \leftrightarrow -\tau$.

Definition 3.9. Die der KKF $C_{XY}(\tau)$ äquivalente Kennfunktion im Frequenzbereich $S_{XY}(\omega)$ heißt *gegenseitige Spektraldichte* oder *Kreuzspektraldichte* (*cross spectrum*) der stationär verbundenen Prozesse X, Y:

$$S_{XY}(\omega) = \mathcal{F}\{C_{XY}(\tau)\} := \int_{-\infty}^{+\infty} C_{XY}(\tau) e^{-j\omega\tau} d\tau, \tag{3.19}$$

$$C_{XY}(\tau) = \mathcal{F}^{-1}\{S_{XY})(\omega)\} := \frac{1}{2\pi} \int_{-\infty}^{+\infty} S_{XY}(\omega) e^{+j\omega\tau} d\omega. \tag{3.20}$$

Die Eigenschaften der Kreuzspektraldichte folgen aus jenen der KKF und der FT. Die KKF ist i. Allg. weder gerade noch ungerade. Ihr Maximum liegt i. allg. an einer Stelle $\tau \neq 0$. Das ist jene Verschiebung, für welche $X(t)$ die größte „Ähnlichkeit" mit $Y(t + \tau)$ hat. Daraus folgt, dass $S_{XY}(\omega)$ i. Allg. eine *komplexwertige* Funktion ist, in exponentieller Schreibweise

$$S_{XY}(\omega) = |S_{XY}(\omega)| e^{j\varphi(\omega)}, \quad \tan\varphi = \text{Im}\{S_{XY}\}/\text{Re}\{S_{XY}\},$$

$$|S_{XY}(\omega)|^2 = [\text{Re}\{S_{XY}\}]^2 + [\text{Im}\{S_{XY}\}]^2 = S_{XY}\overline{S_{XY}}. \tag{3.21}$$

Aus dieser Darstellung ersieht man, dass S_{XY} (und damit auch C_{XY}) eine *relative Phaseninformation* $\varphi(\omega)$ enthält: Es ist die mittlere Phasenverschiebung des Anteils von X gegenüber dem Anteil von Y auf ω. Der Betrag $|S_{XY}(\omega)|$ oder auch $|S_{XY}(\omega)|^2$ heißt *Kohärenz* und

$$\varkappa(\omega) := |S_{XY}(\omega)|^2 / S_{XX}(\omega) S_{YY}(\omega) \quad (0 \leq \varkappa \leq 1) \tag{3.22}$$

normierte Kohärenz. Diese Funktionen geben den Ähnlichkeitsgrad von X, Y auf ω an, und zwar unabhängig von der Zeitverschiebung zwischen X und Y.

Beispiel 3.4: Algebraische Summe

Gegeben seien die stationären und stationär verbundenen ZP X, Y, ihre AKF C_{XX}, C_{YY} und die KKF C_{XY}. Die Erwartungswerte seien o. B. d. A. $\mathsf{E}X = \mathsf{E}Y = 0$.

Gesucht sind die AKF und die Spektraldichte von $Z = X \pm Y$. Wie im Beispiel 3.2 bilden wir zuerst das Produkt $Z(t)Z(t+\tau)$, anschließend beidseitig die Erwartungswerte und beachten die Definitionen der AKF und KKF:

$$Z(t)Z(t+\tau) = [X(t) \pm Y(t)][X(t+\tau) \pm Y(t+\tau)]$$

$$= X(t)X(t+\tau) \pm X(t)Y(t+\tau) \pm Y(t)X(t+\tau) + Y(t)Y(t+\tau),$$

$$C_{ZZ}(\tau) = C_{XX}(\tau) \pm C_{XY}(\tau) \pm C_{YX}(\tau) + C_{YY}(\tau). \tag{3.23}$$

Transformation in den Frequenzbereich:

$$S_{ZZ}(\omega) = S_{XX}(\tau) \pm S_{XY}(\omega) \pm S_{YX}(\omega) + S_{YY}(\omega). \tag{3.24}$$

Wenn X, Y reine Fehlerprozesse sind, dann folgt aus (3.23) für $\tau = 0$ die Fehlervarianz der algebraischen Summe

$$\sigma_Z^2 = \sigma_X^2 \pm 2\sigma_{XY} + \sigma_Y^2,$$

identisch mit (2.40), und im Falle unkorrelierter Fehler

$$\sigma_Z^2 = \sigma_X^2 + \sigma_Y^2,$$

identisch mit (2.41).

Beispiel 3.5: Prozesspaar

Als ein Paar stationärer und stationär verbundener ZP betrachten wir $X(t)$ und die Quadratmittelableitung $X'(t)$. Die AKF und die Spektraldichte von $X'(t)$ sind nach (3.15)

$$C_{X'X'}(\tau) = -C_{XX}''(\tau), \quad S_{X'X'}(\omega) = \omega^2 S_{XX}(\omega).$$

Die Varianz $\sigma_{X'}^2 = -C_{XX}''(0)$ entspricht der Krümmung von C_{XX} im Ursprung, denn es ist

$$K = \frac{1}{R} = \frac{-C_{XX}''(0)}{\{1 + [C_{XX}'(0)]^2\}^{3/2}} = -C_{XX}''(0)$$

wegen $C_{XX}'(0) = 0$; siehe Abbildung 3.3. Für die KKF zwischen X und X' entnimmt man aus Tabelle 3.3 sowie Tabelle 3.1

$$C_{XX'}(\tau) = C_{XX}'(\tau), \quad C_{XX'}(-\tau) = C_{X'X}(\tau),$$

$$C_{X'X}(\tau) = -C_{XX}'(\tau), \quad C_{X'X}(-\tau) = C_{XX'}(\tau),$$

siehe Abbildung 3.3 und die Übungsaufgabe 3.1, ferner die Kreuzspektraldichte

$$S_{XX'}(\omega) = j\omega S_{XX}(\omega), \quad S_{X'X}(\omega) = -j\omega S_{XX}(\omega), \quad j^2 = -1.$$

| Linear transformierte Prozesse | | KKF C_{uv} | | gegenseitige Spektral- |
U(t)	V(t)	X instationär	X stationär	dichte S_{uv}, X stationär
$aX(t)+b$	$cY(t)+d$	$acC_{XY}(t',t'')$	$acC_{XY}(\tau)$	$acS_{XY}(\omega)$
$X(t)$	$\dfrac{d}{dt}X(t)$	$\dfrac{\partial}{\partial t''}C_{XX}(t',t'')$	$\dfrac{d}{d\tau}C_{XX}(\tau)$	$j\omega S_{XX}(\omega)$
$X(t)$	$\dfrac{d^2}{dt^2}X(t)$	$\dfrac{\partial^2}{\partial t''^2}C_{XX}(t',t'')$	$\dfrac{d^2}{d\tau^2}C_{XX}(\tau)$	$-\omega^2 S_{XX}(\omega)$
$\dfrac{d}{dt}X(t)$	$\dfrac{d}{dt}Y(t)$	$\dfrac{\partial^2}{\partial t'\partial t''}C_{XY}(t',t'')$	$-\dfrac{d^2}{d\tau^2}C_{XY}(\tau)$	$+\omega^2 S_{XY}(\omega)$
$\dfrac{d^n}{dt^n}X(t)$	$\dfrac{d^m}{dt^m}Y(t)$	$\dfrac{\partial^{n+m}}{\partial t'^n \partial t''^m}C_{XY}(t',t'')$	$(-1)^n\dfrac{d^{n+m}}{d\tau^{n+m}}C_{XY}(\tau)$	$(-1)^n(j\omega)^n(j\omega)^m S_{XY}(\omega)$
$X(t)$	$\displaystyle\int_0^t q(t,t')Y(t')dt'$	$\displaystyle\int_0^{t_2} q(t_2,t'')C_{XY}(t_1,t'')dt''$	$\displaystyle\int_0^{t_2} q(t_2,t'')C_{XY}(t''-t_1)dt''$	
$\displaystyle\int_0^t p(t,t')X(t')dt'$	$\displaystyle\int_0^t q(t,t')Y(t')dt'$	$\displaystyle\int_0^{t_1}\int_0^{t_2} p_1q_2C_{XY}(t',t'')dt'dt''$ $p_1=p(t_1,t')$	$\displaystyle\int_0^{t_1}\int_0^{t_2} p_1q_2C_{XY}(t''-t')dt'dt''$ $q_2=q(t_2,t'')$	

Tabelle 3.3. KKF und gegenseitige Spektraldichten zwischen linear transformierten eindimensionalen Prozessen $U(t)$, $V(t)$, $\tau := t''-t'$, $j^2=-1$.

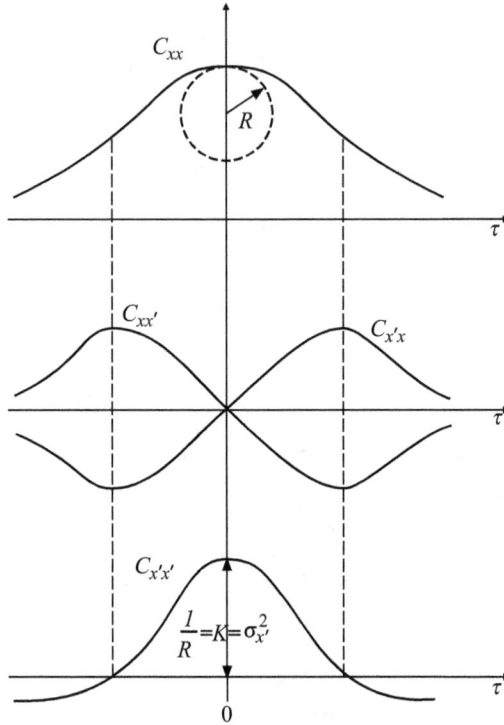

Abbildung 3.3. Auto- und Kreuzkovarianzfunktionen des Prozesspaares X, X'. Erläuterungen im Beispiel 3.5.

Zusammengefasst hat das Prozesspaar X, X' die folgenden Eigenschaften:

(a) X und X' sind stationär verbunden und haben im Spektralbereich den größt-möglichen Ähnlichkeitsgrad $\varkappa(\omega) \equiv 1$. Im Zeitbereich sind sich X und X' bei einer Zeitverschiebung τ^*, gegeben durch $C''_{XX}(\tau^*) = 0$, am ähnlichsten.

(b) Die KKF zwischen X und X' ist eine ungerade Funktion. Deshalb ist die Kreuz-spektraldichte rein imaginär.

(c) Aus $C_{XX'}(0) = C_{X'X}(0)$ folgt, dass X und X' in ein und demselben Zeitpunkt unkorrelierte ZG sind.

(d) Wenn X ein Gauß-Prozess ist, $X \sim N(m, \sigma_X^2)$, dann ist X' ein ebensolcher mit $X \sim N(0, \sigma_{X'}^2)$. In diesem Fall sind X und X' in ein und demselben Zeitpunkt sogar voneinander unabhängig.

Zum letzten Beispiel sei ergänzend bemerkt, dass es auch instationäre ZP gibt, deren 1. Ableitung stationär sein kann. Man bezeichnet sie gelegentlich als *Prozesse mit stationären Zuwächsen*. Ein Elementarbeispiel ist eine lineare Funktion mit additiv überlagertem stationären Rauschen.

3.3 Mehrdimensionale homogene Zufallsprozesse

3.3.1 Darstellung im Orts- und Wellenzahlbereich

Im Abschnitt 3.1 haben wir mehrdimensionale ZP bereits eingeführt, skalare Zufalls-felder mit Definition 3.4 und vektorielle mit Definition 3.5, ferner darauf hingewiesen, dass ihre 1. und 2. Momente die gleiche Struktur wie jene der 1D-ZP haben. Für belie-bige skalare Felder stehen sie in Tabelle 3.4, oben. Der zum stationären 1D-ZP äqui-valente nD-ZP heist *homogener Zufallsprozess*. Damit werden die Verschiebungsinva-rianzen bezüglich der Zeit und des Ortes begrifflich auseinandergehalten, was beson-ders bei orts- *und* zeitabhängigen Feldern wie z. B. in der Meteorologie und Geophy-sik, angezeigt ist. Die AKF homogener ZP hängt nur von den Koordinaten*differenzen* bzw. vom Differenzvektor $\mathbf{r} := \mathbf{x}'' - \mathbf{x}'$ ab (Tabelle 3.4, Mitte). Homogene ZP kön-nen (im statistischen Mittel) richtungsabhängig (anisotrop) oder richtungsunabhängig (isotrop) sein. Die AKF eines homogenen und isotropen ZP hängt nur noch vom ge-genseitigen Abstand zweier Punkte $r = |\mathbf{r}|$ ab (Tabelle 3.4, unten). Parameter, die spe-zielle Eigenschaften der AKF von 1D-ZP beschreiben, sind sinngemäß zu verifizieren; z. B. wird die Korrelationslänge homogener nD-ZP richtungsabhängig. An ebenen ZP ergibt der Schnitt der Fläche $z = {}^2C(\Delta x, \Delta y)$ mit der Ebene $z = {}^2C(0,0)/2$ eine ebene Kurve, die sog. *Halbwertskurve* ${}^2C(\Delta x_0, \Delta y_0) = {}^2C(0,0)/2$ als geo-metrischer Ort aller Punkte $(\Delta x_0, \Delta y_0)$, über denen die AKF ${}^2C(\Delta x, \Delta y)$ auf die Hälfte ihres Nullwertes abgeklungen ist. An ebenen homogen-isotropen ZP mit ro-tationssymmetrischer AKF ist es ein *Halbwertskreis* ${}^2C(r_0) = {}^2C(0)/2$ mit Radius r_0 (siehe Übungsaufgabe 3.3). – Mehrdimensionale zufällige Folgen haben wie die eindimensionalen eine diskrete AKF, z. B. zweidimensionale gleichabständige Folgen eine solche auf regulären Gittern (Abbildung 5.8). Auf einem Quadratgitter mit Weite Δ ist ${}^2C = {}^2C(j\Delta, k\Delta)$; $j, k = 0, \pm1, \pm2, \dots$

	Erwartungs- wertfunktion $m_n(\mathbf{x})$	Autokovarianzfunktion ${}^nC(\mathbf{x}', \mathbf{x}'')$	Varianzfunktion ${}^nC(\mathbf{x}, \mathbf{x})$
Definition	$\mathsf{E}\{X(\mathbf{x})\}$	$\mathsf{E}\{[X(\mathbf{x}') - m(\mathbf{x}')]\cdot$ $[X(\mathbf{x}'') - m(\mathbf{x}'')]\}$	$\mathsf{E}\{[X(\mathbf{x}) - m(\mathbf{x})]^2\}$
Homogenität	$m_n = \text{const}$	${}^nC(\mathbf{x}'' - \mathbf{x}') = {}^nC(\mathbf{r})$	${}^nC(\mathbf{0}) = \text{const}$
Homogenität und Isotropie	$m_n = \text{const}$	${}^nC(|\mathbf{r}|) = {}^nC(r)$	${}^nC(0) = \text{const}$

Tabelle 3.4. Erwartungswert-, Autokovarianz- und Varianzfunktionen n-dimensionaler Zu-fallsprozesse.

Mehrdimensionale homogene ZP lassen sich ebenso wie die eindimensionalen stationären ZP spektral zerlegen. Der AKF $^2C(\mathbf{r})$ wird eine Kennfunktion im Wellenzahlbereich, die vom Vektor $\mathbf{k}$ der Wellenzahlen $k_1, k_2, \ldots, k_n$ abhängige Spektraldichte $^nS(\mathbf{k})$ zugeordnet. Die äquivalente Beschreibung wesentlicher Prozesseigenschaften fußt auf dem

Theorem von Wiener/Chintschin für n-dimensionale homogene Zufallsprozesse.
Die Funktion $^nC(\mathbf{r})$ ist genau dann die AKF eines (im weiteren Sinne) homogenen Prozesses, wenn eine nicht-negative Funktion, die Spektraldichte $^nS(\mathbf{k})$ existiert, so dass

$$^nS(k) = {}^n\mathcal{F}\{^nC(r)\} := \iint_{-\infty}^{+\infty} \cdots \int {}^nC(r)e^{-jk^\top r}dr, \tag{3.25}$$

$$^nC(r) = {}^n\mathcal{F}^{-1}\{^nS(k)\} := \frac{1}{(2\pi)^n} \iint_{-\infty}^{+\infty} \cdots \int {}^nS(k)e^{+jr^\top k}dk. \tag{3.26}$$

Die AKF $^nC(\mathbf{r})$ und die nicht-negative Spektraldichte $^nS(\mathbf{k})$ sind gerade und beschränkte Funktionen und anstelle (3.10) hat man das *Leistungsintegral*

$$^nC(0) = \frac{1}{(2\pi)^n} \iint_{-\infty}^{+\infty} \cdots \int {}^nS(\mathbf{k})d\mathbf{k}. \tag{3.27}$$

Im speziellen Fall homogen-isotroper ZP kann man die rechtwinklig-kartesischen Koordinaten durch verallgemeinerte Polarkoordinaten ersetzen und in (3.25), (3.26) über $n-1$ Variable (Winkel) integrieren, so dass jeweils nur noch *ein* Integral über den

$\mathbb{R}^n$	$^nC(r)$	$^nS(k)$
$n = 1$	$\dfrac{1}{\pi} \displaystyle\int_0^\infty {}^1S(k)\cos(rk)dk$	$2 \displaystyle\int_0^\infty {}^1C(r)\cos(kr)dr$
$n = 2$	$\dfrac{1}{2\pi} \displaystyle\int_0^\infty {}^2S(k)J_0(rk)kdk$	$2\pi \displaystyle\int_0^\infty {}^2C(r)J_0(kr)rdr$
$n = 3$	$\dfrac{1}{2\pi^2} \displaystyle\int_0^\infty {}^3S(k)\dfrac{\sin(rk)}{rk}k^2dk$	$4\pi \displaystyle\int_0^\infty {}^3C(r)\dfrac{\sin(kr)}{kr}r^2dr$

Tabelle 3.5. AKF $^nC(r)$ und Spektraldichten $^nS(k)$ homogener Prozesse im $\mathbb{R}^1$ und homogen-isotroper Prozesse im $\mathbb{R}^2$, $\mathbb{R}^3$ nach dem Theorem von Wiener/Chintschin. Variable: r, k mit $r^2 = \sum_{j=1}^n \Delta x_j^2$, $k^2 = \sum_{j=1}^n k_j^2$; $n = 1, 2, 3$.

räumlichen Abstand $r = |\mathbf{r}|$ oder $k = |\mathbf{k}|$ übrigbleibt. In Tabelle 3.5 sind die Transformationsbeziehungen zwischen $^nC(r)$ und $^nS(k)$ für $n = 1$ (Gerade), $n = 2$ (Ebene) und $n = 3$ (Raum) zusammengestellt. Wie man sieht, ist im 1D- und im 3D-Fall jeweils über trigonometrische Funktionen, im 2D-Fall, der eine gewisse Sonderstellung einnimmt, über die Bessel-Funktion J_0 zu integrieren.

Beispiel 3.6: Ebenes homogen-isotropes Breitbandrauschen

Anstelle eines „Spektralbandes" mit oberer Grenzfrequenz ω_g im 1D-Fall (Beispiel 3.1) hat man eine „Spektralscheibe" mit Radius k_0 und Höhe S_0, so dass

$$^2C(r) = \frac{S_0}{2\pi} \int_0^{k_0} J_0(rk)k\,dk = \frac{S_0 k_0^2}{2\pi} \int_0^1 J_0(k_0 r x)\,dx$$

$$= \sigma^2 2 \frac{J_1(k_0 r)}{k_0 r}, \quad \sigma^2 = \frac{S_0 k_0^2}{4\pi} \tag{3.28}$$

mit der Bessel-Funktion J_1 (Abbildung 3.4). Die Korrelationslänge (= Radius des Halbwertskreises) ist $r_0 \approx 2{,}22/k_0$. Die erste Nullstelle liegt bei $r_1 \approx 3{,}83/k_0$ und das erste Minimum bei $r_2 \approx 5{,}14/k_0$ mit $^2C(r_2) \approx -0{,}1323\sigma^2$.

Im Grenzfall $k_0 \to \infty$ greift man zweckmäßig auf (3.26) zurück:

$$^2C(\mathbf{r}) = \frac{S_0}{4\pi^2} \iint_{-\infty}^{+\infty} e^{+j\mathbf{r}^\top \mathbf{k}}\,d\mathbf{k}$$

$$= \frac{S_0}{4\pi^2} \left\{ \int_{-\infty}^{+\infty} e^{+j\Delta_1 k_1}\,dk_1 \right\} \left\{ \int_{-\infty}^{+\infty} e^{+j\Delta x_2 k_2}\,dk_2 \right\}$$

$$= S_0 \delta(\Delta x_1)\delta(\Delta x_2) \equiv S_0 \delta(r)/\pi r = {}^2C(r), \tag{3.29}$$

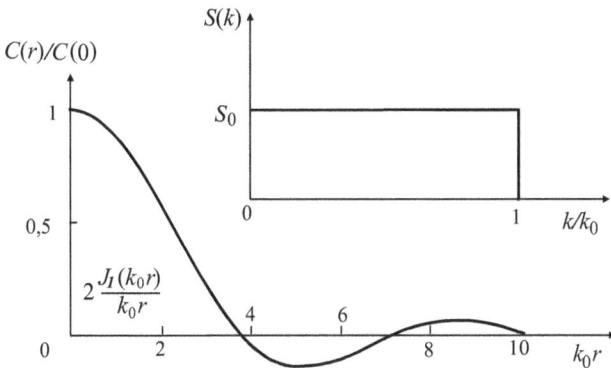

Abbildung 3.4. AKF und Spektraldichte des ebenen homogen-isotropen Breitbandrauschens.

d. h. ein Dirac-Impuls im Ursprung $(0, 0)$. Ebenes (allgemein n-dimensionales) weißes Rauschen ist ein homogen-isotroper ZP mit überall gleicher Spektraldichte und vollständig unkorrelierten Prozesswerten.

3.3.2 Lineare Transformationen und Feldsysteme

Ein n-dimensionaler Prozess $X(\mathbf{x}) = X(x_1, x_2, \ldots, x_n)$ kann bezüglich eines oder mehrerer Argumente x_j linear (oder auch nicht-linear) transformiert werden, z. B.

$$Y_1(\mathbf{x}) = X(ax_1 + b, x_2, \ldots, x_n), \quad Y_2(\mathbf{x}) = \frac{\partial}{\partial x_j} X(x_1, x_2, \ldots, x_n),$$

$$Y_3(\mathbf{x}) = \frac{\partial^2}{\partial x_i \partial x_j} X(x_1, x_2, \ldots, x_n)$$

mit $i = j$ oder $i \neq j$, usf. – Der transformierte Prozess Y ist gegenüber dem ursprünglichen Prozess X in den Argumenten x_j, auf welche die Transformationsvorschrift angewendet wird, verändert, während die Abhängigkeit von den übrigen Argumenten x_k $(k \neq j)$ erhalten bleibt. AKF und KKF transformieren sich im gleichen Sinne wie beim 1D-ZP gemäß Tabellen 3.2, 3.3. Die Transformationsregeln sind jeweils auf diejenigen Argumente anzuwenden, in denen sich X lt. Vorschrift verändert.

Beispiel 3.7: Erste Ableitung eines homogenen Skalarfeldes

Ein homogenes Skalarfeld $X(\mathbf{x})$ werde nach der ersten Variablen abgeleitet: $Y(\mathbf{x}) = \partial X(\mathbf{x})/\partial x_1$. Aus Tabelle 3.2 entnimmt man die AKF und die Spektraldichte

$$C_{YY} = -\frac{\partial}{\partial \Delta x_1^2} C_{XX}, \quad S_{YY} = k_1^2 S_{XX} \tag{3.30}$$

und aus Tabelle 3.3 die KKF und die Kreuzspektraldichte zwischen den Feldern X, Y:

$$C_{XY} = -C_{YX} = \frac{\partial}{\partial \Delta x_1} C_{XX}, \quad S_{XY} = -S_{YX} = jk_1 S_{XX}. \tag{3.31}$$

Beispiel 3.8: Gradient eines ebenen homogenen Skalarfeldes

Der Gradient eines ebenen Skalarfeldes $X(x_1, x_2)$ ist ein ebenes *Vektorfeld* mit den Komponenten $Y_i = \partial X/\partial x_i; i = 1, 2$. Mit Hilfe der Fortpflanzungsregeln in den o. a. Tabellen ergeben sich die AKF und die Spektraldichten der Komponenten Y_i sowie die KKF und die Kreuzspektraldichte zwischen Y_1 und Y_2 in Matrix-Schreibweise zu

$$\mathbf{C}_{Y_i Y_k} = -\begin{bmatrix} \frac{\partial^2}{\partial \Delta x_1^2} & \frac{\partial^2}{\partial \Delta x_1 \partial \Delta x_2} \\ \frac{\partial^2}{\partial \Delta x_2 \partial \Delta x_1} & \frac{\partial^2}{\partial \Delta x_2^2} \end{bmatrix} C_{XX}, \quad \mathbf{S}_{Y_i Y_k} = \begin{bmatrix} k_1^2 & k_1 k_2 \\ k_2 k_1 & k_2^2 \end{bmatrix} S_{XX}, \tag{3.32}$$

ferner die KKF und die Kreuzspektraldichte zwischen X und den Komponenten Y_i in Vektorschreibweise zu

$$\mathbf{C}_{XY_i} = -\mathbf{C}_{Y_iX} = \begin{bmatrix} \frac{\partial}{\partial \Delta x_1} \\ \frac{\partial}{\partial \Delta x_2} \end{bmatrix} C_{XX}, \quad \mathbf{S}_{XY_i} = -\mathbf{S}_{Y_iX} = j \begin{bmatrix} k_1 \\ k_2 \end{bmatrix} S_{XX}. \tag{3.33}$$

Ist das Skalarfeld $X(x_1, x_2)$ zusätzlich isotrop, lassen sich die Beziehungen (3.32), (3.33) noch weiter spezifizieren.

Beispiel 3.9: Gradient eines ebenen homogen-isotropen Skalarfeldes

Das Skalarfeld $X(x_1, x_2)$ sei homogen und isotrop mit der AKF $C_{XX}(\Delta x_1, \Delta x_2) =: C(r)$ und der Spektraldichte $S_{XX}(k_1, k_2) =: S(k)$. Führt man Polarkoordinaten (r, φ), (k, ϑ) ein,

$$\Delta x_1 = r \cos \varphi, \quad \Delta x_2 = r \sin \varphi, \quad r = (\Delta x_1^2 + \Delta x_2^2)^{1/2},$$

$$k_1 = k \cos \vartheta, \quad k_2 = k \sin \vartheta, \quad k = (k_1^2 + k_2^2)^{1/2},$$

erhält man aus (3.32), (3.33) unmittelbar

$$\mathbf{S}_{ik} = k^2 S(k) \begin{bmatrix} \cos^2 \vartheta & \sin \vartheta \cos \vartheta \\ \sin \vartheta \cos \vartheta & \sin^2 \vartheta \end{bmatrix}, \quad \mathbf{S}_i = jkS(k) \begin{bmatrix} \cos \vartheta \\ \sin \vartheta \end{bmatrix} \tag{3.34}$$

mit den Abkürzungen $\mathbf{S}_{Y_iY_k} =: \mathbf{S}_{ik}$, $\mathbf{S}_{XY_i} = \mathbf{S}_{Y_iX} =: \mathbf{S}_i$. Man beachte, dass beim Vertauschen der Feldgrößen $XY_i \to Y_iX$ wegen $\mathbf{S}_{XY_i}(\mathbf{k}) = \mathbf{S}_{Y_iX}(-\mathbf{k})$ der Richtungswinkel $\vartheta \to \vartheta + \pi$, so dass $\cos(\vartheta + \pi) = -\cos \vartheta$, $\sin(\vartheta + \pi) = -\sin \vartheta$. Um die zugehörigen AKF/KKF $\mathbf{C}_{Y_iY_k} =: \mathbf{C}_{ik}$, $\mathbf{C}_{XY_i} = \mathbf{C}_{Y_iX} =: \mathbf{C}_i$ zu erhalten, kann man entweder auf (3.34) die Transformation (3.26), $n = 2$, oder auf die AKF $C(r[\Delta x_1, \Delta x_2])$ die vollständigen Differentiale 2. bzw. 1. Ordnung anwenden, z. B.

$$-C_{11} = C''(r) \left(\frac{\partial r}{\partial \Delta x_1} \right)^2 + C'(r) \frac{\partial^2 r}{\partial \Delta x_1^2}, \quad C_1 = C'(r) \frac{\partial r}{\partial \Delta x_1},$$

$$\frac{\partial r}{\partial \Delta x_1} = \cos \varphi, \quad \frac{\partial^2 r}{\partial \Delta x_1^2} = \frac{\sin^2 \varphi}{r}.$$

Führt man die Rechnung vollständig aus, ergibt sich das Schema der AKF/KKF der Komponenten Y_i zu

$$\mathbf{C}_{ik} = \begin{bmatrix} F(r) + [G(r) - F(r)] \cos^2 \varphi & [G(r) - F(r)] \sin \varphi \cos \varphi \\ [G(r) - F(r)] \sin \varphi \cos \varphi & F(r) + [G(r) - F(r)] \sin^2 \varphi \end{bmatrix} \tag{3.35}$$

oder

$$\mathbf{C}_{ik} = F(r)\delta_{ik} + [G(r) - F(r)] \frac{\Delta x_i \Delta x_k}{r^2}; \quad i, k = 1, 2 \tag{3.36}$$

mit dem Kronecker-Symbol δ_{ik}, $F(r) = -C'(r)/r$, $G(r) = -C''(r)$, $G(r) = F(r) + rF'(r)$, sowie die KKF zwischen X und Y_i zu

$$\mathbf{C}_i = C'(r) \begin{bmatrix} \cos\varphi \\ \sin\varphi \end{bmatrix} = -F(r) \begin{bmatrix} \Delta x_1 \\ \Delta x_2 \end{bmatrix}. \tag{3.37}$$

Das Schema (3.35) bzw. die Gleichung (3.36) bezeichnet man nach ihren Entdeckern als Taylor-Karman-*Beziehung*. Die Komponenten Y_1, Y_2 sind wegen $C_{ii} = C_{ii}(r, \varphi)$ jede für sich ein homogenes, *anisotropes* Skalarfeld, jedoch vereinbart man durch

Definition 3.10. Ein Vektorfeld, deren AKF/KKF der Taylor-Karman-Beziehung (3.35) bzw. (3.36) genügen, heißt *homogen-isotropes Vektorfeld.*

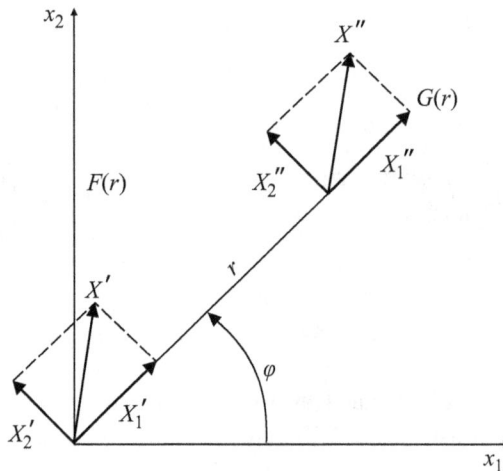

Abbildung 3.5. Längs- und Querkorrelationsfunktionen eines ebenen homogen-isotropen Vektorfeldes. Erläuterungen im Beispiel 3.9.

Man darf sich nun nicht davon täuschen lassen, dass von Isotropie gesprochen wird, obwohl in (3.35) der Winkel φ auftritt. Um den Isotropiebegriff für ein vektorielles Zufallsfeld geometrisch-anschaulich zu deuten, sei folgendes bemerkt: Zerlegt man zwei Vektoren $\mathbf{X}'$; $\mathbf{X}''$, o. B. d. A. in den Punkten $P(0,0)$, $P(r, \varphi)$, in Komponenten X_1', X_1'' parallel und X_2', X_2'' senkrecht zur Richtung φ (Abbildung 3.5), so beschreiben $G(r)$ bzw. $F(r)$ als *drehungsinvariante* Abstandsfunktionen die Korrelation der Vektorkomponenten längs φ bzw. quer dazu. Insbesondere ist

$$\mathbf{C}_{ik}|_{\varphi=0} = \begin{bmatrix} G & 0 \\ 0 & F \end{bmatrix}, \quad \mathbf{C}_{ik}|_{\varphi=\pi/2} = \begin{bmatrix} F & 0 \\ 0 & G \end{bmatrix}. \tag{3.38}$$

Deshalb bezeichnet man $G(r)$ und $F(r)$ bzw. $G(r)/G(0)$ und $F(r)/F(0)$ auch als *Längs-* und *Querkorrelationsfunktionen*. (Empfehlenswert hierzu ist die Übungsaufgabe 3.5.) Der Sonderfall $C_{11} = C_{22} = F \equiv G, C_{12} = C_{21} \equiv 0$ heißt *vollständig isotrop* oder *chaotisch*: Y_1, Y_2 sind isotrop und nicht kreuzkorreliert.

Von der Taylor-Karman-Relation werden wir später mehrfach Gebrauch machen, z. B. beim Beurteilen von korrelierten Längs- und Querfehlern an Linienobjekten. Außerdem beziehen wir uns gelegentlich auf ebene *Prozesse mit homogenen Zuwächsen* und benutzen als Elementarmodell die Schrägebene mit überlagertem homogenen oder homogen-isotropen Rauschen. Schließlich benutzen wir noch den Begriff der *homogen-isotropen Fortsetzung* eines 1D-ZP in einen 2D-ZP. Dazu sind einige Erklärungen nötig.

3.3.3 Bemerkungen zur homogen-isotropen Fortsetzung

Häufig werden rauhe Oberflächen entlang von Profilen gemessen. Aus ihren Autokorrelations- und den Kreuzkorrelationseigenschaften zwischen Parallelprofilen kann man auf Isotropie oder Anisotropien im $\mathbb{R}^2$ schließen (Nayak, 1973). Liegt nur ein einziges (genügend langes) Profil vor, ist es natürlich nicht möglich, Anisotropien im $\mathbb{R}^2$ zu beurteilen. Beim Übergang $\mathbb{R}^1 \to \mathbb{R}^2$ braucht man eine zusätzliche Bedingung, z. B. Isotropie. Das unter dieser Annahme aus einem stationären 1D-ZP erweiterte 2D-Modell heißt *homogen-isotrope Fortsetzung*. Einfacher ist allerdings die Umkehrung $\mathbb{R}^2 \to \mathbb{R}^1$, denn dafür gelten die übersichtlichen Beziehungen

$$m_1 = m_2, \quad {}^1C(\Delta x_1) = {}^2C(\Delta x_2, 0),$$

$$\sigma_1^2 = \sigma_2^2, \quad {}^1S(k_1) = \frac{1}{2\pi} \int_{-\infty}^{+\infty} {}^2S(k_1, k_2)dk_2. \tag{3.39}$$

Um den Übergang $\mathbb{R}^1 \to \mathbb{R}^2$ zu vollziehen, muss man den Kern ${}^2S(k_1, k_2)$ des Integrals in (3.39) bei Kenntnis der eindimensionalen Spektraldichte ${}^1S(k_1)$ erschließen, d. h. eine Integralgleichung lösen (oder man geht intuitiv auf Grund von Vorwissen vor). Die Theorie ist doch recht anspruchsvoll; vgl. z. B. Meier und Keller (1990, S. 99–105).

Die *notwendigen Bedingungen* dafür, dass ein homogen-isotroper 2D-ZP mit ${}^2S(k)$ existiert, aus welchem durch Festhalten eines Argumentes wieder ein 1D-ZP mit ${}^1S(k_1)$ entsteht, sind

$${}^1S(0) > 0, \quad \lim_{k_1 \to \infty} {}^1S(k_1) = 0, \quad \lim_{k \to \infty} {}^2S(k)k = 0. \tag{3.40}$$

Der Übergang ${}^1S(k_1) \to {}^2S(k)$ ist immer dann möglich, wenn gemäß $0 < S(k) \leq S(0) < \infty$ die Spektraldichten monoton abnehmende Funktionen sind und nur auf diesen Fall werden wir uns im Text beziehen. Das nachfolgende Beispiel stellt einen Grenzfall von ZP zwischen monton abnehmender Spektraldichte einerseits und solcher mit dominierendem Bandbereich andererseits dar.

Beispiel 3.10: Breitbandrauschen (Fortsetzung der Beispiele 3.1 und 3.6)

Das ebene homogen-isotrope Breitbandrauschen im Beispiel 3.6 ist *nicht* die homogen-isotrope Fortsetzung des eindimensionalen im Beispiel 3.1, obwohl die notwendigen Bedingungen (3.40) bei begrenztem Spektralbereich erfüllt sind; sie sind aber eben nicht hinreichend. Die Korrelationsfunktion

$$^2K(r) = 2J_1(k_0r)/k_0r = J_0(k_0r) + J_2(k_0r), \quad r^2 = \Delta x_1^2 + \Delta x_2^2 \quad (3.41)$$

in (3.28) bleibt beim Nullsetzen eines Argumentes als Typ erhalten und ist trotz ähnlicher Abklingeigenschaften wie die Spaltfunktion in (3.12) *nicht* identisch mit jener. Man bekommt also den ursprünglichen Prozess nicht zurück. Ein zum eindimensionalen Rauschen im Beispiel 3.1 äquivalentes Modell ist ein *anisotropes*: Ersetzt man die „Spektralscheibe" im Beispiel 3.6 durch einen „Spektralquader" mit Seitenlängen k_{10}, k_{20}, dann ist die mit (3.26) berechnete Korrelationsfunktion ein Produkt von Spaltfunktionen und ergibt beim Nullsetzen eines Argumentes wieder die eindimensionale Funktion $^1K(\Delta x_1)$ wie in (3.12); vgl. hierzu die Übungsaufgabe 3.2. Die Höhe des Quaders kann man so festlegen, dass $\sigma_1^2 = \sigma_2^2$. – Beim weißen Rauschen beliebiger Dimension erübrigen sich derartige Überlegungen, denn mit entarteten Modellprozessen begiebt man sich außerhalb des Bereiches reeller Funktionen.

Übungsaufgaben zum Kapitel 3

Aufgabe 3.1: Prozesspaar

Sei $X(t)$, $X'(t)$ ein Paar stationärer und stationär verbundener ZP mit der Eingangs-AKF

$$C_{XX}(\tau) = \sigma_x^2 e^{-(\tau/d)^2} \quad \text{wie in Abbildung 3.3 (oben).}$$

Gesucht sind die AKF $C_{X'X'}$ und die KKF $C_{XX'}$, $C_{X'X}$ samt ihren Nullwerten entsprechend Beispiel 3.5.

Lösung: $\qquad C_{XX'}(\tau) = C'_{XX}(\tau) = -2\left(\dfrac{\sigma_x}{d}\right)^2 \tau e^{-(\tau/d)^2} = -C_{X'X}(\tau),$

$\qquad\qquad C_{XX'}(0) = C'_{XX}(0) = 0 \quad$ (Abbildung 3.3, Mitte),

$\qquad\qquad C_{X'X'}(\tau) = -C''_{XX}(\tau) = 2\left(\dfrac{\sigma_x}{d}\right)^2\left[1 - 2\left(\dfrac{\tau}{d}\right)^2\right]e^{-(\tau/d)^2},$

$\qquad\qquad C_{X'X'}(0) = -C''_{XX}(0) = \sigma_{x'}^2 = 2(\sigma_x/d)^2 \quad$ (Abbildung 3.3, unten).

Aufgabe 3.2: AKF des homogenen Breitbandrauschens

Alternativ zum ebenen homogen-isotropen Breitbandrauschen im Beispiel 3.6 berechne man die AKF aus einem „Spektralquader" mit Seitenlängen $2k_{10}$, $2k_{20}$ und Höhe S_0, d. h.

$$^2S(k_1, k_2) = \begin{cases} S_0 & (|k_1| \leq k_{10}, \quad |k_2| \leq k_{20}) \\ 0 & (|k_1| > k_{10}, \quad |k_2| > k_{20}) \end{cases}$$

als Spektraldichte. Außerdem interessiert der Grenzfall $k_{10,20} \longrightarrow \infty$.

Lösung: Mit Hilfe der Transformation (3.26) findet man

$$^2C(\Delta x_1, \Delta x_2) = \frac{S_0}{4\pi^2} \int_{-k_{10}}^{+k_{10}} \int_{-k_{20}}^{+k_{20}} e^{j(\Delta x_1 k_1 + \Delta x_2 k_2)} dk_1 dk_2$$

$$= \frac{S_0}{4\pi^2} \cdot 2 \cdot 2 \left\{ \int_0^{k_{10}} \cos(\Delta x_1 k_1) dk_1 \right\} \left\{ \int_0^{k_{20}} \cos(\Delta x_2 k_2) dk_2 \right\}$$

$$= \frac{S_0}{\pi^2} \frac{\sin(k_{10}\Delta x_1)}{k_{10}\Delta x_1} \frac{\sin(k_{20}\Delta x_2)}{k_{20}\Delta x_2}$$

$$\equiv \sigma^2 \operatorname{sinc}(k_{10}\Delta x_1) \operatorname{sinc}(k_{20}\Delta x_2),$$

also das Produkt zweier Spaltfunktionen, woraus sich beim Nullsetzen eines der Argumente wieder der AKF-Typ (3.12) des eindimensionalen Rauschens ergibt. Im Grenzfall $k_{10,20} \longrightarrow \infty$ entsteht mit

$$^2C(\Delta x_1, \Delta x_2) = \frac{S_0}{4\pi^2} \iint_{-\infty}^{+\infty} e^{j(\Delta x_1 k_1 + \Delta x_2 k_2)} dk_1 dk_2$$

$$= \frac{S_0}{4\pi^2} 2\pi \delta(\Delta x_1) 2\pi \delta(\Delta x_2)$$

$$= S_0 \delta(\Delta x_1) \delta(\Delta x_2) \equiv \delta(r)/\pi r = {}^2C(r)$$

wieder das homogen-isotrope weiße Rauschen.

Aufgabe 3.3: Halbwertskurve

Für einen homogenen 2D-ZP mit der AKF $^2C(\Delta x_1, \Delta x_1) = \sigma^2 \exp\{-[(\Delta x_1/d_1)^2 + (\Delta x_2/d_2)^2]\}$ ist die durch $^2C(\Delta x_{10}, \Delta x_{20}) = {}^2C(0,0)/2 = \sigma^2/2$ definierte Halbwertskurve gesucht. Welche Form hat sie im homogen-isotropen Fall $d_1 = d_2 =: d$?

Lösung: Lt. Definition wird $\exp\{-[(\Delta x_{10}/d_1)^2 + (\Delta x_2/d_2)^2]\} = 1/2$, logarithmiert $-[(\Delta x_{10}/d_1)^2 + (\Delta x_2/d_2)^2] = -\ln 2$ und daraus

$$\frac{\Delta x_{10}^2}{d_1^2 \ln 2} + \frac{\Delta x_{20}^2}{d_2^2 \ln 2} = 1,$$

also eine Ellipse in Normalform mit Halbachsen $\sqrt{\ln 2}\, d_1$, $\sqrt{\ln 2}\, d_2$. Aus $d_1 = d_2 =: d$ folgt $\Delta x_{10}^2 + \Delta x_{20}^2 = d^2 \ln 2$, also ein Kreis mit Radius $r_0 = \sqrt{\ln 2}\, d$.

Aufgabe 3.4: Quadratmittelableitung

Es sei $X(t)$ ein im quadratischen Mittel differenzierbarer stationärer ZP mit der AKF $C_{XX}(\tau)$ und der Spektraldichte $S_{XX}(\omega)$. Man beweise die im Beispiel 3.3 angegebenen Fortpflanzungsregeln (3.15) bezüglich $X'(t)$! (Beweise finden sich u. a. bei Meier und Keller (1990, S. 73)).

Aufgabe 3.5: Gradient eines homogen-isotropen Skalarfeldes

Die AKF/KKF des Gradienten eines homogen-isotropen Skalarfeldes haben die Taylor-Karman-Struktur (3.35). Man berechne die darin enthaltenen Abstandsfunktionen $F(r) = -C'(r)/r$, $G(r) = -C''(r)$ und verprobe sie über die Beziehung $G(r) = F(r) + rF'(r)$ für den Fall, dass $C(r) = \sigma^2 J_0(k_0 r)$, wobei J_0 die Bessel-Funktion der Ordnung Null ist.

Kapitel 4
Stochastisch-geometrische und fuzzy-geometrische Modelle

4.1 Stochastisch-geometrische Modelle

4.1.1 Zufällige Mengen und Muster

Nicht nur zufällige Größen, Vektoren, Funktionen und Felder kommen in Natur und Technik in großer Vielfalt vor, sondern auch *stochastisch-geometrische Muster*. Darunter versteht man, ad hoc und vereinfacht gesagt, Mengen gleich- oder ungleichförmiger geometrischer Objekte in zufälliger Anordnung. Die mathematische Disziplin, die sich mit der Klassifizierung, der formelmäßigen Beschreibung und der statistischen Analyse zufälliger Muster befasst, ist die *Stochastische Geometrie*, die sich ihrerseits auf die Mengenlehre sowie die Maß- und Integrationstheorie stützt (Matheron, 1975; Stoyan und Mecke, 1983; Stoyan et al., 1987).

Ein einschlägiger Mengenbegriff ist jener der *zufälligen abgeschlossenen Menge* (ZAM) als ZG. Einfache Beispiele sind zufällig verteilte Punkte, Kreise oder Kugeln mit zufällig verteilten Mittelpunkten und Radien. Abgeschlossen bedeutet, dass die Randpunkte zur Menge gehören. Elementare Operationen mit ZAM wie Translation, Vereinigung, Durchschnitt, Minkowski-Addition und -Subtraktion, ferner kombinierte wie Öffnen und Schließen ergeben wieder ZAM. Diese Operationen sind ein wichtiges Werkzeug der digitalen Bildbearbeitung, wobei hier die Bildpunkte die Elemente von ZAM sind. Ursprüngliche und umgeformte ZAM samt Mengenoperationen fasst man gelegentlich auch unter dem Begriff *Mathematische Morphologie* zusammen (Serra, 1982).

Der Begriff Muster ist ein anschaulicher, umgangssprachlich benutzter. Wie bei den stochastischen Modellen ZG, ZV und ZP betrachtet man zufällige Muster als *Realisierungen* übergeordneter Modelle:

(1) Eine Menge regellos im $\mathbb{R}^n$ verteilter Punkte, also ein *Punktmuster* oder *Punktfeld*, kann die Realisierung eines *Punktprozesses* (PP) sein, z. B. die Verteilung von Bäumen in Forsten, Parks oder entlang von Alleen, die Verteilung existierender Siedlungen oder von Wüstungen im ländlichen Raum. Weist man den Punkten eine (oder mehrere) Eigenschaft(en) zu, z. B. Baumart, -durchmesser, spricht man von einem *markierten* Punktfeld als Realisierung eines *markierten* PP. Jede Marke erhöht die Dimension des ursprünglichen PP um Eins.

(2) Eine Menge regellos verteilter Linien (Fasern) im $\mathbb{R}^n$, also ein *Faserfeld*, kann die Realisierung eines *Faserprozesses* (FP) sein, z. B. geologische Brüche, Störungen oder Verwerfungen mit scheinbar zufälligen Streichrichtungen. Ein Sonderfall ist der *Geradenprozess* (GP), dessen Realisierungen aus Geradenstücken bestehen.

(3) Der Begriff *Prozess* ist hier ein anderer als bei den im Kapitel 3 behandelten ZP. Er beschreibt *andere* Eigenschaften als jene der ZP, und zwar mit abgewandelten Kenngrößen und -funktionen (siehe unten). Auch in der Terminologie gibt es lt. Standardliteratur gewisse Unterschiede. So bezeichnet man verschiebungsinvariante Modelle durchweg als *stationäre* sowie verschiebungs- *und* drehungsinvariante Modelle gelegentlich als *bewegungsinvariante* (siehe ebenfalls unten). In der Theorie der ZP ist der Begriff stationär strikt auf 1D-ZP begrenzt. Verschiebungsinvariante nD-ZP, $n \geq 2$, heißen dort *homogen*.

(4) PP, FP und weitere Modelle bzw. ihre Realisierungen können unabhängig von irgendwelchen ZP existieren, etwa die unter (1) und (2) genannten Beispiele von Punkt- und Faserfeldern und viele weitere in Natur und Technik, nicht zuletzt solche der konstruktiven Kunst (vgl. Beispiel 4.1). Es gibt aber auch solche, die in enger Beziehung zu den ZP stehen oder aus ZP generiert werden können (vgl. Beispiel 4.2).

Beispiel 4.1: Kandinskys Kreise

Wassily Kandinsky (1866–1944) hat während seines künstlerischen Wirkens am *Bauhaus* (1922–1933) zahlreiche geometrisch gestaltete Bilder geschaffen. Geometrische Elemente sind Punkte, Kreise u. a. konvexe, teils übereinandergreifende Figuren, ferner gerade, gekrümmte oder gebrochene Linien, Dreiecke, Vierecke usf. – Zwischen 1925 und 1928 dominieren Kreise und Kreissegmente. Diese Zeitspanne bezeichnen Kunstwissenschaftler als *Kreisperiode*. Ein Bild aus dieser Zeit trägt den Titel *Einige Kreise* (1926, Guggenheim, New York). Auf einer Fläche von 140,3 cm × 140,7 cm finden sich Kreise mit kleinen und großen Radien, ferner unterschiedlichen Farbtönen und -werten. Abgesehen von seiner ästhetischen Qualität kann man das Bild als geometrisches Muster betrachten: Die Kreismittelpunkte bilden ein Punktfeld, wobei jedem Punkt drei Marken, Radius, Farbton und -wert, zugeordnet sind. Wären es nicht nur „einige", sondern „sehr viele" Kreise, läge mit anderen Worten eine genügend große Stichprobe vor, könnte man statistische Charakteristiken schätzen, diese ggf. einem markierten PP zuordnen und beliebig viele weitere, stochastisch-geometrisch gleichwertige Muster erzeugen. Aus der Menge solcher Realisierungen als fünfdimensionaler PP (zwei Dimensionen der Lage und drei Marken) könnte wohl nur der profunde Kenner den *echten* Kandinsky herausfinden.

Abgesehen von den *an sich* existierenden Mustern interessieren uns vor allem solche, die mit ZP eng verbunden sind.

Beispiel 4.2: Reliefbezogene Punkt- und Faserfelder

Schneidet man ein zufällig geformtes Höhenprofil in einer gewissen Höhe mit einer horizontalen Geraden, so bilden die auf die Abszisse projizierten Schnittpunkte eine *Punktfolge* mit unregelmäßigen Abständen als Realisierung eines 1D-PP, desgleichen die zufällig verteilten relativen Extrema. Die Punktanzahlen je Längeneinheit hängen vom zufälligen Steigen und Fallen des Profils ab. Schneidet man ein natürliches Relief als Zufallsfeld mit horizontalen Ebenen, in der Topographie sinnvollerweise *Zufallsschnitte* genannt, entsteht eine Schar von Höhenlinien (HL), d. h. ein aus kreuzungsfreien gekrümmten Linien bestehendes Faserfeld als Realisierung eines ebenen FP. Die Linienlänge je Flächeneinheit wird sowohl von den zufälligen Neigungsschwankungen des Reliefs als auch von der Schichthöhe (Äquidistanz der HL) bestimmt. Schneidet man ferner die HL mit dem Gitter eines zur HL-Darstellung äquivalenten digitalen Höhenmodells, so bilden die Schnittpunkte der HL mit den Gitterlinien ein *Punktfeld* als Realisierung eines 2D-PP. Die Punktanzahl je Flächeneinheit wird nun zusätzlich von der Gitterweite mitbestimmt. Desgleichen bilden die Mengen relativer Minima, Maxima und/oder Sattelpunkte *Punktfelder* im $\mathbb{R}^3$ oder projiziert im $\mathbb{R}^2$ als Realisierungen von 3D-PP oder 2D-PP, deren Punktdichte und -verteilung von den zufälligen Eigenschaften des Gradientenvektors abhängen. Quantitative Untersuchungen zu den genannten Schnittmengen sowie zu den relativen Extrema finden sich in den Kapiteln 5 und 6.

Im Beispiel 4.2 erkennt man den Unterschied zwischen den Prozessmodellen der stochastischen Geometrie und den im Kapitel 3 behandelten ZP. Erstere charakterisieren Mustereigenschaften auf der Geraden, in der Ebene (oder auch im Raum wie z. B. in der Stereologie), letztere die Eigenschaften zufälliger Funktionen und Felder *über* diesen Bereichen.

4.1.2   Ebene Punktprozesse

Ebene oder 2D-PP sind Modelle für diskrete Mengen zufällig in der Ebene verteilter Punkte. Eine Punktmenge im Bereich $\mathbb{B} \subset \mathbb{R}^2$ mit Inhalt $F(\mathbb{B})$ kann man als Realisierung oder Stichprobe aus dem PP auffassen. Sie kommen in vielfältigen Anordnungen bzw. Strukturen vor, z. B. „gleichmäßig-regellos" mit ortsunabhängiger Punktdichte λ, auch *Intensität* des PP genannt, „variabel-regellos" mit ortsabhängiger Intensität $\lambda(\mathbf{x})$ oder „konzentriert-regellos" (clusterförmig). Die Eigenschaften der PP werden – analog jener der ZG – durch Verteilungen, z. B. durch die Poisson-Verteilung (2.24), oder Momente beschrieben. Neben der Intensität λ und dem *Intensitätsmaß* $\lambda F(\mathbb{B})$ bedient man sich häufig der sog. *Produktdichten 2. Ordnung* $\varrho^{(2)}(x_1, x_2)$, wo x_1, x_2 die Orte zweier Punkte sind, bei Bewegungsinvarianz $\varrho^{(2)}(r)$ mit dem ebenen Abstand r zweier Punkte, bzw. der sog. *Paarverteilungsfunktion (pair correlation function)*

$$g(r) = \varrho^{(2)}(r)/\lambda^2. \qquad (4.1)$$

Diese Funktionen kann man wie folgt erklären: Wenn $\mathbb{B}_1$, $\mathbb{B}_2$ zwei infinitesimal kleine durchschnittsfremde Kreise mit Inhalten dF_1, dF_2 und $x_1 \in \mathbb{B}_1$, $x_2 \in \mathbb{B}_2$ sind, dann ist $\varrho^{(2)}(x_1, x_2)dF_1 dF_2$ die Wahrscheinlichkeit dafür, dass in $\mathbb{B}_1$ und $\mathbb{B}_2$ je ein Punkt des PP liegt. Wenn die Punkte „gleichmäßig-regellos" verteilt sind, ist $g \equiv 1$; $g > 1$ bedeutet „Punktanziehung" bzw. -häufung (Clusterbildung), $g < 1$ „Punktabstoßung" bzw. -ausdünnung.

Beispiel 4.3: Stationärer Poisson-Prozess

Ein PP ϕ heißt stationärer Poisson-Prozess, wenn

(a) für paarweise disjunkte (verschiedene) Mengen $\mathbb{B}_1, \mathbb{B}_2, \ldots, \mathbb{B}_n$ die ZG $\phi(\mathbb{B}_1)$, $\phi(\mathbb{B}_2), \ldots, \phi(\mathbb{B}_n)$ unabhängig sind,
(b) die Anzahl $\phi(\mathbb{B})$ der Punkte von ϕ in $\mathbb{B}$ poissonverteilt sind, und zwar mit dem Parameter $\lambda F(\mathbb{B})$:

$$P(\phi(\mathbb{B}) = k) = \frac{[\lambda F(\mathbb{B})]^k}{k!} e^{-\lambda F(\mathbb{B})} \quad (k = 0, 1, 2, \ldots). \tag{4.2}$$

Aus (4.2) ersieht man die Bedeutung von λ: Setzt man $F(\mathbb{B}) = 1$, entspricht λ dem Erwartungswert der Poisson-Verteilung (2.24) bzw. der mittleren Punktanzahl je Flächeneinheit.

Wenn ϕ ein zufälliges Punktfeld liefert, ist auch der Abstand D eines Punktes zu seinem nächstgelegenen Nachbarn zufällig. Die ZG D ist rayleighverteilt mit dem Parameter $1/2\pi\lambda$ (Übung 4.1). Erwartungswert und Varianz sind entsprechend (2.15)

$$\mathsf{E}D = 1/2\sqrt{\lambda}, \quad \mathsf{D}^2 D = (1/\pi\lambda) - (1/4\lambda). \tag{4.3}$$

Der stationäre Poisson-Prozessist das einfachste PP-Modell. Er dient u. a. als Baustein, um kompliziertere Modelle, z. B. gewisse Schauerprozesse oder auch Hard-Core-Prozesse zu konstruieren. Geeignete Operationen sind das Überlagern und das Ausdünnen. Überlagert man z. B. zwei stationäre Poisson-Prozesse ϕ_1, ϕ_2 mit Intensitäten λ_1, λ_2, entsteht wieder ein solcher mit der Intensität $\lambda_1 + \lambda_2$. Ordnet man um die Punkte eines stationären Poisson-Prozesses ϕ mit der Intensität λ (der sog. *Elternpunkte*) weitere Punkte (die sog. *Tochterpunkte*) schauerartig an, entsteht ein sog. *Schauer-* oder *Clusterprozess* ϕ_s mit der Intensität $\lambda_s = \mu\lambda$, wobei μ die mittlere Anzahl der Punkte je Schauer ist.

Beispiel 4.4: Matérn-Clusterprozess und modifizierter Thomas-Prozess

Die Tochterpunkte seien in einem Kreis mit Radius R um den Elternpunkt gleichmäßig verteilt. Dieser sog. Matérn-*Clusterprozess* besitzt die Paarverteilungsfunktion

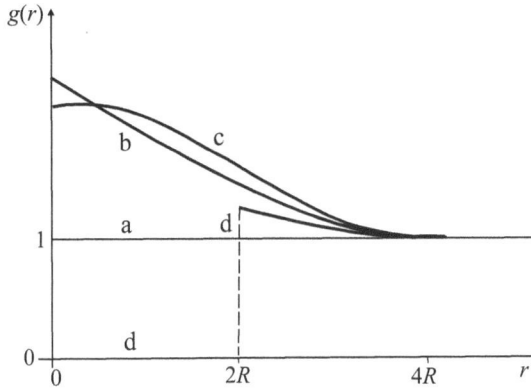

Abbildung 4.1. Paarverteilungsfunktion für Punktprozessmodelle (schematisch):
a) stationärer Poisson-Prozess,   b) Matérn-Clusterprozess,
c) modifizierter Thomas-Prozess,   d) Matérn-Hard-Core-Prozess.

(vgl. Abbildung 4.1)

$$g(r) = \begin{cases} 1 + \frac{2}{\pi R^2 \lambda} \{ \arccos \frac{r}{2R} - \frac{r}{2R}[1 - (\frac{r}{2R})^2]^{1/2} \} & (0 \le r \le 2R) \\ 1 & (r > 2R). \end{cases} \tag{4.4}$$

Die Tochterpunkte seien um den Elternpunkt symmetrisch normalverteilt mit der Varianz σ^2. Dieser sog. *modifizierte* Thomas-*Prozess* besitzt die Paarverteilungsfunktion (vgl. Abbildung 4.1)

$$g(r) = 1 + \frac{1}{4\pi\sigma^2\lambda} e^{-r^2/4\sigma^2} \quad (r \ge 0). \tag{4.5}$$

Die Elternpunkte beider Modelle stammen aus einem stationären Poisson-Prozess. In der Eigenschaft $g(r) \ge 1$ drückt sich die lokale, clusterförmige Punkthäufung aus.

In den bisher betrachteten PP-Modellen können Punkte beliebig dicht beieinander liegen, in der Realität eher nicht: Bäume wachsen nicht beliebig dicht, kompakte Siedlungen sind (vor dem Zersiedeln der Landschaft) in gewisser Entfernung voneinander gegründet worden, Punktobjekte aller Art in Karten haben einen Mindestabstand, um sie als Einzelobjekte wahrnehmen zu können. Dieser Sachverhalt ist in den sog. *Hard-Core-Prozessen* berücksichtigt. In diesen PP-Modellen unterschreiten die Punktabstände einen Minimalwert von $2R$ nicht; es sind Modelle für die Lage einander nicht überlappender Kreise mit Radius R.

Beispiel 4.5: Matérn-Hard-Core-Prozess

Der Matérn-*Hard-Core-Prozess* ϕ_R entsteht aus einem stationären Poisson-Prozess mit der Intensität λ, indem man die Punkte mit der Überlebenswahrscheinlichkeit

$$p_{\ddot{u}} = [1 - e^{-\lambda c}]/\lambda c, \quad c := 4\pi R^2 \tag{4.6}$$

ausdünnt. (Diese Begriffe und Prozeduren werden im Abschnitt 6.5.2 im Zusammenhang mit der Auswahl von Punktobjekten samt Beispielen erläutert.) Die Intensität von ϕ_R ist $\lambda_R = p_{\ddot{u}}\lambda$ und die Paarverteilungsfunktion (vgl. Abbildung 4.1)

$$
g(r) = \begin{cases} 0 & (0 \leq r \leq 2R) \\ \frac{2U[1-e^{-\lambda c}]-2c[1-e^{-\lambda U}]}{\lambda_R^2 cU(U-c)} & (2R < r \leq 4R) \\ 1 & (r > 4R). \end{cases} \tag{4.7}
$$

$U = U(r)$ ist der Inhalt zweier sich überlappender Kreise mit Radius $2R$ und Mittelpunkten im Abstand r. Im „harten Kern" vom Radius $2R$ ist $g(r) \equiv 0$, d.h. „es können keine Punkte eindringen", und im Intervall $(2R,\ 4R)$ liegt $g(r)$ geringfügig über Eins, was auf geringe Verdichtung in diesem Intervall (im Vergleich zu $g(r) \equiv 1$ für $r > 4R$) hinweist.

4.1.3   Bemerkungen über ebene Faserprozesse

Ebene FP sind Modelle für diskrete Mengen zufällig in der Ebene verteilter Kurvenstücke, die ihrerseits zufällige Richtungen und Krümmungen haben können. Eine Menge von Fasern (ein Faserfeld) im Bereich $\mathbb{B} \subset \mathbb{R}^2$ kann man als Realisierung oder Stichprobe aus dem FP auffassen. Ebenso wie die PP kommen FP in vielfältigen Strukturen vor. Was für den PP die Punktdichte, ist beim FP die *Liniendichte L*, die mittlere Gesamtlänge aller Fasern je Flächeneinheit, ebenfalls *Intensität* genannt. Als weitere Charakteristik braucht man (mindestens) noch die Verteilung der Faserrichtungen $R(\alpha)$, die den sinnigen Namen *Richtungsrose* trägt. Die Faserrichtung wird durch den Winkel α festgelegt, den die nach oben gerichtete Normale des Faserelementes mit der x-Achse bildet. Demnach ist $R'(\alpha) =: f(\alpha)$ die Dichtefunktion der Normalenrichtungen. Wenn sich die Eigenschaften eines FP bei Verschiebungen nicht ändert, heißt er *stationär*, und wenn zusätzlich seine Eigenschaften bei Drehungen erhalten bleiben, außerdem *isotrop*. In diesem Falle sind alle Faserrichtungen gleichwahrscheinlich, d.h. gleichverteilt mit $f(\alpha) = 1/\pi, \alpha \in [0, \pi)$.

Schnitte von FP ergeben PP. Die Intensität der entstehenden PP hängen von der Intensität und der Richtungsrose der beteiligten FP ab. Bei den Intensitätsuntersuchungen im Abschnitt 5.4 beschränken wir uns auf stationäre und isotrope FP. Außerdem betrachten wir dort den Orthogonalschnitt zweier Scharen paralleler, gleichabständiger Geraden, d.h. die Linien eines regulären Gitters mit konstanter Weite Δ als Geradenfeld. Seine Richtungsverteilung ist eine diskrete; es kommen nur zwei Werte, o.B.d.A. $\alpha = 0$ und $\alpha = \pi/2$ vor.

4.1.4   Ebene zufällige Mosaike

Die Zerlegung der Ebene in Polygone ergibt einen Teilflächenverbund, den man gewöhnlich als *Mosaik* bezeichnet. Es gibt regelmäßige und unregelmäßige bzw.

zufällige Mosaike (ZM). Regelmäßige Mosaike sind z. B. Quadrat-, Rechteck- und Dreieckgitter aus jeweils gleich großen Elementen, die dem Lagebezug von Geodaten dienen. Die ZM, wie sie z. B. in administrativen oder Flächennutzungskarten vorkommen, bestehen aus zufällig geformten und verteilten Elementen, den *Zellen*, begrenzt von den *Kanten*, die ihrerseits in *Knoten* zusammenstoßen. Die zufällig verteilten Knoten sowie die Zellen- und Kantenschwerpunkte bilden PP, die Kanten einen FP. Ist dieser FP speziell ein GP, bezeichnet man das Mosaik als *Geradenmosaik* (GM). Wenn sich die Eigenschaften eines ZM bei Verschiebungen nicht ändern, heißt es *stationär*. In Tabelle 4.1 sind die Beziehungen zwischen den Mittelwerten aller Elemente stationärer ZM zusammengestellt. Dazu ist folgendes zu bemerken:

(1) Alle Mittelwerte kann man als Funktionen der drei Größen s_0, λ_1, k oder s_2, λ_1, k, wobei k eine metrische ist, darstellen.
(2) Der Begriff „typisch" ist wahrscheinlichkeitstheoretisch definiert. Dazu sei auf Stoyan und Mecke (1983, S. 103) verwiesen.
(3) Jedes ZM mit $s_2 = 3$ besteht ausschließlich aus Dreiecken und in einem ZM mit $s_0 = 3$ stoßen in einem Knoten genau drei Kanten zusammen.

Beispiel 4.6: Voronoi-Mosaik

Ein ZM mit $s_0 = 3$ und $s_2 = 6$ heißt Voronoi-Mosaik, gelegentlich auch als Dirichlet- oder Thiessen-Mosaik bzw. -Polygon bezeichnet. Mit der Vorgabe von s_0, s_2 vereinfachen sich die Mittelwertbeziehungen (Tabelle 4.1, rechts). Das „typische" Polygon hat im Mittel sechs Seiten. Man kann dieses ZM aus einem stationären PP mit der Intensität λ erzeugen, wobei jeweils genau ein Punkt aus dem PP innerhalb einer Zelle liegt, d. h. $\lambda_2 = \lambda$. Mit anderen Worten: Eine Zelle besteht aus allen Elementen des $\mathbb{R}^2$, die zu einem bestimmten Punkt des PP eine geringere Entfernung haben als zu allen anderen. Wenn in jedem Knoten drei Kanten enden, sollte man rein anschaulich erwarten, dass die Winkel $\Delta\varphi$ zwischen je zwei davon im Mittel $2\pi/3$ betragen, und das trifft auch zu. Die Dichtefunktion der ZG $\Delta\phi = \{\Delta\varphi_i\}$ ist (Serra, 1982, S. 527)

$$f(x) = \frac{4}{3\pi}(\sin x - x \cos x)\sin x = \frac{4}{3\pi}\left(\sin^2 x - \frac{x}{2}\sin 2x\right) \quad (x \in [0,\pi)), \quad (4.8)$$

vgl. Abbildung 4.2, und der Erwartungswert und die Varianz (Übungsaufgabe 4.4) sind

$$\mathsf{E}\Delta\phi = 2\pi/3, \quad \mathsf{D}^2\Delta\phi = (\pi/3)^2 - (5/6). \quad (4.9)$$

Anwendungsbeispiele für ebene stationäre ZM finden sich im Abschnitt 8.4.1.

$s_0 = 2 + 2\lambda_2/\lambda_0$	$s_2 = 2 + 2\lambda_0/\lambda_2$		Voronoi-Mosaik
$\boxed{1/s_0 + 1/s_2 = 1/2}$	$(3 \le s_0, s_2 \le 6)$	$s_0 = 3$	$s_2 = 6$
$\lambda_0 = 2\lambda_1/s_0$ $\boxed{\lambda_1 = \lambda_0 + \lambda_2}$	$\lambda_2 = 2\lambda_1/s_2$	$\lambda_0 = 2\lambda$ $\lambda_1 = 3\lambda$	$\lambda_2 = \lambda$
$u_0 = \dfrac{2L}{\lambda_0}$ $a = \dfrac{1}{\lambda_2}$	$u_2 = \dfrac{2L}{\lambda_2}$	$u_0 = \dfrac{2}{\sqrt{\lambda}}$ $a = \dfrac{1}{\lambda}$	$u_2 = \dfrac{4}{\sqrt{\lambda}}$
$= s_0 k$ $L = \lambda_1 k$	$= s_2 k$	$L = s\sqrt{\lambda}$	$k = 2/(3\sqrt{\lambda})$

Symbole für Mittelwerte (FE – Flächeneinheit):

λ_0 – Knotenanzahl/FE s_0 – Anzahl der Kanten, die von einem „typischen"

λ_1 – Kantenanzahl/FE   Knoten ausgehen

λ_2 – Zellenanzahl/FE s_2 – Kantenanzahl einer „typischen" Zelle

u_0 – Gesamtlänge aller Kanten, die von einem „typischen" Knoten ausgehen

u_2 – Umfang der „typischen" Zelle

L – Gesamtkantenlänge/FE k – Länge der „typischen" Kante

a – Flächeninhalt der „typischen" Zelle

Tabelle 4.1. Mittelwertbeziehungen für ebene stationäre zufällige Mosaike (zusammengestellt nach Stoyan und Mecke, 1983).

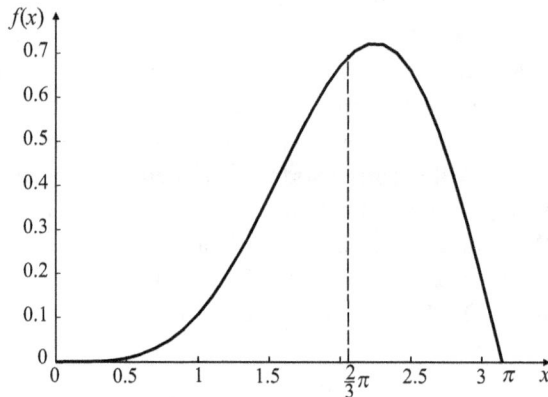

Abbildung 4.2. Dichtefunktion (4.8).

4.2   Fuzzy-geometrische Modelle

4.2.1   Unscharfe Mengen und Muster

Der klassische Mengenbegriff ist ein zweiwertiger. Zu jeder Menge A über einer Grundmenge X existiert eine Funktion $f_A : X \to \{0, 1\}$, die für jedes Element $x \in X$

angibt, ob es zu A gehört oder nicht:

$$f_A(x) = 1 \iff x \in A \quad \text{und} \quad f_A(x) = 0 \iff x \notin A. \tag{4.10}$$

Unscharfe Mengen (*Fuzzy-Mengen*; *fuzzy* = unscharf, verschwommen, fusselig) sind dagegen solche, bei denen die zweiwertige Aussage (4.10) aufgehoben bzw. nur ein Grenzfall ist. Anstelle der Menge $\{0, 1\}$ betrachtet man das Intervall $[0, 1]$ und die Funktion

$$\mu_A : X \to [0, 1]. \tag{4.11}$$

Jedem Element $x \in X$ ordnet man eine Zahl $\mu_A(x)$ aus dem Intervall $[0, 1]$ zu, die den Grad der Zugehörigkeit von x zu A angibt. Die Funktion μ_A heißt *Zugehörigkeitsfunktion* (*membership function*) und der Funktionswert $\mu_A(x)$ an der Stelle x *Zugehörigkeitsgrad* (*membership grade*). Unscharfe Mengen $A, B, C, \ldots$ über X nennt man auch unscharfe Teilmengen von X. Aus (4.10) und (4.11) ersieht man, dass scharfe Mengen als unscharfe mit Zugehörigkeitsgraden 0 und 1 interpretiert werden können. Umgekehrt entstehen mittels sog. α-Schnitte aus unscharfen Mengen scharfe: Der Schnitt einer Fuzzy-Menge A in der Höhe α (= Zugehörigkeitsgrad) heißt α-*Schnitt* $A^{>\alpha}$ oder *scharfer α-Schnitt* $A^{\geq\alpha}$, sofern die Beziehungen

$$A^{>\alpha} = \{x \in X | \mu_A(x) > \alpha\}, \quad A^{\geq\alpha} = \{x \in X | \mu_A(x) \geq \alpha\}, \quad \alpha \in [0, 1] \tag{4.12}$$

gelten. Alle Argumente x, für die $\mu_A > 0$, fasst man zum sog. *Träger* (*support*) der unscharfen Menge A zusammen:

$$\text{supp}\, A = \{x \in X | \mu_A(x) > 0\}. \tag{4.13}$$

Er ist ein spezieller α-Schnitt: $\text{supp}\, A = A^{>0}$ gemäß (4.12). Zwei unscharfe Mengen A, B über X sind gleich, wenn $\mu_A(x) \equiv \mu_B(x)$. Wenn andererseits $\mu_B(x) \leq \mu_A(x)$ für alle $x \in X$, dann ist B eine unscharfe Teilmenge von A.

Ebenso wie scharfe Mengen kann man unscharfe miteinander verknüpfen. Während bei den ersteren nur festgelegt wird, welche Elemente der Eingangsmengen in der Ausgangsmenge enthalten sind, muss man bei den letzteren zusätzlich ihre Zugehörigkeitsgrade definieren. Aus der Vielzahl möglicher Oprationen benennen wir Vereinigung und Durchschnitt, außerdem das Komplement (Abbildung 4.3):

(1) *Vereinigung* zweier Fuzzy-Mengen:

$$A \cup B =: C, \quad \mu_C(x) := \max(\mu_A(x), \mu_B(x)) \tag{4.14}$$

für alle $x \in X$ und $\max(a, b) := \begin{cases} a & (a \geq b) \\ b & (a < b) \end{cases}$.

(2) *Durchschnitt* zweier Fuzzy-Mengen:

$$A \cap B =: C, \quad \mu_C(x) := \min(\mu_A(x), \mu_B(x)) \tag{4.15}$$

für alle $x \in X$ und $\min(a, b) := \begin{cases} a & (a \leq b) \\ b & (a > b) \end{cases}$.

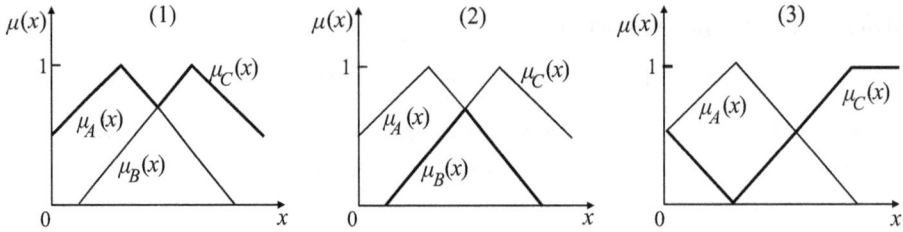

Abbildung 4.3. Zugehörigkeitsfunktionen (4.14) bis (4.16): Vereinigung (1), Durchschnitt (2), Komplement (3).

(3) *Komplement* einer Fuzzy-Menge:

$$\overline{A} =: C, \quad \mu_C(x) := 1 - \mu_A(x) \quad \text{für alle} \quad x \in X. \tag{4.16}$$

Unscharfe Figuren, Objekte oder Muster in Bildern aller Art kann man als Teilmengen des Gesamtbildes interpretieren und behandeln. Im Abschnitt 4.1.1 haben wir zufällige Mengen und Muster u. a. mit einem Beispiel aus der konstruktiven Kunst illustriert. Bezüglich der unscharfen Mengen und Muster, die ebenfalls zufällige sein können, bemerken wir lediglich, dass die Impressionisten und teilweise auch die Fauves (= die Wilden) Bildwerke geschaffen haben, die, je nach Malduktus, auf den Betrachter unscharf wirken und es objektiv auch meist sind. Großflächige, zum Teil verwischte fotorealistische Bilder, z. B. jene Gerhard Richters, gehören ebenfalls dazu. Neben Bildkomposition und Farbe erzeugt gerade das Vage, Verschwommene die ästhetische Qualität.

In Bildausschnitten über die Erdoberfläche sind – unbeschadet scharfer Abbildung – viele Objekte a priori als unscharfe einzuordnen, insbesondere wegen Schattenwurfs (fusseliger) Wolken und terrestrischer Objekte, z. B. Verkehrswege mit randnahen Gebäuden, Bäumen, ruhendem und fließendem Verkehr, Nutzungsartengrenzen wie zwischen Wald und Wiese oder Acker, usf. – Zumindest der Rand bzw. die Konturen von Figuren oder Teilflächen sind in einem mehr oder weniger breiten Streifen unsicher. Auch Objekte, die man aus (weitabständigen) Vektordaten interpoliert, können vage sein, z. B. Höhenlinien und Hochwassergrenzen im Flachgelände. Schließlich wirken Ausschnitte des Sternenhimmels, besonders Sternhaufen bzw. Galaxien unscharf. Der Anwendung von Fuzzy-Modellen und -Methoden steht also ein weites Feld offen.

Der Begriff der unscharfen oder Fuzzy-Menge geht auf Zadeh (1965) zurück. An Grundlagenwerken nennen wir außerdem Kaufmann (1975), Bandemer und Näther (1992), Zimmermann (1993). Auch das Taschenbuch der Mathematik von Bronstein et al. (1999) enthält eine instruktive Einführung (Abschnitt 5.9, Fuzzy-Logik, S. 351–371). Mit Anwendungen der Fuzzy-Mengen im Geobereich, von der Bildanalyse und Objektextraktion bis zur Geoinformatik und Genauigkeitsbewertung, befassen sich konzeptionell und im Detail u. a. Miyamoto (1990), Caspary (1995), Viertl (1996), Glemser (2001), Heine (2001), Joos (2001), Kutterer (2002).

4.2.2   Unscharfe geometrische Objekte

Extrahiert man aus Luft- oder Satellitenbildern, Himmelsaufnahmen und dergleichen Punkt-, Linien- oder Flächenobjekte, so ist, wie oben erläutert, neben Messfehlern auch immer mit Unschärfen zu rechnen. Um die Objekte im Einzelfall erkennen und endgültig fixieren zu können („zu defussifizieren"), muss man sie geeignet definieren bzw. mathematisch beschreiben. Als Hilfsmittel dient, zwar nicht ausschließlich, aber vorzugsweise, die Zugehörigkeitsfunktion μ. Um diese Funktion von Fall zu Fall festlegen zu können, benötigt man ausreichendes Vorwissen über die objektspezifischen Unschärfen oder man verfügt über eine große Anzahl von Bezugsdaten und legt daraus die Funktion interaktiv fest. Beide Vorgehensweisen haben Stärken und Schwächen; die Kombination beider kann vorteilhaft sein (Glemser, 2001, S. 45). Für Objekte in der (Bild-)Ebene ist die Zugehörigkeitsfunktion eine zweidimensionale: $\mu = \mu(x, y)$. Zweckmäßigerweise reduziert man sie auf eine eindimensionale, indem anstelle von Koordinaten x, y kleinste Abstände $d(x, y)$ von Punkten zur „mittleren Geometrie" eingeführt werden, $\mu = \mu(d)$, d. h. bei Punktobjekten der Abstand eines Punktes zur mittleren Punktlage, bei Linien- und Flächenobjekten der Abstand eines Punktes zum zugehörigen Lotfußpunkt des mittleren Randverlaufs. Zusätzlich kommen je nach Objektart und -struktur ein oder mehrere zu schätzende Parameter $a, b, \ldots$ vor, so dass schließlich $\mu = \mu(d; a, b, \ldots)$. An sich können die in Rede stehenden Funktionen in ihrer Form vielfältig variieren, indessen dominieren in praxi lineare Funktionen in d als Standard. Nicht nur Flächenobjekte (FO), auch Punkt- und Linienobjekte (PO, LO) haben häufig eine endliche Ausdehnung, z. B. Abbildung von Sternen, Verkehrswegen, Wasserläufen usf. – Daraus resultieren gewisse Ähnlichkeiten der Zugehörigkeitsfunktionen von PO, LO zu jenen der FO, und deshalb erscheint es, einer Darstellung von Glemser (2001, S. 45–50) folgend, zweckmäßig, mit den FO zu beginnen.

(1a) *Unscharfe Flächenobjekte ohne innere Kontur*

Der Rand eines FO bestehe nur aus der äußeren Kontur und die Zugehörigkeit variiere nur um den Rand, beidseits mit Breite a des Unschärfegebietes (Abbildung 4.4, links), wobei $a \neq 0$ ggf. auch von Randstück zu Randstück veränderlich angesetzt werden kann. Die Größe d ist der kleinste Abstand eines beliebigen Punktes P zur mittleren Kontur: $d > 0$ ($d < 0$), wenn P innerhalb (außerhalb) des „mittleren Objekts" $\overline{F}$ liegt. Die Zugehörigkeitsfunktion ist dann

$$\mu_F(d; a) = \begin{cases} 0 & (d < -a) \\ (d/a + 1)/2 & (-a \leq d \leq a); \\ 1 & (d > a) \end{cases} \qquad (4.17)$$

vgl. Abbildung 4.4, rechts sowie die Übungsaufgabe 4.3. Sonderfälle sind $a = 0$, d. h. scharfe Zugehörigkeit, sowie $a \neq 0$ und $d = 0$, d. h. konstante Zugehörigkeit

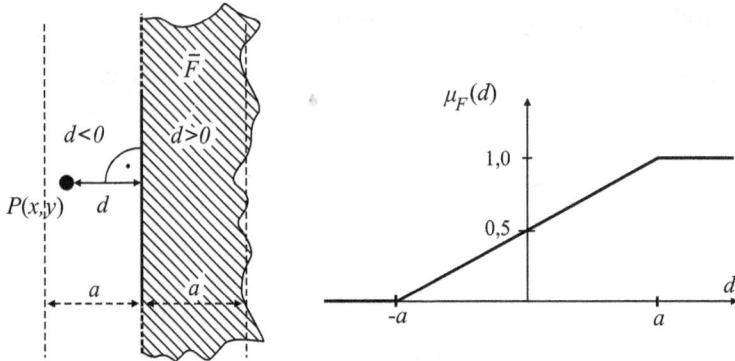

Abbildung 4.4. Unschärfebereich $2a$ um den mittleren Rand eines Flächenobjekts (links) und Zugehörigkeitsfunktion (rechts) entsprechend (4.17); nach Glemser (2001).

$\mu_F(0;a) = 1/2$. Der letzte Fall entspricht dem mittleren Rand als Linie gleicher Zugehörigkeit bzw. einem scharfen α-Schnitt (4.12) mit $\alpha = 1/2$.

(1b) *Unscharfe Flächenobjekte mit innerer Kontur*

Der Rand des FO bestehe aus einer äußeren (K1) und einer inneren Kontur (K2), z. B. See mit Insel (Abbildung 4.5, links). Die Zugehörigkeitsfunktionen von K1, K2 seien $\mu_{F_1}(d;a_1)$, $\mu_{F_2}(d;a_2)$, beide entsprechend (4.17). Die Unschärfeparameter a_1, a_2 seien so festgelegt, dass sich die Bereiche der Breiten $2a_1$, $2a_2$ nicht überschneiden, sonst wäre die Zuordnung der Punkte zu K_1, K_2 – abgesehen vom Zugehörigkeitsgrad – nicht eindeutig möglich. Das Gesamtobjekt ist der Schnitt $FO1 \cap FO2$ bzw. der Durchschnitt ihrer (Bildpunkt-)Mengen. Daher ist die Zugehörigkeitsfunktion des Gesamtobjektes nach Regel (4.15)

$$\mu_F(d;a_1,a_2) = \min(\mu_{F_1}(d;a_1), \mu_{F_2}(d,a_2)), \qquad (4.18)$$

$$\mu_F(d;a_1,a_2) = \begin{cases} 0 & (d < -a_2) \\ (d/a_2 + 1)/2 & (-a_2 \le d \le 0) \\ (d/a_1 + 1)/2 & (0 \le d \le a_1) \\ 1 & (d > a_1) \end{cases} \qquad (4.19)$$

im Falle $a_1 > a_2$; vgl. Abbildung 4.5, rechts. Wenn $a_1 < a_2$, sind diese Parameter in (4.19) lediglich zu vertauschen und für $a_1 = a_2 =: a$, d. h. gleiche Konturunschärfen, ist (4.18) identisch mit (4.17). Bei mehr als einer inneren Kontur ungleicher Schärfen kann man die Regel (4.15) mehrfach hintereinander anwenden, doch dürfte dieser Fall eher selten vorkommen. Im Übrigen ist diese Modellbildung nur sinnvoll, wenn $K_1, K_2, \ldots$ „genügend dicht" beieinander liegen, andernfalls beurteilt man diese Konturen besser jede für sich wie im Modell (1a).

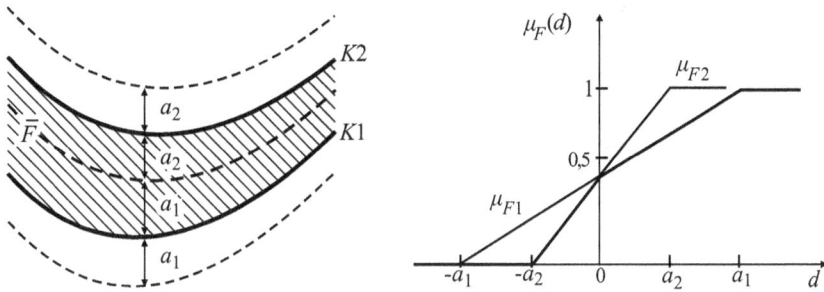

Abbildung 4.5. Maximale Unschärfebereiche $2a_1$, $2a_2$ um die äußere und innere Kontur eines Flächenobjekts (links) und Zugehörigkeitsfunktion (rechts) entsprechend (4.19).

(2a) *Unscharfe Linienobjekte mit festem Anfangs- und Endpunkt*

Die LO haben häufig eine endliche Breite b bzw. zwei, hier als parallel angenommene Konturen (Abbildung 4.6, links). Der Parameter a beschreibt wieder die Ausdehnung des Unschärfegebietes senkrecht zu den Konturen und als Parameter b nimmt man eine *sichere* Mindestbreite an. Die Zugehörigkeitsfunktion ist

$$\mu_L(d;a,b) = \begin{cases} 1 & (d < b/2) \\ \frac{a-d}{a-(b/2)} & (b/2 \leq d \leq a); \\ 0 & (d > a > b/2) \end{cases} \qquad (4.20)$$

vgl. Abbildung 4.6, rechts. Die erste Zeile in (4.20) besagt, dass innerhalb der Mindestbreite b keine unscharfen Punkte liegen. Außerdem bedeuten $a = 0$ oder $a = b = 0$ scharfe Zugehörigkeit. Ist $a > 0$ und $b = 0$, hat man eine unscharfe Linie ohne Breitenausdehnung, z. B. eine unscharfe Nutzungsartengrenze. In diesem Fall folgt aus (4.20)

$$\mu_L(d;a) = \begin{cases} 1 - (d/a) & (0 \leq d \leq a) \\ 0 & (d > a) \end{cases}, \qquad (4.21)$$

d. h. eine abfallende Gerade zwischen $d = 0$ und $d = a$ (Übungsaufgabe 4.3).

(2b) *Unscharfe Linienobjekte mit unscharfem Anfangs- und Endpunkt*

Außer der Unschärfe quer zur Linienrichtung (Querzugehörigkeit) können LO auch am Anfang und Ende längs der Linienrichtung unscharf sein (Längszugehörigkeit). Um letztere zu bestimmen, kann man die Flächenzugehörigkeitsfunktion (4.17) ausnutzen: Anstelle der Variablen d quer zur Linienrichtung hat man eine Variable $d_{A,E}$ parallel zur Linienrichtung um den Anfangspunkt A und den Endpunkt E anzusetzen (Abbildung 4.7, links): $d_{A,E} > 0$ ($d_{A,E} < 0$), wenn P zwischen (außerhalb) der

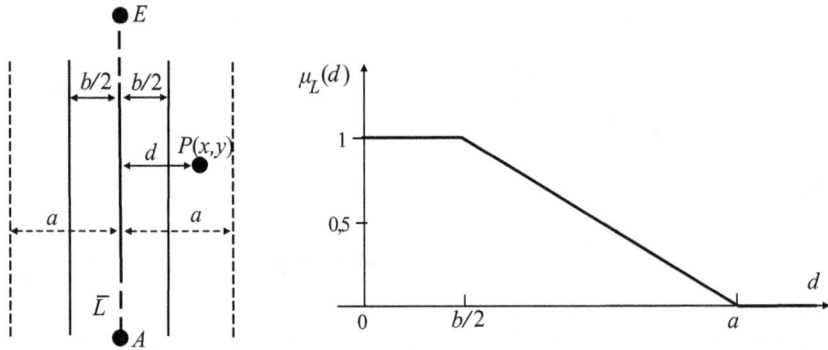

Abbildung 4.6. Unschärfebereich $2a$ eines Linienobjekts mit sicherer Mindestbreite b (links) und Zugehörigkeitsfunktion (rechts) entsprechend (4.20); nach Glemser (2001).

mittleren Linie AE liegt. Da die Objektbreite hier keine Rolle spielt, ist außerdem der Parameter a durch $a - (b/2)$ zu ersetzen. Aus (4.17) folgt dann

$$\mu_l(d_{A,E};a,b) = \begin{cases} 0 & (d_{A,E} < (b/2) - a) \\ \frac{1}{2}(\frac{d_{A,E}}{a-(b/2)} + 1) & ((b/2 - a) \leq d_{A,E} \leq (a - b/2)) \\ 1 & (d_{A,E} > a - (b/2)). \end{cases} \quad (4.22)$$

Die Querzugehörigkeit $\mu_q = \mu_L$ nach (4.20) und die Längszugehörigkeit (4.22) schließen sich in Gebieten $2a \times 2a$ um A und E gegenseitig aus, so dass zur Bestimmung der Gesamtzugehörigkeit am Anfang und am Ende des LO wieder die Minimumregel (4.15) anzuwenden ist:

$$\mu_L(d;d_{A,E}) = \min(\mu_q(d), \mu_l(d_{A,E})). \quad (4.23)$$

In Abbildung 4.7, rechts ist (4.23) für $d_{A,E} = d$ und $a = b$ dargestellt. Die Zugehörigkeit von A und E an den Stellen $d_A = 0$, $d_E = 0$ ist $\mu_L(0,0) = 1/2$ und über $[0, b/2) = [0, a - (b/2))$, allgemein um den Anfangs- und Endbereich, ist die Gesamtzugehörigkeit kleiner als die Querzugehörigkeit (Übungsaufgabe 4.5).

(3) *Unscharfe Punktobjekte*

Auch PO können eine endliche Ausdehnung haben, vorzugsweise eine kreisförmige mit Radius $b/2$. Der Unschärfebereich sei ebenfalls kreisförmig mit Radius a (Abbildung 4.8). Der Abstand eines beliebigen Punktes P innerhalb des Unschärfekreises zum mittleren Punkt $\overline{P}$ bestimmt die Zugehörigkeit von P zum PO. Sie entspricht jener der LO mit Breite b, so dass

$$\mu_P(d;a,b) = \mu_L(d;a,b) \quad (4.24)$$

entsprechend (4.20); vgl. auch Abbildung 4.6, rechts. Unabhängig von b hat der mittlere Objektpunkt $\overline{P}$ immer den Zugehörigkeitsgrad Eins. Im Falle $b = 0$ gilt (4.21): Mit wachsender Distanz d nimmt die Zugehörigkeit linear in d ab.

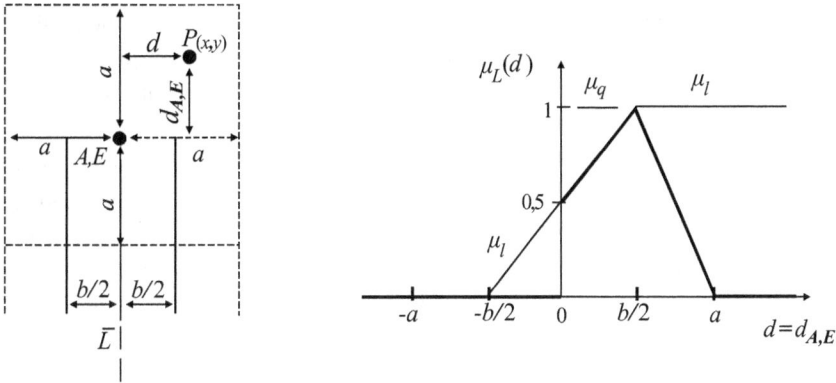

Abbildung 4.7. Unschärfebereich $2a \times 2a$ um den Anfangs- und Endpunkt eines Linienobjekts mit sicherer Mindestbreite b (links, nach Glemser (2001)) und die aus Längs- und Querzugehörigkeit resultierende Funktion (4.23) im Falle $d_{A,E} = d$ und $a = b$ (rechts).

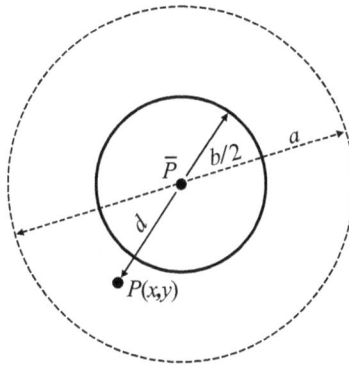

Abbildung 4.8. Kreisförmiger Unschärfebereich mit Radius a um ein kreisförmiges Punktobjekt mit sicherem Mindestradius $b/2$.

4.2.3 Qualitätsmaße für unscharfe Objekte

Wie soll man nun die räumliche Unsicherheit unscharfer geometrischer Objekte kurz und bündig beurteilen? Um diese Frage zu beantworten, empfiehlt sich ein Blick auf die statistische Fehlertheorie. Was dort die Wahrscheinlichkeitsverteilung bzw. die Dichtefunktion repräsentiert, hat hier die Zugehörigkeitsfunktion zu übernehmen. Zwar könnte man sofort ihre Parameter, vor allem die Abmessungen des Unschärfebereiches als Qualitätsparameter anhalten, doch wäre damit ein Vergleich verschiedenartiger Objekte mit unterschiedlichen Parametern, z. B. von FO einerseits und LO oder PO andererseits, nicht möglich. In der statistischen Fehlertheorie benutzt man gewisse Momente der Verteilung, insbesondere die Fehlervarianz oder die Fehlerstandardabweichung als Größen der Variabilität. Analog hierzu sollten qualitativ gleichwertige Größen für unscharfe Objekte aus der Zugehörigkeitsfunktion herzuleiten sein.

Ein geeignetes Maß, um die räumliche Unsicherheit oder *Variation* zu beschreiben, ist der *Fuzzy-Index*, definiert als Abstand der unscharfen zur nächstgelegenen scharfen Menge. Ein solcher Abstand entspricht hier dem Unterschied zwischen einer mittleren und der unscharfen Geometrie der in Rede stehenden Objekte und ist gewissermaßen ein Pendant zur Fehlerstandardabweichung. Vorzugsweise benutzt man den Hamming-*Fuzzy-Index*

$$v := \int_{-\infty}^{+\infty} |\mu_1(x) - \mu_2(x)| dx, \qquad (4.25)$$

welcher auf der linearen Hamming-Distanz beruht (Kaufmann, 1975). Die Funktionen μ_1, μ_2 sind die Zugehörigkeitsfunktionen der zu beurteilenden unscharfen und der ihr nächstgelegenen scharfen Menge (= scharfer α-Schnitt (4.12) mit $\alpha = 1/2$). Auf eine Normierung der Hamming-Distanz wird verzichtet, um unterschiedliche Objekttypen miteinander vergleichen zu können.

(1) *Flächenobjektindizees*

Ein FO ohne innere Konturen hat als Standard die Zugehörigkeitsfunktion $\mu_1 = \mu_F$ gemäß (4.17) und für die nächstgelegene scharfe Menge ist $\mu_2 = 0(1)$, wenn $d < 0$ ($d \geq 0$). Daraus folgt

$$|\mu_1 - \mu_2| = \begin{cases} 0 & (d < -a, d > a) \\ (d/a + 1)/2 & (-a \leq d < 0) \\ (1 - d/a)/2 & (0 \leq d \leq a) \end{cases}$$

und, eingesetzt in (4.25),

$$v_F = \frac{1}{2a} \left\{ \int_{-a}^{0} (a + x) dx + \int_{0}^{a} (a - x) dx \right\}.$$

Nach Auswerten der Integrale ergibt sich die Variation des FO zu

$$v_F = a/2. \qquad (4.26)$$

Eine analoge Rechnung mit der Zugehörigkeitsfunktion (4.19) eines FO mit äußerer und einer inneren Kontur führt auf

$$v_F = (a_1 + a_2)/4, \qquad (4.27)$$

woraus im Falle $a_1 = a_2 =: a$ wieder die Variation (4.26) folgt.

(2) *Linien- und Punktobjektindizees*

Die Zugehörigkeitsfunktion $\mu_1 = \mu_{L,P}$ der LO und PO mit jeweils endlicher Mindestausdehnung ist durch (4.20) gegeben. Der Zugehörigkeitsgrad $\mu_1 = 1/2$ liegt an der Stelle $(1/2)[a + (b/2)]$. Daher ist $\mu_2 = 1$ für $0 \leq d \leq (1/2)[a + (b/2)]$ und mit (4.20)

$$|\mu_1 - \mu_2| = \begin{cases} 0 & (0 \leq d < b/2, d > a) \\ \frac{d-(b/2)}{a-(b/2)} & (b/2 \leq d \leq (a+b/2)/2) \\ \frac{a-d}{a-(b/2)} & ((a+b/2)/2 < d \leq a). \end{cases}$$

Eingesetzt in (4.25) ergibt

$$v_{L,P} = \frac{1}{a-(b/2)}\left\{\int_{b/2}^{\frac{1}{2}(a+\frac{b}{2})}\left(x - \frac{b}{2}\right)dx + \int_{\frac{1}{2}(a+\frac{b}{2})}^{a}(a - x)dx\right\}$$

und nach Auswerten der Integrale

$$v_{L,P} = \frac{1}{4}\left(a - \frac{b}{2}\right). \tag{4.28}$$

An LO und PO ohne endliche Mindestausdehnung ($b = 0$, Zugehörigkeitsfunktion (4.21)) wird

$$v_{L,P} = a/4, \tag{4.29}$$

also nur halb so groß wie v_F nach (4.26). Allgemein ist wegen $a > b/2$ immer $v_F > v_{L,P}$. Der Unterschied erklärt sich daraus, dass das Unschärfegebiet der FO sowohl außerhalb als auch innerhalb des mittleren Randes, an LO und PO ausschließlich außerhalb der mittleren Objekte liegt.

Übungsaufgaben zum Kapitel 4

Aufgabe 4.1: Punktabstände im stationären Poisson-Prozess

Im Beispiel 4.3 ist der stationäre Poisson-Prozess als elementares PP-Modell beschrieben; u. a. ist der Abstand eines Punktes zu seinem nächsgelegenen Nachbarn als rayleighverteilte ZG charakterisiert. Dieser Sachverhalt ist nachzuvollziehen!

Lösung: Der in der Verteilung (4.2) stehende ebene Bereich $\mathbb{B}$ sei ein Kreis mit Inhalt $F(\mathbb{B}) = \pi r^2$ und die Wahrscheinlichkeit dafür, dass der zum Kreismittelpunkt nächstgelegene Nachbar *in* $\mathbb{B}$ liegt, sei p_1. Liegt dieser Nachbarpunkt *nicht* in $\mathbb{B}$, sondern *außerhalb*, dann mit Wahrscheinlichkeit p_0. Der Index Null bedeute, dass innerhalb $\mathbb{B}$ kein weiterer Punkt liegt, sog. *Leerwahrscheinlichkeit* $p_0 = e^{-\lambda \pi r^2}$, folgend aus (4.2) mit $k = 0$. Aus der Gesamtwahrscheinlichkeit $p_0 + p_1 = 1$ folgt dann $p_1 = 1 - p_0$, somit die Verteilungsfunktion $D(r) = 1 - e^{-\lambda \pi r^2}$ $(r > 0)$ und die Dichtefunktion $D'(r) = 2\pi \lambda r e^{\lambda \pi r^2}$, identisch mit der Dichte von $Ra(1/2\pi\lambda)$ mit ihren in (4.3) stehenden Momenten.

Aufgabe 4.2: Punktfeld mit vom Ursprung exponentiell abnehmenden Radialabständen

Die Radialabstände vom Ursprung $(0, 0)$ seien Realisierungen einer ZG mit der Dichte $g(r) = \lambda e^{-\lambda r}$ $(r > 0)$. Die Richtungen seien gleichverteilt mit $g(\varphi) = 1/2\pi$ $(0 \leq \varphi < \pi)$ und von den Abständen unabhängig. Gesucht sind die Verteilungen der rechtwinklig-kartesischen Koordinaten.

Lösung: Wenn r, φ voneinander unabhängig, dann ist die Dichte der gemeinsamen Verteilung

$$g(r, \varphi) = \frac{\lambda}{2\pi} e^{-\lambda r} \quad (r > 0).$$

Beim Übergang $(r, \varphi) \mapsto (x, y)$ besteht die Beziehung

$$f(x, y) = J g(r, \varphi)\big|_{r = \sqrt{x^2 + y^2}}$$

mit der Jacobischen Funktionaldeterminante $J = 1/r$ (Umkehrung der Transformation (2.36) im Beispiel 2.7), daher

$$f(x, y) = \frac{1}{r} \frac{\lambda}{2\pi} e^{-\lambda r}\bigg|_{r = \sqrt{x^2 + y^2}} = \frac{\lambda e^{-\lambda \sqrt{x^2 + y^2}}}{2\pi \sqrt{x^2 + y^2}}.$$

Die Dichte der Randverteilung für die Koordinate x ist

$$f(x) = \int_{-\infty}^{+\infty} f(x, y)dy = \frac{\lambda}{\pi} \int_0^\infty e^{-\lambda \sqrt{x^2 + y^2}} \frac{dy}{\sqrt{x^2 + y^2}} = \frac{\lambda}{\pi} K_0(\lambda |x|)$$

und $f(y)$ analog. K_0 ist die in x (oder y) monoton abfallende modifizierte Bessel-Funktion der Ordnung Null. Mit (2.7), (2.9), (2.30) berechnet man außerdem $EX = EY = 0$, $D^2 X = D^2 Y = \sigma_r^2 = 1/\lambda^2$ und $\varrho(X, Y) = 0$. Die rechtwinkligen Koordinaten sind zwar unkorreliert, aber *nicht* voneinander unabhängig.

Aufgabe 4.3: Unscharfes Flächen- und Linienobjekt

Das Ufer eines gefluteten Tagebaurestsees wurde bei unterschiedlichen Wasserständen sowie vor und nach Hangrutschungen aufgenommen. Die größte Entfernung, in der gemessene Punkte noch zum FO gehören können, wurde zu $a = 20\,\text{m}$ geschätzt. Gesucht sind

(1) der Zugehörigkeitsgrad von Punkten zum FO, die im senkrechten Abstand $d = \pm 10\,\text{m}$ zur mittleren Uferlinie liegen sowie die Variation des FO,
(2) die gleichen Größen, wenn man das Ufer als reines Linienobjekt mit Breite $b = 0$ ansieht, was bei einem FO großer Ausdehnung wohl das realistischere Modell darstellt.

Lösung: Aus (4.17), (4.26) und den Eingangsdaten für a und d ergibt sich

$$\mu_F(\pm 10\,\text{m}; 20\,\text{m}) = \frac{1}{2}\left(\frac{\pm 10}{20} + 1\right) = \begin{cases} 3/4 \\ 1/4 \end{cases} \quad , \quad v_F = 10\,\text{m},$$

aus (4.21), (4.29) und den gleichen Daten

$$\mu_F(10\,\text{m}; 20\,\text{m}) = 1 - (10/20) = 1/2, \quad v_L = 5\,\text{m}.$$

Aufgabe 4.4: Winkel im Voronoi-Mosaik

Die Winkel zwischen je zwei benachbarten Kanten im Voronoi-Mosaik sind Realisierungen einer ZG mit der Dichte (4.8); vgl. Abbildung 4.2. Man ermittle die Zahlenwerte für den Erwartungswert und die Varianz wie in (4.9) angegeben!

Aufgabe 4.5: Linienobjekt mit unscharfer Breite und Länge

Der geflutete Altarm eines Flusses wurde als LO mit den Parametern $a = b = 10\,\text{m}$ identifiziert. Man bestimme Längs-, Quer- und Gesamtzugehörigkeit von Punkten, die in Längsrichtung um $d_{A,E} = 4\,\text{m}$ und in Querrichtung um $d = 8\,\text{m}$ von einer gemittelten Längsachse entfernt liegen!

Kapitel 5

Schwellenwert- und Schnittprobleme

5.1 Vorbemerkungen

Die sog. Schwellenwertprobleme entstehen, wenn zufällig schwankende Funktionen oder zufällig strukturierte Felder einen vorgegebenen Schwellwert bzw. ein vorgegebenes Niveau über- oder unterschreiten. Man interessiert sich für die mittlere Verweildauer über oder unter einem Niveau, der mittleren Dauer einer Über- oder Unterschreitung, der mittleren Anzahlen derselben, der Wahrscheinlichkeit dafür, dass über eine gewisse Distanz hinweg keines, eines oder mehrere solcher Ereignisse stattfinden, usf. – Überschreitungen auf hohem Niveau sind z. B. solche einer Hochwassermarke oder einer Erdbebenmagnitude. Derartige Ereignisse sind selten und können unter Umständen, sofern die Korrelationsfunktion genügend schnell abklingt, als voneinander unabhängig angesehen, somit ihre Eintrittszeiten oder -orte als approximativ poissonverteilt angenommen werden. Mit solchen Problemen befasst sich die Statistk seltener Ereignisse.

Beim Durchgang eindimensionaler (zweidimensionaler) Funktionen durch ein oder auch mehrere Niveaus entstehen Schnittpunkte (Schnittlinien), deren Anzahl (Längen) man unter gewissen Voraussetzungen berechnen kann. Umgekehrt lassen Schätzwerte dieser Größen auf gewisse Funktions- oder Prozesseigenschaften schließen. Damit stellen wir Grundlagen für die Diskretisierung von Signalen auf der Ordinate (Abschnitt 6.3) bereit.

Allgemeine Lösungen für beliebige Zufallsprozesse sind recht kompliziert, weil man zeitabhängige Dichtefunktionen benötigt. Für stationäre Prozesse mit zeitunabhängigen Dichtefunktionen lassen sich numerisch auswertbare Integralformeln, für stationäre Gauß-Prozesse sogar recht einfache Endformeln angeben. Nachfolgend beschränken wir uns vorwiegend auf Lösungen, die insbesondere für die Abtastung auf der Ordinate benötigt werden und verweisen ansonsten auf die Lehrbücher von Papoulis (1991), Sweschnikow (1965, 1968), Taubenheim (1969).

5.2 Eindimensionale Probleme

5.2.1 Eindimensionale Probleme im stetigen Fall

Sei $X(t)$ ein stetig differenzierbarer, stationärer Zufallsprozess. Eine auf $[0, T]$ registrierte Realisierung $x(t)$ mit der Dichtefunktion $f(x)$ der Ordinaten $x_j = x(t_j)$,

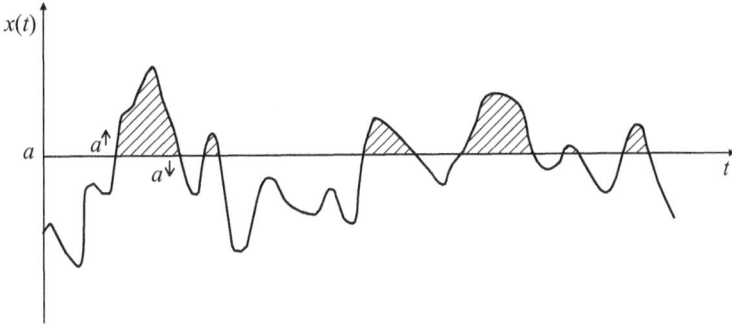

Abbildung 5.1. Niveauüberschreitungen ($a^\uparrow$) und -unterschreitungen ($a_\downarrow$) einer zufällig schwankenden Funktion $x(t)$. Die Verweilzeiten über dem Niveau a sind schraffiert.

$t_j \in [0, T]$ über- oder unterschreite das Niveau a (Abbildung 5.1). Die Wahrscheinlichkeiten dafür sind

$$P\{x(t) > a\} = \int_a^\infty f(x)dx, \quad P\{x(t) < a\} = \int_{-\infty}^a f(x)dx \qquad (5.1)$$

und die *mittleren Verweilzeiten* $\overline{T}(a^+)$ *über* und $\overline{T}(a^-)$ *unter* dem Niveau a sind der Registrierdauer T proportional:

$$\overline{T}(a^+) = T \int_a^\infty f(x)dx, \quad \overline{T}(a^-) = T \int_{-\infty}^a f(x)dx \qquad (5.2)$$

mit $\overline{T}(a^+) + \overline{T}(a^-) = T \int_{-\infty}^\infty f(x)dx = T$.

Da ein stationärer Prozess im Mittel ebensosehr steigt wie er fällt, $\mathsf{E}\{X'(t)\} = 0$, bestehen die mittleren Verweilzeiten (5.2) bei genügend großem T aus endlich vielen Teilintervallen zwischen je einem Durchgang von unten nach oben, symbolisch $a^\uparrow$, und einem solchen von oben nach unten, symbolisch $a_\downarrow$ (Abbildung 5.1). Bei ersterem ist

$$x(t) < a, \quad x(t + dt) \approx x(t) + x'(t)dt > a, \quad x'(t) > 0,$$

bei letzterem

$$x(t) > a, \quad x(t + dt) \approx x(t) + x'(t)dt < a, \quad x'(t) < 0.$$

Daher sind die Wahrscheinlichkeiten für das Eintreten der Ereignisse $a^\uparrow$, $a_\downarrow$, welche sowohl die mittleren Anzahlen der Über- und Unterschreitungen $\overline{N}(a^\uparrow)$, $\overline{N}(a_\downarrow)$ als auch die mittlere Dauer *einer* Über- oder Unterschreitung $\overline{\Delta T}(a^\uparrow)$, $\overline{\Delta T}(a^\downarrow)$ bestimmen,

$$P\{a^\uparrow\} = P\{a - x'(t)dt < x(t) < a; \ x'(t) > 0\},$$

$$P\{a_\downarrow\} = P\{a < x(t) < a - x'(t)dt; \ x'(t) < 0\}.$$

Darin sind sowohl $x(t)$ als auch die sog. Änderungsgeschwindigkeit $x'(t)$ enthalten, und um sie ausrechnen zu können, braucht man die *gemeinsame* Dichte $f(x, x')$ der Ordinaten von x und x'. Als Lösungen ergeben sich die *mittleren Anzahlen der Über- und Unterschreitungen*

$$\overline{N}(a^\uparrow) = \overline{N}(a_\downarrow) = T \int_0^\infty x' f(a, x')dx', \qquad (5.3)$$

dieselben je Zeit- oder Längeneinheit

$$\overline{n}(a^\uparrow) = \overline{n}(a_\downarrow) = \int_0^\infty x' f(a, x')dx', \qquad (5.4)$$

schließlich die *mittlere Dauer einer Über- oder Unterschreitung*

$$\overline{\Delta T}(a^\uparrow) = \overline{T}(a^\uparrow)/\overline{N}(a^\uparrow), \quad \overline{\Delta T}(a_\downarrow) = \overline{T}(a_\downarrow)/\overline{N}(a_\downarrow). \qquad (5.5)$$

Beispiel 5.1: Niveaudurchgänge beim stationären Gauß-Prozess

Wegen Stationarität sind x, x' in ein und demselben Punkt unkorreliert und wegen Normalverteilung sogar unabhängig, so dass

$$f(x, x') = f_1(x) f_2(x'),$$

$$f_1(x) = \frac{1}{\sqrt{2\pi\sigma_x^2}} e^{-(x-\mu)^2/2\sigma_x^2}, \quad \sigma_x^2 = C(0),$$

$$f_1(x') = \frac{1}{\sqrt{2\pi\sigma_{x'}^2}} e^{-x'^2/2\sigma_{x'}^2}, \quad \sigma_{x'}^2 = -C''(0).$$

Anzahl der Niveaudurchgänge $n(a)$ nach (5.4):

$$n(a) = \overline{n}(a^\uparrow) + \overline{n}(a_\downarrow) = 2f_1(a) \int_0^\infty x' f_2(x')dx'$$

$$= \frac{2e^{-(a-\mu)^2/2\sigma_x^2}}{\sqrt{2\pi\sigma_x^2}\sqrt{2\pi\sigma_{x'}^2}} \int_0^\infty x' e^{-x'^2/2\sigma_{x'}^2} dx'$$

$$= \frac{1}{\pi} \frac{\sigma_{x'}}{\sigma_x} e^{-(a-\mu)^2/2\sigma_x^2}. \qquad (5.6)$$

Speziell ist die Anzahl der Durchgänge im Mittelwertniveau $a = \mu$ (sog. Nulldurchgänge; *zeros*; vgl. auch die Übungsaufgabe 5.2)

$$n(\mu) = \frac{1}{\pi} \frac{\sigma_{x'}}{\sigma_x} = \frac{1}{\pi} \sqrt{\frac{-C''(0)}{C(0)}}. \qquad (5.7)$$

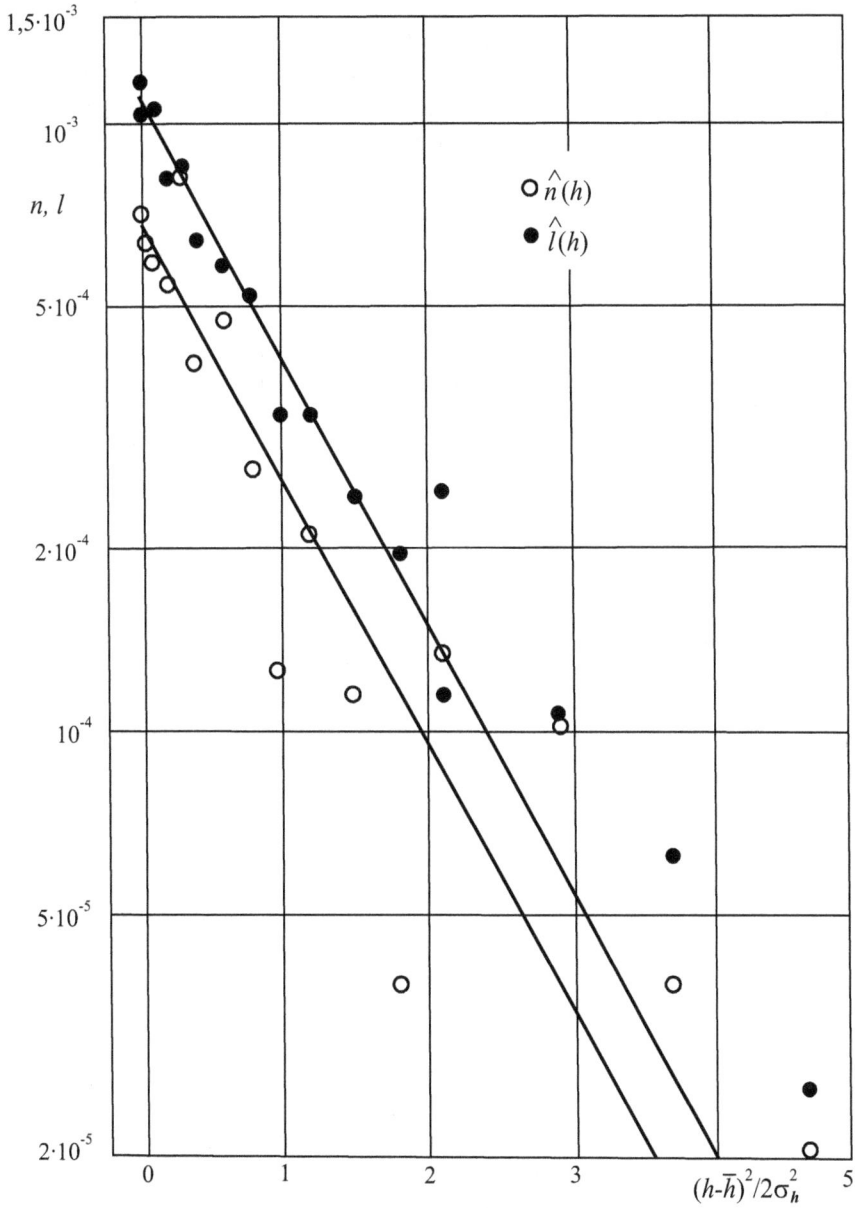

Abbildung 5.2. Testgebiet Tharandt (südwestlich Dresden). Höhenabhängigkeit der Anzahl der Niveaudurchgänge je Längeneinheit $n(h)$ (eindimensionales Schnittproblem) und der Linienlänge je Flächeneinheit $l(h)$ (zweidimensionales Schnittproblem). Maßeinheit der Ordinate: m^{-1}. Die Geraden stellen (im logarithmischen Maßstab) die theoretischen Lösungen (5.6) und (5.20) für stationäre (1D-) bzw. homogen-isotrope (2D-) Gauß-Prozesse dar.

Die exponentielle Abnahme von $n(a)$ mit zunehmendem Abstand vom Mittelwert-niveau zeigt Abbildung 5.2 am Testbeispiel von Höhenprofilen $h(x)$. Ertwartungs-gemäß streuen die Schätzwerte in höheren Niveaus viel stärker um die theoretische Lösung (5.6) als in Nähe $\mu = \overline{h}$. In der Realität sind eben Voraussetzungen wie Sta-tionarität und Normalität nie streng erfüllt. Um die *Resistenz* der Formeln (5.6), (5.7) gegenüber Abweichungen von der Normalverteilung zu prüfen, betrachten wir einen weiteren Modellprozess.

Beispiel 5.2: Niveaudurchgänge beim stationären Rayleigh-Prozess

An einer zufällig schwankenden Funktion denke man sich die Einhüllenden konstru-iert (Abbildung 5.3). Die sog. Enveloppen-Amplitude $A(t)$ und ihre Änderungsge-schwindigkeit $A'(t)$ schwanken ebenfalls zufällig; A ist rayleigh-verteilt, A' normal-verteilt mit $\mathsf{E}\{A'\} = 0$ und A, A' sind in ein und demselben Punkt voneinander unabhängig (Sweschnikow, 1965, 1968), somit wieder

$$f(x, x') = f_1(x) f_2(x')$$

mit

$$f_1(x) = \frac{x}{\sigma^2} e^{-x^2/2\sigma^2}, \quad \overline{x} = \sqrt{\frac{\pi}{2}\sigma^2}, \quad \sigma_x^2 = \frac{4-\pi}{2}\sigma^2,$$

$$f_2(x') = \frac{1}{\sqrt{2\pi\sigma_{x'}^2}} e^{-x'^2/2\sigma_{x'}^2}.$$

Mit einer analogen Rechnung wie im letzten Beispiel (Übungsaufgabe 5.3) findet man

$$n(a) = \frac{4-\pi}{\sqrt{2\pi}} \frac{\sigma_{x'}}{\sigma_x^2} \, a \, e^{-(4-\pi)a^2/4\sigma_x^2}, \tag{5.8}$$

$$n(\overline{x}) = \sqrt{\frac{4-\pi}{2}} \, e^{-\pi/4} \frac{\sigma_{x'}}{\sigma_x}. \tag{5.9}$$

Vergleichen wir nun die Ergebnisse der Beispiele 5.1 und 5.2. Dazu nehmen wir gleiche Erwartungswerte und Varianzen (Abbildung 5.4), ferner gleiche Varianzen der ersten Ableitungen in beiden Prozessmodellen an. Die Zahlenfaktoren in (5.7) und in (5.9) sind $\approx 0{,}32$ und $\approx 0{,}30$, also kommen unter den genannten Voraus-setzungen beim Rayleigh-Prozess etwa 6 % weniger Nulldurchgänge als beim Gauß-Prozess vor. Viel größere Abweichungen hat man auf betragsmäßig höheren Niveaus zu erwarten, weil $n(a)$ entsprechend der Exponentialterme in den Formeln (5.6), (5.8) unterschiedlich in a abklingt. Ursache ist die Begrenzung der Rayleigh-Verteilung auf positive Werte. Man wird daher erwarten dürfen, dass die Formel (5.7) relativ

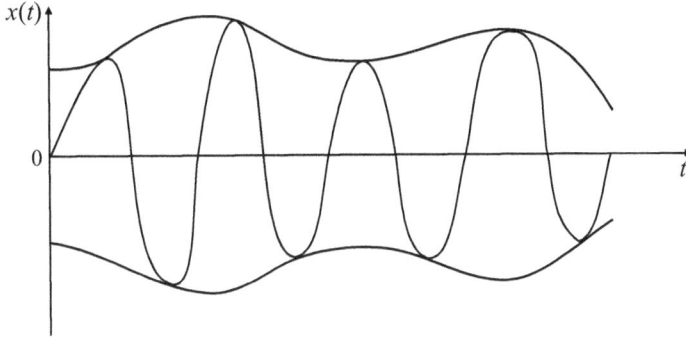

Abbildung 5.3. Zufällig schwankende Funktion mit Einhüllenden.

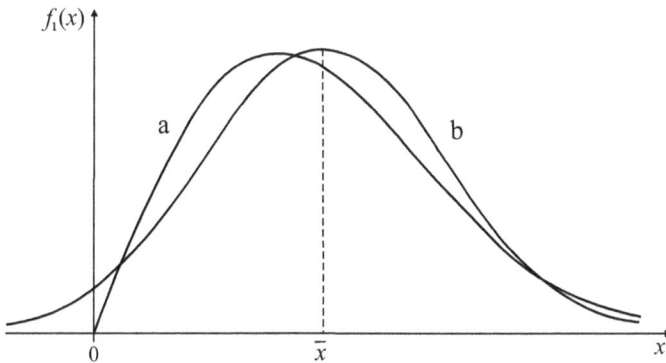

Abbildung 5.4. Dichtefunktion der Rayleigh-Verteilung (a) und der Normalverteilung (b) mit jeweils gleichem Erwartungswert und gleicher Varianz.

resistent gegenüber Abweichungen von der Normalverteilung, z. B. durch „Stutzen" ist, die Formel (5.6) eher nicht; vgl. auch das Testbeispiel in Abbildung 5.2.

Zur äquidistanten Diskretisierung eindimensionaler Signale auf der Ordinate (Abschnitt 6.3.1) benötigen wir die *Gesamtanzahl* der Durchgänge bzw. Schnittpunkte in *allen* Niveaus $a = kz$ ($z > 0$, const; $k = 0, \pm 1, \pm 2, \dots$). Nachfolgend bestimmen wir sie für den stationären Gauß-Prozess.

Beispiel 5.3: Mehrfachschnitte beim stationären Gauß-Prozess

Aus (5.6), (5.7) ergibt sich die Gesamtanzahl der Schnittpunkte zu

$$\sum_k n(kz) = n(\mu) \sum_{k=-\infty}^{+\infty} e^{-(kz-\mu)^2/2\sigma_x^2}$$

oder (o. B. d. A.) mit $\mu = 0$

$$\sum_k n(kz) = n(0)\left\{1 + 2\sum_{k=1}^{\infty} e^{-(kz)^2/2\sigma_x^2}\right\} =: \frac{n(0)}{\eta}.$$

Die unendliche Reihe

$$\frac{1}{\eta} := 1 + 2\sum_{k=1}^{\infty} q^{k^2}, \quad q := e^{-\xi^2/2}, \quad \xi := \frac{z}{\sigma_x}$$

kann mit Hilfe einer speziellen Theta-Funktion (ϑ_3) ausgewertet werden (Meier und Borkowski, 1992). Man erhält $\xi/\eta = \sqrt{2\pi}$ mit einem Approximationsfehler $\leq 10^{-3}$ im Bereich $0 \leq \xi < 1{,}5$, somit

$$\sum_k n(kz) = \frac{n(0)}{z}\sqrt{2\pi\sigma_x^2} = \frac{1}{z}\sqrt{\frac{2}{\pi}\sigma_{x'}^2}. \tag{5.10}$$

In der genannten Arbeit wurde vergleichsweise auch über alle Schnittpunkte beim Rayleigh-Prozess summiert: Die Abweichungen zu (5.10) sind gering.

Schwellenwertprobleme, speziell das Nulldurchgangsproblem (*zero crossing*), treten gelegentlich auch bei der ersten Ableitung $x'(t)$ oder an höheren Ableitungen stationärer Signale auf. Ein Beispiel möge dies illustrieren.

Beispiel 5.4: Anzahlen relativer Extrema beim stationären Gauß- und Rayleigh-Prozess

Die notwendige Bedingung für ein relatives Extremum ist $x'(t) = 0$. Deshalb hat $x(t)$ etwa genau so viele Extrema wie $x'(t)$ Nulldurchgänge auf einem endlichen Intervall; vgl. Abbildung 5.5. In den Formeln (5.7), (5.9) sind lediglich die Parameter von $x(t)$, $x'(t)$ durch jene von $x'(t)$, $x''(t)$, also $C(0)$ durch $-C''(0)$ und $-C''(0)$ durch $C^{\mathrm{IV}}(0)$ entsprechend der Differentiationsregeln (vgl. Tabelle 3.2) zu ersetzen. Die Anzahl λ der relativen Extrema je Zeit- oder Längeneinheit ist demnach

$$\lambda = c\sqrt{\frac{C^{\mathrm{IV}}(0)}{-C''(0)}}, \quad c = \begin{cases} 1/\pi & \text{(Gauß)} \\ \sqrt{(4-\pi)/2}\,e^{-\pi/4} & \text{(Rayleigh)} \end{cases} \tag{5.11}$$

mit den gleichen Werten für c wie in (5.7) und (5.9). Also gilt im Falle der Extrema-anzahl die gleiche Resistenzaussage wie bei den Niveaudurchgängen im Beispiel 5.2.

Die Schätzformeln ab (5.3) sind an die Differenzierbarkeit von $x(t)$ gebunden. Die Durchgangsanzahlen ab (5.6) enthalten zweite oder sogar vierte Ableitungen der AKF

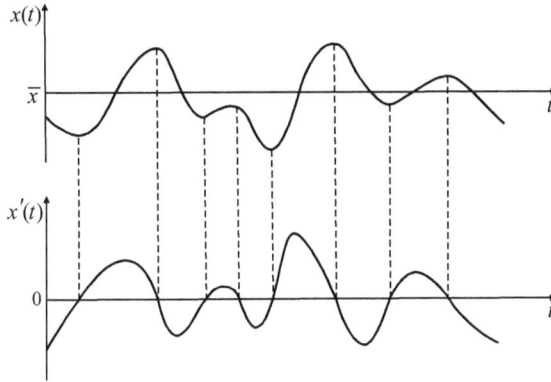

Abbildung 5.5. Relative Extrema von $x(t)$ und Nulldurchgänge der 1. Ableitung $x'(t)$.

im Ursprung, hängen also vom lokalen Verhalten der AKF um den Ursprung ab. Die genannten Größen sind *numerisch kritisch*. Vom Standpunkt der diskreten Messung und Auswertung ist es zweckmäßig, auf die erheblich einschränkende Vorraussetzung der Differenzierbarkeit zu verzichten. Zwar kann man die AKF diskretisieren und die kritischen (Krümmungs-)Größen durch zweite bzw. vierte Differenzen ersetzen, doch empfiehlt es sich im Hinblick auf mögliche Diskretisierungsfehler, a priori mit zufälligen Folgen zu rechnen.

5.2.2 Eindimensionale Probleme im diskreten Fall

Anstelle der Realisierung $x(t)$ eines stationären Prozesses betrachten wir jetzt die Realisierung $\{x_j = x(t_j) = x(j\Delta); \ j = 0, \pm 1, \pm 2, \dots\}$ einer stationären Folge mit der (ebenfalls diskreten) AKF $C(j\Delta)$; vgl. Abbildungen 5.6, 5.7. Niveaudurchgänge sind nun dadurch ausgezeichnet, dass ein Wert x_j *unter* und der folgende x_{j+1} *über* dem Niveau a liegt und umgekehrt (Abbildung 5.6). Die Wahrscheinlichkeiten dafür, dass solche Ereignisse eintreten, sind

$$
\begin{aligned}
P\{a^\uparrow\} &= P\{x_j < a; \ x_{j+1} > a\} = \int_a^\infty \int_{-\infty}^a f(x_j, x_{j+1}) dx_j dx_{j+1}, \\
P\{a_\downarrow\} &= P\{x_j > a; \ x_{j+1} < a\} = \int_{-\infty}^a \int_a^\infty f(x_j, x_{j+1}) dx_j dx_{j+1}.
\end{aligned}
\tag{5.12}
$$

Um sie ausrechnen zu können, braucht man die *gemeinsame* Dichtefunktion $f(x_j, x_{j+1})$ benachbarter Ordinaten x_j, x_{j+1}. Diese hängt im stationären Fall nicht vom Index j ab. Daher ist die Wahrscheinlichkeit einer Überschreitung gleich jener einer Unterschreitung: $P\{a^\uparrow\} = P\{a_\downarrow\} =: P\{a\}$. Die Registrierdauer T wird ersetzt durch den Stichprobenumfang N mit $T = (N-1)\Delta \approx N\Delta$ für genügend große N.

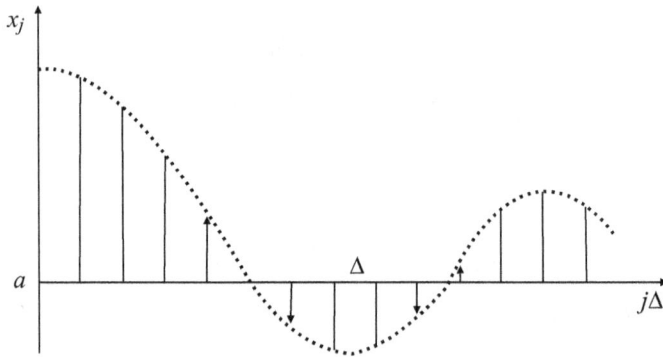

Abbildung 5.6. Zufällige Folge $\{x_j = x(j\Delta)\}$. Den Niveaudurchgängen einer stetigen Funktion entsprechen Vorzeichenwechsel benachbarter Werte (Pfeile) in Bezug auf das Niveau a.

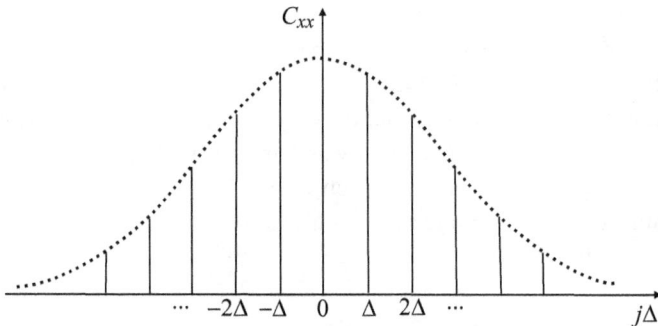

Abbildung 5.7. Diskrete AKF einer zufälligen stationären Folge.

Anstelle (5.3) erhält man die totalen Anzahlen

$$\overline{N}(a^{\uparrow}) = N(a_{\downarrow}) = NP\{a\} \approx (T/\Delta)P\{a\}, \qquad (5.13)$$

und anstelle (5.4) die auf Zeit- oder Längeneinheit bezogenen

$$\overline{n}(a^{\uparrow}) = \overline{n}(a_{\downarrow}) = (1/\Delta)P\{a\}. \qquad (5.14)$$

Die Doppelintegrale (5.12) lassen sich in aller Regel nur numerisch auswerten. Selbst mit der bivariaten Normalverteilung erhält man lediglich im Falle $a = 0$ (Nulldurchgänge) eine explizite Lösung.

Beispiel 5.5: Nulldurchgänge beim stationären Gauß-Prozess mit diskreter Zeit

Wie die Formel (5.7) zeigt, hängt $n(\mu)$ nicht von μ selbst ab: Die Eigenschaften 2. Ordnung stationärer Prozesse ändern sich nicht, wenn man das Mittelwertniveau verschiebt. Deshalb nehmen wir o. B. d. A. eine auf Mittelwert zentrierte Folge ($\mu = 0$)

an. Die gemeinsame Dichte benachbarter, mit $\varrho = C(\Delta)/C(0)$ korrelierter Ordinaten ist dann

$$f(x_j, x_{x+1}) = \frac{1}{2\pi\sigma_x^2\sqrt{1-\varrho^2}} \exp\left[-\frac{x_j^2 - 2\varrho x_j x_{j+1} + x_{j+1}^2}{2\sigma_x^2(1-\varrho^2)}\right]$$

und die mittlere Anzahl der Nulldurchgänge (= Vorzeichenwechsel benachbarter Werte) je Zeit- oder Längeneinheit wird gemäß (5.12), (5.14)

$$n(0) = \frac{2}{\Delta} \int_0^\infty \int_{-\infty}^0 f(x_j, x_{j+1}) dx_j \, dx_{j+1}.$$

Ersetzt man x_j durch $-y$ und x_{j+1} durch x, erhält man

$$n(0) = \frac{1}{\pi\Delta\sigma_x^2\sqrt{1-\varrho^2}} \int_0^\infty \int_0^\infty \exp\left[-\frac{x^2 + 2\varrho xy + y^2}{2\sigma_x^2(1-\varrho^2)}\right] dx \, dy,$$

in Polarkoordinaten

$$n(0) = \frac{1}{\pi\Delta\sigma_x^2\sqrt{1-\varrho^2}} \int_0^{\pi/2} \int_0^\infty \exp\left[-\frac{1 + \varrho\sin 2\varphi}{2\sigma_x^2(1-\varrho^2)}\right] r \, dr \, d\varphi.$$

Die Integration über r ergibt

$$n(0) = \frac{\sqrt{1-\varrho^2}}{\pi\Delta} \int_0^{\pi/2} \frac{d\varphi}{1 + \varrho\sin 2\varphi}$$

und die Integration über φ

$$n(0) = \frac{1}{\pi\Delta}\left(\frac{\pi}{2} - \arctan\frac{\varrho}{\sqrt{1-\varrho^2}}\right) = \frac{1}{\pi\Delta}\arccos\varrho. \tag{5.15}$$

Dagegen erhält man durch Diskretisieren der Formel (5.7), indem man $-C''(0)$ durch zweite Differenzen

$$-[C(-\Delta) - 2C(0) + C(\Delta)] = C(0)[-\varrho(-\Delta) + 2\varrho(0) - \varrho(\Delta)] = 2C(0)(1-\varrho)$$

approximiert,

$$-C''(0)/C(0) \approx 2(1-\varrho)/\Delta^2$$

und damit

$$n(0) \approx \frac{1}{\pi\Delta}\sqrt{2(1-\varrho)}. \tag{5.16}$$

Die Unterschiede zwischen (5.15) und (5.16) sind nur bei starken Nachbarschaftskorrelationen (ϱ nahe Eins) vernachlässigbar klein. Bei schwachen Korrelationen (ϱ nahe

Null; z. B. extrem breitbandiges Rauschen) ist der relative Unterschied ca. 10 % (vgl. die Übungsaufgabe 5.1).

Schließlich kann man noch $n(0)$ auf $n(a)$, $a \neq 0$, näherungsweise erweitern, indem man den Exponentialterm in (5.6) mit $n(0)$ kombiniert:

$$n(a) \approx n(0)e^{-a^2/2\sigma_x^2}, \tag{5.17}$$

zulässig für ϱ nahe Eins.

Das Rechnen mit zufälligen Folgen ist – wie das letzte Beispiel gezeigt hat – durchaus sinnvoll, nicht zuletzt deshalb, weil auch die AKF stetiger Prozesse diskret geschätzt wird. Betrachten wir noch die relativen Extrema im diskreten Fall. Der Wert x_j bezeichne ein relatives Maximum (Minimum), wenn die benachbarten Werte $x_{j-1} < x_j$, $x_{j+1} < x_j$ ($x_{j-1} > x_j$, $x_{j+1} > x_j$) ausfallen, mit anderen Worten: Ein relatives Extremum liegt vor, wenn benachbarte Ordinaten*differenzen* das Vorzeichen wechseln. Die Wahrscheinlichkeit solcher Ereignisse kann analog (5.12) formuliert werden. Wenn jedoch bereits explizite Lösungen wie (5.15) vorliegen, genügt es, die Parameter bezüglich benachbarter Ordinaten durch jene benachbarter Ordinaten*differenzen* zu ersetzen.

Beispiel 5.6: Anzahl relativer Extreme beim stationären Gauß-Prozess mit diskreter Zeit

Die Anzahl der Vorzeichenwechsel ist mit (5.15) gegeben, jedoch ist jetzt ϱ der Korrelationskoeffizient zwischen benachbarten Ordinaten*unterschieden*. Diesen entnehmen wir Beispiel 2.8, Formel (2.45) und erhalten

$$\lambda = \frac{1}{\pi\Delta} \arccos\left(\frac{2\varrho_1 - \varrho_2 - 1}{2(1 - \varrho_1)}\right) \tag{5.18}$$

mit $\varrho_1 := \varrho(\Delta)$, $\varrho_2 := \varrho(2\Delta)$. Alternativ dazu kann man die Formel (5.11) mit Hilfe zweiter und vierter Differenzen diskretisieren. Die relativen Abweichungen zu (5.18) werden allerdings noch größer als die im Beispiel 5.5 genannten; ca. 5 % (bis ca. 20 %) bei starken (schwachen) Nachbarschaftskorrelationen. Die Schätzformel (5.18) ist in jedem Falle vorzuziehen.

5.3   Zweidimensionale Probleme

5.3.1   Zweidimensionale Probleme im stetigen Fall

Sei $H(x_1, x_2)$ ein zweidimensionaler homogener, stetig partiell differenzierbarer Zufallsprozess mit der AKF $C(\Delta x_1, \Delta x_2)$, $\Delta x_{1,2} := x''_{1,2} - x'_{1,2}$, und $h(x_1, x_2)$ eine

Realisierung von $H(x_1, x_2)$ auf dem Bereich B mit Inhalt F_B, wobei die Symbole H, h im Hinblick auf das Relief der Erdoberfläche und gewisse topographische Anwendungen gewählt sind. Ein Niveau h wird nun nicht mehr in Einzelpunkten über- oder unterschritten, sondern entlang einer Linie, der Höhenlinie $h = $ const, und anstelle von Durchgangszahlen hat man die Linienlänge, anstelle der Über- oder Unterschreitungsdauer Gebiete $B_i \subset B$ mit Inhalten $F_i \subset F_B$, z. B. Überschwemmungsgebiete und -gebietsgrenzen bei einem Hochwasserniveau h im unverbauten Gelände.

In diesem und im folgenden Abschnitt werden Ansätze und Lösungen einiger ausgewählter Probleme ohne aufwendige Herleitungen angegeben. Dazu muss auf die einschlägige Literatur verwiesen werden (Sweschnikow, 1965, 1968; Meier und Borkowski, 1992, 1993; Borkowski, 1994; Meier et al., 1995).

Ein Relief $h(x_1, x_2)$ werde durch eine Ebene im Niveau $h = $ const geschnitten. Die mittlere Länge der so erzeugten Höhenlinien je Flächeneinheit ergibt sich aus

$$l(h) = \iint_{-\infty}^{\infty} f(h, h_1, h_2) \sqrt{h_1^2 + h_2^2}\, dh_1 dh_2, \tag{5.19}$$

wobei f die gemeinsame Dichte von $h(x_1, x_2)$ und der Komponenten des Gradienten

$$\mathrm{grad}\, h = \begin{bmatrix} \partial h / \partial x_1 \\ \partial h / \partial x_2 \end{bmatrix} =: \begin{bmatrix} h_1 \\ h_2 \end{bmatrix}$$

mit $|\mathrm{grad}\, h|^2 = h_1^2 + h_2^2$ ist. Im vergleichbaren 1D-Fall (5.4) steht in f die erste Ableitung x', im 2D-Fall stehen in f die partiellen Ableitungen h_1, h_2. Wegen der Integrationsgrenzen $(0, \infty)$ in (5.4) könnte man dort $|x'|$ anstelle x' schreiben, in (5.19) steht nun gerade $|\mathrm{grad}\, h|$. Wie im 1D-Fall kann (5.19) ausgewertet werden, wenn f separierbar ist. Somit liegt wieder die Normalverteilung nahe und man wird strukturell vergleichbare Ergebnisse wie in den Beispielen 5.1, 5.2 erwarten dürfen.

Beispiel 5.7: Linienlängen beim homogenen Gauß- und Rayleigh-Prozess

Beim Gauß-Prozess ist

$$f(h, h_1, h_2) = f_1(h) f(h_1, h_2),$$

$$f_1(h) = \frac{1}{\sqrt{2\pi\sigma_h^2}} \exp\left[-\frac{(h - \bar{h})^2}{2\sigma_h^2} \right], \quad \sigma_h^2 = C(0,0),$$

$$f_2(h_1, h_2) = \frac{1}{2\pi\sqrt{\sigma_1^2\sigma_2^2 - \sigma_{12}^2}} \exp\left[-\frac{\sigma_1^2 h_1^2 - 2\sigma_{12}h_1 h_2 + \sigma_2^2 h_2^2}{2(\sigma_1^2\sigma_2^2 - \sigma_{12}^2)} \right],$$

$$\sigma_{1,2}^2 := -\frac{\partial^2 C(\Delta x_1, \Delta x_2)}{\partial \Delta x_{1,2}^2}\bigg|_{\substack{\Delta x_1 = 0 \\ \Delta x_2 = 0}}, \quad \sigma_{12} := -\frac{\partial^2 C(\Delta x_1, \Delta x_2)}{\partial \Delta x_1 \partial \Delta x_2}\bigg|_{\substack{\Delta x_1 = 0 \\ \Delta x_2 = 0}},$$

vgl. die Differentiationsregeln in Tabelle 3.2, so dass f_1 vor das Doppelintegral (5.19) geschrieben werden kann. Beim Rayleigh-Prozess ist lediglich die Dichte f_1 durch jene der Rayleigh-Verteilung zu ersetzen. Die Auswertung ist daher für beide Modellprozesse gleich und ergibt (Meier und Borkowski, 1992)

$$l(h) = l(\overline{h})e^{-(h-\overline{h})^2/2\sigma_h^2}, \tag{5.20}$$

$$l(\overline{h}) = \frac{2c}{\sigma_h}\sqrt{\lambda_1}\, E\left(\frac{\pi}{2}, k\right), \quad c = \begin{cases} 1/2\pi & \text{(Gauß)} \\ \sqrt{(4-\pi)/8}\, e^{-\pi/4} & \text{(Rayleigh)} \end{cases}, \tag{5.21}$$

wobei

$$E\left(\frac{\pi}{2}, k\right) := \int_0^{\pi/2} \sqrt{1 - k^2 \sin^2 \varphi}\, d\varphi, \quad k^2 := \sqrt{(\sigma_1^2 - \sigma_2^2)^2 + 4\sigma_{12}^2}\, / 2\lambda_1$$

ein elliptisches Integral zweiter Gattung ist und

$$2\lambda_1 := \sigma_1^2 + \sigma_2^2 + \sqrt{(\sigma_1^2 - \sigma_2^2)^2 + 4\sigma_{12}^2}$$

dem doppelt genommenen ersten Eigenwert der Kovarianzmatrix des Gradientenvektors entspricht. Im homogen-isotropen Fall (Übungsaufgabe 5.4) mit

$$\sigma_1^2 = \sigma_2^2 = -C''(r)\big|_{r=0} =: \sigma_{h'}^2, \quad \sigma_{12} = 0,$$

$$k^2 = 0, \quad E\left(\frac{\pi}{2}, k\right) = E\left(\frac{\pi}{2}, 0\right) = \frac{\pi}{2}$$

wird

$$l(\overline{h}) = d\frac{\sigma_{h'}}{\sigma_h}, \quad d = \begin{cases} 1/2 & \text{(Gauß)} \\ \pi\sqrt{(4-\pi)/8}\, e^{-\pi/4} & \text{(Rayleigh)} \end{cases}. \tag{5.22}$$

Die Zahlenfaktoren $c \approx 0{,}16$ bzw. $\approx 0{,}15$ und $d = 0{,}5$ bzw. $\approx 0{,}47$ unterscheiden sich jeweils nur wenig, so dass man mit den gleichen Argumenten wie im 1D-Fall annehmen kann, dass die Lösungen (5.20) bis (5.22) für den Gauß-Prozess relativ resistent gegen Abweichungen von der Normalverteilung sind. Das Testbeispiel in Abbildung 5.2 verdeutlicht den Sachverhalt: Die gemessenen Linienlängen $\hat{l}$ stimmen bei nicht zu großem Abstand $|h - \overline{h}|$ des Schnittniveaus h vom Mittelwertniveau $\overline{h}$ gut mit der theoretischen Lösung überein; die Schätzfehler von $\hat{l}$ wachsen (wie bei $\hat{n}$) mit zunehmender Distanz $|h - \overline{h}|$. Dafür sind nicht nur Abweichungen von der Normalverteilung, sondern auch von der Homogenität, sowie ferner das begrenzte Stichprobengebiet (ca. 23 km^2) maßgebend. Die Höhenabhängigkeit der Linienlängen (5.20) ist die gleiche wie die der Niveaudurchgänge (5.6) im 1D-Fall. Insbesondere unterscheidet sich die homogen-isotrope Lösung (5.22) von der eindimensionalen nur um einen konstanten Faktor. Dieses strukturell gleiche Ergebnis überrascht nicht, denn der 1D-Prozess entsteht durch Nullsetzen eines Argumentes des 2D-Prozesses, wodurch im homogen-isotropen Fall die Eigenschaften 2. Ordnung, d. h. die Abklingeigenschaften der AKF erhalten bleiben – oder umgekehrt: Der 2D-Prozess ist die homogen-isotrope Fortsetzung des 1D-Prozesses mit gleicher, jetzt rotationssymmetrischer AKF. Analytisch zeigt es sich darin, dass in beiden Fällen die normale Dichte f_1 *vor* das Integral über die gemeinsame (separierbare) Dichte $f = f_1 f_2$ aus Ordinatenwerten (f_1) und Ableitungswerten (f_2) gezogen werden kann.

Beispiel 5.8: Mehrfachschnitte beim homogenen Gauß-Prozess. Intensität des Faserprozesses der Höhenlinien

Wird ein Zufallsfeld in äquidistanten Höhen $h_k = kz$ ($z > 0$, const; $k = 0, \pm 1$, $\pm 2, \dots$) geschnitten, so entsteht die bekannte Höhenliniendarstellung. Wir summieren über alle Längen $l(h_k)$ analog wie im Beispiel 5.3 und bekommen damit die Intensität des Faserfeldes. Da die Linienlängen (5.20) in gleicher Weise wie die Anzahl der Niveaudurchgänge (5.6) mit zunehmenden Abstand vom Mittelwertniveau abnehmen, vgl. auch Abbildung 5.2, braucht man die Auswertung wie im Beispiel 5.3 nicht zu wiederholen, sondern muss lediglich $n(\mu)$ durch $l(\overline{h})$ gemäß (5.21), (5.22), speziell $n(0)$ durch $l(0)$ ersetzen:

$$\sum_k l(kz) = \frac{l(0)}{z} \sqrt{2\pi\sigma_h^2} = \begin{cases} \frac{1}{z}\sqrt{\frac{2}{\pi}\lambda_1}\, E(\frac{\pi}{2}, k) & \text{(homogen)} \\ \frac{1}{z}\sqrt{\frac{\pi}{2}\sigma_{h'}^2} & \text{(homogen-isotrop).} \end{cases} \tag{5.23}$$

Die entsprechende Lösung für den Rayleigh-Prozess weicht wieder nur wenig von (5.23) ab (Meier und Borkowski, 1992).

Das zweidimensionale Schwellenwertproblem hat sich als ein Schnittproblem mit den (zweckmäßig mittels Bildverarbeitungsmethoden) zu schätzenden Linienlängen, ggf. auch von Flächeninhalten der Über- und Unterschreitungsgebiete erwiesen. Denkt man nun an ausgezeichnete Punkte des Reliefs wie relative Maxima, Minima oder auch Sattelpunkte, so sind wieder Anzahlen je Flächeneinheit zu schätzen. Mit Blick auf die notwendigen (ggf. auch auf die hinreichenden) Bedingungen für solche Punkte kommen partielle Ableitungen von $h(x_1, x_2)$ ins Spiel und eine explizite 2D-Schätzung ist nur am normalen Zufallsfeld möglich. Darin sind, in Analogie zur 1D-Schätzung (5.11), die partiellen Ableitungen zweiter und vierter Ordnung der AKF $C(\Delta x_1, \Delta x_2)$ in Koordinatenrichtung, zusätzlich zwei gemischte Ableitungen, insgesamt sechs *numerisch kritische*, ja sogar *überkritische* Parameter in komplizierter Weise miteinander kombiniert. Borkowski (1994) hat die Extremaschätzung in numerischen Tests geprüft und die Instabilitäten und Defekte bei digital-topographischen Anwendungen aufgezeigt. Deshalb verzichten wir an dieser Stelle auf den umfangreichen Formelapparat, kommen jedoch im nächsten Abschnitt auf die entsprechende

diskrete Schätzung zu sprechen. Denn wenn überhaupt, dann hat nur letztere eine An-
wendungschance, weil anstelle der Krümmungsgrößen der AKF wieder die (sicherer
zu schätzenden) Nachbarschaftskorrelationen vorkommen.

5.3.2   Zweidimensionale Probleme im diskreten Fall

Anstelle der Realisierung $h(x_1, x_2)$ eines homogenen stetigen Prozesses betrachten
wir jetzt die Realisierung

$$\{h_{jk} = h(x_{1,j}, x_{2,k}) = h(j\Delta, k\Delta); \ j, k = 0, \pm 1, \pm 2, \dots\}$$

einer homogenen diskreten Folge auf Quadratgitter der Weite Δ und der AKF
$C(j\Delta, k\Delta)$. Niveaudurchgänge sind nun, analog zum 1D-Fall im Abschnitt 5.2.2
dadurch ausgezeichnet, dass ein Wert h_{jk} *unter* und z. B. die benachbarten in Koordinatenrichtung $h_{j+1,k}$ *und* $h_{j,k+1}$ *über* dem Niveau h liegen und umgekehrt; zur
Indizierung vgl. Abbildung 5.8. Natürlich muss man auch das Verhalten der anderen
Nachbarn der 4-Umgebung untersuchen. Die Wahrscheinlichkeiten für Niveaudurchgänge sind dann analog zu (5.12) Integrale über die gemeinsame Dichte von Ordinaten*tripeln*, die wir, um die Indizees nicht mitschleppen zu müssen, mit (x, y, z)
bezeichnen. Einfacher ist es, die Wahrscheinlichkeit dafür zu bestimmen, dass *keine*
Über- oder Unterschreitung stattfindet, und dann das Komplement zur Gesamtwahrscheinlichkeit Eins aller möglichen Ereignisse zu bilden. Die Wahrscheinlichkeiten
dafür, dass *keine* Über- oder Unterschreitung des Niveaus h stattfindet, sind

$$P_1(h) := P(x < h, y < h, z < h) = \iiint_{-\infty}^{h} f(x, y, z)dxdydz,$$

$$P_2(h) := P(x > h, y > h, z > h) = \iiint_{h}^{\infty} f(x, y, z)dxdydz. \tag{5.24}$$

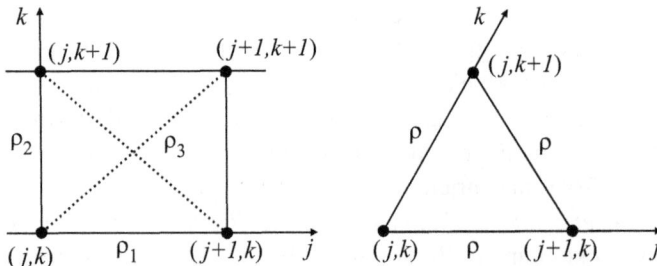

Abbildung 5.8. Bezeichnung der Nachbarschaftskorrelationen zwischen Ordinatenwerten in
den (indizierten) Lagepunkten eines Quadrat- und eines regulären Dreieckgitters.

Bei einem Stichprobenumfang $N_1 N_2$ folgt daraus die totale Anzahl von Niveaudurchgängen

$$N(h) := \overline{N}(h^\uparrow) + \overline{N}(h_\downarrow) = N_1 N_2 \{1 - [P_1(h) + P_2(h)]\} \tag{5.25}$$

und wegen $F = T_1 T_2 = (N_1 - 1)(N_2 - 1)\Delta^2 \approx N_1 N_2 \Delta^2$ die Anzahl je Flächeneinheit

$$n(h) := \overline{n}(h^\uparrow) + \overline{n}(h_\downarrow) = \frac{1}{\Delta^2}\{1 - [P_1(h) + P_2(h)]\}. \tag{5.26}$$

Die Dreifachintegrale (5.24) lassen sich wieder nur an normalen Folgen analytisch auswerten, und auch nur dann, wenn $h = 0$ (Nulldurchgänge).

Beispiel 5.9: Nulldurchgänge an homogenen normalen Zufallsfolgen

Um $n(0)$ gemäß (5.26) ausrechnen zu können, braucht man die gemeinsame Dichte von drei benachbarten Ordinaten, hier jene der dreidimensionalen Normalverteilung; vgl. Beispiel 2.6 und die Übungsaufgabe 2.5. Unter Verzicht auf die schreibaufwendigen Integrationen (5.24) geben wir sogleich die Ergebnisse an:

$$P_1(0) + P_2(0) = \frac{1}{2\pi}(\pi + 2\arcsin\varrho_1 - \arccos\varrho_3),$$

$$n(0) = \frac{1}{\pi\Delta^2}(2\arccos\varrho_1 + \arccos\varrho_3) \tag{5.27}$$

mit $\varrho_1 := C(\Delta,0)/C(0,0)$, $\varrho_3 := C(\Delta,\Delta)/C(0,0)$, $\varrho_2 := C(0,\Delta)/C(0,0) = \varrho_1$ im Quadratgitter (vgl. Abbildung 5.8) und

$$n(0) = \frac{3}{2\pi\Delta^2}\arccos\varrho \tag{5.28}$$

mit $\varrho_1 = \varrho_2 = \varrho_3 =: \varrho$ im regulären Dreieckgitter (vgl. Abbildung 5.8). Speziell unterscheidet sich (5.28) von der 1D-Schätzung (5.15) wieder nur um einen konstanten Faktor. Beide 2D-Schätzungen gelten offensichtlich unter der Voraussetzung *lokaler* Isotropie. Dies bedeutet keine wesentliche Einschränkung, denn auch anisotrope Reliefs können (im statistischen Mittel) durchaus lokal isotrop sein. Ein Testbeispiel möge dies verdeutlichen: Die Korrelationsfunktion in Abbildung 5.9 ist wegen geomorphologisch bedingter Vorzugsrichtungen nicht rotationssymmetrisch. Jedoch sind die Linien gleicher Korrelation über eine ebene Entfernung, die im zugehörigen Digitalen Höhenmodell (DHM) ein Mehrfaches der Gitterweite ausmacht, konzentrische Kreise. Also besteht im lokalen Bereich keine Richtungsabhängigkeit.

Die Abnahme der Niveaudurchgänge mit zunehmendem Abstand vom Mittelwertniveau (hier $\overline{h} = 0$) übernehmen wir vom stetigen Fall, Formel (5.20), und bekommen näherungsweise

$$n(h) \approx n(0)e^{-h^2/2\sigma_h^2} \tag{5.29}$$

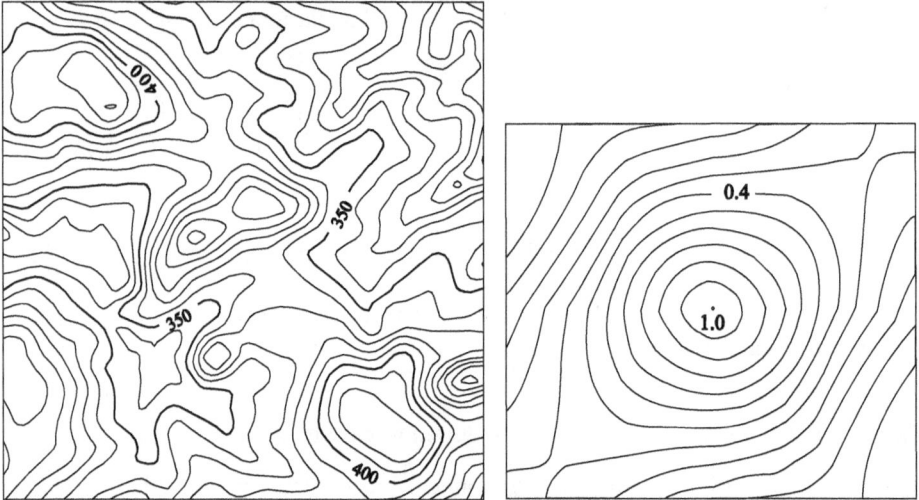

Abbildung 5.9. Testgebiet Tharandt. Höhenlinienbild (links) und Linien gleicher Korrelation ϱ der Höhen (rechts). Die diagonalen Streichrichtungen der Bergrücken bilden sich achsensymmetrisch in der zweidimensionalen AKF ab, jedoch zeigen die konzentrischen Kreise für $0{,}5 < \varrho \leq 1$ lokale Isotropie an.

mit $n(0)$ nach (5.27) oder (5.28) und zulässig bei starken Nachbarschaftskorrelationen, wie sie z. B. am Relief bzw. in DHM vorkommen.

Betrachten wir nun noch ausgezeichnete Punkte wie relative Extrema (E) und Sattelpunkte (S). In einem Punkt P_{jk} der Höhe h_{jk} liegt ein relatives Maximum oder Minimum vor, wenn die Nachbarpunkte tiefer oder höher als P_{jk} liegen („Steigen – Fallen" oder „Fallen – Steigen") bzw. wenn je zwei benachbarte Höhenunterschiede in beiden Koordinatenrichtungen das Vorzeichen wechseln. An Sattelpunkten liegen je zwei Nachbarpunkte auf der einen Achse höher und auf der anderen tiefer als P_{jk} („Steigen – Fallen", „Fallen – Steigen" und umgekehrt) bzw. die Vorzeichen benachbarter Höhenunterschiede auf den Achsen wechseln gegenläufig.

Bezeichnen Δh_1, Δh_2 die beachbarten Höhenunterschiede in der einen und Δh_3, Δh_4 in der anderen Richtung und $f(\Delta \mathbf{h})$ die vierdimensionale Dichte des zufälligen Vektors $\Delta \mathbf{h} = (\Delta h_1, \Delta h_2, \Delta h_3, \Delta h_4)^\top$, so sind die Wahrscheinlichkeiten für die o. a. Ereignisse

$$P(E) := P(\Delta h_1 > 0, \Delta h_2 < 0, \Delta h_3 > 0, \Delta h_4 < 0)$$

$$+ \, P(\Delta h_1 < 0, \Delta h_2 > 0, \Delta h_3 < 0, \Delta h_4 > 0)$$

$$= \int_{-\infty}^{0} \int_{0}^{\infty} \int_{-\infty}^{0} \int_{0}^{\infty} f(\Delta \mathbf{h}) d\Delta \mathbf{h} + \int_{0}^{\infty} \int_{-\infty}^{0} \int_{0}^{\infty} \int_{-\infty}^{0} f(\Delta \mathbf{h}) d\Delta \mathbf{h},$$

$$(5.30)$$

$$P(S) := P(\Delta h_1 > 0, \Delta h_2 < 0, \Delta h_3 < 0, \Delta h_4 > 0)$$
$$+ \; P(\Delta h_1 < 0, \Delta h_2 > 0, \Delta h_3 > 0, \Delta h_4 < 0)$$
$$= \int_0^\infty \int_{-\infty}^0 \int_{-\infty}^0 \int_0^\infty f(\Delta\mathbf{h}) d\Delta\mathbf{h} + \int_{-\infty}^0 \int_0^\infty \int_0^\infty \int_{-\infty}^0 f(\Delta\mathbf{h}) d\Delta\mathbf{h} \tag{5.31}$$

und die auf Flächeneinheit bezogenen Anzahlen

$$\lambda(E) = P(E)/\Delta^2, \quad \lambda(S) = P(S)/\Delta^2. \tag{5.32}$$

Beispiel 5.10: Anzahl relativer Extrema an homogenen normalen Zufallsfolgen

$P(E)$ kann mit Hilfe der vierdimensionalen Normalverteilung des zufälligen Vektors $\Delta\mathbf{h}$, vgl. Beispiel 2.6, ausgewertet werden; bis zum dritten Integral explizit, beim vierten verbleibt ein Restintegral (R). Man erhält

$$\lambda = \frac{1}{2\pi^2 \Delta^2} \sqrt{1 - \frac{4r_2^2}{(1-r_1)^2}} \left\{ \arctan \frac{r_1(1-r_1) + 2r_2^2}{\sqrt{(1-r_1^2)^2 - 4r_2^2}\sqrt{1-r_1^2}} \right\}^2 + R \tag{5.33}$$

mit den Korrelationskoeffizienten

$$r_1 = \frac{-1 + 2\varrho_1 - \varrho_3}{2(1-\varrho_1)}, \quad r_2 = \frac{1 - 2\varrho_1 + \varrho_2}{2(1-\varrho_1)}$$

direkt und indirekt benachbarter Höhen*unterschiede* und den Korrelationskoeffizienten

$$\varrho_1 := C(\pm\Delta, 0)/C(0,0) = C(0, \pm\Delta)/C(0,0) \qquad \text{(direkte Nachbarn)},$$
$$\varrho_2 := C(\pm\Delta, \pm\Delta)/C(0,0) \qquad \text{(indirekte Nachbarn)},$$
$$\varrho_3 := C(\pm 2\Delta, 0)/C(0,0) = C(0, \pm 2\Delta)/C(0,0) \qquad \text{(übernächste Nachbarn)}$$

der Höhen (vgl. Abbildung 5.10); es ist also wieder lokale Isotropie angenommen. Nach analytischen und numerischen Untersuchungen von Borkowski (1994) verschwindet das Restglied R, wenn $\varrho_2 = 2\varrho_1 - 1$, d.h. wenn ϱ_1, ϱ_2 linear voneinander abhängen, und wird vernachlässigbar klein, wenn dies annähernd zutrifft. Es liegt auf der Hand, dass eine numerische Auswertung mit (5.33) nur sinnvoll ist, wenn die Korrelationskoeffizienten ϱ_1, ϱ_2, ϱ_3 (oder auch r_1, r_2) statistisch *sehr sicher* geschätzt werden können. Dies hängt neben dem Stichprobenumfang $N_1 N_2$ vor allem davon ab, wie zuverlässig homogenitätsstörende Trends beseitigt werden können, denn langwellige Reste beeinflussen die Nachbarschaftskorrelationen erheblich; vgl. die Ergebnisse numerischer Tests in Tabelle 5.1: Die Anzahlen der Extrema beziehen sich auf hochpassgefilterte Versionen der Original-DHM. Trends wurden mit Hilfe

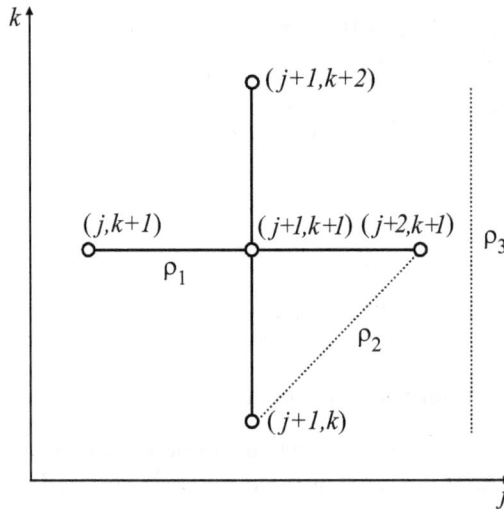

Abbildung 5.10. Bezeichnung der Nachbarschaftskorrelationen zwischen Ordinatenwerten in den (indizierten) Lagepunkten eines Quadratgitters (4-Umgebung).

Trend	Sternberg			Harz			Wechsel		
	λ_{soll}	λ_{ist}	$\Delta\lambda$	λ_{soll}	λ_{ist}	$\Delta\lambda$	λ_{soll}	λ_{ist}	$\Delta\lambda$
TF_3	3234	3149	2,6	1641	1461	11	6935	6379	8,3
TF_5	2037	1937	4,9	1003	930	7,3	4423	3988	9,8
TF_7	1460	1473	0,9	710	702	1,1	3235	2964	8,4
TF_9	1160	1236	6,6	562	586	4,3	2514	2442	2,9
TF_{11}	1003	1106	10	474	524	10	2059	2119	2,9
TF_{21}	721	933	29	338	433	28	1127	1496	33

Tabelle 5.1. Anzahl der relativen Extrema: λ_{soll} ist direkt im Datensatz gezählt, λ_{ist} aus Nachbarschaftskorrelationen geschätzt. $\Delta\lambda := |\lambda_{\text{ist}} - \lambda_{\text{soll}}|/\lambda_{\text{soll}}$ ist die absolute relative Abweichung zwischen λ_{ist} und λ_{soll} in Prozent (nach Borkowski, 1994).

von 2D-Tiefpassfilter TF_n ($n = 3, 5, \ldots$), $n \times n$ Stützwerten mit konstanten Gewichten, ermittelt. Solche Filter bewirken Phasenumkehr auf großen Wellenzahlen. Dieser Effekt ist auf die Extremaanzahl ohne Einfluss. Offensichtlich gibt es eine, geomorphologisch nicht schlüssig zu begründende optimale Filtergröße: TF_7 am kleinkuppigen Moränenrelief Sternberg und am Mittelgebirgsrelief Harz, TF_9 und TF_{11} am Mittelgebirgsrelief Wechsel (südwestlich Wien).

5.4 Schnittprobleme an Faserfeldern

5.4.1 Schnitt zweier Faserfelder

Als Ergänzung zu den bisherigen Schnittproblemen betrachten wir noch solche an Faserfeldern. Obwohl es sich hier um etwas anders geartete Probleme handelt, stehen sie mit den obigen dann in Beziehung, wenn man die Fasern als Schnitte eines Zufallsfeldes mit horizontalen Ebenen auffasst.

Seien ψ_1, ψ_2 zwei unabhängige homogene Faserfelder mit den Intensitäten L_1, L_2, den Richtungsrosen $R_1(\alpha_1)$, $R_2(\alpha_2)$ bzw. den Dichtefunktionen der Normalenrichtungen $f_1(\alpha_1) = R_1'(\alpha_1)$, $f_2(\alpha_2) = R_2'(\alpha_2)$. Dann ist der Schnitt $\psi_1 \cap \psi_2$ ein Punktfeld mit der Intensität

$$
\lambda^{(2)} = L_1 L_2 \int_{[0,\pi)} \int_{[0,\pi)} |\sin(\alpha_1 - \alpha_2)| R_1(d\alpha_1) R_2(d\alpha_2)
$$

$$
= L_1 L_2 \int_0^\pi \int_0^\pi |\sin(\alpha_1 - \alpha_2)| f_1(\alpha_1) f_2(\alpha_2) d\alpha_1 d\alpha_2, \qquad (5.34)
$$

vgl. z. B. Stoyan und Mecke (1983, S. 98). Sind ψ_1, ψ_2 isotrop mit gleichverteilten Richtungen auf $[0, \pi)$, vereinfacht sich (5.34) zunächst zu

$$
\lambda^{(2)} = \frac{L_1 L_2}{\pi^2} \int_0^\pi \int_0^\pi |\sin(\alpha_1 - \alpha_2)| d\alpha_1 d\alpha_2.
$$

Wegen $|\sin(\alpha_1 - \alpha_2)| = \sin(\alpha_1 - \alpha_2)$ für $0 \leq \alpha_1 - \alpha_2 \leq \pi$ wird das innere Integral

$$
\int_{\alpha_2}^{\alpha_2 + \pi} \sin(\alpha_2 - \alpha_1) d\alpha_1 = \int_0^\pi \sin x \, dx = 2,
$$

das äußere $\int_0^\pi d\alpha_2 = \pi$, somit

$$
\lambda^{(2)} = \frac{2}{\pi} L_1 L_2. \qquad (5.35)
$$

Um die Formel (5.34) zu illustrieren, betrachten wir zunächst ein Elementarbeispiel, das wir auch anschaulich überprüfen können.

Beispiel 5.11: Orthogonalschnitt paralleler Geradenscharen (Quadratgitter)

Ein Quadratgitter mit Weite Δ, z. B. eines DHM, kann man sich als Schnitt $\psi_1 \cap \psi_2$ denken, wobei ψ_1, ψ_2 aus parallelen Geraden im Abstand Δ in zwei zueinander senkrechten Richtungen bestehen (Abbildung 5.11). Auf der Einheitsfläche $F = (N\Delta)^2 = 1$ sind die Längen jeder einzelnen Faser $N\Delta = 1$ und die Intensitäten der Geradenprozesse $L_1 = L_2 = (N\Delta)N/(N\Delta)^2 = 1/\Delta = N$. Um das Integral

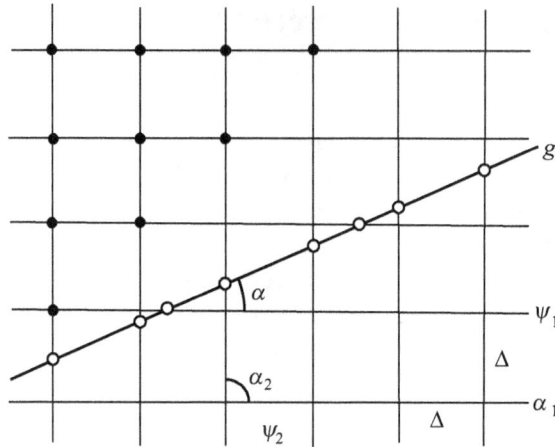

Abbildung 5.11. Quadratgitter als Orthogonalschnitt zweier paralleler Geradenscharen (ψ_1 mit Anstieg $\alpha_1 = 0$ und ψ_2 mit Anstieg $\alpha_2 = \pi/2$). Die Gitterpunkte bilden ein reguläres Punktfeld. Der Schnitt einer Geraden g mit den Gitterlinien erzeugt eine Punktfolge auf g.

in (5.34) auswerten zu können, werden die zu den konstanten Richtungen (o. B. d. A. $\alpha_1 = 0$, $\alpha_2 = \pi/2$) gehörenden entarteten Dichten als Deltafunktionen

$$f_1(\alpha_1) = \delta(\alpha_1), \quad f_2(\alpha_2) = \delta(\alpha_2 - \pi/2) \quad \text{mit} \quad \int_{-\infty}^{\infty} f_{1,2} d\alpha_{1,2} = 1$$

angesetzt und die endlichen Integrationsgrenzen mit Hilfe der Differenz zweier Einheitssprungfunktionen $H(\cdot)$ jeweils auf die gesamte Zahlengerade ausgedehnt:

$$\lambda^{(2)} = N^2 \iint_{-\infty}^{+\infty} |\sin(\alpha_1 - \alpha_2)| [H(\alpha_1) - H(\alpha_1 - \pi)] \delta(\alpha_1)$$

$$\cdot [H(\alpha_2) - H(\alpha_2 - \pi)] \delta(\alpha_2 - \pi/2) d\alpha_1 d\alpha_2.$$

Das innere Integral ergibt

$$|\sin \alpha_2| [H(0) - H(-\pi)] = |\sin \alpha_2|$$

und das äußere

$$\left| \sin \frac{\pi}{2} \right| \left[H\left(\frac{\pi}{2}\right) - H\left(-\frac{\pi}{2}\right) \right] = 1,$$

somit $\lambda^{(2)} = N^2 = 1/\Delta^2$, was auch anschaulich zu erwarten war.

DHM auf Quadratgitter und äquidistante Höhenlinien sind zwei gleichwertige Darstellungen des kantenfreien Reliefs. Beim Übergang von der einen zur anderen sind Gitterweite Δ und Schichthöhe z aufeinander abzustimmen (Abschnitte 6.3.2, 6.4).

Dazu benötigen wir u. a. die Intensität $\lambda^{(2)}$ des Punktfeldes, welches entsteht, wenn man die Höhenlinien (Faserfeld ψ_1) mit den Gitterlinien (reguläres Geradenfeld ψ_2) schneidet (Abbildung 5.12). Wir berechnen diesen Parameter für die äquidistanten Höhenlinien eines normalen Zufallsfeldes.

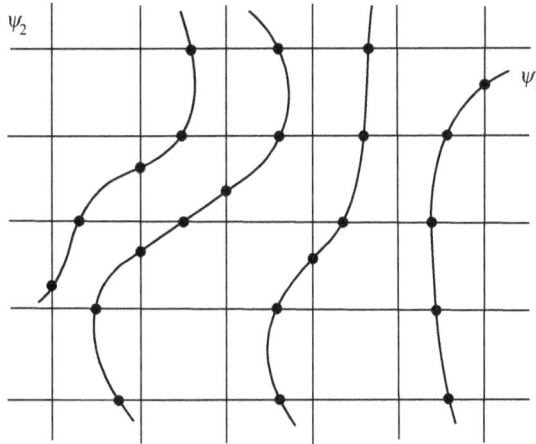

Abbildung 5.12. Der Schnitt des Faserfeldes der Höhenlinien (ψ_1) mit den Gitterlinien (reguläres Geradenfeld ψ_2) erzeugt ein irreguläres Punktfeld.

Beispiel 5.12: Schnitt von Höhenlinien eines normalen homogenen Zufallsfeldes mit einem Quadratgitter

Die Intensität L_1 von ψ_1 haben wir im Beispiel 5.8, Formel (5.23), bestimmt, jene von ψ_2 ist $L_2 = 2/\Delta$ (vgl. Beispiel 5.11). Die Dichten der Normalenrichtungen seien $f_1(\alpha_1)$ und

$$f_2(\alpha_2) = \frac{1}{2}\delta(\alpha_2) + \frac{1}{2}\delta(\alpha_2 - \pi/2).$$

Nach dem gleichen Vorgehen wie im Beispiel 5.11 bekommt man

$$\lambda^{(2)} = \frac{L_1 L_2}{2} \int_{\alpha_1=0}^{\pi} \left\{ \int_{-\infty}^{+\infty} |\sin(\alpha_1 - \alpha_2)|[H(\alpha_2) - H(\alpha_2 - \pi)] \right.$$
$$\left. \cdot [\delta(\alpha_2) + \delta(\alpha_2 - \pi/2)]d\alpha_2 \right\} f_1(\alpha_1)d\alpha_1.$$

Das innere Integral ergibt

$$|\sin\alpha_1|[H(0) - H(-\pi)] + \left|\sin\left(\alpha_1 - \frac{\pi}{2}\right)\right|\left[H\left(\frac{\pi}{2}\right) - H\left(-\frac{\pi}{2}\right)\right],$$

somit

$$\lambda^{(2)} = \frac{L_1 L_2}{2} \int_0^{\pi} \{|\sin\alpha_1| + |\cos\alpha_1|\} f_1(\alpha_1)d\alpha_1. \tag{5.36}$$

Für das homogene Zufallsfeld kann man die Dichte f_1 berechnen (Bethge und Meier, 1996), jedoch (5.36) nicht explizit auswerten. Dagegen folgt im homogen-isotropen Fall aus (5.36) sofort

$$\lambda^{(2)} = \frac{L_1 L_2}{\pi} \int_0^{\pi/2} (\sin \alpha_1 + \cos \alpha_2) d\alpha_1 = \frac{2}{\pi} L_1 L_2,$$

identisch mit (5.35). Dieses Ergebnis überrascht nicht, denn das Schnittergebnis kann sich nicht ändern, wenn man das Gitter relativ zu einem isotropen Feld dreht. Mit den Intensitäten L_1, L_2 von $\psi_1 \; \psi_2$ bekommt man schließlich

$$\lambda^{(2)} = \frac{4}{\pi} \frac{L_1}{\Delta} = \frac{4}{\pi} \frac{1}{\Delta z} \sqrt{\frac{\pi}{2} \sigma_{h'}^2}. \tag{5.37}$$

In der Formel (5.37) sind die Schnittpunktanzahl mit den Gitterlinien je Flächeneinheit, die Gitterweite, die Schichthöhe und die Varianz der Geländeneigung als repräsentative Kenngröße 2. Ordnung miteinander verknüpft. Daher kann man aus einer Schnittpunktzählung $\hat{\lambda}^{(2)}$ bei festem Δ, z einen Schätzwert $\hat{\sigma}_{h'}^2$ gewinnen. Im homogenen Fall ist die Schätzung der Elemente der Kovarianzmatrix des Gradientenvektors iterativ möglich; eine entsprechende Prozedur ist in der letztgenannten Arbeit angegeben. Es zeigt sich also hier (und an weiteren Beispielen im Abschnitt 6.4.3), dass man auch mit der analogen Höhenlinienpräsentation durchaus diskret rechnen kann, und zwar ohne numerisch differenzieren zu müssen!

Betrachten wir noch ein Relief mit Geländekanten, etwa abgelegt in einem hybriden Digitalen Geländemodell (DGM), bestehend aus einem DHM auf Quadratgitter mit Weite Δ und unregelmäßig verteilten Kanten als räumliche Polygonzüge. Die in die Gitterebene projizierten Kanten bilden ein Faserfeld ψ_1 mit Intensität L_1 und Dichte der Normalenrichtungen f_1, die Gitterlinien ein reguläres Geradenfeld mit Intensität $L_2 = 2/\Delta$ und Dichte f_2 wie im Beispiel 5.12. Die Anzahl der Kantenschnitte mit den Gitterlinien ist dann durch (5.36) gegeben. Ist das Relief isotrop, darf man auch für die darauf liegenden Kanten Isotropie, also gleichverteilte Richtungen annehmen und $\lambda^{(2)}$ wird durch (5.35) bzw. allein durch die Kantenintensität L_1 und die Gitterweite Δ wie in (5.37) bestimmt. Bevor wir diese Formel an einem aktuellen Beispiel numerisch prüfen, sei aus historischem Interesse an die Theorie geometrischer Wahrscheinlichkeiten erinnert: Dort bezeichnet man Zufallsschnitte von Geradenstücken („Nadeln") als Buffonsches Nadelproblem; vgl. z. B. Gnedenko (1991, S. 40–45).

Beispiel 5.13: Tests von Kantenschnitten mit Gitterlinien

Aus dem DGM Schneealpe (Institut für Photogrammetrie und Fernerkundung der TU Wien) über ca. $100 \, \text{km}^2$, Gitterweite $\Delta = 25 \, \text{m}$, wurden vier Testgebiete über je ca. $10 \, \text{km}^2$ ausgewählt. Abbildung 5.13 zeigt das ebene Kartenbild; die Testgebiete sind grau umrandet. Tabelle 5.2 enthält die gemessenen Kantenlängen (Faserfeldintensität

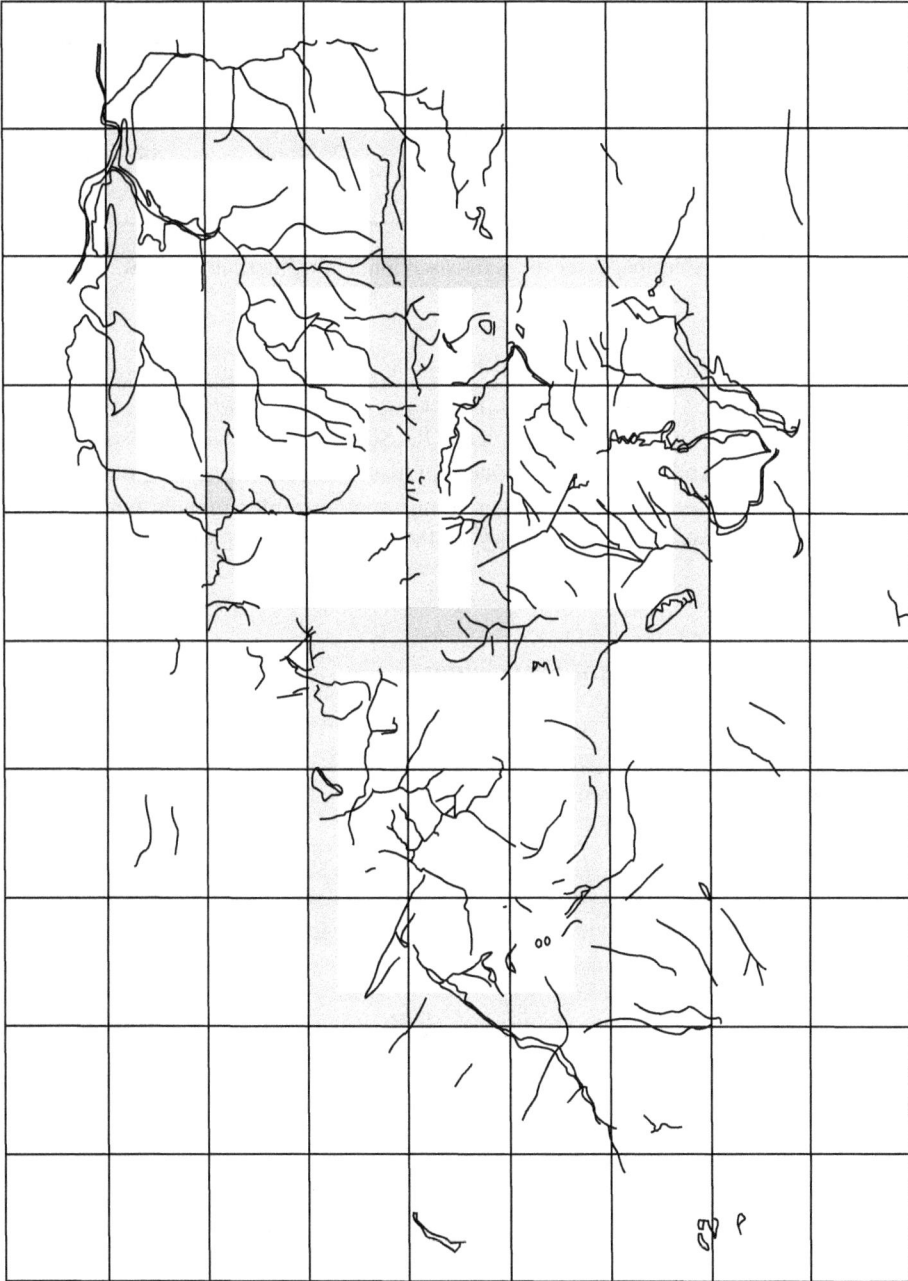

Abbildung 5.13. Geländekanten im Testgebiet Schneealpe. Der Kantenschnitt mit den Gitterlinien erzeugt ein irreguläres Punktfeld. Umrahmte Vierecke zeigen Möglichkeiten, die Testfläche auszuwählen.

Test	$\hat{L}$ in m^{-1}	λ in m^{-2}	$\hat{\lambda}$ in m^{-2}	$|\hat{\lambda} - \lambda|/\lambda$
1	38867,58	1963	1979,51	$8,4 \cdot 10^{-3}$
2	34783,81	1770	1771,52	$8,6 \cdot 10^{-4}$
3	43956,56	2258	2238,69	$8,6 \cdot 10^{-3}$
4	30483,86	1564	1552,53	$7,3 \cdot 10^{-3}$

Tabelle 5.2. DGM Schneealpe. Tests von Kantenschnitten mit Gitterlinien (Auswertung G. Beyer).

$\hat{L}_1 = \hat{L}$), die gezählten Schnitte (Soll-Intensität λ) und die mit (5.37) berechneten Schnittpunktanzahlen (Ist-Intensität $\hat{\lambda}$), ferner die relativen Abweichungen zwischen $\hat{\lambda}$ und λ, die durchweg $< 1\,\%$ ausfallen. Die Schnittformel scheint also recht resistent gegenüber Änderungen der Modellvoraussetzungen wie z. B. gleichverteilte Faserrichtungen zu sein. Die geschätzten Schnittpunktanzahlen braucht man z. B. bei der Datenablage wavelet-transformierter DGM, worauf wir im Abschnitt 10.2.3 zu sprechen kommen.

5.4.2   Geradenschnitte mit Faserfeldern

Ein homogenes Faserfeld ψ_1 mit L_1, $f_1(\alpha_1)$ werde von *einer* Geraden $\psi_2 = g$ mit $L_2 = 1$ unter dem Winkel α geschnitten (Abbildung 5.14): $\psi_1 \cap g$ ergibt eine Folge von Schnittpunkten auf g, deren Anzahl je Längeneinheit aus (5.34) berechnet werden kann:

$$\lambda^{(1)}(\alpha) = L_1 \int_0^\pi \int_0^\pi |\sin(\alpha_1 - \alpha_2)| f_1(\alpha_1)\delta(\alpha_2 - \alpha)d\alpha_1 d\alpha_2.$$

Das Integral über α_2 wird wie im Beispiel 5.11 ausgewertet. Man erhält die vom Schnittwinkel abhängige Intensität

$$\lambda^{(1)}(\alpha) = L_1 \int_0^\pi |\sin(\alpha_1 - \alpha)| f_1(\alpha_1)d\alpha_1. \tag{5.38}$$

Im homogen-isotropen Fall wird

$$\lambda^{(1)} = \frac{L_1}{\pi} \int_0^\pi |\sin(\alpha_1 - \alpha)|d\alpha_1 = \frac{2}{\pi}L_1 \tag{5.39}$$

richtungsunabhängig. Vergleicht man (5.39) mit (5.35), ergibt sich das Intensitätsverhältnis

$$\lambda^{(2)}/\lambda^{(1)} = L_2, \tag{5.40}$$

wobei $L_2 = 2/\Delta$ der Intensität des Gitterlinienfeldes entspricht, wenn speziell die Höhenlinien mit den Gitterlinien wie im Beispiel 5.12 geschnitten werden. Betrachten

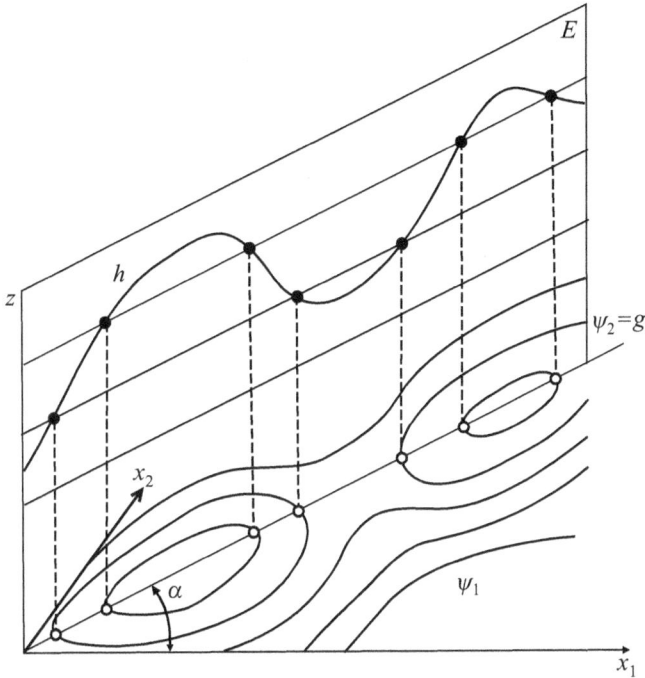

Abbildung 5.14. Schnitt des Faserfeldes ψ_1 der Höhenlinien mit einer Geraden g sowie Schnitt eines Höhenprofils h über g mit parallelen Geraden im Abstand z. Die Schnittpunktanzahlen je Längeneinheit sind jeweils gleich groß, wenn die Höhenlinien des Zufallsfeldes H, aus dem das Profil h stammt, die Äquidistanz z haben.

wir zunächst wieder ein Beispiel, wo das Schnittergebnis anschaulich geprüft werden kann.

Beispiel 5.14: Geradenschnitt mit Quadratgitter (Abbildung 5.11)

Mit der gleichen Notation wie in den Beispielen 5.11, 5.12 bekommt man aus (5.38)

$$\lambda^{(1)}(\alpha) = N \int_0^\pi |\sin(\alpha_1 - \alpha)| \left[\delta(\alpha_1) + \delta\left(\alpha_1 - \frac{\pi}{2}\right) \right] d\alpha_1$$

und wertet das Integral wie dort aus:

$$\lambda^{(1)} = N(|\sin\alpha| + |\cos\alpha|), \tag{5.41}$$

speziell $\lambda^{(1)}(0) = \lambda^{(0)}(\pi/2) = N$, wenn g parallel zu den Gitterlinien liegt, und $\lambda^{(1)}(\pi/4) = \sqrt{2}\,N$, wenn g die Gitterlinien parallel zur Hauptdiagonalen schneidet, was man auch anschaulich erwartet.

Nun wollen wir die Geradenschnitte dazu benutzen, um noch einmal den Zusammenhang zwischen dem Faserfeld ψ_1 der Höhenlinien und dem Zufallsfeld H, aus dem letztere stammen, zu verdeutlichen. Die Intensität des Schnittes $\psi_1 \cap g$ ist durch (5.38) bzw. (5.39) gegeben. Denkt man sich in g eine Vertikalebene E aufgespannt, so schneidet diese das Zufallsfeld H und man bekommt aus $E \cap H$ ein Höhenprofil h entlang g (Abbildung 5.14). Schneidet man nun h in Niveaus $a_k = kz$, so muss die auf g projizierte Schnittpunktfolge die gleiche Intensität wie der (ebene) Schnitt $\psi_1 \cap g$ haben. Diesen Zusammenhang verdeutlichen wir noch einmal am Beispiel des normalen homogen-isotropen Zufallsfeldes.

Beispiel 5.15: Intensitätsvergleiche

(a) *Intensitätsvergleich auf der Geraden*

Einerseits folgt aus (5.39) mit L_1 nach (5.23)

$$\lambda^{(1)} = \frac{2}{\pi} \frac{1}{z} \sqrt{\frac{\pi}{2} \sigma_{h'}^2} = \frac{1}{z} \sqrt{\frac{2}{\pi} \sigma_{h'}^2}.$$

Andererseits ist mit (5.10)

$$\lambda^{(1)} = \frac{1}{z} \sqrt{\frac{2}{\pi} \sigma_{x'}^2}.$$

Schneidet man also das homogen-isotrope Feld H mit der Vertikalebene E, $H \cap E = h \subset H$, oder betrachtet alternativ H als die homogen-isotrope Fortsetzung von h mit $\sigma_{h'}^2 = \sigma_{x'}^2$, dann ist die Identität beider Schätzungen offensichtlich.

(b) *Intensitätsvergleich in der Ebene*

Die Intensität des Gitterschnittpunktfeldes mit Gitterweite Δ ist $\lambda_\square^{(2)} = 1/\Delta^2$, vgl. Beispiel 5.11, und jene der Höhenlinienschnitte mit dem Gitter im Beispiel 5.12, Formel (5.37) gegeben. Vorgreifend auf Abschnitt 6.3.1, Formel (6.10), sei die Schichthöhe z so gewählt, dass

$$\frac{z}{\Delta} = \sqrt{\frac{\pi}{2} \sigma_{h'}^2}, \quad \text{somit} \quad \lambda^{(2)} = \frac{4}{\pi} \frac{1}{\Delta^2}.$$

Unter der Voraussetzung, dass H homogen-isotrop, bekommt man das Intensitätsverhältnis

$$\lambda^{(2)}/\lambda_\square^{(2)} = 4/\pi \approx 1{,}27. \tag{5.42}$$

Diese Konstante ist als *Testgröße* geeignet, um Modellannahmen wie Normalität, Homogenität und Isotropie zu prüfen. Numerische Beispiele finden sich im Abschnitt 6.4.3, Tabelle 6.3.

Übungsaufgaben zum Kapitel 5

Aufgabe 5.1: Nulldurchgänge beim stationären Gauß-Prozess mit diskreter Zeit

Im Beispiel 5.5 sind mit (5.15), (5.16) zwei Schätzformeln für die Anzahl von Nulldurchgängen bzw. Vorzeichenwechsel benachbarter Prozesswerte je Längeneinheit angegeben. Wie unterscheiden sich die Schätzwerte bei schwachen und bei starken Nachbarschaftskorrelationen voneinander?

Lösung: $\varrho \ll 1$: $\arccos \varrho \approx \pi/2 - \varrho$, $\varrho \to 0$: $\arccos \varrho \to \pi/2$, $n(0) \to 1/2\Delta$ aus (5.15),

$$n(0) \to \frac{2\sqrt{2}}{\pi} \frac{1}{2\Delta} \approx 0{,}90 \frac{1}{2\Delta} \quad \text{aus (5.16).}$$

$\varrho \to 1$: $n(0) \to 0$ in (5.15) und (5.16). Wie im Beispiel 5.5 bemerkt, sind die Unterschiede bei starken Korrelationen, z. B. in Höhenprofilen natürlicher Reliefs, vernachlässigbar klein und betragen bei schwachen Korrelationen bis ca. 10 %.

Aufgabe 5.2: Nulldurchgänge und relative Extrema beim stationären Gauß-Prozess

Ein Sinussignal hat, genügend lange Registrierdauer vorausgesetzt, ebensoviele Extrema wie Nullstellen. Wie verhält es sich damit an stochastischen Signalen, speziell an Realisierungen aus einem stationären Gauß-Prozess? Man prüfe den Sachverhalt mit Hilfe der Schätzformeln (5.7), (5.11) in den Beispielen 5.1, 5.4 und einer AKF vom Glockenkurventyp wie in Aufgabe 3.1!

Lösung: Aus (5.7) und (5.11) folgt

$$\frac{\lambda}{n(\mu)} = \frac{\sqrt{C(0)C^{\mathrm{IV}}(0)}}{-C''(0)} \quad \text{und aus} \quad C(\tau) = \sigma^2 e^{-(\tau/d)^2}, C(0) = \sigma^2,$$

$$-C''(\tau) = 2\left(\frac{\sigma}{d}\right)^2 \left[1 - 2\left(\frac{\tau}{d}\right)^2\right] e^{-(\tau/d)^2}, \quad -C''(0) = 2\left(\frac{\sigma}{d}\right)^2,$$

$$-C^{\mathrm{IV}}(\tau) = \left(\frac{2}{d}\right)^2 \left(\frac{\sigma}{d}\right)^2 \left[3 - 12\left(\frac{\tau}{d}\right)^2 + 4\left(\frac{\tau}{d}\right)^4\right] e^{-(\tau/d)^2},$$

$$C^{\mathrm{IV}}(0) = \frac{12}{d^2}\left(\frac{\sigma}{d}\right)^2, \quad \text{somit} \quad \frac{\lambda}{n(\mu)} = \sqrt{3} \approx 1{,}73.$$

Es kommen also unabhängig vom sonstigen Verhalten der AKF (Varianz σ^2, Abklingparameter d) fast 3/4 mehr relative Extrema je Längeneinheit vor als Nulldurchgänge: Eine Prozessrealisierung kann eben auch ober- oder unterhalb des Mittelwertniveaus so schwanken, dass zwischen je zwei Extrema *kein* Nulldurchgang liegt.

Aufgabe 5.3: Niveaudurchgänge beim stationären Rayleigh-Prozess

Im Beispiel 5.2 sind der Ansatz zur Berechnung der Anzahl von Niveaudurchgängen beim stationären Rayleigh-Prozess und mit (5.8), (5.9) die Endergebnisse angegeben. Diese sind mit Hilfe der Grundformel (5.4) zu überprüfen!

Aufgabe 5.4: Schnittlinienlängen beim homogen-isotropen Gauß-Prozess

Ein homogen-isotroper Gauß-Prozess werde durch eine horizontale Ebene im Mittelwertniveau geschnitten. Man berechne die mittlere Schnittlinienlänge je Flächeneinheit, wenn seine AKF wahlweise vom Typ

$$^2C_{hh}(r) = \sigma_h^2 e^{-(r/d)^2} \quad \text{oder} \quad ^2C_{hh}(r) = \frac{\sigma_h^2}{1 + (r/d)^2} \quad \text{ist!}$$

Kapitel 6

Abtast- und Auswahlprobleme

6.1 Vorbemerkungen

Geodaten werden in aller Regel diskret erfasst: Punktweise Messung, Abtastung, Registrierung deterministischer und stochastischer Signale, Extraktion semantischer Informationen aus Bildern unterschiedlicher Auflösung, Digitalisierung von Karten usf. – Daraus entsteht eine Reihe spezieller Abtastprobleme bzw. solche der AD- und DA-Wandlung. Ehe wir ins Einzelne gehen, empfiehlt sich ein kurzer Überblick.

Für alle Probleme der Datenwandlung ist das klassische Abtasttheorem (Abschnitt 6.2.1) einschließlich seiner Modifikationen von großer Tragweite. Es regelt die speicherplatzsparende und zugleich informationserhaltende Diskretisierung bandbegrenzter und somit stetig differenzierbarer Signale. Zuerst für eindimensionale Signale kreiert kann es auch auf zweidimensionale erweitert werden. Diskretisieren bedeutet hier, dass nur Signalwerte an diskreten Orten im $\mathbb{R}^1$ oder $\mathbb{R}^2$ erfasst werden („Abszissen-diskretisierung"). Typische Beispiele sind die reguläre Zerlegung der Bildebene in Bildelemente oder reguläre Gitter für DHM. Ein etwas aus der Reihe fallendes Problem bietet die Abtastung ebener (oder auch räumlicher) Kurven, z. B. Digitalisieren von Linienobjekten in Karten, weil hier Begriffe der spektralen Betrachtungsweise wie Wellenzahl oder -länge ihren wohldefinierten Sinn verlieren. Doch auch in diesem Fall lässt sich eine, zum konventionellen Abtasttheorem konsistente, praktisch brauchbare Regel angeben: Die Abtastung wird krümmungsabhängig (Abschnitt 6.2.2).

In der digitalen Bildverarbeitung wird nicht nur die Bildebene diskret zerlegt, sondern auch das Grau- oder Farbwertsignal („Quantisierung"). Offensichtlich handelt es sich dabei um das Diskretisieren von Signalen auf der Ordinate („Ordinatendiskretisierung"). Auch die sog. Zufallsschnitte des Reliefs zur Erzeugung von Höhenlinien $h_k = kz = $ const entsprechen einer Abtastung auf der Ordinate. Das „vertikale" Tastintervall, die Schichthöhe oder Äquidistanz z, hängt, ebenso wie die Gitterweite Δ von DHM als „horizontales" Intervall, von gewissen Reliefeigenschaften ab. Abszissen- und Ordinatenabtastung sind – allgemein gesprochen – über die Signaleigenschaften miteinander verbunden.

Die Höhenwerte zwischen zwei benachbarten Höhenlinien $h_k = kz$, $h_{k+1} = (k + 1)z$ *über*schreiten einerseits das Niveau h_k und *unter*schreiten andererseits das Niveau h_{k+1}. Insofern sind die Lösungen gewisser Schwellenwert- und Schnittprobleme im Abschnitt 5 grundlegend für die informationserhaltende Diskretisierung auf der Ordinate und ihren Zusammenhang mit jener auf der (den) Abszisse(n).

Die vorwiegend theoretischen Grundlagen der Ordinatenabtastung im Abschnitt 6.3 werden anschließend mit praktischen Gesichtspunkten zur Schichthöhen- und Gitterweitenschätzung vertieft, wobei auch konventionelle Vorgehensweisen Berücksichtigung finden (Abschnitt 6.4).

Bereits das klassische Abtasttheorem enthält einen Generalisierungsaspekt: Informationen auf Wellenlängen, die kleiner als der doppelte Punktabstand sind, also Feinstrukturen, werden nicht erfasst („Erfassungsgeneralisierung"). Das Ausdünnen oder Glätten von Wertereihen unterdrückt ebenfalls Feinstrukturen. Dagegen bewirkt eine verdichtende Abtastung (*progressive sampling*; Abschnitt 6.4.3) das Gegenteil. Als Teilaspekte der Generalisierung enthält Abschnitt 6.5 einige spezielle Auswahlprobleme, die teilweise mit dem Bisherigen in Beziehung stehen.

6.2 Abszissenabtastung

6.2.1 Abtastung ein- und zweidimensionaler Signale

Grundlage ist das Abtasttheorem (AT) für bandbegrenzte Signale. Ursprünglich approximationstheoretisch begründet (Kotelnikov, 1933; vgl. auch Churkin et al., 1996) erwies es sich später als eine spezielle Lösung der Wiener-Hopf-Gleichungen der Optimalfiltertheorie; vgl. z. B. Meier und Keller (1990). Anstelle der theoretischen Herleitung geben wir eine kurze anschauliche Begründung.

Sei $x(t)$ ein periodisches Signal der Form $x(t) = a \sin \omega_0 t$, $\omega_0 = 2\pi \nu_0 = 2\pi/\lambda_0$. Um die beiden Parameter a, ω_0 zu berechnen, braucht man offensichtlich zwei Gleichungen in den Koordinaten zweier Punkte $x(t_1) \neq 0$, $x(t_2) \neq 0$, $t_2 > t_1 \neq 0$ auf dem Intervall λ_0. Wählt man demzufolge den Punktabstand $t_2 - t_1$ auf der t-Achse zu $\Delta_0 \leq \lambda_0/2 = \pi/\omega_0$, so kann $x(t)$ eindeutig bestimmt werden. Sei nun $x(t)$ die Realisierung eines stationären Prozesses $X(t)$, welche das o. a. Elementarsignal als „kleinsten Baustein" enthält. Tastet man $x(t)$ ebenfalls im konstanten Abstand Δ_0 ab, so wird nicht nur die kleinste Struktur erfasst, sondern sogar die *vollständige* Information über $x(t)$ auf *allen* Wellenlängen $\lambda \geq \lambda_0$ bzw. Frequenzen $\omega \leq \omega_0$. Abbildung 6.1 veranschaulicht den Sachverhalt: Im abgebildeten Signal folgt auf eine lange Welle eine kürzeste mit λ_{MIN} und wieder eine lange. In zufälligen Signalen (Prozessrealisierungen) kommen die spektralen Anteile natürlich (unübersichtlich) gemischt vor. Wenn die obige Aussage zutrifft, dann muss auch $x(t)$ aus der Folge der Tastwerte wiederherzustellen sein. Dies ist der Inhalt des nachfolgend formulierten Theorems.

Abtasttheorem (sampling theorem). *Sei $X(t)$ ein stationärer Prozess mit bandbegrenzter Spektraldichte: $S_{XX}(\omega) \equiv 0$ für $|\omega| \geq \omega_g$. Dann kann $X(t)$ aus der Folge seiner Tastwerte $X(t_n)$, $t_n = n\Delta$; $n = 0, \pm 1, \pm 2, \ldots$ mit*

$$\Delta = \frac{\pi}{\omega_g} = \frac{1}{2\nu_g} \tag{6.1}$$

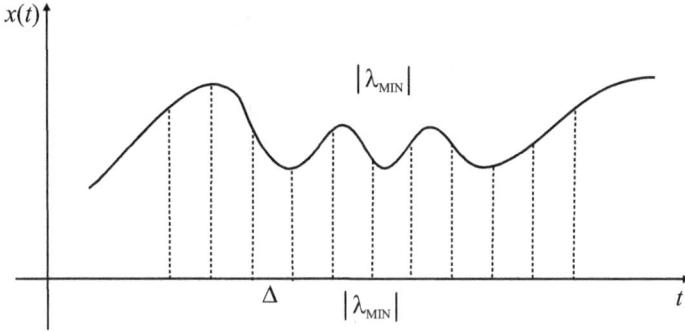

Abbildung 6.1. Äquidistante Signalabtastung. Auf die kleinste vorkommende Wellenlänge müssen (mindestens) zwei Punkte entfallen.

vollständig wiederhergestellt werden:

$$X(t) = \sum_{n=-\infty}^{+\infty} \frac{\sin[\omega_g(t - t_n)]}{\omega_g(t - t_n)} X(t_n). \tag{6.2}$$

Das AT besteht demzufolge aus zwei Teilen, der Tastvorschrift (6.1) und der Rekonstruktionsvorschrift (6.2). Letztere ist ein Interpolationsfilter mit minimaler Fehlervarianz. Allerdings gibt es aus praktischer Sicht gewisse Einschränkungen, die zu Modifikationen Anlass geben:

(a) Instationäre Signale zerlegt man ggf. in einen niederfrequenten Anteil („Trend") und in einen hochfrequenten stationären Restanteil („Rauschen"). Ist dessen obere Grenzfrequenz (Nyquist-Frequenz) v_g bzw. ω_g bekannt oder der Punktabstand Δ mit dem Messverfahren a priori vorgegeben, so besagt das AT, dass alle Informationen auf Frequenzen $\omega > \omega_g = \pi/\Delta$ verloren gehen. Ein solcher Effekt kann allerdings auch erwünscht sein (Erfassungsgeneralisierung).

(b) Messwertfolgen sind häufig nicht äquidistant bzw. streuen um ein mittleres Intervall $\overline{\Delta}$. Ferner stehen nur endlich viele Tastwerte zur Interpolation zu Verfügung. In beiden Fällen ist (6.2) kein Optimalfilter mehr. Der Ausweg ist eine endliche Version der Optimalfilterung, bekannt als lineare Prädiktion. Zur optimalen Interpolation mit endlich vielen, nicht notwendig regulären Stützpunkten benötigt man die AKF von Signal und (Mess-)Rauschen, die ihrerseits nicht immer statistisch sicher geschätzt werden können. Daher hat sich die Spline-Interpolation als praktisches Verfahren durchgesetzt; sie ist asymptotisch äquivalent der Vorschrift (6.2); vgl. z. B. Unser et al. (1992). Auch andere Verfahren haben ihre Vorteile; siehe z. B. die vergleichende Darstellung von Kurven-Interpolation und -Approximation bei Kraus (2000).

Beispiel 6.1: Interpolation mit endlich vielen Stützwerten

Dass die Interpolation mit endlich vielen Stützwerten ohne erheblichen Genauigkeitsverlust möglich ist, folgt bereits aus der Tatsache, dass Signalkorrelationen über einen endlichen Abstand $\tau_g \approx n\overline{\Delta}$ gegen Null abklingen. Stützwerte im Abstand $> \tau_g$ vom zum interpolierenden Punkt werden kaum zur Genauigkeitssteigerung beitragen. Aus

$$n \approx \tau_g / \overline{\Delta} \approx 2\tau_g \nu_g$$

folgt für ein symmetrisches Filterprofil wie in (6.2) die notwendige Stützpunktanzahl

$$2n + 1 \approx (2\tau_g)(2\nu_g) + 1.$$

Der Interpolationsbereich wird somit vom Produkt aus der sog. Fensterbreite $2\tau_g$ und der spektralen Bandbreite $2\nu_g$ bestimmt.

Das AT kann auf mehrdimensionale Prozesse verallgemeinert werden. Sei speziell $X(x_1, x_2)$ ein 2D-Prozess bzw. ein skalares Zufallsfeld mit bandbegrenzter Spektraldichte $S(\omega_1, \omega_2; \omega_{g_1}, \omega_{g_2})$, den ebenen Wellenzahlen ω_1, ω_2 und den Grenzwellenzahlen $\omega_{g_1}, \omega_{g_2}$, dann hat man anstelle (6.1)

$$\Delta_1 \leq \pi/\omega_{g_1}, \quad \Delta_2 \leq \pi/\omega_{g_2}, \tag{6.3}$$

etwa für ein Rechteckgitter $\Delta_1 \star \Delta_2$ zu wählen. Für ein Quadratgitter mit $\Delta_1 = \Delta_2 = \Delta$ nehme man $\Delta = \min(\Delta_1, \Delta_2)$. Auch andere Punktgitter, etwa in schiefwinkligen Koordinatensystemen, z. B. das reguläre Dreieckgitter, sind möglich (Jaroslawskij, 1985). Es existiert eine zu (6.2) äquivalente 2D-Rekonstruktionsvorschrift, und bei Interpolation mit endlich vielen Stützwerten treffen die Bemerkungen zum 1D-Fall gleichermaßen zu.

Das AT ist auch dann noch hilfreich, wenn Begriffe wie Grenzwellenzahl oder Wellenlänge nicht mehr zutreffen, sondern eher als „kleinste vorkommende Struktur" zu deuten sind, z. B. beim Diskretisieren in der Bildebene.

Beispiel 6.2: Scannen von Karten

Entsprechende kaligraphische Qualität vorausgesetzt sind die minimalen Strichbreiten b etwa 0,06 mm für Schwarzstriche und 0,04 bis 0,05 mm für Farbstriche. Daher sind $\Delta \leq b/2 \approx 0,03$ mm für Schwarzstriche und 0,08 bis 0,10 mm für Farbstriche bzw. Auflösungen $1/\Delta$ zwischen 20 und 33 je mm zu fordern. Rasterscanner mit 800 dpi $\approx$ 32 je mm Auflösung leisten das Gewünschte.

6.2.2   Abtastung ebener Kurven

Dieser Spezialfall tritt z. B. auf, wenn gekrümmte Linienobjekte in Karten digitalisiert und aus den Punktfolgen ggf. wieder interpoliert werden sollen. Wie im vorigen Abschnitt ziehen wir eine anschauliche Betrachtung vor und argumentieren wie dort.

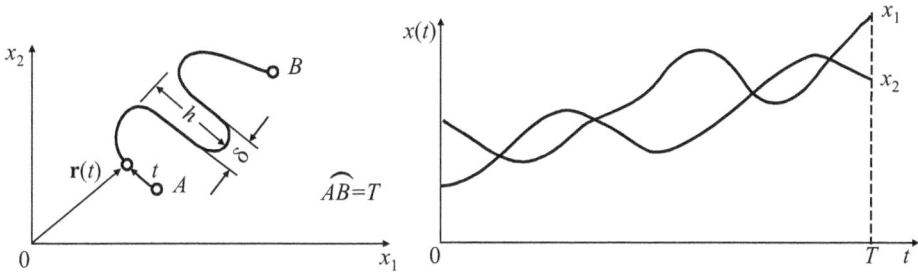

Abbildung 6.2. Ebene Kurve in Parameterdarstellung.

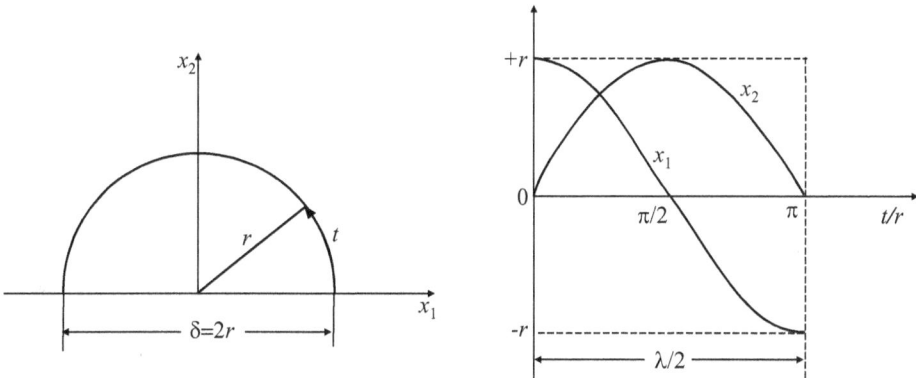

Abbildung 6.3. Halbkreis in Parameterdarstellung.

Abbildung 6.2 zeigt einen mäandrierenden Kurvenausschnitt, in Parameterdarstellung

$$\mathbf{r}(t) = [x_1(t), x_2(t)]^\top, \quad t \in T \quad \text{(Bogenlänge)}.$$

Ein Mäander wird sicher dann gut erfasst, wenn der (kleine) Bogen der Breite δ genügend dicht digitalisiert wird. Diesen denken wir uns halbkreisförmig mit Radius $r = \delta/2$, in Parameterdarstellung (vgl. Abbildung 6.3)

$$x_1(t) = r \cos \omega_g t, \quad y_1(t) = r \sin \omega_g t, \quad \omega_g t = t/r \in [0, \pi].$$

Die Abtastregel (6.1) lässt sich zwar nicht direkt auf die Kurve, jedoch auf die Signale $x_1(t)$, $x_2(t)$ anwenden:

$$\Delta \leq \pi/\omega_g = \pi r = \pi\delta/2. \tag{6.4}$$

Enthält also die ebene (oder auch räumliche) Kurve einen kleinsten halboffenen Bogen der Weite δ, so ist (6.4) eine zum klassischen AT konsistente Regel. Weicht der kleinste Bogen vom Halbkreis ab, ersetze man r eher durch die größte lokale Krümmung $\varkappa_g = 1/r$:

$$\Delta \leq \pi/\varkappa_g. \tag{6.5}$$

Dass die äquidistante Abtastung auf dem Bogen der größten Krümmung folgen muss, ist einerseits anschaulich klar. Andererseits können Vorschriften wie (6.4), (6.5) auch mit Hilfe der Wiener-Hopf-Gleichungen, angewendet auf das vektorielle Signal $\mathbf{r}(t)$, begründet werden. Näheres findet sich bei Keller et al. (1990).

Beispiel 6.3: Kleinste Bögen und Tastweiten in Karten

Damit kleinste Bögen visuell wahrgenommen werden können, sollte ihre „lichte Weite" wenigstens $0,2\,\mathrm{mm}$ betragen. Sei die Strichbreite ebenfalls $0,2\,\mathrm{mm}$, dann wird $\delta = 0,4\,\mathrm{mm}$ bezüglich der Mittellinie und die Tastweite $\Delta \gtrsim 0,6\,\mathrm{mm}$ (in Kartenmaß).

Der enorme Datenumfang beim äquidistanten Abtasten kann deutlich reduziert werden, wenn man – ebenfalls krümmungsabhängig – nicht-äquidistant digitalisiert, z. B. in charakteristischen Punkten (*critical points*). Darunter versteht man Wendepunkte mit verschwindender Kurvenkrümmung, z. B. auf den „Seiten" eines Mäanders bei $\approx h/2$ (Abbildung 6.2), sowie Extrema der Kurvenkrümmung, wo die Änderung der Krümmung Null ist, z. B. in Nähe der „Umkehrpunkte" eines Mäanders (Abbildung 6.2). Auf die genannten Bedingungen kommen wir beim Schätzen von Linienlängen zurück (Abschnitt 8.1.3).

6.3   Ordinatenabtastung

6.3.1   Abtastung ein- und zweidimensionaler Signale

Im Abschnitt 5.2.1 haben wir eindimensionale Signale $x(t)$ und im Abschnitt 5.3.1 zweidimensionale Signale $h(x_1, x_2)$ in endlich oder abzählbar vielen, insbesondere gleichabständigen Niveaus kz geschnitten und die Schnittpunkte und -linienlängen über k summiert. Auf die Abszisse oder in die Koordinatenebene projiziert entspricht die Folge der Schnittpunkte der Realisierung eines 1D-Punktprozesses, die Gesamtheit der Schnittlinien (= Isolinien) der Realisierung eines Faserprozesses, der vertikale Abstand z einem konstanten Diskretisierungsintervall auf der Ordinate.

Es erhebt sich nun die Frage, wie groß z sein darf, damit die Punktfolge bzw. die Schar der Isolinien – äquivalent zur Abtastung auf der (den) Abszisse(n) – die gesamte Information über $x(t)$ bzw. $h(x_1, x_2)$ enthält, mit anderen Worten: Wir suchen Regeln der Abtastung auf der Ordinate, die mit den konventionellen Abtastregeln konsistent sind. Einschränkend sei vorab bemerkt, dass erstere weit weniger praktische Bedeutung haben als letztere, denn es wäre völlig abwegig, Messgeräte und -verfahren getrennt nach Grob- und Feinstruktur der zu messenden Signale zu konstruieren. Beispielsweise diskretisiert man Bilder nach $N = 2^n$, $n = 8$, $N = 256$ Werten. Sowohl reine Schwarz-Weiß-Bilder (Grobstrukturen) als auch solche mit vollbesetzter Grauwertskala (Feinstrukturen) werden nach dem gleichen Standard diskretisiert und verarbeitet. Immerhin lassen sich Auflösung und Genauigkeit digitaler Messverfahren oder Digitalisierverfahren mit den Regeln der Ordinatenabtastung aus einem anderen Blickwinkel, eben in Bezug auf die Signaleigenschaften bzw. ihrer informationserhaltenden Erfassung beurteilen. Nützlich erscheint dies insbesondere in der Digitaltopographie und -kartographie mit ihrer spezifischen Art der Signalerfassung und -präsentation in digitalen Höhenmodellen oder Schichtliniendarstellungen. In der Praxis übliche ad hoc-Regeln lassen sich vom Standpunkt der Signalgeometrie und -verarbeitung auf Zuverlässigkeit prüfen, ggf. ergänzen oder durch zweckmäßigere ersetzen.

Betrachten wir zuerst den 1D-Fall (Abbildung 6.4). Die Summe der Schnittpunkte in allen möglichen Niveaus $a_k = kz$ über dem Intervall $[0, T]$ ist

$$\sum_k N(kz) = T/\overline{\Delta}, \quad \frac{1}{T}\sum_k N(kz) = \sum_k n(kz) = 1/\overline{\Delta}.$$

Daraus ergibt sich mit

$$\overline{\Delta}\sum_k n(kz) = 1 \tag{6.6}$$

bereits ein (vorerst noch impliziter) Zusammenhang zwischen der Tastweite z auf der Ordinate und einer mittleren Tastweite $\overline{\Delta}$ auf der Abszisse. Das konventionelle AT bezieht sich in seiner ursprünglichen Form zwar auf äquidistante Daten, kann jedoch

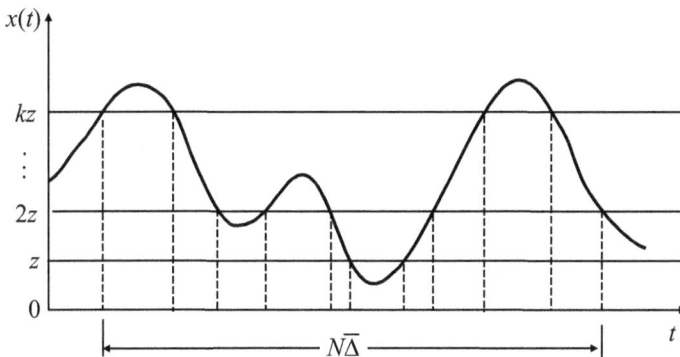

Abbildung 6.4. Die äquidistante Abtastung im Abstand z auf der Ordinate erzeugt nicht-äquidistante Intervalle (mit Mittel $\overline{\Delta}$) auf der Abszisse.

auf nicht-äquidistante erweitert werden, wenn nur die Bedingungen $x_{j+1} - x_j >$
$\gamma > 0$ für alle $j = 0, \pm 1, \pm 2, \ldots$ und

$$\lim_{j \to \infty} \frac{x_j - x_{-j}}{2j} = \overline{\Delta}$$

erfüllt sind (Churkin et al., 1996, S. 67). Explizite, mit dem konventionellen AT konsistente Tastweiten z auf der Ordinate können aus (6.6) nur mit Verteilungsannahmen
gewonnen werden.

Beispiel 6.4: Abtastregeln für stationäre Gauß-Prozesse

Die Summe in (6.6) wurde bereits im Beispiel 5.3 ausgewertet; (5.10) eingesetzt in
(6.6) ergibt das Tastweitenverhältnis

$$\frac{z}{\overline{\Delta}} = \sqrt{\frac{2}{\pi} \sigma_{x'}^2} \tag{6.7}$$

und mit $\overline{\Delta} = \pi / \omega_g$ die zulässige Tastweite auf der Ordinate

$$z \leq \sqrt{2\pi \sigma_{x'}^2} / \omega_g. \tag{6.8}$$

Um Tastweiten auf der Abszisse zu schätzen, braucht man nur die Bandbegrenzung
(ω_g), auf der Ordinate jedoch zusätzliche Prozesseigenschaften, hier die Varianz der
ersten Ableitung $\sigma_{x'}^2 = -C''(0)$. Um diesen numerisch kritischen Parameter besser
durch Nachbarschaftskorrelationen zu ersetzen, braucht man die Auswertung nicht zu
wiederholen, sondern benutzt die Niveauüber- und Niveauunterschreitungen im diskreten Fall, Formeln (5.15) bis (5.17). Die Tastweiten z für stationäre Gauß-Prozesse
mit diskreter Zeit stehen in Tabelle 6.1 (Übungsaufgaben 6.1, 6.3).

Jetzt werde ein 2D-Signal $h(x_1, x_2)$ in Niveaus $h_k = kz$ geschnitten. In Analogie
zum 1D-Fall setzen wir

$$\overline{w} \sum_k l(kz) = 1, \quad \overline{w} = \frac{\pi}{\omega_g}, \quad \omega_g := \max \omega_g(\varphi), \tag{6.9}$$

wobei $\overline{w}$ der mittlere Abstand benachbarter Linien (= mittlere Schichtweite im Höhenlinienbild) ist. Anstelle der Grenzfrequenz ω_g im 1D-Fall nehmen wir die größte
aller möglichen Wellenzahlen $\omega_g(\varphi)$ in beliebiger Richtung φ. Im homogen-isotropen
Fall ist $\omega_g(\varphi) = \omega_g = $ const, so dass man auch $\overline{w}$ durch $\overline{\Delta}$ ersetzen kann. Damit folgt
aus (6.9)

$$\overline{\Delta} \sum_k l(kz) =: \Delta L_1 = 1.$$

Diese Normierung haben wir bereits im Beispiel 5.15 benutzt. Wie im 1D-Fall werten
wir nun (6.9) für homogene, normale Zufallsfelder aus.

Schät-zung	eindimensionale stationäre Signale	zweidimensionale homogene, (lokal) isotrope Signale	
		Quadratgitter	Dreieckgitter
A	$\sqrt{2\pi}\,n_0/N$	$\sqrt{2\pi}\,n_0/N$	$\sqrt{2\pi}\,n_0/N$
B1	$\sqrt{\frac{2}{\pi}}\arccos\varrho$	$\frac{1}{\sqrt{2\pi}}(2\arccos\varrho_1 + \arccos\varrho_3)$	$\frac{3}{\sqrt{2\pi}}\arccos\varrho$
B2	$2\sqrt{(1-\varrho)/\pi}$	$\sqrt{\pi(1-\varrho_1)}$	$\sqrt{\pi(1-\varrho_1)}$

zweidimensionale homogene Signale, Quadratgitter

$$B2 \quad \sqrt{\frac{2}{\pi}}\sqrt{(1-\varrho_1)+(1-\varrho_2)+r}\;E(\tfrac{\pi}{2},k) \quad k^2 = \frac{2r}{(1-\varrho_1)+(1-\varrho_2)+r}$$

$$E(\tfrac{\pi}{2},k) := \int_0^{\pi/2}\sqrt{1-k^2\sin^2\varphi}\,d\varphi \quad r^2 := (\varrho_2-\varrho_1)^2 + [(1-\varrho_1)-(\varrho_2-\varrho_3)]^2$$

zweidimensionale homogene, lokal isotrope Signale, Quadratgitter

$$B3 \quad \frac{2}{\pi}\sqrt{2(1-\varrho_1)+|1-2\varrho_1+\varrho_3|}\;E(\tfrac{\pi}{2},k) \quad k^2 = \frac{2|1-2\varrho_1+\varrho_3|}{2(1-\varrho_1)+|1-2\varrho_1+\varrho_3|}$$

Tabelle 6.1. Schätzformeln für z/σ_h: Maximal zulässige Schichthöhe z, bezogen auf Standardabweichung σ_h, für ein- und zweidimensionale *diskrete* Signale h (Höhenwerte) auf regulären Gittern (nach Borkowski, 1994). Schätzformeln A mit Anzahl der Vorzeichenwechsel n_0 direkt benachbarter, auf Mittelwert zentrierter Höhenwerte, bezogen auf Stichprobenumfang N. Schätzformeln B mit Nachbarschaftskorrelationen ϱ (1D-Fall; 2D-Fall Dreieckgitter). $\varrho_{1,2,3}$ (2D-Fall; Quadratgitter; Abbildung 5.8) zwischen den Höhenwerten. B1 „strenge Lösung" mit zufälligen Folgen, B2 diskrete Approximation der Abtastregeln für stetige Signale. B3 folgt aus B2 für $\varrho_2 = \varrho_1$.

Beispiel 6.5: Abtastregeln für homogene, normale Zufallsfelder

Die Summe in (6.9) ist im Beispiel 5.8 angegeben; (5.23) eingesetzt in (6.9) ergibt

$$\frac{z}{w} = \begin{cases} \sqrt{\frac{2}{\pi}\lambda_1}\,E(\tfrac{\pi}{2},k) \\ \sqrt{\frac{\pi}{2}\sigma_{h'}^2}, \end{cases} \qquad z \le \frac{\pi}{\omega_g} \begin{cases} \sqrt{\frac{2}{\pi}\lambda_1}\,E(\tfrac{\pi}{2},k) \\ \sqrt{\frac{\pi}{2}\sigma_{h'}^2}. \end{cases} \tag{6.10}$$

Die Ausdrücke in λ_1, E mit gleicher Bedeutung wie in (5.21) stehen für das homogene, jene in $\sigma_{h'}^2$ für das homogen-isotrope Feld. Somit enthält (6.10) mit den Momenten 2. Ordnung von grad(h) *numerisch kritische* Größen, und es liegt wieder nahe, diese durch Nachbarschaftskorrelationen, d. h. die Linienlängen durch die Nulldurchgangsanzahlen normaler Zufallsfolgen (5.27) oder auch (5.28) zu ersetzen. Die entsprechenden Tastweiten z stehen in Tabelle 6.1, Zahlenbeispiele in Tabelle 6.2.

6.3.2 Beziehungen zwischen Ordinaten- und Abszissenabtastung

Bereits im letzten Abschnitt haben wir mit (6.6), (6.9) implizite Beziehungen zwischen Ordinaten- und Abszissenabtastung hergeleitet. Diese konnten wir, analog zu den Schwellwertproblemen, nur unter einschränkenden Voraussetzungen, nämlich Stationarität bzw. Homogenität sowie Normalverteilung der Ordinaten, in die expliziten Beziehungen (6.7), (6.10) überführen. Allfällige Abweichungen von der Normalverteilung sind nicht kritisch, wie die Vergleiche mit der Rayleigh-Verteilung in den Beispielen 5.2, 5.4, 5.7 gezeigt haben. Jedoch können instationäre/inhomogene Signalanteile die Schätzungen verfälschen. Obwohl wir in den letzten beiden Beispielen Stationarität/Homogenität vorausgesetzt haben, kommen in den Formeln (6.7) und (6.10), letztere in Kombination mit (5.21) oder (5.22), nur (konstante) Parameter bezüglich der ersten Ableitung(en) vor. Man wird deshalb vermuten dürfen, dass nicht die Signale selbst, sondern ihre Ableitung(en) stationär/homogen sein müssen. Verzichten wir vorerst auf gewisse Voraussetzungen und betrachten das Problem noch einmal von der anschaulichen Seite, beginnend mit dem 1D-Fall.

Einer konstanten Tastweite Δ auf der Abszisse entsprechen variable Tastweiten $z_j^{j+1} := x_{j+1} - x_j$ auf der Ordinate (Abbildung 6.5) und umgekehrt (Abbildung 6.4). Da ein *konstantes* Intervall $z > 0$, das nicht vom lokalen Steigen oder Fallen von $x(t)$ abhängen soll, gesucht ist, nehmen wir den Erwartungswert der Beträge von z_j^{j+1}, also

$$z \le \mathsf{E}|x_{j+1} - x_j| \tag{6.11}$$

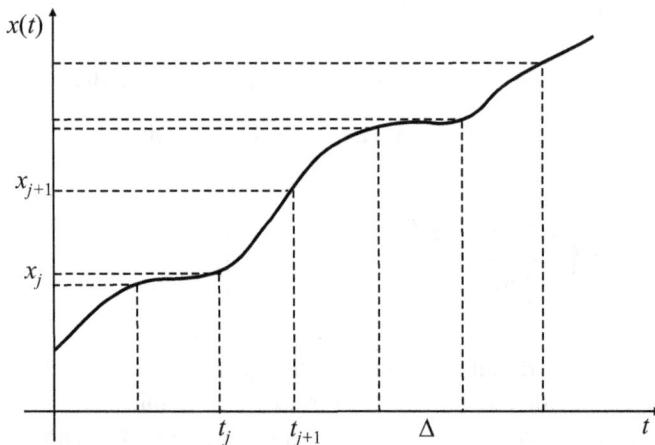

Abbildung 6.5. Die äquidistante Abtastung auf der Abszisse erzeugt nicht-äquidistante Intervalle $z_j^{j+1} := x_{j+1} - x_j$ (= zufällige Zuwächse zwischen den Tastpunkten) auf der Ordinate.

und haben damit eine allgemeine, *verteilungsunabhängige* Regel für 1D-Signale mit diskreter Zeit. Wegen

$$\lim_{\Delta \to 0} \frac{|x_{j+1} - x_j|}{\Delta} = \lim_{\Delta \to 0} \frac{|x(t_j + \Delta) - x(t_j)|}{\Delta} = |x'(t_j)|$$

setzen wir im stetigen Fall

$$\frac{z}{\Delta} \leq \mathsf{E}|x'(t)|, \tag{6.12}$$

ferner bei 2D-Signalen (aus Analogiegründen)

$$z \leq \mathsf{E}\sqrt{(h_{j,k+1} - h_{j,k})^2 + (h_{j+1,k} - h_{j,k})^2} \tag{6.13}$$

im diskreten und

$$\frac{z}{w} \leq \mathsf{E}|\mathrm{grad}\ h(x_1, x_2)| \tag{6.14}$$

im stetigen Fall. Um (theoretisch einwandfreie) konstante Tastweiten zu bekommen, müssen offenbar die Erwartungswerte konstant sein, d. h. man muss Stationarität/ Homogenität der ersten Ableitung(en) voraussetzen. In der Tat kann man exakt beweisen, dass die hier ad hoc notierten Regeln (6.11) bis (6.14) für die Klasse der Prozesse mit stationären Zuwächsen gelten (Meier et al., 1995). In dieser Klasse sind die stationären Prozesse mit inbegriffen, und in (6.11) bis (6.14) alle bisher über die Schnittprobleme abgeleiteten Regeln als Sonderfälle enthalten. Ein Beispiel möge dies verdeutlichen.

Beispiel 6.6: Stationärer Gauß-Prozess

Verteilung der Ordinaten und der Ableitungswerte:

$$x \sim N(\overline{x}, \sigma_x^2), \quad x' \sim N(0, \sigma_{x'}^2).$$

Dichtefunktion und Erwartungswert von $|x'| := y$:

$$f(y) = \frac{2}{\sqrt{2\pi\sigma_{x'}^2}} e^{-y^2/2\sigma_{x'}^2} \quad (0 \leq y < \infty),$$

$$\mathsf{E}|x'| = \frac{2}{\sqrt{2\pi\sigma_{x'}^2}} \int_0^\infty y e^{-y^2/2\sigma_{x'}^2}\,dy = \sqrt{\frac{2}{\pi}\sigma_{x'}^2}.$$

Aus (6.12) folgt

$$z \leq \overline{\Delta}\sqrt{2\sigma_{x'}^2/\pi} = \sqrt{2\pi\sigma_{x'}^2}/\omega_g,$$

identisch mit (6.8).

Prozesse mit stationären Zuwächsen bzw. Zufallsfelder mit homogenen Zuwächsen lassen sich als additive Überlagerung zweier Prozesse bzw. Felder auffassen, letztere beispielsweise als eine lineare Funktion mit zufälligem Gradienten, überlagert von einem homogenen Zufallsfeld (Jaglom, 1959). Im Anwendungsfall mit nur *einer* Realisierung kann man die lineare Funktion als deterministischen Trend (Schrägebene) ansehen. Mit Hilfe einer solchen Zerlegung ist es in mindestens einem Sonderfall möglich, den Neigungsanteil der Schrägebene am Tastverhältnis $z/\overline{w}$ abzuschätzen.

Beispiel 6.7: Abtastregel für das Modell Schrägebene mit additiv überlagertem normalen, homogen-isotropen Zufallsfeld h_1

Zum Ansatz

$$h(x_1, x_2) = b_0 + b_1 x_1 + b_2 x_2 + h_1(x_1, x_2)$$

mit $h_1 \sim N(0, \sigma_h^2)$, ferner

$$\operatorname{grad} h = \begin{bmatrix} \partial h/\partial x_1 \\ \partial h/\partial x_2 \end{bmatrix} = \begin{bmatrix} b_1 + \partial h_1/\partial x_1 \\ b_2 + \partial h_2/\partial x_2 \end{bmatrix}$$

mit $\partial h_1/\partial x_{1,2} \sim N(b_{1,2}, \sigma_{h'}^2)$ ist zunächst die Dichtefunktion von

$$|\operatorname{grad} h| = [(b_1 + \partial h_1/\partial x_1)^2 + (b_2 + \partial h_1/\partial x_2)^2]^{1/2},$$

anschließend der Erwartungswert $\mathsf{E}|\operatorname{grad} h|$ gemäß (6.14) zu berechnen. Die Lösung (vgl. Meier, 1997, S. 53/54) lautet

$$\frac{z}{\overline{w}} = \sqrt{\frac{\pi}{2}\sigma_{h'}^2}\, M\left(-\frac{1}{2}, 1; -\frac{b_1^2 + b_2^2}{2\sigma_{h'}^2}\right), \tag{6.15}$$

wobei M eine spezielle konfluente hypergeometrische Funktion mit der Reihendarstellung

$$M\left(-\frac{1}{2}, 1; -x\right) = 1 + \frac{1}{2}x - \frac{1}{16}x^2 \pm \cdots$$

ist (vgl. Jahnke et al., 1960). Bei hinreichend kleinen b_1, b_2, genauer: Wenn das Signal-Rausch-Verhältnis (<u>s</u>ignal-to-<u>n</u>oise <u>r</u>atio)

$$\mathrm{snr} := (b_1^2 + b_2^2)/\sigma_{h'}^2 \ll 2$$

reicht die Näherung

$$\frac{z}{\overline{w}} = \sqrt{\frac{\pi}{2}\sigma_{h'}^2}\left(1 + \frac{b_1^2 + b_2^2}{4\sigma_{h'}^2}\right) \geq \sqrt{\frac{\pi}{2}\sigma_{h'}^2} \tag{6.16}$$

aus. Bezeichnet man das Tastweitenverhältnis bezüglich des homogen-isotropen Felds (Rauschen n) mit T_n, jenes bezüglich der Schrägebene (Signal s) mit T_s und das Gesamtverhältnis bezüglich des verrauschten Signals $s + n$ mit T,

$$T_n := \sqrt{\frac{\pi}{2}\sigma_{h'}^2}, \quad T_s := \sqrt{b_1^2 + b_2^2}, \quad T := \frac{z}{w},$$

so lässt sich (6.16) als Linearkombination aus T_n und T_s darstellen:

$$T = T_n + \frac{1}{4}\sqrt{\frac{\pi}{2}\mathrm{snr}}\,T_s. \tag{6.17}$$

Spezielle Anwendungen dieses Modells bzw. der Formeln (6.15) bis (6.17) folgen in den Abschnitten 6.4.1 und 6.4.2.

Zusammenfassend stellen wir fest, *dass zu jedem Tastintervall auf der (den) Abszisse(n) ein solches auf der Ordinate gehört und umgekehrt*. Das Verhältnis beider wird von den Prozesseigenschaften, speziell von Parametern des „Steigens und Fallens" bestimmt. Neben Voraussetzungen wie Stationarität/Homogenität der ersten Ableitung(en) oder (nicht notwendig) der Signale selbst, ferner (nicht notwendig) der Normalverteilung müssen stetige Signale außerdem differenzierbar sein. Untersuchen wir nun noch die Konsequenzen für den Fall, dass die abzutastenden Signale in diskreten Punkten nicht differenzierbar sind, am Extrembeispiel einer Stufenfunktion.

Beispiel 6.8: Abtastung einer zufälligen Stufenfunktion

Die Stufenfunktion in Abbildung 6.6, z. B. ein Höhenprofil $h(x)$, habe auf dem Intervall $[0, L]$ endlich viele, zufällig verteilte Nichtdifferenzierbarkeitsstellen in Punkten x_i und im mittleren Abstand $\overline{\Delta}$, so dass $L \approx N\overline{\Delta}$, ferner zufällige Sprunghöhen Δh_i (stationäre Zuwächse). Um die Regel (6.12) anwenden zu können, stellen wir $h(x)$ mit Einheitssprungfunktionen $H(.)$ und $h'(x)$ mit Deltafunktionen $\delta(.)$ dar:

$$h(x) = \sum_i \Delta h_i\, H(x - x_i), \quad h'(x) = \sum_i \Delta h_i\, \delta(x - x_i).$$

Sowohl für auf- oder absteigende als auch für zufällig auf- und absteigende Stufen wird $E|h'|$ als Integralmittelwert notiert:

$$E|h'| = \frac{1}{L}\int_{-L/2}^{+L/2}\sum_i \Delta h_i\, \delta(x - x_i)\,dx.$$

Um gliedweise über die Deltafunktionen integrieren zu können, führen wir im Integranden eine Rechteckfunktion der Höhe Eins über $[-L/2, +L/2]$ als Differenz

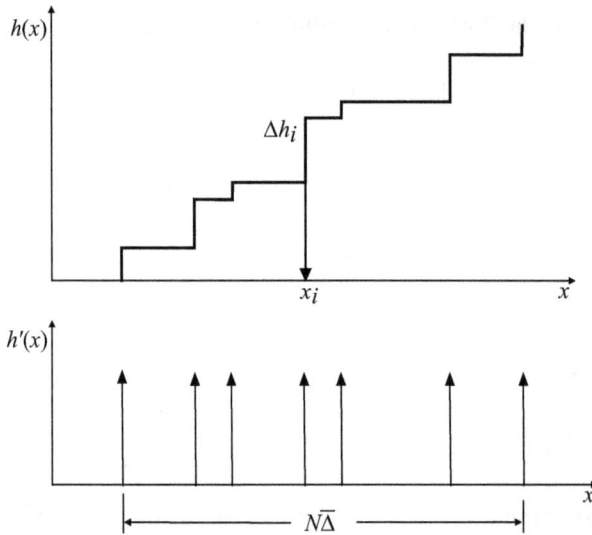

Abbildung 6.6. Stufenfunktion $h(x)$ und ihre erste Ableitung $h'(x)$ als Folge von Delta-impulsen.

zweier Einheitssprungfunktionen ein und integrieren darüber:

$$\mathsf{E}|h'| = \frac{1}{L} \sum_i \Delta h_i \int_{-\infty}^{+\infty} [H(x + L/2) - H(x - L/2)]\delta(x - x_i)dx$$

$$= \frac{1}{L} \sum_i \Delta h_i[H(x_i + L/2) - H(x_i - L/2)]$$

$$= \frac{1}{L} \sum_i \Delta h_i \approx \frac{1}{N\overline{\Delta}} \sum_i \Delta h_i = \frac{\overline{\Delta h_i}}{\overline{\Delta}},$$

somit $z \leq \overline{\Delta h_i}$. Das gleiche Ergebnis bekäme man auch sofort aus (6.11), doch ist das bei einem Signal mit horizontalen Teilstücken und Sprüngen durchaus nicht trivial. Auf den Absätzen ist $h' = 0$, jedoch $|\Delta h|/\overline{\Delta} > 0$ bei endlicher Abtastung mit $z =$ const; auch werden Sprunghöhen $\Delta h_i < \overline{\Delta h_i}$ nicht vollständig erfasst. Tastet man umgekehrt auf der Abszisse mit $\Delta =$ const, wird $|\Delta h|/\Delta < \infty$ in Nähe x_i, obwohl $|\Delta h|/\Delta \to \infty$ an den Stellen x_i. Tastet man nicht-äquidistant, und zwar exakt in den x_i, bekommt man keine eindeutigen Werte.

Wie das letzte Beispiel lehrt, können Signale mit Nichtdifferenzierbarkeitsstellen durch endliche Abtastung gleich welcher Art (und sei sie noch so dicht) nicht ohne Informationsverlust diskret erfasst werden. In der Bildverarbeitung und -präsentation, wo Grau- und Farbwertsprünge wegen des Kontrasts geradezu erwünscht sind, hat man dank hochauflösender Scanner, Plotter, Bildschirme und Filmmaterial keinerlei Schwierigkeiten: Diskrete Bilder werden als kontinuierliche wahrgenommen. Anders ist es z. B. in der Digitaltopographie: In DHM mit Gitterweiten der Größenordnung 10 m „fallen die Kanten durch die Maschen". Der Ausweg ist, Geländekanten und Formlinien gesondert zu erfassen und in sog. hybriden Modellen abzulegen (Kraus, 2000).

6.4 Schichthöhen- und Gitterweitenschätzung

6.4.1 Konstante Schichthöhen

In topographischen Karten (TK) wird das Relief der Erdoberfläche durch äquidistante Höhenlinien, ggf. ergänzt durch Zwischenlinien, ferner mit Einzelhöhen, Böschungen, Felszeichnung u. a. Getaltungselementen dargestellt. Bis in jüngste Zeit bildeten die sog. Höhenschichtenpläne die Entwurfsgrundlage für technische Projekte im Hoch-, Verkehrs- und Wasserbau. Inzwischen sind die DGM zum eigentlichen Datenträger für Höheninformationen geworden und Entwurfsarbeiten stützen sich nun ganz auf digitale Datenbestände. Doch auch im Computerzeitalter wird sich die gut gestaltete TK weiterhin der Wertschätzung ihrer Nutzer erfreuen. Äquidistante Isoliniendarstellungen von Feldern aller Art sind weiter im Gebrauch, und schließlich kann man, wie bereits erwähnt, auch mit Höhenlinien- sowie Kantenlängen diskret rechnen.

Beginnen wir mit der konventionellen Schichthöhenschätzung. Gewöhnlich werden vorab sog. ideelle Äquidistanzen, z. B.

$$z_{\text{ideell}} = n \lg n \tan \alpha \quad \text{(in Meter)}, \tag{6.18}$$

$$n := \sqrt{M/100 + 1} \approx \sqrt{M}/10 \quad \text{für } M \gg 100 \quad \text{(TK)},$$

nach Imhof (1965) berechnet: M ist die Maßstabszahl, $\tan \alpha$ eine (repräsentative) maximale Geländeneigung – offensichtlich eine *kritische* Größe, wenn man an Reliefs mit großen Neigungsunterschieden denkt. Das Adjektiv „repräsentativ" soll ausdrücken, dass ein einzelner Steilhang im sonst eher flachen Gelände nicht das ausschlaggebende Darstellungskriterium sein kann (siehe unten). Ein Zusammenhang mit der Signalabtastung besteht nicht. Trotzdem erfüllt die Erfahrungsregel ihren Zweck: Schätzwerte aus (6.18) werden geeignet gerundet und dienen als Anhalt für die in topographischen Kartenwerken festgelegten *aktuellen* Äquidistanzen. Insofern braucht man nicht notwendig neue Regeln der Ordinatenabtastung. Werden dagegen Höhenlinien aus DHM oder allgemein Isolinien aus diskreten Feldwerten interpoliert (Beispiel anomales Schwerefeld bei Meier (1997)), erhebt sich die Frage, wie z der aktuellen Gitterweite Δ oder allgemein dem mittleren Punktabstand der diskreten Feldwerte im Sinne der Informationserhaltung angepasst werden soll.

Vergleichen wir zunächst die einschlägigen Formeln (6.10) für homogene normale Zufallsfelder, die diskreten Varianten in Tabelle 6.1, ferner (6.13), (6.14) für Zufallsfelder oder -folgen mit homogenen Zuwächsen mit der Erfahrungsregel (6.18). Anstelle der „unscharf definierten" Neigung $\tan \alpha$ in (6.18) stehen in (6.10) mit dem Eigenwert λ_1 die Elemente der Kovarianzmatrix des Gradientenvektors als wohldefinierte Quadratmittelwerte oder alternativ in Tabelle 6.1 die Nachbarschaftskorrelationen, in den allgemeineren Formeln (6.13), (6.14) Erwartungswerte über den Betrag des Gradienten. Damit ist ausgeschlossen, dass *extreme Einzelwerte* der Geländeneigung die Schichthöhenschätzung zu stark beeinflussen. Dass die Maßstabszahl fehlt, ist kein entscheidender Nachteil. In der Topographie und in der topographischen Kartographie gibt es genügend Erfahrungen, welche Formelemente in welchen Maßstäben noch dargestellt werden können oder sollen. Die kleinste „Breite" solcher Elemente kann immer in eine Grenzwellenzahl ω_g, vgl. Formel (6.10), umgerechnet werden. Schließlich wird beim Übergang vom DHM zur Isoliniendarstellung ein zu Δ gehöriges $\hat{z}$ geschätzt. Muss aus Darstellungsgründen ein $z^\star > z$ angehalten werden, so hat man eben mit Informationsverlust zu rechnen. Dieser drückt sich u. a. in größeren Fehlern von interpolierten Höhenwerten aus. Wählt man speziell ein ganzzahliges Vielfaches $z^\star - k\hat{z}$, z. B. $z^\star = 2\hat{z}$, entspricht dies dem Weglassen sog. *Zähllinien*, also einer möglichen Generalisierungsoption (Töpfer, 1979; Hake und Grünreich, 1994). Nach diesen Bemerkungen prüfen wir nun alle oben erwähnten Schätzformeln empirisch.

Beispiel 6.9: Numerische Schichthöhenschätzung (I)

Tabelle 6.2 enthält Schätzwerte $\hat{z}$ von vier Testgebieten. In den ersten drei wurde jeweils ein DHM aus äquidistanten Höhenlinien mit Schichthöhe z_ist interpoliert, im Testgebiet Wechsel lag das DHM bereits vor. Alle Schätzwerte $\hat{z}$ sind in sich recht stimmig, insbesondere wird z_ist mit mehr oder weniger großen Abweichungen reproduziert. Die Werte $\hat{z}$ aus der Gradientenschätzung fallen durchweg am kleinsten aus, gefolgt von jenen der Schätzung A aus Vorzeichenwechsel benachbarter Höhenunterschiede. Diese Effekte sind im ersten Fall aus dem unterschiedlichen Durchlassverhalten von Differentiations- und Differenzenfilter, im zweiten aus Abweichungen vom homogenen Signalverhalten zu erklären (Borkowski, 1994, S. 65; Meier et al., 1995, S. 88/89). Im Sinne des Abtasttheorems ist $\hat{z} < z_\text{ist}$ immer zu tolerieren.

Für ad hoc-Schätzungen reicht in aller Regel die homogen-isotrope Näherung (B2) aus: Außer der Varianz der Höhenwerte braucht man nur *einen* Korrelationskoeffizienten zwischen direkt benachbarten Höhen. Sieht man sich veranlasst, zusätzlich eine konstante mittlere Geländeneigung zu berücksichtigen, empfiehlt sich eine Korrektur entsprechend dem Modell im Beispiel 6.7.

Testgebiet: Relieftyp:		Sternberg Junglaziale Gundmoräne	Tharandt Bergland	Harz Mittel	Wechsel gebirge
z_{ist}		2,5	10	5	–
Stetige Schätzungen:					
homogen		2,2	11,3	6,2	25,0
homogen-isotrop		2,2	11,3	6,1	24,9
Diskrete Schätzungen:					
homogen	B2	2,3	11,5	6,2	24,9
homogen-isotrop	A	2,0	10,6	4,7	22,4
	B1	2,4	12,3	6,8	27,2
	B2	2,3	11,5	6,3	25,0
	B3	2,3	11,5	6,3	25,1
Gradientenschätzung		1,7	9,3	4,7	19,8

Tabelle 6.2. Geschätzte zulässige Schichthöhen $\hat{z}$ (in Meter) für zweidimensionale Signale auf Quadratgittern (nach Borkowski, 1994). Stetige Schätzung mit Formel (6.10), diskrete Schätzung mit den Formeln in Tabelle 6.1, Gradientenschätzung mit Formel (6.13). Diskussion im Beispiel 6.9.

Beispiel 6.10: Numerische Schichthöhenschätzung (II)

Sei $\hat{z}$ für ein homogen-isotropes Zufallsfeld, z. B. mit $B2$ bereits geschätzt. Wir untersuchen den Korrekturfaktor M in den Schätzformeln (6.15), (6.16) am Beispiel der Pultscholle des Erzgebirges. Aus TK wurde abgeschätzt: $b_1 \approx 0$, $b_2 \approx 0,01$ bis 0,02 für den NNW-Abfall (Sachsen) und $b_2 \approx 0,10$ bis 0,20 für den SSE-Abfall (Tschechien). Einen Schätzwert $\hat{\sigma}_{h'} \approx 0,10$ entnehmen wir Tabelle 6.3, Beispiel 6.12 und bekommen

$$\hat{M} \approx \begin{cases} 1,0025 \text{ bis } 1,01 & \text{(Sachsen)} \\ 1,23 \quad\text{ bis } 1,75 & \text{(Tschechien).} \end{cases}$$

Demnach kann $\hat{z}$ für das Mittelgebirgsrelief in Sachsen beibehalten und muss am Steilabfall zum Egergraben vergrößert werden, und zwar im Mittel auf ca. $1,5\hat{z}$, mit Berücksichtigung von Schätzfehlern auf höchstens $2\hat{z}$.

Äquidistante Höhenlinien sind das ideale Darstellungsmittel für natürliches Gelände gleichförmigen Charakters, statistisch gesprochen für homogene Zufallsfelder, ggf. auch solche mit homogenen Zuwächsen (Modell im Beispiel 6.7). Ändert sich der Reliefcharakter innerhalb eines Kartenblattes, so empfiehlt Imhof (1965), die äquidistanten Linien im Sinne der guten Lesbarkeit eher großzügig zu scharen, d. h. die

maximal mögliche Schichthöhe anzuhalten, und die Darstellung nur dort wo nötig mit
Zwischenlinien zu ergänzen.

6.4.2   Höhenpunkte versus Höhenlinien

Kritisch wird die Reliefdarstellung im ausgesprochenem Flachgelände: Je nach dem
Verhältnis von Bodenrauigkeit und Erfassungsfehlern zur mittleren Neigung und abhängig vom Interpolationsverfahren können Bilder mit extrem unruhig verlaufenden
Linien entstehen, die eher verwirren als der Anschauung dienen. Bei ungünstigem
Signal-Rausch-Verhältnis ist die Linienlage eine unscharfe, die Linien selbst sind
eher Fuzzy-Linien (vgl. Beispiel 9.17 im Abschnitt 9.5). Das gleiche Verhalten zeigen
(vorhergesagte) Hochwassergrenzen im Flachgelände: Der Übergang vom überflute-
ten Gebiet zu wassergesättigtem Boden ist unscharf.

Vermutlich gibt es eine *Grenzneigung*, oberhalb derer Höhenlinien sinnvoll sind
und unterhalb derer nur eine gewisse Anzahl von Höhenpunkten als Alternative vorgesehen werden sollte. Um diese Neigung abzuschätzen, sind verschiedene Kriterien
denkbar. Wir versuchen eine Lösung mit Hilfe des Modells Schrägebene mit überlagertem Rauschen gemäß Beispiel 6.7, Formel (6.17), wobei o. B. d. A. $b_2 = 0$,
$b_1 = b > 0$, snr $= b^2/\sigma_{h'}^2$. Höhenlinien werden dann als sinnvoll erachtet, wenn der
Einfluss des Tastweitenverhältnisses des Signals ($=$ Schrägebene; T_s) auf das Gesamtverhältnis T jenes des Rauschens (ebene Wellung, Bodenrauigkeit, Erfassungsfehler;
T_n) überschreitet:

$$\frac{1}{4}\sqrt{\frac{\pi}{2}}\,\text{snr}\,T_s > T_n \iff \text{snr} > 4 \iff b > 2\sigma_{h'}. \tag{6.19}$$

Anstelle der zweifachen Standardabweichung $\sigma_{h'}$ könnte man ebensogut die dreifache
nehmen (Drei-Sigma-Regel), allgemeiner

$$b > \gamma\sigma_{h'} \quad (1 \le \gamma \le 3) \tag{6.20}$$

setzen. Wie man damit in konkreten Fällen umzugehen hat, sollen die folgenden Beispiele zeigen.

Beispiel 6.11: Schrägebene mit überlagerter Wellung

Aus Tabelle 6.3 entnehmen wir die Schätzwerte $\hat{\sigma}_{h'} \approx 0{,}9 \cdot 10^{-2}$ für Flachland, $\hat{\sigma}_{h'} \approx$
$1{,}8 \cdot 10^{-2}$ für gegliedertes Flachland und erhalten aus (6.20)

$$b > \begin{cases} 0{,}9 \cdot 10^{-2} \dots 2{,}7 \cdot 10^{-2} & \text{(Flachland)} \\ 1{,}8 \cdot 10^{-2} \dots 5{,}4 \cdot 10^{-2} & \text{(gegliedertes Flachland),} \end{cases}$$

d. h. Grenzneigungen zwischen ca. 0,5 und 3 Grad.

Relieftyp Testgebiet	z in m	$\hat{\sigma}_{h'}$ in 10^{-2}	$\hat{\Delta}_1$ in m	$\hat{\Delta}_2$ in m	$\hat{\Delta}_3$ in m	$\hat{\lambda}/\lambda_\square$
Mittelgebirge						
Bockau	5	10	40	36	42	1,42
Schellerau	5	11	36	34	36	1,52
Bergland						
Hartha	2,5	6,6	30	30	29	1,21
Steinigtwolmsdorf	5	7,2	55	50	54	1,46
Hügelland						
Brand-Erbisdorf	2,5	3,6	55	52	56	1,31
Großröhrsdorf	2,5	3,5	58	58	55	1,32
Wilschdorf	5	2,9	140	142	143	1,20
gegliedertes Flachland						
Buchholz	2,5	1,8	110	110	118	1,23
Wildenhain	1	1,7	46	48	49	1,14
Flachland						
Großenhain	1	0,84	95	89	97	1,31
Grünewald	1	0,89	90	84	86	1,12

Tabelle 6.3. Gitterweitenschätzung aus Höhenlinienbildern mit Schichthöhe z. Standardabweichungen der Neigungsschwankungen $\hat{\sigma}_{h'}$ aus gemessenen Linienlängen, Gitterweiten $\hat{\Delta}_{1,2,3}$ nach den Verfahren 1 bis 3, Intensitätsverhältnis $\hat{\lambda}/\lambda_\square$ gemäß (5.42).

Beispiel 6.12: Schrägebene mit überlagerten topographischen Aufnahmefehlern

In (6.20) wird $\sigma_{h'}$ durch $m_{\Delta h}/\Delta$ ersetzt; $m_{\Delta h} = \sqrt{2}m_h$ ist der mittlere Fehler der Höhendifferenz Δh zweier Aufnahmepunkte im Abstand $\Delta = k\sqrt{M}$ (in Meter), $k \approx 0,003$ Meter im Flachland und M als Maßstabzahl (nach Töpfer, 1979). Daraus folgt

$$b > \gamma m_{\Delta h}/\Delta = \sqrt{2}\gamma k \approx 4,2 \cdot 10^{-3} \ldots 1,3 \cdot 10^{-2},$$

also Grenzneigungen zwischen ca. 0,25 und 0,75 Grad.

Die Beispiele ließen sich auf photogrammetrische Auswertungen, Laserabtastung, graduell unterschiedliche Bodenrauigkeiten sowie kombinierte Fälle ausdehnen. Wie sich zeigt, kann man *keine* eindeutige Grenzneigung, sondern nur einen gewissen kritischen Neigungsbereich angeben. Die Entscheidung pro oder contra Höhenlinien hat noch immer der Kartengestalter zu treffen.

6.4.3 Konstante und variable Gitterweiten

Erfassung und Verarbeitung von Höhendaten zum Aufbau von DHM/DGM sind unter vorrangig technologischen Gesichtspunkten und mit diversen praktischen Hinweisen im Lehrbuch von Kraus (2000) abgehandelt. Hier erörtern wir ausschließlich die Wahl von Gitterweiten. Die Darstellungsmöglichkeiten des natürlichen Reliefs mit den vorab festzulegenden Diskretisierungsintervallen z, Δ sind in Abbildung 6.7 schematisch angegeben. Die Schichthöhenschätzung beim Übergang R→TK haben wir bereits im Abschnitt 6.4.1 behandelt: Konventionelle Regeln wie (6.18) können bei Bedarf durch solche der Signalabtastung ersetzt werden. Beim Interpolieren von Höhenlinien aus Höhenwerten, DHM→TK, ist das Verhältnis z/Δ nützlich (Abschnitt 6.3.2), ebenso wie umgekehrt beim Übergang TK→DHM. Betrachten wir jedoch zuerst kurz die diskrete Erfassung des Geländes, R→DHM.

Wird ein DHM aus Messwerten gleich welcher Art erzeugt, so gilt generell das Abtasttheorem für 2D-Signale (Abschnitt 6.2.1). Selbst wenn Δ aus rein praktischen Gesichtspunkten wie Datenumfang, Fehlerrate, runde Werte (z. B. $\Delta = 10\,\text{m}, 30\,\text{m}, \ldots$) gewählt wird, folgt noch immer, dass im Datensatz nur Informationen auf Wellenlängen $\lambda \geq \lambda_{\text{MIN}} = 2\Delta$ enthalten sind. Natürlich spielt auch die Mess- und Rekonstruktionsgenauigkeit eine Rolle. Die Schätzung optimaler Gitterweiten unter Genauigkeitskriterien ist mit stochastischen und deterministischen Ansätzen vielfach untersucht und diskutiert worden; vgl. z. B. Frederiksen et al. (1986); Fritsch (1991, 1992); Ivanov und Kruzkov (1992); Kraus (2000). Bei der heutigen Qualität der Datenerfassung dürfte jedoch die Bandbegrenzung der Signale das vorrangige Kriterium sein. Auf einen damit im Zusammenhang stehenden und mitunter begangenen Trugschluss

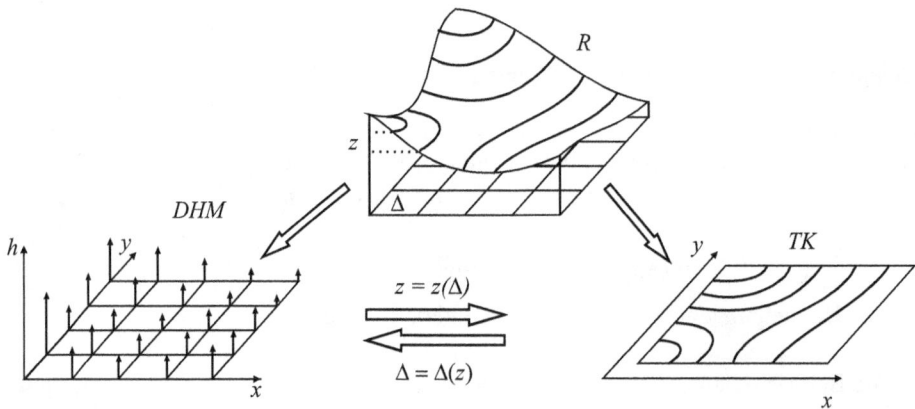

Abbildung 6.7. Das Relief (R) und seine diskreten Repräsentationen. Höhenlinienbild der TK mit Schichthöhe z und DHM mit Gitterweite Δ.

sei noch hingewiesen: Durch in der Regel hochfrequente Messfehler verrauschte Signale glaubt man *dichter* als unverrauschte abtasten zu müssen. Der Umkehrschluss ist richtig! Gerade *weil* Messfehler das Signalspektrum weit in den hochfrequenten Bereich hinein ausdehnen, dort die Signalanteile stark überdecken und *unprädizierbar* machen, ist es erlaubt, das Spektrum an geeigneter Stelle zu begrenzen und so der Überabtastung vorzubeugen.

Die Transformation TK→DHM wurde im Hinblick auf die Informationsdichte und die geomorphologische Qualität der Reliefdarstellung in TK bereits frühzeitig untersucht (Finsterwalder, 1975; Menke, 1980; Clarke, 1982; Leberl et al., 1984) und in einer Reihe weiterer Arbeiten (u. a. Ebner und Tang, 1989; Reinhardt, 1991; Aumann, 1993; Cui, 1998) sowohl mit vektorisierten als auch mit gescannten Höhenlinien zur Anwendungsreife gebracht. Um eine der Schichthöhe z adäquate Gitterweite Δ vorab zu schätzen, können das Tastweitenverhältnis (6.10) in Kombination mit der Höhenabhängigkeit der Linienlängen (5.20), (5.22) und der Normierung $L\overline{w} = L\overline{\Delta} = L\Delta = 1$, die Intensität des Faserfeldes der Höhenlinien (5.23) sowie die Schnittformel (5.37) herangezogen werden. Zu diesem Zweck sind Voraussetzungen wie Normalität, Homogenität und (lokale) Isotropie in der Regel zulässig. Nachfolgend werden drei mögliche Verfahren kurz beschrieben und in numerischen Tests miteinander verglichen.

Verfahren 1. Messung (nicht notwendig aller) Linienlängen l_k in Niveaus kz. Mittels Parameterschätzung, Ansatz (5.20), bekommt man $\hat{\sigma}_{h'}^2$ (neben $\hat{\overline{h}}$, $\hat{\sigma}_h^2$) und daraus

$$\hat{L} = \frac{1}{z}\sqrt{\frac{\pi}{2}\hat{\sigma}_{h'}^2}, \quad \hat{\Delta} = \frac{1}{\hat{L}}.$$

Asymmetrische Werte bzw. Ausreißer unter den $\hat{l}_k$ können ggf. eliminiert werden.

Verfahren 2. Messung *aller* Linienlängen l_k, daraus $\hat{L} = \sum_k \hat{l}_k$, $\hat{\Delta} = 1/\hat{L}$. Modelldefekte können weder erkannt noch korrigiert werden.

Verfahren 3. Schätzung von $L = L_1$ aus der Intensität $\lambda = \lambda^{(2)}$ des Punktfeldes, das beim Schnitt der Höhenlinienschar mit einem regulären Messgitter der Weite δ entsteht, gemäß (5.37): $\hat{L} = \pi\delta\hat{\lambda}/4$, $\hat{\Delta} = 1/\hat{L}$. Dabei sollte δ etwa von der Größe der typischen Nullformen im Höhenlinienbild sein. Modelldefekte können zwar nicht korrigiert, aber aus Abweichungen vom theoretischen Intensitätsverhältnis (5.42) erkannt werden.

Die Verfahren 1 und 2 beruhen also auf der Messung von Linienlängen, z. B. in gescannten Höhenlinienbildern, Verfahren 3 ist ein reines Zählverfahren.

Beispiel 6.13: Numerische Gitterweitenschätzung (I)

In 11 Testgebieten Sachsens wurden Gitterweiten mit den Verfahren 1 bis 3 geschätzt. Die Angaben in Tabelle 6.3 sind eine Zusammenfassung der Testergebnisse von Borkowski und Meier (1994), Meier und Endlich (1995) sowie Bethge und Meier (1996). Die Schätzwerte $\hat{\Delta}_{1,2,3}$ sind in sich recht stimmig, obwohl in einigen Testgebieten, z. B. im Mittelgebirge, das Intensitätsverhältnis $\hat{\lambda}/\lambda_\square$ als Testgröße für die Modellvoraussetzungen (vgl. Beispiel 5.15) deutlich vom theoretischen Wert $4/\pi \approx 1{,}27$ abweicht. Die Standardabweichung der Neigungsschwankungen $\hat{\sigma}_{h'}$ nimmt von ca. 1 % im Flachland bis ca. 10 % im Mittelgebirge zu, und zwar sprunghaft von Relieftyp zu Relieftyp, erweist sich demnach als Schlüsselgröße zur *relieftypenabhängigen* Schätzung von Diskretisierungsintervallen *z und* Δ. Einerseits ist für jeden Relieftyp mit festem Wert $\hat{\sigma}_{h'}$ das Verhältnis $\hat{\Delta}/z$ = const; daher wird $\hat{\Delta}$ kleiner (größer), wenn z kleiner (größer) als in dem zum Test benutzten Höhenlinienbild ist. Andererseits nimmt die Schichthöhe vom Gebirge zum Flachland hin ab; dementsprechend vergrößert sich die Gitterweite. Auf dieser Abstufung beruht der Vorschlag von Meier und Endlich (1995), Gitterweiten relieftypenabhängig bzw. landschaftsbezogen festzulegen.

Beispiel 6.14: Numerische Gitterweitenschätzung (II)

Im Beispiel 6.9. hatten wir untersucht, wie sich die Neigung $b > 0$ einer Schrägebene, der ein homogen-isotropes Zufallsfeld überlagert ist, auf die Schichthöhenschätzung auswirkt. Der ursprüngliche Schätzwert $\hat{z}$ für $b = 0$ war mit einem Korrekturfaktor $\hat{M} > 1$ zu multiplizieren. Bei der Gitterweite ist es gerade umgekehrt: Der ursprüngliche Schätzwert $\hat{\Delta}$ ist mit dem Kehrwert $1/\hat{M} < 1$ zu multiplizieren. An der Pultscholle des Erzgebirges mit $1/\hat{M} \approx 0{,}57$ bis $0{,}81$ am Abfall zum Egergraben ist $\hat{\Delta}$ nach unten, mit Berücksichtigung von Schätzfehlern auf höchstens $\hat{\Delta}/2$ zu korrigieren.

Ebenso wie äquidistante Höhenlinien sind reguläre Gittermodelle mit einfacher Datenstruktur bestens geeignet, um natürliches Gelände gleichförmigen Charakters abzubilden. Der verfeinerten Darstellung komplizierterer Reliefs mit Zwischenhöhenlinien entspricht die lokale Verdichtung der Gitter.

Ein als *progressive sampling* bekanntes Verfahren (Macarovic, 1973; Ebner und Reinhardt, 1984; Kurzbeschreibung bei Kraus, 2000, S. 266) verringert die Gitterweite von Δ auf $\Delta/2$, $\Delta/4$, ... schrittweise je nach Krümmung der Geländeoberfläche. Dazu werden, beginnend mit einem weitabständigen Gitter, zweite Differenzen der Höhenwerte in Profilen berechnet und mit einer vorgegebenen Schranke verglichen. Die Verdichtung bricht ab, wenn letztere erreicht ist. Die krümmungsabhängige Abtastung ist uns schon einmal begegnet, nämlich beim Digitalisieren ebener Kurven (Abschnitt 6.2.2), und so wie dort lässt sich auch die profilweise Verdichtung eines

Gitters mit dem Abtasttheorem erklären, am einfachsten am Beispiel eines Sinus-
signals (in der Übungsaufgabe 6.4 am Beispiel einer ebenen Wellung).

Beispiel 6.15: Krümmungsabhängige Abtastung

An Stellen größter Krümmung ist die Tastweite am kleinsten zu wählen. Die Krümmung des Signals $h(x) = \sin \omega x$ ist

$$\varkappa(x) = \frac{|h''|}{(1 + h'^2)^{3/2}} = \frac{\omega^2 \sin \omega x}{(1 + \omega^2 \cos^2 \omega x)^{3/2}}$$

mit größten Werten $\omega^2 = (2\pi/\lambda)^2$ an den Stellen $\omega x = \pi/2, 3\pi/2, \ldots$ der relativen
Extrema. Da lt. Abtasttheorem auf die Wellenlänge λ (mindestens) zwei Tastpunkte
entfallen müssen, wird an den genannten Stellen $\varkappa = (2\pi/\lambda)^2 = (\pi/\Delta)^2$, somit
$\Delta = \pi/\sqrt{\varkappa}$. Daher erfordern lokale Krümmungswerte $\varkappa, 4\varkappa, 16\varkappa, \ldots$ Tastweiten
$\Delta, \Delta/2, \Delta/4, \ldots$, womit das obige Vorgehen ausreichend motiviert ist, selbst wenn
man nicht mit der echten lokalen Krümmung, sondern mit 2. Differenzen als diskreter
Approximation der 2. Ableitung operiert.

Ursprünglich zur photogrammetrischen Erfassung der Geländeoberfläche konzipiert, R→DHM (Abbildung 6.7), ist die schrittweise Verdichtung des Gitters sinngemäß auch für den Übergang TK→DHM (Abbildung 6.7) geeignet, indem in den o. a.
Verfahren 1 bis 3 lokal die *kleinere* Schichthöhe der *dichteren* Höhenlinienscharung
angehalten wird. Die in den Schlussfolgerungen des Beispiels 6.13 genannte Möglichkeit, Gitterweiten relieftypenabhängig festzulegen, ordnet sich in die Mitte zwischen
konstanter und örtlich variabler Gitterweite ein.

6.5 Auswahlprobleme

6.5.1 Auswahl diskreter Objekte

Die Abtastung (stückweise) stetiger Signale ist nur dann ohne Informationsverlust
möglich, wenn sie bandbegrenzt sind. Auf den im Abtasttheorem implizit enthaltenen
Aspekt der Erfassungsgeneralisierung ist in den Abschnitten 6.1 und 6.4.1 bereits
hingewiesen worden. Jetzt betrachten wir eine spezielle kartographische Generalisierungsoption, die Auswahl diskreter Objekte. Darunter versteht man das mit Informationsverlust verbundene Weglassen von Objekten, die beim Übergang von einem
größeren zu einem kleineren Maßstab nicht mehr dargestellt werden können. Sie
erfolgt in aller Regel unter inhaltlichen, geometrischen und/oder topologischen Gesichtspunkten; hier stehen – entsprechend unserer Textkonzeption – stochastisch-geometrische, ggf. ergänzt durch topologische, im Vordergrund.

Beginnen wir mit einer in analytische Form gebrachten Erfahrungsregel. Sie besagt,
dass beim Übergang vom Grundmaßstab $1 : M_G$ mit λ_G Objekten zum gleichen

Kartenausschnitt des Folgemaßstabes $1 : M_F$ mit λ_F Objekten die Auswahl gemäß

$$\lambda_F / \lambda_G \sim (M_G / M_F)^{1/2}$$

zu erfolgen hat. Im Proportionalitätsfaktor werden Signaturgrößen und Bedeutung der Objekte oder Objektklassen – ebenfalls maßstabsabhängig – berücksichtigt. Ohne auf Einzelheiten einzugehen, notieren wir die Auswahlregel nach Töpfer (1979) in der kompakten Form

$$\lambda_F / \lambda_G = (M_G / M_F)^{n/2} \quad (M_F > M_G, \, n \geq 0). \tag{6.21}$$

Der (nicht notwendig ganzzahlige) Exponent n heißt *Auswahlstufe*. Töpfer favorisiert auf Grund statistischer Erhebungen in TK diskrete Stufen $n = 0, 1, \ldots, 5$ mit den Auswirkungen

- *gleicher Naturdichte* ($n = 0, \lambda_F = \lambda_G$),
- *Objektverdichtung* ($0 < n < 4$, wobei der Fall $n = 3$ als topographischer Normalfall bezeichnet wird),
- *gleicher Kartendichte* ($n = 4, \lambda_F / \lambda_G = (M_G / M_F)^2$),
- *Objektverdünnung* ($n > 4$).

Obwohl in allen Stufen $n > 0$ Auswahl stattfindet ($\lambda_F < \lambda_G$), ist wegen Maßstabsänderung $M_G \to M_F$, d.h. verkleinerter Kartenfläche $F_G \to F_F = (M_G / M_F)^2 F_G$, für $0 < n < 4$ die Folgekarte stärker, und erst ab $n > 4$ geringer belastet als die Grundkarte. Mit der Auswahlregel (6.21) wird zwar festgelegt, *wieviele*, aber nicht *welche* Objekte auszuwählen sind. Handelt es sich nicht um isolierte Einzelobjekte, sondern um semantisch und räumlich geordnete sowie topologisch verbundene Objektmengen, können stochastisch-geometrische Modelle und topologische Charakteristiken (Invarianten) nützlich sein – mit anderen Worten: Die konkrete Auswahl soll vorhandene *Strukturen* möglichst wenig stören, im günstigsten Fall erhalten. Daher ist die Auswahl mit dem Begriff der *Strukturgeneralisierung* eng verbunden.

6.5.2   Auswahl von Punktobjekten

Eine Menge von Punktobjekten im Bereich B (Karte, Kartenausschnitt) mit Inhalt $F(B)$ kann als Stichprobe aus einem ebenen Punktprozess (PP) aufgefasst werden. In topographischen und thematischen Karten kommen punktförmige Objekte in vielfältigen Anordnungen bzw. Strukturen vor (vgl. Abschnitt 4.1.2). Entsprechend vielfältig sind die Modellierungsanforderungen. Das einfachste Modell ist der stationäre Poisson-Prozess (vgl. Beispiel 4.3).

Beispiel 6.16: Zufallsauswahl im Poisson-Prozess

Sei Φ_G mit der Intensität λ_G der ungeneralisierte und Φ_F mit λ_F der generalisierte PP bezüglich der Fläche F_G mit $\lambda_F < \lambda_G$. Wenn für jeden Punkt aus Φ_G mit der sog. *Überlebenswahrscheinlichkeit* p unabhängig entschieden wird, ob er zu erhalten oder zu löschen ist, so heißt dieser Vorgang *p-Verdünnung* von Φ_G. Er kann wie folgt realisiert werden: Für jeden Punkt wird eine auf $[0, 1]$ gleichverteilte Zufallsgröße Z „ausgewürfelt". Wenn für die Realisierung z von Z die Ungleichung

$$1/2 - p/2 \leq z \leq 1/2 + p/2$$

besteht, wird der Punkt beibehalten, andernfalls gelöscht. Diese Prozedur ist mit der Auswahlregel (6.21) genau dann verträglich, wenn

$$p = \lambda_F/\lambda_G = (M_G/M_F)^{n/2} \quad (0 < p \leq 1).$$

Ist Φ_G ein stationärer Poisson-Prozess, dann ist der p-verdünnte wieder ein solcher. Der Erwartungswert m und die Varianz σ^2 des Abstandes eines Punktes zu seinem nächstgelegen Nachbarn, Formeln (4.3), ändern sich wie folgt:

$$m_F = m_G/\sqrt{p}, \quad \sigma_F^2 = \sigma_G^2/p \quad (0 < p \leq 1).$$

Beim allgemeinen Poisson-Prozess ist die Intensität ortsabhängig und die p-Verdünnung erhält diese Eigenschaft:

$$\lambda_G = \lambda_G(\mathbf{x}), \quad \lambda_F = \lambda_F(\mathbf{x}) = p\lambda_G(\mathbf{x}).$$

Die p-Verdünnung mit Zufallsauswahl ist auch dann noch zulässig, wenn die Punkte clusterförmig angeordnet sind (Beispiel 4.4) und die Intensität des Clusterprozesses sehr groß im Vergleich zur Anzahl der Cluster ist. Einzelheiten der Modellierung findet man bei Stoyan (1988), Meier und Keller (1991); hier folgt ein Anwendungsbeispiel.

Beispiel 6.17: Zufallsauswahl in einer clusterförmigen Siedlungsstruktur

Abbildung 6.8(a) zeigt eine Siedlungsstruktur, Grundmaßstab 1 : 50000 mit $\lambda_G =$ 212 Objekten, stellenweiser Ausdünnung, aber auch Häufung von Einzelobjekten. Beim Übergang zum Folgemaßstab 1 : 200000, $M_G/M_F = 1/4$, Auswahlstufe $n = 1$, Überlebenswahrscheinlichkeit $p = 1/2$, sind nach (6.21) $\lambda_F = 106$ Objekte auszuwählen. Im p-verdünnten Muster Abbildung 6.8(b) wurde mittels Zufallsgenerator $\hat{\lambda}_F = 108$ realisiert. Ortsabhängige Punktdichten sind weitgehend erhalten geblieben.

Mit der Maßstabstransformation rücken die Punkte zusammen, und man muss Vorkehrungen treffen, um die Berührung oder Überlappung der Punktobjektsignaturen auszuschließen. Geeignete Modelle hierfür sind Hard-Core-Prozesse (vgl. Beispiel 4.5). Einzelheiten zur Modellbildung und zur modifizierten Verdünnung entsprechend spezieller PP-Eigenschaften 2. Ordnung finden sich ebenfalls bei Stoyan (1988), Meier und Keller (1991).

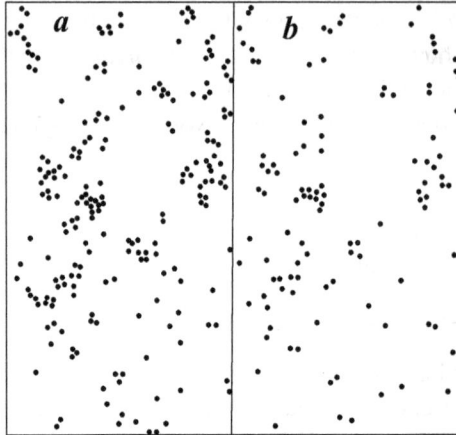

Abbildung 6.8. Zufälliges Punktfeld mit ortsabhängiger Dichte (a), mit Überlebenswahrscheinlichkeit $p = 1/2$ verdünnt (b).

Die Verdünnung von PP ist auch aus informationstheoretischer Sicht am Beispiel des stationären Poisson-Prozessesuntersucht worden (Meier, 1991a): Die Entropie des verdünnten PP Φ_F ist proportional der Kreuzkovarianz zwischen Φ_F und dem ursprünglichen PP Φ_G. Die in Φ_F über Φ_G enthaltene relative Information und der Informationsverlust durch Auswahl lassen sich durch die Kreuzkorrelation zwischen Φ_F und Φ_G ausdrücken. Deshalb bedeutet informationserhaltend zu generalisieren, hier: PP zu verdünnen, die stochastischen Eigenschaften 2. Ordnung bzw. die vorhandenen Strukturen möglichst gut zu erhalten. Mehr kann die Informationstheorie als eine bewertende nicht leisten. Sie steckt *Bedingungen* ab, denen Auswahlprozeduren genügen müssen. Auszuarbeiten sind solche, an die speziellen Eigenschaften der in der Regel recht vielfältigen und komplizierten Punktmuster gebundenen Prozeduren, sog. *abhängige Verdünnungen*, wohl vorwiegend auf experimentellem Wege. Dass der hier skizzierte Weg (noch) nicht weiter beschritten wurde, liegt wohl daran, dass speziell in TK Punkt-, Linien- und Flächenmuster gemischt vorkommen und deshalb eher *lokal wirksame, kombinierte* Operationen gefragt sind.

6.5.3   Auswahl relativer Extrema

Das Relief der Erdoberfläche ist – bis zu den (mikroskopisch) kleinsten Formelementen betrachtet – ein fraktales (Mandelbrot, 1987). Der endlichen Abtastung, der Erfassung, Speicherung und Verarbeitung diskreter Höhenwerte oder der Höhenliniendarstellung in TK liegt allerdings – ganz den praktischen Erfordernissen entsprechend – die Vorstellung einer wenigstens stückweise stetig partiell differenzierbaren Oberfläche zugrunde. Trotzdem hat Töpfer (1962) die diskrete Auswahlregel (6.21) zur Reliefgeneralisierung benutzt. Er reduzierte die Anzahl relativer Extrema im kleinkuppigen Gelände durch Streichen sog. Nullformen im Höhenlinienbild der Grundkarte. Hier zeigen wir nun, wie das konventionelle Vorgehen in die Sprache der den digitalen Datensätzen der DHM besser angepassten Filtertheorie übertragen werden kann. Zu den Grundlagen der linearen Filterung siehe Abschnitt 10.1. Konkret erhebt sich die Frage, wie ein lineares (Glättungs-)Filter ausgelegt sein muss, damit es (im statistischen Mittel) ebensoviele relative Extrema zu eliminieren imstande ist wie Regel (6.21) fordert. Die Antwort liefert die Extremaschätzung, Beispiele 5.4, 5.6, 5.10 in den Abschnitten 5.2, 5.3. In den Schätzformeln stehen durchweg Kenngrößen 2. Ordnung, die nach dem Theorem von Wiener/Chintschin im Abschnitt 3.2.1 durch Integrale über die Spektraldichten vor (S) und nach der Filterung (G^2S) ausgedrückt werden können, wobei G die Durchlasscharakteristik desjenigen phasentreuen Filters ist, das die gewünschte Extremareduktion realisiert. Auf diesem Wege erhält man eine Gleichung zur Bestimmung von G, d. h. für den Filterentwurf. Am einfachsten sind die Beziehungen im 1D-Fall zu überblicken.

Beispiel 6.18: Extremareduktion an stationären Gauß-Prozessen mit stetiger Zeit

Lt. Schätzformel (5.11) gilt für die mittlere Anzahl λ relativer Extrema, bezogen auf Zeit- oder Längeneinheit, $\lambda^2 \sim C^{(IV)}(0)/(-C''(0))$. Vor der Filterung ist

$$-C''(0) = \int_{-\infty}^{+\infty} \omega^2 S(\omega)d\omega, \quad C^{(IV)}(0) = \int_{-\infty}^{+\infty} \omega^4 S(\omega)d\omega$$

und nach der Filterung

$$-C''(0) = \int_{-\infty}^{+\infty} \omega^2 G^2(\omega) S(\omega)d\omega, \quad C^{(IV)}(0) = \int_{-\infty}^{+\infty} \omega^4 G^2(\omega) S(\omega)d\omega.$$

Eingesetzt in (6.21) ergibt die Gleichung

$$\left\{\int_{-\infty}^{+\infty} \omega^2 S(\omega)d\omega\right\}\left\{\int_{-\infty}^{+\infty} \omega^4 G^2(\omega)S(\omega)d\omega\right\}$$

$$-\left(\frac{M_G}{M_F}\right)^n \left\{\int_{-\infty}^{+\infty} \omega^4 S(\omega)d\omega\right\}\left\{\int_{-\infty}^{+\infty} \omega^2 G^2(\omega)S(\omega)d\omega\right\} = 0 \quad (6.22)$$

für die Durchlasscharakteristik $G(\omega)$, wenn die Eingangsspektraldichte $S(\omega)$ bekannt (geschätzt) sowie das Maßstabsverhältnis M_G/M_F und die Auswahlstufe n vorgegeben sind. Am einfachsten ist es, ein Standardfilter mit *einem* freien Parameter vorzugeben und diesen zu variieren, bis (6.22) erfüllt ist, z. B. ein Gauß-Filter, das sich durch (diskrete) Binomialfilter gut approximieren lässt.

Beispiel 6.19: Extremareduktion an stationären Gauß-Prozessen mit diskreter Zeit

Lt. Schätzformel (5.18) ist im diskreten Fall $\lambda \sim \arccos \varrho$ mit

$$\varrho = \frac{2\varrho_1 - \varrho_2 - 1}{2(1 - \varrho_1)} = \frac{2C(1) - C(2) - C(0)}{2[C(0) - C(1)]}, \quad \Delta := 1. \tag{6.23}$$

Die Kovarianzwerte vor (links) und nach der Filterung (rechts) sind

$$C(0) = 2\int_0^\pi S(\omega)d\omega, \qquad\qquad C(0) = 2\int_0^\pi G^2(\omega)S(\omega)d\omega,$$

$$C(1) = 2\int_0^\pi S(\omega)\cos\omega d\omega, \qquad C(1) = 2\int_0^\pi G^2(\omega)S(\omega)\cos\omega d\omega,$$

$$C(2) = 2\int_0^\pi S(\omega)\cos 2\omega d\omega, \qquad C(2) = 2\int_0^\pi G^2(\omega)S(\omega)\cos 2\omega d\omega.$$

Eingesetzt in (6.23) und zusammengefasst ergibt

$$\varrho_G = \frac{\int_0^\pi \cos\omega \sin^2(\omega/2)S(\omega)d\omega}{\int_0^\pi \sin^2(\omega/2)S(\omega)d\omega}, \quad \varrho_F = \frac{\int_0^\pi \cos\omega \sin^2(\omega/2)G^2(\omega)S(\omega)d\omega}{\int_0^\pi \sin^2(\omega/2)G^2(\omega)S(\omega)d\omega}. \tag{6.24}$$

Aus (5.18) und (6.21) folgt die zum stetigen Fall (6.22) äquivalente Gleichung

$$\arccos \varrho_F - (M_G/M_F)^{n/2} \arccos \varrho_G = 0 \tag{6.25}$$

mit ϱ_G, ϱ_F nach (6.24) und den gleichen Konsequenzen wie im Beispiel 6.18.

Betrachten wir noch kurz den 2D-Fall: Extremareduktion an homogenen, normalen Zufallsfeldern und -folgen. Es ist prinzipiell möglich, eine zu (6.22) äquivalente Gleichung für die zweidimensionale Charakteristik $G(\omega_1, \omega_2)$ anzugeben (Meier, 1991b), doch erweist sich die Extremaschätzung – wie im Abschnitt 5.3.1 begründet – als numerisch instabil, weshalb wir auf den Formelapparat verzichtet haben. Etwas günstigere Verhältnisse hat man im diskreten 2D-Fall, weil hier anstelle von Krümmungsgrößen der AKF – analog zum 1D-Fall (6.23) – sicherer zu schätzende Nachbarschaftskorrelationen vorkommen; vgl. Formel (5.33) sowie Tabelle 6.1. Nach Borkowski (1994) ist die Extremareduktion mit Hilfe einer zu (6.25) äquivalenten Gleichung im 2D-Fall, danach Anpassung geeigneter 2D-Filter, durchaus möglich und liefert auch akzeptable Höhenlinienbilder des generalisierten Reliefs, doch gibt es andere geometrische Restriktionen, die sich leichter einhalten lassen. Darauf kommen wir im Abschnitt 10.1.4 zu sprechen; hier sollte lediglich gezeigt werden, wie sich konventionelle Auswahlregeln in ein Filterkonzept übertragen lassen.

Ergänzend sei noch bemerkt, dass an ebenen Kurven mit Richtung $\varphi(s)$ als Funktion der Bogenlänge s (sog. Tangentenwinkelfunktion (TWF); vgl. Abschnitt 8.1.1) ebenfalls Anzahlen relativer Extrema je Längeneinheit geschätzt werden können, und zwar jene maximaler Krümmung $\dot{\varphi}(s)$ über die notwendige Bedingung $\ddot{\varphi}(s) = 0$, ferner „Bilanzgleichungen" vom Typ (6.22) oder (6.25) für $G(\omega)$ angegeben werden könnten. Praktisch wäre das wenig hilfreich, denn es gibt andere, effektivere Verfahren der Kurvenglättung als ausgerechnet jene mit der TWF.

6.5.4   Kantenauswahl

Kanten werden hier nicht als Einzelobjekte, sondern als verbindende Elemente von Strukturen betrachtet. Eine häufig vorkommende Struktur ist der (endliche, ggf. bewertete) *Graph*. Darunter versteht man eine Figur, die aus einer endlichen Anzahl von Kurvenstücken (Bögen, Kanten) bestehen, die ihrerseits in Punkten (Knoten) beginnen und/oder enden. Gewässernetze, Grabensysteme, Verkehrsnetze, Figuren im Rasterbild usf. können auf Graphen abgebildet werden. Ein Graph, der keinen Kreis (= geschlossener Kantenzug, der zur Kreislinie homöomorph ist) enthält, heißt *Baum*. Ist E die Anzahl der Knoten und K die Anzahl der Kanten eines Baumes, dann ist

$$E - K = 1 \qquad (6.26)$$

eine topologische Invariante.

Beispiel 6.20: Kantenauswahl in Flussnetzen

Ein Flussnetz ohne stehende Gewässer (Kreise) bestehe aus Hauptfluss mit Nebenflüssen und Bächen, die an gewissen Stellen (Knoten) einmünden oder zusammenfließen (Abbildung 6.9, links). Werden beim Maßstabsübergang $M_G \to M_F$ n Wasserläufe (Kanten) eliminiert, vorzugsweise die n kürzesten, dann müssen ebensoviele Knoten wegfallen, um die Invariante (6.26) zu erhalten:

$$E_F - K_F = (E_G - n) - (K_G - n) = E_G - K_G = 1. \qquad (6.27)$$

Die Auswahlregel (6.21) kann demnach nur auf die Kanten angewendet werden, andernfalls fiele mit

$$\gamma := 1 - (M_G / M_F)^{(n/2)} < 1$$

$$E_F - K_F = \gamma(E_G - K_G) = \gamma < 1$$

aus, im Widerspruch zu (6.26).

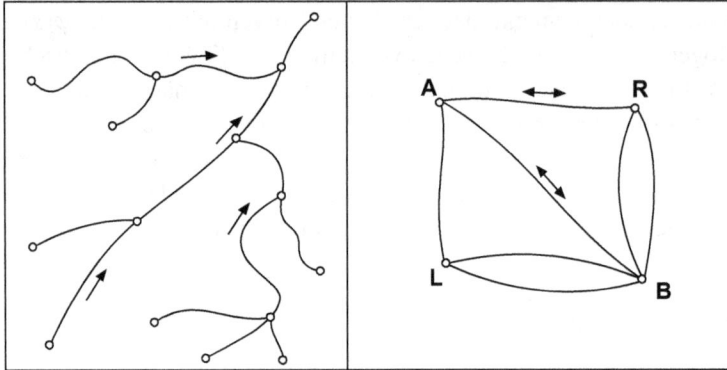

Abbildung 6.9. Schematische Darstellung von endlichen Graphen. Ein Flussnetz ohne stehende Gewässer (geschlossene Kantenzüge) bildet einen Baum (links), ein Verkehrsnetz kann
geschlossene Kantenzüge enthalten (rechts).

Nun betrachten wir noch die Zerlegung eines ebenen Bereiches B in Teilflächen
der Anzahl F, wobei ihre Grenzen die Kanten eines Graphen bilden. Nach dem Eulerschen Polyedersatz ist die Invariante bezüglich der Flächenzerlegung, die sog. Eulersche Charakteristik

$$E - K + F = 2. \tag{6.28}$$

Beispiel 6.21: Kantenauswahl in Verkehrsnetzen. Königsberger Brückenproblem

Verkehrsnetze bilden in aller Regel keinen Baum; anstelle (6.26) ist die Invariante
(6.27) anzuhalten. Konkret betrachten wir dazu das Königsberger Brückenproblem
nach L. Euler: *Sieben Brücken führen über den Pregel* ..., schematisch dargestellt in
Abbildung 6.9, rechts: Vom linken Ufer (L) und vom rechten Ufer (R) des Pregel
führen je eine Brücke (Kante) zur Insel A und je zwei zur Insel B, ferner eine von A
nach B. Also ist $E_G = 4$, $K_G = 7$, $F_G = 5$ (vier innere Teilflächen und eine äußere)
und es gilt (6.28). Generalisierend wäre höchstens erlaubt, je eine Kante von L nach
B und von R nach B zu löschen: $E_F = 4$, $K_F = 5$, $F_F = 3$, womit (6.28) erhalten
bliebe. Allgemein wird

$$E_F - K_F + F_F = (E_G - n_E) - (K_G - n_K) + (F_G - n_F) = 2 + n_K - n_E - n_F.$$

Die Anzahlen der zu eliminierenden Elemente müssen demnach die Bedingung

$$n_K - n_E - n_F = 0 \tag{6.29}$$

erfüllen, andernfalls würde (6.28) verletzt:

$$E_F - K_F + F_F = \gamma(E_G - K_G + F_G) = 2\gamma < 2.$$

Wie die Beispiele 6.20, 6.21 zeigen, darf die Auswahlregel (6.21) *nicht* gleichzeitig auf *alle* Elemente von Graphen angewendet werden, sonst sind erhaltenswerte Strukturen gestört (vgl. die Übungsaufgabe 6.2). Ebenso verhält es sich, wenn man endliche Flächenzerlegungen als Ausschnitte aus zufälligen Mosaiken betrachtet; vgl. hierzu Abschnitt 8.4.1.

Übungsaufgaben zum Kapitel 6

Aufgabe 6.1: Ordinatenabtastung stationärer zufälliger Folgen

Für stationäre Gauß-Prozesse ist die zulässige Tastweite auf der Ordinate mit (6.8) gegeben. Dazu ist eine äquivalente Formel gesucht, wenn der in der Zeit stetig differenzierbare ZP durch einen diskreten bzw. eine zufällige Folge mit ϱ korrelierten benachbarten Größen ersetzt wird.

Lösung: In (6.8) wird die Varianz $\sigma_{x'}^2$ der 1. Ableitung $X'(t)$ des ZP durch jene des Differenzenquotienten ersetzt:

$$\frac{\Delta x}{\Delta} = \frac{x_{i+1} - x_i}{\Delta}, \quad \Delta = \frac{\pi}{\omega_g} \quad \text{lt. Abtasttheorem,}$$

$$\sigma_{\Delta x/\Delta}^2 = \left(\frac{\omega_g}{\pi}\right)^2 (\sigma_{x_{i+1}}^2 - 2\sigma_{x_{i+1}}\sigma_{x_i}\varrho + \sigma_{x_i}^2) = 2\sigma_x^2 \left(\frac{\omega_g}{\pi}\right)^2 (1 - \varrho).$$

Eingesetzt in (6.8) ergibt $z/\sigma_x \leq 2\sqrt{(1 - \varrho)/\pi}$, identisch mit der in Tabelle 6.1 unter B.2 angegebenen Formel.

Aufgabe 6.2: Kanten- und Knotenauswahl in administrativen Karten

Bei Wiedergründung des Freistaates Sachsen 1990 wurden 53 Landkreise und drei Regierungsbezirke eingerichtet. Die Grundkarte (G) bietet eine Flächenzerlegung mit $F_G = 54$ Teilflächen (ohne kreisfreie Städte und mit Außenfläche), $K_G = 154$ Kanten und $E_G = 102$ Knoten. In der Folgekarte (F) seien nur die Regierungsbezirke mit $F_F = 4$ (einschließlich Außenfläche), $K_F = 6$, $E_F = 4$ dargestellt. Bei welchem Maßstabsverhältnis hat man die gleiche Kartendichte?

Lösung: In G und F ist die Eulersche Charakteristik (6.28), als Probe der Zählung, erfüllt. Mit der Auswahlregel (6.21) erhält man für $n = 4$

$$\frac{M_F}{M_G} = \sqrt{\frac{\lambda_G}{\lambda_F}} = \begin{cases} \sqrt{K_G/K_F} \\ \sqrt{E_G/E_F} \end{cases} = \begin{cases} \sqrt{154/6} \approx 5{,}07 & \text{(Kantenauswahl)} \\ \sqrt{102/4} \approx 5{,}05 & \text{(Knotenauswahl),} \end{cases}$$

gerundet $M_F : M_G = 5 : 1$.

Aufgabe 6.3: Schichthöhenschätzung an homogen-isotropen zufälligen Folgen

Für homogene und homogen-isotrope Zufallsfelder ist die Schichthöhe (= zulässige Tastweite auf der Ordinate) mit (6.10) gegeben. Dazu ist eine äquivalente Formel gesucht, wenn das stetig differenzierbare Zufallsfeld durch eine homogen-isotrope zufällige Folge auf einem regulären Dreieckgitter, wobei benachbarte Werte mit ϱ korreliert sind, ersetzt wird.

Aufgabe 6.4: Krümmungsabhängige Abtastung

Im Beispiel 6.15 wurde die krümmungsabhängige Abtastung erläutert. Man begründe das als *progressive sampling* bekannte Verfahren im 2D-Fall am Beispiel einer ebenen Wellung der Form $h(x_1, x_2) = \cos(k_1 x_1 + k_2 x_2)$!

Kapitel 7

Geometrie skalarer Signale

7.1 Vorbemerkungen

An den Schwellenwert-, Schnitt- und Abtastproblemen in den letzten beiden Kapiteln ist deutlich geworden, wie eng die geometrische und die stochastische Betrachtungsweise miteinander verknüpft sind. Je nach Aufgabenstellung dominiert die eine über die andere oder beide sind gleich berechtigt und durchmischen sich von der Problemstellung über den Lösungsansatz unter mehr oder weniger einschränkenden Voraussetzungen bis hin zu den numerischen Schätzungen. Beispielsweise sind die notwendigen und hinreichenden Bedingungen für das Vorkommen relativer Extrema geometrisch-analytische und ihre Anzahl je Längen- oder Flächeneinheit wird mit Hilfe spezieller Verteilungen der Prozesswerte geschätzt, wobei die Normalverteilung eine dominierende Rolle spielt. Der Schnitt von Zufallsfeldern mit parallelen Ebenen ergibt Linien, deren Länge als geometrische Größe von statistischen Kenngrößen, den 2. Momenten des Gradientenvektors abhängt. Diese Größen können nun ihrerseits wieder geometrisch gedeutet werden, als Krümmungsgrößen der AKF im Ursprung. Zusammen mit weiteren Größen wie z. B. der Korrelationslänge (Halbwertsbreite) eindimensionaler oder der Halbwertskurve zweidimensionaler Prozesse lässt sich damit eine *Prozessgeometrie skalarer, stetig differenzierbarer Signale* betreiben. Bleibt man dabei im Konzept der Korrelationstheorie, beschränkt sich also auf die Momente 2. Ordnung, reduziert sich das Ganze auf eine *Kurvendiskussion* der AKF des ursprünglichen Prozesses und seiner Ableitungen, ist also *elementar*. Allerdings kann man den Problemkreis – etwas anspruchsvoller – auf weitere Größen wie Linienlängen (Abschnitte 7.2.2, 7.2.3) und Flächeninhalte (Abschnitte 7.2.3, 7.3.2) erweitern.

Bereits im Abschnitt 5.3.1 haben wir gesehen, wie sich die Länge von Isolinien homogener Zufallsfelder schätzen lässt. Sieht man von diesem Spezialfall ab und betrachtet *beliebige* stochastisch gekrümmte Kurven in der Ebene (oder auch im Raum), so erweist sich die Längenschätzung als weitaus komplizierter: Kurven in Parameterdarstellung, in der Regel Punktkoordinaten als Funktion der Bogenlänge, sind *vektorielle Signale* bzw. können als Realisierungen von Vektorprozessen interpretiert werden. Deshalb erscheint es zweckmäßig, zunächst mit der Geometrie skalarer Signale zu beginnen, selbst wenn sich hier die Anwendungsmöglichkeiten in Grenzen halten. Um aber das darauffolgende Kapitel 8 über die Geometrie ebener Kurven und Figuren nicht zu überlasten, werden gewisse 1D-Probleme aus Kapitel 8 hier vorab mit behandelt (Abschnitt 7.2.3).

Explizite Inhaltsschätzungen sind – von Ausnahmen abgesehen – nur an speziellen Prozessen, vorzugsweise den normalen, stationären/homogenen, im quadratischen Mittel differenzierbaren möglich. Die geometrischen Größen stehen hier im Vordergrund und die statistischen dienen als Hilfsmittel. Bei den Abtastproblemen war es umgekehrt: Die geometrischen Betrachtungen waren notwendig, um die Abtastregeln herzuleiten. Wir erwähnen den Sachverhalt deshalb, weil u. a. die Approximationsgüte geometrischer Größen von der endlichen Abtastung bestimmt wird: Für jede Tastweite $\Delta > 0$ existiert die Länge des Polygonzuges als Approximation der gekrümmten Kurve sowie der Inhalt der polyedrischen Oberfläche als Approximation der gekrümmten. Die Approximationsgüte nimmt mit kleiner werdendem Δ zu. Doch existieren die Inhalte auch für $\Delta \to 0$?

An bandbegrenzten und damit stetig differenzierbaren Signalen, auf die sich die Inhaltsschätzungen in den Abschnitten 7.2.2, 7.2.3, 7.3.2 beziehen, stellt sich diese Frage lt. Abtasttheorem nicht! Betrachtet man dagegen beliebig feine Signalstrukturen mit Nichtdifferenzierbarkeitsstellen, ja Signale, die sogar an keiner Stelle differenzierbar sind, trägt das in diesem Kapitel verfolgte Geometriekonzept nicht; man muss zur sog. *fraktionären* Geometrie mit nicht-ganzzahligen Dimensionen übergehen (Kapitel 12).

7.2   Geometrie eindimensionaler Signale

7.2.1   Anstieg, Wölbung und Krümmung

Ist $X(t)$ ein stochastischer Prozess und $x_i(t)$ seine Realisierungen, dann sind seine Ableitungen $X^{(n)}(t)$ ebenfalls stochastische Prozesse und die Eigenschaften von $X(t) = \{x_i(t)\}$ pflanzen sich auf $X^{(n)}(t) = \{x_i^{(n)}(t)\}$ fort; vgl. Abschnitt 3.2.2, speziell das Beispiel 3.3 und die Fortpflanzungsregeln in Tabelle 3.2.

Von besonderem Interesse sind die 1. Ableitung $X'(t)$ (Anstieg, Neigung), die 2. Ableitung $X''(t)$ (auch als Wölbung bezeichnet), ferner die Krümmung

$$\varkappa(t) = \frac{X''(t)}{[1 + (X'(t))^2]^{3/2}} \tag{7.1}$$

als nicht-lineare Funktionen aus X' und X''. Spezielle Neigungseigenschaften 1. und 2. Ordnung haben wir (im stationären Fall) bereits bei den Schwellenwert-, Schnitt- und Abtastproblemen benutzt. Da ein stationärer Prozess im Mittel ebenso sehr steigt wie er fällt, ist $\mathsf{E}X' = 0$, jedoch $\mathsf{E}|X'| > 0$ (vgl. Beispiel 6.6). Die Varianzen von X', X'',

$$\sigma_{X'}^2 = -C_{XX}''(0), \quad \sigma_{X''}^2 = +C_{XX}^{(\mathrm{IV})}(0) \tag{7.2}$$

stehen in diversen Schätzformeln der Abschnitte 5 und 6 als kritische Parameter.

Anstelle der Krümmung $\varkappa$ benutzt man in praktischen Anwendungen häufig die Wölbung X''; vgl. das Verfahren *progressive sampling* im Abschnitt 6.4.3. Wegen des nicht-linearen Zusammenhanges (7.1) ist es nicht möglich, die Übertragung der stochastischen Eigenschaften von X auf $\varkappa$ analytisch allgemein darzustellen. Die Näherung $\varkappa \approx X''$ ist nur bei geringer Neigung mit $X'^2 \ll 1$ zulässig; vgl. Beispiel 7.1.

Einfacher lassen sich die stochastischen Krümmungseigenschaften an ebenen Kurven erschließen (Abschnitt 8.1.1): Die Kurvenrichtung $\varphi(s)$ als Funktion der Bogenlänge s ist ebenfalls ein 1D-Signal und seine 1. Ableitung $\dot\varphi(s)$ ist gerade die Kurvenkrümmung. Diese Parametrisierung empfiehlt sich in allen Problemen, in denen die (lokale) Krümmung ein entscheidender Parameter ist. Beim Übertragen der Eigenschaften 2. Ordnung kann man auf die Differentiationsregeln in Tabelle 3.2 zurückgreifen. Ein numerisches Beispiel möge diese überblicksmäßige Betrachtung beschließen.

Beispiel 7.1: Neigungsschätzung an der Großglockner-Hochalpenstraße

Zwischen Ferleiten und Fuscher Törl sind die mittlere Neigung b und die freien Parameter der AKF

$$C_{hh}(\Delta x) = \sigma_h^2 \exp[-(\Delta x/d)^2]$$

des Höhenprofils $h(x) = bx + h_1(x)$ aus 1024 Höhenwerten geschätzt worden:

$$\hat b = 0{,}109, \quad \hat\sigma_h^2 = 21{,}62\,\text{m}^2, \quad \hat d = 302{,}32\,\text{m}.$$

Mit (7.2) wird

$$\sigma_{h'}^2 = 2\sigma_h^2/d^2, \quad \sigma_{h''}^2 = 12\sigma_h^2/d^4$$

und den Schätzwerten $\hat\sigma_{h'}^2 = 0{,}47 \cdot 10^{-3}$, $\hat\sigma_{h''}^2 = 0{,}031 \cdot 10^{-6}$. Die Neigungsschwankungen mit $\hat\sigma_{h'} = 0{,}022$ sind klein gegen die mittlere Neigung $\hat b = 0{,}109$ und die Wölbungs-, approximativ Krümmungsschwankungen mit $\hat\sigma_{h''} = 0{,}18 \cdot 10^{-3}$ sehr klein.

Ergänzend schätzen wir noch den Betrag der Gesamtneigung $h' = b + h_1'$ ab:

$$|h'| = |b + h_1'| \le b + |h_1'|,$$

$$\mathsf{E}|h'| \le b + \mathsf{E}|h_1'| = b + \sqrt{\frac{2}{\pi}\sigma_{h'}^2},$$

sofern die Neigungsschwankungen normal sind (vgl. Beispiel 6.6). Mit den o. a. Schätzwerten ergibt sich $0{,}109 < \widehat{\mathsf{E}|h'|} \le 0{,}126$. Die Qualität der Schätzungen hängt neben den Höhenfehlern vor allem vom Punktabstand Δx ab. Benutzt man beispielsweise nur 10 Höhenwerte der Kilometrierung ($\Delta x = 1\,\text{km}$), bleibt zwar $\hat b = 0{,}109$ erhalten, jedoch $\hat\sigma_{h'} \mapsto \hat\sigma_{\Delta h/\Delta x} \approx 0{,}001$ weit unter dem o. a. Wert.

7.2.2   Linienlänge über der Geraden

Ein Verkehrsmittel ohne Zwangsweg (Schiff, Flugzeug, Ballon) bewege sich von A nach B. Auf Grund äußerer Einflüsse wie Wasser- oder Luftströmungen und der notwendigen Kursänderungen wird nicht der kürzeste Weg $\overline{AB} = L_B$ eingehalten, sondern der Reiseweg oszilliert zufällig um $\overline{AB}$ (Abbildung 7.1). Um wieviel weicht nun der tatsächlich zurückgelegte Weg $\overline{L}$ vom kürzesten Weg L_B ab?

Um $\overline{L}$ mit $\overline{L} \geq L_B$ bzw. das Verhältnis $\overline{L}/L_B$ mit $\overline{L}/L_B > 1$ zu schätzen, gibt es verschiedene Zugänge. Der nächstliegende und anschaulichste ist, die zufällig gekrümmte Kurve durch einen Polygonzug mit n Seiten zu approximieren und den Grenzübergang $n \to \infty$ zu vollziehen. Letzterer ist allerdings an stochastischen Prozessen als Ensemble von Realisierungen nicht ohne Probleme. Um sie zu vermeiden, kann man, ausgehend von der Bogenlänge einer determinierten Kurve, formal auf die einer stochastisch gekrümmten schließen. Beide Wege sind von Dörfel und Meier (1980) speziell für stationäre Gauß-Prozesse ausführlich diskutiert worden. Hier ziehen wir, der Kürze wegen und ohne zunächst Verteilungsannahmen treffen zu müssen, den letztgenannten vor.

Sei $f(t)$ eine stetig differenzierbare Funktion. Die Bogenlänge L im Intervall $[a, b]$ ist durch das Integral über das Bogenelement gegeben:

$$L = \int_a^b \sqrt{1 + [f'(t)]^2}\, dt. \tag{7.3}$$

Setzen wir nun anstelle der Ableitung $f'(t)$ der determinierten Funktion $f(t)$ die Ableitung $X'(t)$ eines Prozesses $X(t) = \{x_i(t); \; i = 1, 2, \dots\}$, d. h. der Reihe nach die Ableitungen $x_i'(t)$ in (7.3) ein, bekommen wir individuelle Werte L_i und haben zweckmäßigerweise darüber zu mitteln. Mit anderen Worten: Eine repräsentative Länge $\overline{L}$ über $[a, b]$ kann nur eine solche im statistischen Mittel sein. Deshalb definieren wir sie als Erwartungswert

$$\overline{L}(a, b) := \mathsf{E}\left\{\int_a^b \eta(t)\, dt\right\} = \int_a^b \mathsf{E}\,\eta(t)\, dt \tag{7.4}$$

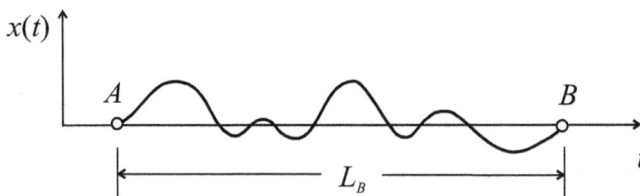

Abbildung 7.1. Prozessrealisierung $x(t)$ über der Basislänge L_B. Die gestreckte Länge L des oszillierenden Weges von A nach B ist größer als L_B.

mit $\eta(t) := \sqrt{1 + [X'(t)]^2}$, wobei Erwartungswertbildung und Integration als lineare Operationen miteinander vertauscht werden dürfen. Im Allgemeinfall hängt eine solche Länge von den Integrationsgrenzen ab, ist also, ebenso wie $E\eta(t)$, *ortsabhängig*. Eine *ortsunabhängige Schätzung* $L = $ const über der *Basislänge* $L_B = b - a$ erhält man für Prozesse mit stationären Zuwächsen: Wegen $EX' = $ const ist auch $E\eta = $ const und aus (7.4) folgt

$$\overline{L} = E\eta \int_a^b dt = (b - a)E\eta = L_B E\eta. \tag{7.5}$$

Diese Größe nennen wir *Prozesslänge*, bezüglich *einer* Realisierung anschaulich *gestreckte Länge* über der Basislänge L_B, und das Verhältnis $\overline{L}/L_B = E\eta$ relative *mittlere Länge*. Ist nun $k(v)$ die Dichtefunktion der Werte von η mit $v \geq 1$, dann wird

$$\frac{\overline{L}}{L_B} = \int_1^\infty v k(v) dv \tag{7.6}$$

und (7.6) kann mit speziellen Verteilungsannahmen ausgewertet werden.

Beispiel 7.2: Längenschätzung am stationären Gauß-Prozess

Wenn $X \sim N(\mu_x, \sigma_x^2)$, dann ist $X' \sim N(0, \sigma_{x'}^2)$ mit $\sigma_{x'}^2 = -C_{xx}''(0)$ und X'^2 ist chiquadrat-verteilt mit einem Freiheitsgrad und der Dichtefunktion

$$g(z) = \frac{1}{\sqrt{2\pi\sigma_{x'}^2 z}} e^{-z/2\sigma_{x'}^2} \quad (z \geq 0).$$

Die Dichte von η ergibt sich mit Hilfe von (2.16) zu

$$k(v) = \frac{2v}{\sqrt{2\pi\sigma_{x'}^2(v^2 - 1)}} \exp\left[-\frac{v^2 - 1}{2\sigma_{x'}^2}\right] \quad (v \geq 1)$$

und daraus der Erwartungswert (7.6) zu

$$\frac{\overline{L}}{L_B} = \frac{2}{\sqrt{2\pi\sigma_{x'}^2}} \int_1^\infty \frac{v^2}{\sqrt{v^2 - 1}} \exp\left[-\frac{v^2 - 1}{2\sigma_{x'}^2}\right] dv$$

$$= \frac{2}{\sqrt{2\pi\sigma_{x'}^2}} \int_0^\infty \sqrt{1 + w^2} e^{-w^2/2\sigma_{x'}^2} dw. \tag{7.7}$$

Die Integrale lassen sich auch durch Höhere Funktionen ausdrücken. Doch ist eine solche Darstellung höchstens zur Linearisierung bei Fehlerschätzungen von Wert. Ohne näher darauf einzugehen sei lediglich bemerkt, dass die Unsicherheit numerisch geschätzter Längen mit der Quadratwurzel aus der Stichprobenlänge bzw. mit der Anzahl der Nulldurchgänge auf L_B zurückgeht.

In Anlehnung an die Definition des Effektivwertes in der Wechselstromtechnik betrachten wir eine weitere, für Vergleichszwecke geeignete und hier *so* genannte *effektive Länge* L_{eff}, definiert durch

$$L_{eff} := \mathsf{E}\{L^2\} = \mathsf{E}\left\{\left[\int_a^b \eta(t)dt\right]^2\right\}. \tag{7.8}$$

Der Erwartungswert (7.8) entspricht dem 2. Moment M_2 eines Prozesses an der Stelle $t' = t'' =: t$, der durch Integration über den Prozess $\eta(t)$ entsteht, welcher seinerseits aus der nicht-linearen Transformation $X' \to X'^2 \to \eta$ hervorgeht, so dass

$$L_{eff}^2 = \mathsf{M}_2\left\{\int_a^b \eta(t)dt\right\} = \int_a^b \int_a^b C_{\eta\eta}^\star(t', t'')dt'dt''; \tag{7.9}$$

vgl. die Fortpflanzungregeln bei Integraltransformationen in Tabelle 3.2. Der Integrand ist die Kovarianzfunktion des *nicht* auf Erwartungswertfunktion zentrierten Prozesses η, unterscheidet sich demgemäß von der Definition der AKF im Abschnitt 3.1. Im Gegensatz zu $\overline{L}$ hängt L_{eff} *nicht* von der Verteilung der Prozesswerte ab; man braucht "nur" die Kovarianzfunktion $C_{\eta\eta}^\star$. Allerdings sind $C_{\eta\eta}^\star$ aus $C_{x'x'}$ und damit L_{eff} aus (7.9) nur unter stark einschränkenden Voraussetzungen und auch dann nur näherungsweise zu gewinnen. Hier führt die Polygonzug-Approximation mit Grenzübergang an *einem* stetigen Signale schneller zum Ziel (Dörfel und Meier, 1980): An ergodischen stationären Prozessen ist

$$L_{eff}/L_B = \sqrt{1 + \sigma_{x'}^2}. \tag{7.10}$$

Mithin hängen sowohl $\overline{L}$ für stationäre normale Prozesse als auch L_{eff} für stationäre, jedoch nicht notwendig normale Prozesse von genau einem Parameter, der Varianz $\sigma_{x'}^2$ der 1. Ableitung $X'(t)$ ab, was recht anschaulich ist. Erinnern wir uns an die eingangs erwähnten oszillierenden Verkehrswege: In der Schiffsführung gilt z. B. der Grundsatz, dass Abweichungen vom gegissten Kurs durch *kleine* Änderungen (Ruderausschläge) zu kompensieren sind. Damit wird neben dem Wasserwiderstand auch die Weglänge minimiert.

Der Parameter $\sigma_{x'}^2$ ist uns schon als entscheidender bei den Schwellenwertproblemen und der Ordinatenabtastung begegnet; man kann ihn durch die Anzahl der Nulldurchgänge auf L_B, $n = N/L_B$, ersetzen (Dörfel und Meier, 1983): Mit (5.7) folgt aus (7.10)

$$L_{eff}/L_B = \sqrt{1 + \pi^2 n^2 \sigma_x^2}. \tag{7.11}$$

Gestreckte und effektive Länge unterscheiden sich nur wenig voneinander. Um dies zu sehen, betrachten wir die Varianz

$$\mathsf{D}^2 L = \mathsf{E}\{(L - \overline{L})^2\} = \mathsf{E}\{L^2\} - 2\overline{L}\mathsf{E}\{L\} + \mathsf{E}\{\overline{L}^2\} = L_{eff}^2 - 2\overline{L}^2 + \overline{L}^2 = L_{eff}^2 - \overline{L}^2.$$

Daraus folgt

$$L_{\text{eff}}^2 = \overline{L}^2 + \mathsf{D}^2 L = \overline{L}^2(1 + \mathsf{D}^2 L / \overline{L}^2),$$

$$L_{\text{eff}} \approx \overline{L} \quad \text{für } \mathsf{D}^2 L \ll \overline{L}^2.$$

Wie vergleichende Untersuchungen von L_{eff} und $\overline{L}$ an sehr glatten ($\sigma_{x'}^2 \ll 1$) und sehr rauhen Signalen ($\sigma_{x'}^2 \gg 1$) gezeigt haben, trifft dieses Ergebnis selbst bei extremen Abweichungen von der Normalverteilung zu. Davon kann man sich in den Übungsaufgaben 7.1 und 7.3 überzeugen. Insbesondere für Vergleichszwecke wird man deshalb auf die numerische Integration mit (7.7) verzichten und stattdessen die einfachen Schätzformeln (7.10) oder (7.11) anwenden können, sofern man sich nicht von vornherein mit der Polygonzug-Approximation begnügen möchte.

Beispiel 7.3: Vergleichende Längenschätzung an Straßen im Bergland

Verfahren der rechnergestützten Generalisierung sollten so ausgelegt sein, dass sie das kartographisch Wünschbare leisten. Dazu empfiehlt es sich u. a., „gut" generalisierte Karten vorab zu analysieren (sog. *reverse engineering*). Hier betrachten wir mit Straßen im Bergland spezielle Linienobjekte, deren Länge vom großen zum kleinen Maßstab hin abnimmt. Um die eindimensionalen Schätzformeln, Linienlänge über der Geraden, anwenden zu können, wurden in die Auswertung (Tabelle 7.1) nur Linienabschnitte einbezogen, die um eine kürzeste Verbindung AB oszillieren. Die Längenabnahme ist beim Übergang von $1 : 50'$ zu $1 : 100'$ nicht signifikant, jedoch beim Übergang von $1 : 100'$ zu $1 : 200'$. Der gleiche Effekt wurde auch an Fließgewässern festgestellt. Die Ergebnisse aus den Formeln (7.10), (7.11) stimmen in den Grenzen der Schätzfehler recht gut überein.

Bisher haben wir die Längenschätzung an stationären Prozessen untersucht. Der Ansatz (7.4) lässt, analog zur Ordinatenabtastung, die Erweiterung auf Prozesse mit stationären Zuwächsen zu. Zweckmäßig benutzen wir das gleiche Modell wie im Beispiel 7.1.

Maßstab	$\hat{\sigma}_x^2$ in mm^2	$\hat{\sigma}_{x'}^2$	$\hat{n}$ in mm^{-1}	L_{eff}/L_B nach Formel (7.10)	(7.11)
$1 : 50\,000$	2,51	0,312	0,113	1,145	1,147
$1 : 100\,000$	2,33	0,302	0,113	1,141	1,138
$1 : 200\,000$	2,04	0,245	0,100	1,116	1,096

Tabelle 7.1. Vergleichende Längenschätzung an Straßen im Bergland. Schätzwerte $\hat{\sigma}_x^2$ und $\hat{n}$ in Kartenmaß, bezogen auf Maßstab $1 : 50000$, $\hat{\sigma}_{x'}^2$ aus numerisch geschätzter AKF.

Beispiel 7.4: Längenschätzung am stationären Gauß-Prozess mit linearem Trend

Es seien eine Gerade mit Anstieg b und ein stationärer Gauß-Prozess $X_1 \sim N(\mu_1, \sigma_x^2)$ additiv überlagert. Dann gilt $X' \sim N(b, \sigma_{x'}^2)$ und die zugehörige Dichtefunktion ist wie im Beispiel 7.2 schrittweise in jene von η zu transformieren, schließlich $\mathsf{E}\eta$ zu berechnen. Ohne die schreibaufwändigen Zwischenschritte geben wir sogleich das Endergebnis an:

$$
\begin{aligned}
\frac{\overline{L}}{L_B} &= \frac{1}{\sqrt{2\pi\sigma_{x'}^2}} \int_1^\infty \frac{v^2}{\sqrt{v^2-1}} \left\{ \exp\left[-\frac{(\sqrt{v^2-1}-b)^2}{2\sigma_{x'}^2} \right] \right. \\
&\qquad\qquad \left. + \exp\left[-\frac{(\sqrt{v^2-1}+b)^2}{2\sigma_{x'}^2} \right] \right\} dv \qquad (7.12) \\
&= \frac{1}{\sqrt{2\pi\sigma_{x'}^2}} \int_0^\infty \sqrt{1+w^2} \left\{ \exp\left[-\frac{(w-b)^2}{2\sigma_{x'}^2} \right] + \exp\left[-\frac{(w+b)^2}{2\sigma_{x'}^2} \right] \right\} dw.
\end{aligned}
$$

Im Sonderfall $b = 0$ geht (7.12) in (7.7) über und im Sonderfall $\sigma_{x'}^2 = 0$ gilt

$$
\overline{L}/L_B = \sqrt{1+b^2}. \qquad (7.13)
$$

Auch im letzten, gegenüber Beispiel 7.2 erweiterten Modell lohnt es (in anbetracht der kleinen Abweichungen des Längenverhältnisses $\overline{L}/L_B$ bzw. L_{eff}/L_B von Eins) in der Regel kaum, eines der Integrale (7.12) numerisch auszuwerten. Man schätzt die Einflüsse von $b, \sigma_{x'}$ auf L/L_B oder L_{eff}/L_B zweckmäßiger getrennt voneinander ab.

Beispiel 7.5: Vergleichende Längenschätzung an Höhenprofilen

Tabelle 7.2 enthält die geschätzten Eingangswerte $\hat{b}, \hat{\sigma}_{x'}$ sowie ihre Einflüsse auf die Längenverhältnisse (7.13), (7.10) von drei Profilen: NNW-Abfall vom Erzgebirgs-kamm nach Sachsen (1) und SSE-Abfall nach Tschechien (2) sowie einen Abschnitt der Großglockner-Hochalpenstraße (3). Im Profil (1) dominiert der Einfluss der zu-fälligen Neigungsschwankungen, im Profil (2) sind letztere etwa gleichwertig mit der mittleren Neigung, im Profil (3) dominiert eindeutig der Einfluss der mittleren Nei-gung. Die gestreckte Länge ist in den Profilen (1) und (3) weniger als 1 %, im Profil (2) höchstens 2 % größer als die Basislänge.

Die Beispiele 7.3 und 7.5 zeigen den bekannten Sachverhalt, dass Verkehrswege selbst im Bergland/Gebirge viel stärker in der Horizontalen als in der Vertikalen undu-lieren. Das Längenverhältnis $\overline{L}/L_B$ bzw. L_{eff}/L_B weicht bezüglich der ebenen Pro-jektion um mindestens eine Größenordnung mehr von Eins ab als jenes bezüglich des Höhenprofils. Deshalb reicht es vollkommen aus, z. B. Weglängen in Verkehrskarten oder Informationssystemen selbst im Hochgebirge bezüglich der ebenen Projektion

Höhenprofil	$\hat{b}$	$\hat{\sigma}_{x'}$	$\sqrt{1+\hat{b}^2}$	$\sqrt{1+\hat{\sigma}_{x'}^2}$
Erzgebirge				
NNW-Abfall	0,01 bis 0,02	0,10	1,00005 bis 1,0002	1,005
SSE-Abfall	0,10 bis 0,20	0,10	1,005 bis 1,02	1,005
Großglockner				
Hochalpenstraße	0,109	0,022	1,006	1,00024

Tabelle 7.2. Vergleichende Längenschätzung an Höhenprofilen im Gebirge. Die Schätzwerte $\hat{b}$, $\hat{\sigma}_{x'} \equiv \hat{\sigma}_{h'}$ sind aus den Beispielen 6.10, 7.1 entnommen.

anzugeben. Das ist schließlich auch der Grund, warum wir uns im Kapitel 8 auf die Längenschätzung an *ebenen* Kurven beschränken.

7.2.3   Linienlänge und Flächeninhalt über dem Kreisbogen

Die bisher behandelten Signale $x(t)$ als Realisierungen eindimensionaler Prozesse $X(t)$ sind a priori auf der gesamten Zahlengeraden definiert, auch wenn sich die Schätzungen von Linienlängen auf eine endliche Basislänge beziehen. Jetzt betrachten wir Prozesse, die auf endlichen Intervallen definiert sind. Ein Prototyp ist der Prozess auf dem Kreisbogen, speziell auf dem Vollkreis; vgl. dazu auch die ausführliche Abhandlung von Meier (1991c). Wie oben betrachten wir zuerst das deterministische Problem und gehen dann zum stochastischen über.

Sei $r(\varphi)$ eine determinierte, stetig differenzierbare Funktion, gelegentlich *Radiusvektorfunktion* genannt (Abbildung 7.2, links unten), dann ist die Linienlänge L über

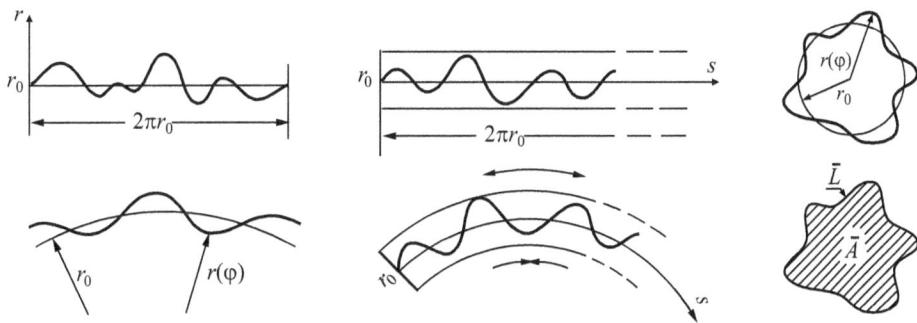

Abbildung 7.2. Prozessrealisierung $r(\varphi)$ über der Basislänge $L_B = 2\pi r_0$ auf der Geraden und auf dem Kreis mit Radius $r_0 = \mathsf{E}r$ (links und rechts oben), eingelagert in einen Balken (Mitte), sowie resultierende, zur Kreislinie homöomorphe Figur mit Randlänge $\overline{L}$ und Flächeninhalt $\overline{A}$ (rechts unten).

dem Zentriwinkel $\Phi \in (0,2\pi]$ durch

$$L = \int_\Phi \sqrt{r^2 + r'^2}\,d\varphi, \tag{7.14}$$

speziell mit $\Phi = 2\pi$ die Randlänge (der Umfang) der durch $\{r(\varphi),\ \varphi \in (0,2\pi]\}$, definierten ebenen, zum Kreis homöomorphen Figur gegeben. Der Flächeninhalt des Segmentes über Φ ist

$$A = \frac{1}{2} \int_\Phi r^2\,d\varphi, \tag{7.15}$$

wobei r hier nicht notwendig überall differenzierbar sein muss. Mit $\Phi = 2\pi$ ergibt (7.15) den Inhalt der kreisähnlichen Figur (Abbildung 7.2, rechts).

Sei nun $R(\varphi)$ ein stationärer (drehungsinvarianter), stetig differenzierbarer Prozess mit Realisierungen $r_i(\varphi)$ und den folgenden Eigenschaften:

$$R(\varphi) = r_0 + R_S(\varphi), \quad C_{RR} = C_{RR}(\varphi'' - \varphi') = C_{RR}(\psi),$$

$$\mathsf{E}R = r_0 = \text{const}, \quad \mathsf{E}R_S = 0, \quad \sigma_R^2 = \sigma_{R_S}^2 = C_{RR}(0),$$

$$R'(\varphi) = R'_S(\varphi), \quad \sigma_{R'}^2 - -C''_{RR}(0); \quad \varphi, \psi \in [0,2\pi).$$

Setzt man die Realisierungen r_i und r'_i in (7.14) sowie die r_i in (7.15) ein, bekommt man individuelle Längen L_i und Flächeninhalte A_i, über die wieder zu mitteln ist. Am einfachsten sind die Beziehungen beim Flächeninhalt:

$$\overline{A} := \frac{1}{2}\mathsf{E}\left\{\int_\psi R^2\,d\varphi\right\} = \frac{1}{2}\int_\psi \mathsf{E}\{R^2\}\,d\varphi. \tag{7.16}$$

Für stationäre Prozesse $R(\varphi)$ wird

$$\overline{A} = \frac{\psi}{2}\mathsf{E}\{R^2\} = \frac{\psi}{2}\mathsf{E}\{(r_0 + R_S)^2\}$$

$$= \frac{\psi}{2}[r_0^2 + 2r_0\mathsf{E}R_S + \mathsf{E}\{R_S^2\}]$$

$$= \frac{\psi}{2}(r_0^2 + \sigma_R^2), \tag{7.17}$$

speziell

$$\overline{A} = \pi(r_0^2 + \sigma_R^2) > \pi r_0^2 \tag{7.18}$$

für $\psi = 2\pi$ (Vollkreis), wobei $A = \pi r^2$ der Inhalt des Erwartungswertkreises mit Radius r_0 ist. Damit folgt aus (7.18) die *verteilungsunabhängige* Schätzung

$$\frac{\overline{A}}{A} = 1 + \frac{\sigma_R^2}{r_0^2} \tag{7.19}$$

für alle $\psi \in (0,2\pi]$. Dieses Ergebnis gibt Anlass zu folgenden *Bemerkungen*:

(a) Bei stationären Signalen auf der Geraden ist die Summe aller Teilflächeninhalte über und unter dem Mittelwertniveau natürlich Null. Denkt man sich ein solches Signal in einen „Balken" eingelagert und biegt diesen auf Kreisform (Abbildung 7.2, Mitte), dann werden die „Fasern" oberhalb r_0 gedehnt und unterhalb r_0 gestaucht. Teilflächen oberhalb r_0 werden größer, solche unterhalb r_0 kleiner als beim geraden Balken. Daher wird $\overline{A}/A > 1$, allerdings nur um ein Weniges. Insbesondere bleibt $\overline{A}/A \approx 1$, wenn $\sigma_R^2 \ll r_0^2$ (vgl. Beispiel 7.7).

(b) $\overline{A}/A$ hängt lediglich vom Verhältnis σ_R^2/r_0^2 ab. Deshalb gilt (7.16) bis (7.19) auch an nicht-differenzierbaren Prozessen, insbesondere an sog. *sternförmigen* Figuren mit endlich vielen Knickpunkten. Dafür haben Stoyan und Stoyan (1992, Kap. 2.3: Invariante Parameter von Konturfunktionen für technische Partikel, S. 90–92) erste und zweite Momente als Integralmittelwerte bezüglich *einer* Figur angegeben, wobei in der Varianz σ_R^2 der Inhalt $\overline{A}$ implizit enthalten ist. Die obige Herleitung von $\overline{A}$ aus dem Ensemblemittel zeigt, dass man auf Ergodizität verzichten kann.

(c) Ein spezielles Beispiel bringt die Übungsaufgabe 7.2.

Beim Schätzen von Linienlängen kommt nun zusätzlich die 1. Ableitung $R'(\varphi)$ vor:

$$\overline{L} := \mathsf{E}\left\{\int_\psi \eta \, d\varphi\right\} = \int_\psi \mathsf{E}\eta \, d\varphi \tag{7.20}$$

mit $\eta := \sqrt{R^2 + R'^2}$, im stationären Fall

$$\overline{L} = \psi \, \mathsf{E}\eta, \quad \text{speziell} \quad \overline{L} = 2\pi \, \mathsf{E}\eta \tag{7.21}$$

für den Vollkreis. Zur weiteren Auswertung braucht man offensichtlich die Verteilung von η, letztendlich von R. Rechentechnisch wäre die Normalverteilung von Vorteil, doch ist diese in Strenge nicht zulässig, weil sich gegenüberliegende Signalwerte $r_i(\varphi)$, $r_i(\varphi \pm \pi)$, und sei es mit noch so kleiner Wahrscheinlichkeit, berühren oder überdecken können; die Konturen wären nicht berührungslos oder kreuzungsfrei. Aus diesem Grund versuchen wir, eine *verteilungsunabhängige* Näherungslösung zu gewinnen, und zwar für den Fall, dass $\sigma_R^2 \ll r_0^2$, d. h. für kleine Abweichungen von der Kreisform:

$$R^2 + R'^2 = r_0^2 \left(1 + 2\frac{R_S}{R_0} + \frac{R_S^2 + R_S'^2}{r_0^2}\right),$$

$$\eta \approx r_0 \left(1 + \frac{R_S}{r_0} + \frac{R_S^2 + R_S'^2}{2r_0^2}\right) = R + \frac{R_S^2 + R_S'^2}{2r_0^2},$$

$$\mathsf{E}\eta \approx \mathsf{E}R + \frac{1}{2r_0}[\mathsf{E}\{R_S^2\} + \mathsf{E}\{R_S'^2\}] = r_0 + \frac{\sigma_R^2 + \sigma_{R'}^2}{2r_0}.$$

Damit ergibt sich das Längenverhältnis

$$\frac{\overline{L}}{L_B} \approx 1 + \frac{\sigma_R^2 + \sigma_{R'}^2}{2r_0^2} \tag{7.22}$$

über Zentriwinkel $\psi \in (0,2\pi]$ und Basislängen $L_B = \psi r_0$, speziell über $\psi = 2\pi$ und der Basislänge $L_B = 2\pi r_0$ (Vollkreis).

Im Unterschied zur Längenschätzung über der Geraden enthält (7.22) neben der Varianz der 1. Ableitung noch jene des Prozesses selbst, was aus dem Vergleich der Bogenelemente in (7.3) und (7.14) auch zu erwarten ist.

Es liegt nun wieder nahe, $\sigma_{R'}^2$ durch die Anzahl von Niveaudurchgängen, hier durch den Erwartungswertkreis, zu ersetzen. Dazu sind Verteilungsannahmen nötig. Man begeht sicher keinen zu großen Fehler, wenn $R(\varphi)$ unter der Voraussetzung $\sigma_R^2 \ll r_0^2$ als normal, in der Realität als gestutzt normal, angenommen wird, aber auch nur in diesem Fall.

Beispiel 7.6: Längenschätzung aus Durchgangszahlen durch den Erwartungs- wertkreis des stationären Gauß-Prozesses

Niveaudurchgänge auf dem Kreis können mittels Auswertung der Integrale über Dich- tefunktionen analog Beispiel 5.1 berechnet werden (Meier, 1991c). Hier möge ein Analogieschluss mit Formel (5.7) genügen: Die relative Anzahl je Längeneinheit auf der Geraden bezieht sich jetzt auf den Winkel $\psi = \varphi'' - \varphi'$:

$$n(r_0) = \frac{N(r_0)}{\psi} = \frac{1}{\pi} \frac{\sigma_{R'}}{\sigma_R}. \tag{7.23}$$

Setzt man $\sigma_{R'}^2 = \pi^2 n^2 \sigma_R^2$ aus (7.23) in (7.22) ein, ergibt sich wegen $\pi^2 n^2 \gg 1$ die zu (7.11) strukturell gleichwertige Näherung

$$\overline{L}/L \approx 1 + \pi^2 n^2 \sigma_R^2 / 2r_0^2. \tag{7.24}$$

Auf gleichem Wege bekommt man für den Vollkreis mit $\psi = 2\pi$ die totale Anzahl der Durchgänge

$$N(r_0) = 2\sigma_{R'}/\sigma_R \tag{7.25}$$

und die Näherung

$$\overline{L}/L \approx 1 + N^2 \sigma_R^2 / 8r_0^2. \tag{7.26}$$

Überprüfen wir nun noch die Schätzformeln (7.19), (7.22) und (7.24) an einem Zahlenbeispiel.

Beispiel 7.7: Küstenlänge des Dronning-Maud-Landes, Antarktis, etwa zwischen 0° und 12° E

Kartenvorlage: Atlas Antarktiki, Tom I, Moskva, Leningrad, 1966, Maßstab 1 : 1000′. Digitalisierte Polabstände als Funktion der geographischen Länge (in der benutzten Prozessterminologie mit $r_i = r(\varphi_i)$ bezeichnet) annähernd gestutzt normalverteilt mit Schätzwerten

$$\hat{r}_0 = 2223\,\text{km}, \quad \hat{\sigma}_R^2 = 124\,\text{km}^2, \quad \hat{\sigma}_{R'}^2 = 5{,}32 \cdot 10^6\,\text{km}^2, \quad \hat{N} = 14 \text{ auf } \psi = 12°48'.$$

Längenverhältnisse:

$$\frac{\hat{\overline{L}}}{\hat{L}_B} \approx \begin{cases} 1{,}50 & \text{aus Polygonzug-Approximation,} \\ 1{,}54 & \text{geschätzt mit Formel (7.22),} \\ 1{,}51 & \text{geschätzt mit Formel (7.24).} \end{cases}$$

Wegen großer Ein- und Ausbuchtungen ist die Küstenlänge ca. 50 % größer als der Ausschnitt des Mittelwertkreises, d. h. als der Bogen mit $\hat{L}_B = \psi \hat{r}_0$. Hingegen ist die Abweichung von $\overline{A}/A = 1$ lt. Formel (7.19) in der Größenordnung 10^{-5} vernachlässigbar klein.

7.3 Geometrie zweidimensionaler Signale

7.3.1 Neigung, Wölbung und Krümmung

Für einen zweidimensionalen homogenen, stetig partiell differenzierbaren Zufallsprozess $H(x_1, x_2)$ mit der AKF $C(\Delta x_1, \Delta x_2)$ sind die geometrischen Zusammenhänge viel unübersichtlicher als für einen solchen im eindimensionalen Fall (vgl. Abschnitt 7.2.1). Relativ einfach lässt sich aus einer Realisierung $h(x_1, x_2)$ die Neigung durch Gradientenbildung schätzen:

$$\text{grad}\, h = \begin{bmatrix} h_1 & h_2 \end{bmatrix}^\top, \quad |\text{grad}\, h| = \sqrt{h_1^2 + h_2^2}. \tag{7.27}$$

Die Bezeichnung der partiellen Ableitungen in Koordinatenrichtung als h_1 und h_2 haben wir bereits im Abschnitt 5.3.1 eingeführt. Die Neigung wird somit durch das zufällige Vektorfeld $[h_1, h_2]^\top$ beschrieben. Sie spielt u. a. bei den zweidimensionalen Schnitt- und Abtastproblemen (Abschnitte 5.3.1, 6.3.2) und nachfolgend behandelten Oberfächeninhaltsschätzung (Abschnitt 7.3.2) eine entscheidende Rolle. Die AKF dieses Vektorfeldes ist durch die AKF von h bestimmt:

$$\mathbf{C}_{h'h'}(\Delta x_1, \Delta x_2) = -\begin{bmatrix} \dfrac{\partial^2}{\partial \Delta x_1^2} & \dfrac{\partial^2}{\partial \Delta x_1 \partial \Delta x_2} \\ \dfrac{\partial^2}{\partial \Delta x_2 \partial \Delta x_1} & \dfrac{\partial^2}{\partial \Delta x_2^2} \end{bmatrix} C_{hh}(\Delta x_1, \Delta x_2), \tag{7.28}$$

speziell

$$C_{h'h'}(0,0) =: \begin{bmatrix} \sigma_1^2 & \sigma_{12} \\ \sigma_{21} & \sigma_2^2 \end{bmatrix}. \tag{7.29}$$

Ist h homogen-isotrop, dann besitzt (7.28) Taylor-Karman-Struktur (3.35).

Beispiel 7.8: Gradientenfeld vom Testgebiet Harz

Mit diskreten Daten werden die Ableitungen durch finite Differenzen ersetzt bzw. numerisch geschätzt. Für einen Ausschnitt aus dem Testgebiet Harz ist das Gradientenfeld in Abbildung 7.3 dargestellt. Jeder Vektor zeigt in Richtung der Gefällelinie und seine Länge entspricht dem Neigungswert im jeweiligen Punkt.

Durch einen Punkt P auf der Oberfläche des zweidimensionalen Signals können beliebig viele Kurven gezogen werden. Jede dieser Kurven weist i. Allg. unterschiedliche Krümmung (unterschiedliche Krümmungsradien) auf. Aus der Gesamtheit der Krümmungsradien sind solche mit dem Minimal- und dem Maximalwert von besonderem Interesse. Sie werden als Hauptkrümmungsradien R_1 und R_2 bezeichnet

Abbildung 7.3. Gradientenvektoren. Ausschnitt aus dem Testgebiet Harz.

und zu Beschreibung der Krümmung des zweidimensionalen Signals benutzt. Zur Beschreibung der Krümmung in einem Punkt P dienen hauptsächlich zwei Größen, die mittlere Krümmung $\mathcal{K}_M$ oder die Gaußsche Krümmung $\mathcal{K}_G$, gegeben durch

$$\mathcal{K}_M = \frac{1}{2}\left(\frac{1}{R_1} + \frac{1}{R_2}\right), \quad \mathcal{K}_G = \frac{1}{R_1 R_2}. \tag{7.30}$$

Wegen Nicht-Linearität sind diese Größen – analog zur Krümmung eindimensionaler Signale – stochastisch nicht auszuwerten.

Bei praktischen Aufgabenstellungen, insbesondere im Bereich der Topographie, werden deshalb zur Charakterisierung der Krümmung von Oberflächen lediglich die zweiten Ableitungen von h, auch als Wölbung bezeichnet, in bestimmten Richtungen benutzt. Ihre Momente ergeben sich analog zu (7.28) durch das vierfache Differenzieren von AKFs (vgl. auch Tabelle 3.2).

Zur Beschreibung der Krümmungseigenschaften von Oberflächen dient auch, insbesondere beim analytischen Rechnen, die Matrix der zweiten Ableitungen von h, die sog. Hesse-Matrix,

$$\mathcal{H} = \begin{bmatrix} \frac{\partial h^2}{\partial x_1^2} & \frac{\partial h^2}{\partial x_1 \partial x_2} \\[2mm] \frac{\partial h^2}{\partial x_1 \partial x_2} & \frac{\partial h^2}{\partial x_2^2} \end{bmatrix}. \tag{7.31}$$

Dies demonstrieren wir am folgenden Beispiel (vgl. auch das Flakesmodell, Abschnitt 11.3.1).

Beispiel 7.9: Thin plate spline

An einem ebenen Bereich Ω sind n (Mess-)Werte, $\{x_i, y_i, z_i\}; i = 1, 2, \ldots, n$, einer Oberfläche gegeben. Gesucht wird eine Funktion, die diese Messwerte möglich glatt approximiert. Die Aufgabe kann als das Variationsproblem

$$\Phi(h(x, y)) = \iint_\Omega \|(\mathcal{H})\|^2 \to \min \tag{7.32}$$

formuliert werden (Duchon, 1976). Die analytische Lösung dieses Variationsproblems ergibt die Splinefunktion

$$h(x, y) = \frac{1}{2}\sum_{i=1}^{n} \lambda_i r_i^2 \ln r_i^2 + v_{00} + v_{10}x + v_{01}y \tag{7.33}$$

mit $r_i^2 = (x - x_i)^2 + (y - y_i)^2$ und den Parametern λ_i und v. Die $n + 3$ Parameter werden aus dem Gleichungssystem

$$\begin{bmatrix} \mathbf{A} & \mathbf{T} \\ \mathbf{T}^\top & \mathbf{0} \end{bmatrix} \begin{bmatrix} \boldsymbol{\lambda} \\ \boldsymbol{v} \end{bmatrix} = \begin{bmatrix} \mathbf{z} \\ \mathbf{0} \end{bmatrix} \tag{7.34}$$

ermittelt, wobei

$$
\mathbf{A} = \begin{bmatrix}
0 & a_{12} & a_{13} & \cdots & a_{1n} \\
a_{21} & 0 & a_{23} & \cdots & a_{2n} \\
a_{31} & a_{32} & 0 & \cdots & a_{3n} \\
\vdots & \vdots & \vdots & \ddots & \vdots \\
a_{n1} & a_{n2} & a_{n3} & \cdots & 0
\end{bmatrix}, \quad
\mathbf{T} = \begin{bmatrix}
1 & x_1 & y_1 \\
1 & x_2 & y_2 \\
\vdots & \vdots & \vdots \\
1 & x_n & y_n
\end{bmatrix},
$$

$\boldsymbol{\lambda} = [\lambda_1, \lambda_2, \lambda_3, \ldots, \lambda_n]^\top$, $\mathbf{v} = [v_{00}, v_{10}, v_{01}]^\top$, $\mathbf{z} = [z_1, z_2, \ldots, z_n]^\top$ und $a_{ij} = a_{ji} = r_{ij}^2 \ln r_{ij}$. Da die Splinefunktion (7.33) die quadrierte Norm der Hesse-Matrix minimiert, wird sie auch als Spline minimaler Krümmung bezeichnet.

7.3.2   Oberflächeninhalt und Volumen

Es sei $f(x_1, x_2)$ eine auf dem ebenen Bereich B mit Inhalt F_B definierte, stetig partiell differenzierbare Funktion mit dem Gradienten

$$
\operatorname{grad} f = \begin{bmatrix} f_1 \\ f_2 \end{bmatrix}, \quad f_{1,2} := \frac{\partial f}{\partial x_{1,2}}.
$$

Der Flächeninhalt F von f über B ist durch das Oberflächenintegral 1. Art gegeben:

$$
F = \iint_B \sqrt{1 + f_1^2 + f_2^2}\, db. \tag{7.35}
$$

An stochastisch gekrümmten Oberflächen, also solchen von Realisierungen zweidimensionaler Prozesse $H(x_1, x_2)$, gehen wir ebenso wie bei den stochastisch gekrümmten Linien vor. Zuerst werden die Realisierungen der partiell differenzierten Prozesse $H_{1,2} := \partial H / \partial x_{1,2}$ der Reihe nach in (7.35) eingesetzt und dann der Erwartungswert über die individuellen Oberflächeninhalte gebildet:

$$
\overline{F} := \mathsf{E} \iint_B \eta(b)\,db = \iint_B \mathsf{E}\eta(b)\,db \tag{7.36}
$$

mit $\eta := (1 + H_1^2 + H_2^2)^{1/2}$. Ist H homogen mit $\mathsf{E}H = \mathrm{const}$, dann sind es auch H_1, H_2, H_1^2, H_2^2, η, und aus (7.36) folgt

$$
\overline{F} = \mathsf{E}\eta \iint_B db = F_B \mathsf{E}\eta, \quad \overline{F}/F_B = \mathsf{E}\eta. \tag{7.37}
$$

Um (7.37) weiter auswerten zu können, bedarf es (wie bei den Linienlängen) speziellerler Verteilungsannahmen.

Beispiel 7.10: Inhaltsschätzung an homogenen normalen Zufallsfeldern

Sei H homogen mit $H \sim N(m_H, \sigma_H^2)$, dann ist $\mathrm{grad}\, H$ ein homogenes normales Vektorfeld mit $H_{1,2} \sim N(0, \sigma_{1,2}^2)$. Die schrittweise Transformation der Dichtefunktionen erfogt wie im Beispiel 7.2. Die Zwischenergebnisse und das Endergebnis, die Dichte von η, sind in Tabelle 7.3 zusammengestellt. Der Erwartungswert von η (= mittlerer relativer Flächeninhalt $\overline{F}/F_B$) ergibt sich mit der Substitution $v^2 - 1 =: x$ zu

$$\frac{\overline{F}}{F_B} = \frac{1}{2\sigma_1\sigma_2} \int_0^\infty \sqrt{1+x}\; e^{-\Sigma_1 x} I_0(\Sigma_2 x)\, dx, \quad \Sigma_{1,2} := \frac{\sigma_1^2 \pm \sigma_2^2}{4\sigma_1^2\sigma_2^2} \tag{7.38}$$

im homogenen und

$$\frac{\overline{F}}{F_B} = \frac{1}{2\sigma_0^2} \int_0^\infty \sqrt{1+x}\; e^{-x/2\sigma_0^2}\, dx \tag{7.39}$$

im homogen-isotropen Fall.

Die Integrale (7.38), (7.39) lassen sich auch durch Höhere Funktionen ausdrücken (Meier und Dörfel, 1989) und mit Hilfe ihrer Reihendarstellungen gewinnt man einfache Schätzformeln für sehr glatte und sehr rauhe Oberflächen (Tabelle 7.4). Speziell ist die Näherung

$$\overline{F}/F_B \approx 1 + \sigma_0^2 \quad (\sigma_0^2 \ll 1) \tag{7.40}$$

mit der Längenschätzunng (7.10) verwandt: Sei $h \subset H$ ein Höhenprofil aus dem homogen-isotropen Feld H mit $\sigma_{x'}^2 \equiv \sigma_0^2$ und der geschätzten Länge $\overline{L}$ über L_B, dann ist

$$\overline{F}/F_B \approx (\overline{L}/L_B)^2, \tag{7.41}$$

aber auch *nur* in diesem Fall. Allgemein wird

$$\overline{F}/F_B < (\overline{L}/L_B)^2, \tag{7.42}$$

vgl. die numerische Auswertung in Abbildung 7.4. Die relativen Fehler der Inhaltsschätzungen gehen mit der Quadratwurzel aus dem Inhalt F_B des Stichprobengebietes zurück. Ferner sind alle Schätzformeln relativ unempfindlich gegenüber Abweichungen von der Normalverteilung.

Analog zur Linienlänge mit dem kritischen Parameter der Neigungsvarianz $\sigma_{x'}^2$ hängt der Flächeninhalt von den Varianzen der Oberflächenneigung σ_1^2, σ_2^2 bzw. σ_0^2 ab. Daher liegt es wieder nahe, Prozesse mit stationären Zuwächsen zu betrachten. Die Transformation der Dichtefunktionen wie in Tabelle 7.3 ist uns allerdings nur an dem speziellen Modell Schrägebene mit additiv überlagertem homogen-isotropen normalen Rauschen gelungen.

Prozess	Dichtefunktion der Prozessordinaten X homogen/X homogen-isotrop	
$X = X(x_1, x_2)$	$f(x) = \dfrac{1}{\sqrt{2\pi\sigma^2}} e^{-(x-m)^2/2\sigma^2}$	$(-\infty < x < +\infty)$
	$\sigma^2 := C(0,0)$	$m := \mathrm{E}X$
	$\sigma^2 := C(0)$	

$Y_{1,2} := \dfrac{\partial X}{\partial x_{1,2}}$	$\varphi_{1,2}(y) = \dfrac{1}{\sqrt{2\pi\sigma_{1,2}^2}} e^{-y^2/2\sigma_{1,2}^2}$	$(-\infty < x < +\infty)$
	$\sigma_{1,2}^2 := -\dfrac{\partial^2 C(\Delta x_1, \Delta x_2)}{\partial \Delta x_{1,2}^2}\bigg|_{\Delta x_1=0 \Delta x_2=0}$	
	$\sigma_1^2 = \sigma_2^2 = \sigma_0^2 := -\dfrac{\partial^2 C(r)}{\partial r^2}\bigg|_{r=0}$	

$Z_{1,2} := Y_{1,2}^2$	$g_{1,2}(z) = \dfrac{1}{\sqrt{2\pi\sigma_{1,2}^2 z}} e^{-z/2\sigma_{1,2}^2}$	$(z \geq 0)$

$\xi := \|\operatorname{grad} X\|^2$ $= Z_1 + Z_2$	$h(u) = \dfrac{1}{2\sigma_1\sigma_2} e^{-\Sigma_1 u} I_0(\Sigma_2 u)$	$(u \geq 0)$
	$\Sigma_{1,2} := \dfrac{\sigma_1^2 \pm \sigma_2^2}{4\sigma_1^2\sigma_2^2}$	
	$h(u) = \dfrac{1}{2\sigma_0^2} e^{-u/2\sigma_0^2}$	

$\eta := \sqrt{1 + \xi}$	$k(v) = \dfrac{1}{\sigma_1\sigma_2} v e^{-\Sigma_1(v^2-1)} I_0[\Sigma_2(v^2 - 1)]$	$(u \geq 1)$
	$k(v) = \dfrac{1}{\sigma_1\sigma_2} v e^{-(v^2-1)/2\sigma_0^2}$	

Tabelle 7.3. Dichtefunktionen der Ordinaten linear und nicht-linear transformierter zweidimensionaler stochastischer Prozesse. $C(\Delta x_1, \Delta x_2)$ ist die AKF eines homogenen, $C(r)$ mit $r^2 = \Delta x_1^2 + \Delta x_2^2$ die AKF eines homogen-isotropen normalen Prozesses $H(x_1, x_2) \equiv X(x_1, x_2)$, $I_0(x) = J_0(jx)$ mit $j^2 = -1$ die Bessel-Funktion nullter Ordnung mit rein imaginärem Argument.

Oberflächeneigenschaft	$\overline{F}/F_B$ homogen	homogen-isotrop
sehr glatt $(\sigma_1^2 \ll 1, \sigma_2^2 \ll 1; \sigma_0^2 \ll 1)$	$\approx 1 + \dfrac{1}{2}(\sigma_1^2 + \sigma_2^2)$	$\approx 1 + \sigma_0^2$
sehr rauh $(\sigma_1^2 \gg 1, \sigma_2^2 \gg 1; \sigma_0^2 \gg 1)$	$\approx \sqrt{\dfrac{\pi \sigma_1^2 \sigma_2^2}{\sigma_1^2 + \sigma_2^2}}$	$\approx \sqrt{\dfrac{\pi}{2}\sigma_0^2}$

Tabelle 7.4. Näherungslösungen für den Inhalt $\overline{F}$ sehr glatter und sehr rauher Oberflächen, bezogen auf Basisfläche F_B.

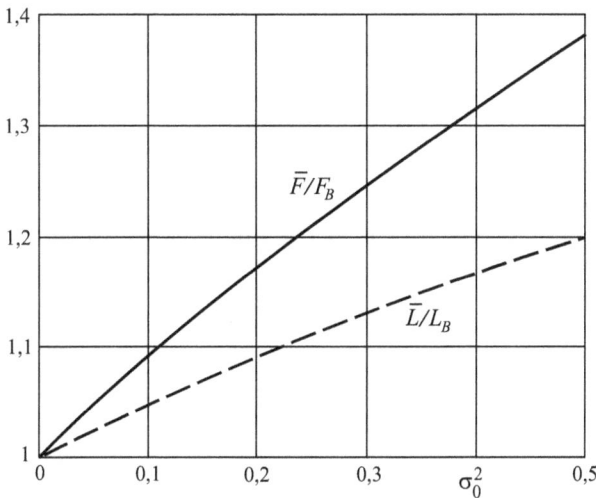

Abbildung 7.4. Inhalt $\overline{F}$ stochastisch gekrümmter, homogen-isotroper Oberflächen, bezogen auf Basisfläche F_B, als Funktion der Varianz σ_0^2 der Oberflächenneigung. Länge $\overline{L}$ stochastisch gekrümmter Linien, bezogen auf Basislänge L_B, zum Vergleich.

Beispiel 7.11: Inhaltsschätzung am homogen-isotropen Zufallsfeld mit Schrägebene

Das Modell

$$h(x_1, x_2) = b_0 + b_1 x_1 + b_2 x_2 + h_1(x_1, x_2) \quad \text{mit} \quad h_1 \sim N(0, \sigma_h^2)$$

haben wir bereits im Beispiel 6.7 zur Herleitung einer speziellen Abtastregel benutzt. Ebenso wie dort verzichten wir auf die schreibaufwändigen Rechnungen, sondern bemerken lediglich, dass nun in allen Zwischenschritten zusätzliche Terme in den mittleren Neigungen b_1, b_2 vorkommen. Als mittlerer relativer Flächeninhalt ergibt sich

$$\frac{\overline{F}}{F_B} = \frac{1}{2\sigma_0^2} \exp\left[-\frac{b_1^2 + b_2^2}{2\sigma_0^2}\right] \int_0^\infty \sqrt{1+x}\; e^{-x/2\sigma_0^2} I_0\left[\frac{\sqrt{b_1^2 + b_2^2}}{\sigma_0^2}\sqrt{x}\right] dx, \quad (7.43)$$

woraus für $b_1 = b_2 = 0$, $I_0(0) = 1$ natürlich wieder (7.39) folgt.

Für die numerische Flächenberechnung sind die stochastischen Schätzformeln weniger effektiv, denn die entscheidenden Parameter der Oberflächenwelligkeit oder -rauhigkeit σ_1^2, σ_2^2 bzw. σ_0^2 sind – wie bereits bemerkt – durchaus kritische. Zwar lassen sie sich ggf. durch Nachbarschaftskorrelationen oder Anzahlen von Nulldurchgängen zufälliger 2D-Folgen ersetzen, doch ist der direkte Weg, Summation der Teilflächen über einem regulären Gitter, naheliegender. Die Qualität der Inhaltsschätzung hängt, unabhängig vom Schätzverfahren, vor allem von der Gitterweite Δ ab. Um die Abhängigkeit $\hat{F} = \hat{F}(\Delta)$ zu quantifizieren, empfiehlt sich ein Modellprozess mit Bandbegrenzung. Die Tast- bzw. Gitterweite ist dann lt. Abtasttheorem zwanglos eingeführt.

Beispiel 7.12: Inhaltsschätzung am ebenen homogen-isotropen Breitbandrauschen

Das zweidimensionale oder ebene Breitbandrauschen, ein Pendant zum eindimensionalen mit Bandbreite $2\omega_g$, besitzt als Spektraldichte eine Scheibe konstanter Höhe mit Radius ω_g (vgl. Beispiel 3.6). Die Varianz seiner 1. Ableitung in beliebiger Richtung ist $\sigma_0^2 = \sigma_h^2\omega_g^2/4$ (Meier und Keller, 1990, S. 90). Mit der Tastweite $\Delta = \pi/\omega_g$ erhält man die Schätzung

$$\widehat{\sigma_0^2} = \frac{\widehat{\sigma_h^2}}{4}\left(\frac{\pi}{\Delta}\right)^2 \tag{7.44}$$

und im Falle sehr rauher Oberflächen ($\sigma_0^2 \gg 1$; vgl. Tabelle 7.4)

$$\hat{\overline{F}} \approx \left(\frac{\pi}{2}\right)^{3/2}\frac{\hat{\sigma}_h}{\Delta}. \tag{7.45}$$

Die Abhängigkeit der Rauigkeits- und Inhaltsschätzung von der Tastweite ($\hat{\sigma}_0 \sim 1/\Delta$, $\hat{F} \sim 1/\Delta$) kann man auch an einer ebenen Wellung zeigen (Meier und Dörfel, 1989, S. 276). Reale Zufallsfelder ordnen sich zwischen die Grenzfälle des extrem breitbandigen Rauschens oder des weißen Rauschens einerseits und der ebenen Wellung mit strenger Vorhersagbarkeit andererseits ein. Deshalb wird man erwarten dürfen, dass sich in numerischen Auswertungen an realen Oberflächen Abhängigkeiten der Form $\hat{F} \sim \hat{\sigma}_0 \sim 1/\Delta$ durchsetzen. Aus Maßstabsgründen empfiehlt sich die doppelt-logarithmische Darstellung

$$\log \hat{\sigma}_0 = c_1 - c_2 \log(\Delta / \hat{\sigma}_h) \quad (c_1 > 0, c_2 > 0) \tag{7.46}$$

und für $\hat{F}$ analog. Mit den freien Parametern c_1, c_2 können Abweichungen von den Modellvoraussetzungen erkannt und teilweise kompensiert werden.

Beispiel 7.13: Numerische Rauigkeitsschätzung an Ausschnitten des Reliefs der Erdoberfläche und des Meeresbodens

In Abbildung 7.5 sind Schätzwerte $\hat{\sigma}_0$ über der Tastweite Δ, bezogen auf Standardabweichung $\hat{\sigma}_h$ der Höhenwerte aufgetragen. Sie streuen gemäß (7.46) um eine ausgleichende Gerade. Die Ausschnitte aus dem Meeresboden (Flachsee ohne Riftzonen) sind deutlich glatter als jene der freien Erdoberfläche (Bergland). Die Abhängigkeit (7.46) ist weitgehend unabhängig von den speziellen Korrelationseigenschaften der untersuchten, nahezu homogenen, zumindest lokal isotropen topographischen Oberflächen im Bereich $0{,}3 \cdot 10^{-3} \leq \widehat{\sigma_0^2} \leq 0{,}3$ empirisch gesichert. – Zur Rauigkeitsschätzung des Meeresbodens siehe auch Fox und Hayes (1985).

Die o. a. Schätzformeln für den Inhalt stochastisch gekrümmter Oberflächen beziehen sich auf spezielle Prozesse, die homogenen und differenzierbaren, fernerhin normalen. Eine gewisse Erweiterung besteht darin, dass auch Prozesse mit homogenen Zuwächsen zugelassen und die Schätzungen wenig empfindlich gegenüber Abweichungen von der Normalverteilung sind. Die Welligkeit oder Rauigkeit differenzierbarer Oberflächen wird durch die Varianzen der Oberflächenneigungen beschrieben und der Flächeninhalt hängt unter den o. a. Voraussetzungen von diesen und nur von diesen Parametern ab. In den numerischen Schätzungen der Rauigkeitsparameter und des Flächeninhalts zeigen sich Abhängigkeiten von der Tastweite. Beziehungen der Form (7.46) mit gleicher oder ähnlicher Bedeutung der Parameter sind auch für inhomogene und nicht-differenzierbare Prozesse formuliert worden (Sayles und Thomas, 1978). Sie sind vor allem an technischen Oberflächen, wo Strukturen bis in den Nanobereich untersucht werden, von Bedeutung. Im Geobereich dominieren entsprechend der Messverfahren in Photogrammetrie, Bildauswertung, Laserabtastung, Echolotung usf. Punktabstände der Größenordnungen Meter, Zehnermeter, womit die obigen Schätzungen an differenzierbaren Signalen motiviert sind. Erst der Grenzübergang $\omega_g \to \infty$ bzw. $\Delta \to 0$ führt auf das Modell des weißen Rauschens oder alternativ auf fraktale Oberflächen.

Betrachten wir nun noch das Volumen unter einer gekrümmten Oberfläche. Sei wieder $f(x_1, x_2)$ eine auf dem ebenen Bereich B mit Inhalt F_B definierte, jedoch nicht notwendig differenzierbare Funktion. Das Volumen zwischen B und f ist

$$V = \iint_B f\,db. \tag{7.47}$$

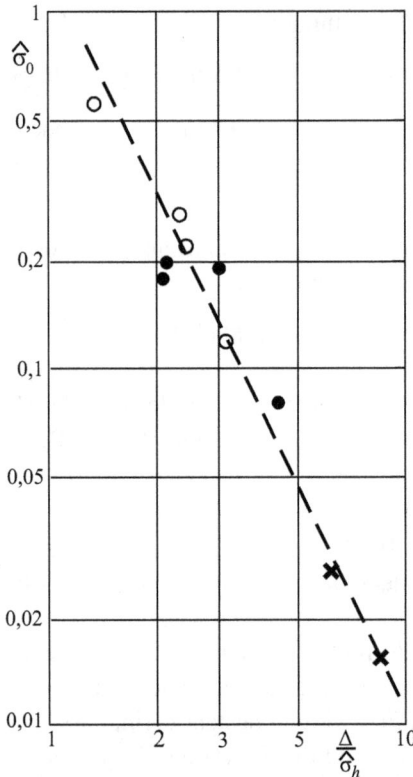

Abbildung 7.5. Schätzwerte der Standardabweichung $\hat{\sigma}_0$ der Oberflächenneigung in Abhängigkeit von der Tastweite Δ, letztere bezogen auf Standardabweichung $\hat{\sigma}_h$ der Höhenwerte. Kreise: Erdoberfläche, eindimensionale Auswertung in Profilen. Punkte: Erdoberfläche, zweidimensionale Auswertung in Quadratgittern. Kreuze: Meeresboden, Auswertung wie Punkte.

Wie oben setzen wir anstelle f der Reihe nach die Realisierungen von H in (7.47) ein und mitteln über die individuellen Volumina:

$$\overline{V} := \mathsf{E}\,H(b)db = \iint_B \mathsf{E}\,H(b)db. \tag{7.48}$$

Wenn H homogen mit $\mathsf{E}\,H = $ const, bekommt man das einfache Ergebnis

$$\overline{V} = \mathsf{E}\,H \iint_B db = F_B\,\mathsf{E}\,H \tag{7.49}$$

bzw. mit der Dichte $g(h)$ der Höhenwerte

$$\frac{\overline{V}}{F_B} = \int_{-\infty}^{+\infty} h\,g(h)dh, \tag{7.50}$$

aber auch nur dann. Bei allen Verteilungen, die von genau *einem* Parameter abhängen, kann man den Erwartungswert $\mathsf{E}\,H$ auch durch die Varianz $\mathsf{D}^2 H$ ersetzen. Eine solche Darstellung erweist sich als nützlich, wenn man das Relief so glätten möchte, dass das Volumen erhalten bleibt (sog. volumentreue Filterung, Abschnitt 10.1.4).

Beispiel 7.14: Volumenschätzung bei Rayleigh-verteilten Höhen

Erwartungswert und Varianz der Rayleigh-Verteilung mit dem Parameter σ^2 (Abbildung 5.4) sind

$$\mathsf{E}h = \overline{h} = \sqrt{\frac{\pi}{2}\sigma^2}, \quad D^2 h = \sigma_h^2 = \frac{4-\pi}{2}\sigma^2.$$

Daraus folgt mit (7.49)

$$\frac{\overline{V}}{F_B} = \sqrt{\frac{\pi}{1-\pi}\sigma_h^2} \approx 1{,}91\sigma_h. \tag{7.51}$$

7.3.3 Bemerkungen über Probleme auf der Kugel

In der Ebene sind Verschiebungen und Drehungen des Koordinatensystems möglich; es können sowohl homogene als auch homogen-isotrope Prozesse vorkommen. Die Inhaltsschätzungen an stochastisch gekrümmten Oberflächen im letzten Abschnitt beziehen sich im Wesentlichen auf solche Prozesse, die überdies differenzierbar und (wenigstens approximativ) normal sein sollen. Auf der Kugel sind nur Drehungen des Koordinatensystems möglich, so dass allenfalls homogene *und zugleich* isotrope Prozesse existieren können. Die Ableitungen homogener Prozesse in der Ebene sind wieder homogen (mit konstanten Varianzen). Auf der Kugel sind bereits die ersten Ableitungen eines homogen-isotropen Prozesses inhomogen (mit ortsabhängigen Varianzen). Schließlich ist noch ein Negativresultat von Lauritzen (1973) zu beachten, wonach ein homogen-isotroper Prozess auf der Kugel nicht zugleich normal und ergodisch sein kann. Bei globalen Problemen kommt man kaum ohne die Ergodizität als Arbeitshypothese aus; Gauß-Prozesse sind dann zwangsläufig ausgeschlossen. Aus den genannten Gründen kann man das im letzten Abschnitt verfolgte Konzept der Inhaltsschätzung nicht ohne weiteres auf die Kugel übertragen. Immerhin bleibt die Möglichkeit, stochastisch gekrümmte Oberflächen über der Kugel durch ein (nicht notwendig reguläres) Polyeder zu approximieren und Realisierungen ebener Prozesse auf den Polyederflächen zu untersuchen. Jedoch muss die Länge der Polyederkanten groß gegenüber der Korrelationslänge der erzeugenden Prozesse sein, wodurch die geometrische Approximation und die Genauigkeit der Inhaltsschätzung an globalen Oberflächen a priori begrenzt sind.

Übungsaufgaben zum Kapitel 7

Aufgabe 7.1: Längenvergleich an einem periodischen Signal

Die effektive Länge von Prozessrealisierungen (7.10) ist verteilungsunabhängig und deshalb gut für Vergleichszwecke geeignet. Man überprüfe diese Aussage am Grenzfall eines periodischen Signals $s(t) = \sin t$, $t \in [0, \pi/2]$, indem man (7.10) mit der tatsächlichen Länge (7.3) vergleicht!

Lösung: $s'(t) = \cos t = \sin(t + \pi/2)$, $\sigma_{s'}^2 = a^2/2 = 1/2$. Aus (7.10) folgt damit $L_{\text{eff}}/L_B = \sqrt{3/2} \approx 1{,}225$. Die tatsächliche Länge (7.3), bezogen auf $L_B = \pi/2$, ist

$$\frac{L}{L_B} = \frac{2}{\pi}L = \frac{2}{\pi}\int_0^{\pi/2} \sqrt{1 + \cos^2 t}\,dt$$

$$= \frac{2\sqrt{2}}{\pi}\int_0^{\pi/2} \sqrt{1 - k^2 \sin^2 t}\,dt = \frac{2\sqrt{2}}{\pi}E\left(\frac{\sqrt{2}}{2}, \frac{\pi}{2}\right)$$

mit dem vollständigen elliptischen Integral zweiter Gattung $E(\sqrt{2}/2, \pi/2) \approx 1{,}3506$. Damit wird $L/L_B \approx 1{,}216$. Die Abweichung zwischen der exakten Länge (7.3) und der Schätzung (7.10) ist $< 1\,\%$.

Aufgabe 7.2: Flächeninhalt einer kreisförmigen Figur mit stochastisch gekrümmtem Rand

Der Flächeninhalt, bezogen auf den Inhalt des Erwartungswertkreises, ist mit (7.19) gegeben. Wie groß fällt dieses Verhältnis aus, wenn man die Radialabstände vom Mittelpunkt als Rayleigh-verteilt annimmt?

Lösung: Mit den Momenten (7.15) von $\text{Ra}(\sigma^2)$ wird $r_0 = \mathsf{E}\,R = \sqrt{\pi\sigma^2/2}$, $\sigma_R^2 = \mathsf{D}^2 R = (4 - \pi)\sigma^2/2$ und mit (7.19)

$$\frac{A}{\overline{A}} = 1 + \frac{4 - \pi}{\pi} = \frac{4}{\pi} \approx 1{,}27.$$

Aufgabe 7.3: Längenvergleich an einem periodischen Signal

Man wiederhole die vergleichende Rechnung in Aufgabe 7.1 an einem Signal $s(t) = a \sin(\omega t)$, $\omega = 2\pi/\lambda$, über das Intervall $[0, \lambda/4]$! Insbesondere interessiert das Verhältnis von effektiver und tatsächlicher Länge an sehr rauhen (Grenzfall $a \to \infty$) und an sehr glatten Linien (Grenzfall $a \to 0$).

Kapitel 8

Geometrie ebener Kurven und Figuren

8.1 Darstellung und Eigenschaften ebener Kurven

8.1.1 Parameterdarstellung und Tangentenwinkelfunktion

Ebene Kurven können auf verschiedene Weise dargestellt werden: Implizit oder explizit, in kartesisch-rechtwinkligen Koordinaten oder in Polarkoordinaten, in Parameterdarstellung (PD) oder mit Hilfe der sog. Tangentenwinkelfunktion (TWF). Von besonderer Bedeutung für die Erfassung und Verarbeitung von Geodaten ist die PD $\{x(t), y(t)\}$, insbesondere dann, wenn der Parameter t gleich der Bogenlänge s ist. Dann gehört zu jedem Kurvenpunkt (zu jedem Parameterwert $t = s$) genau ein Koordinatenpaar $\{x = x(s), y = y(s)\}$, d.h., die Darstellung ist *eindeutig* (Abbildung 8.1). Ferner entspricht sie den üblichen Diskretisierungsverfahren, sei es die konventionelle Abtastung (stückweise) stetiger Kurven bzw. von Linienobjekten vom Anfangs- bis zum Endpunkt mit (genähert) konstanter oder variabler Tastweite (Vektordaten) oder die Konturverfolgung bei Rasterdaten.

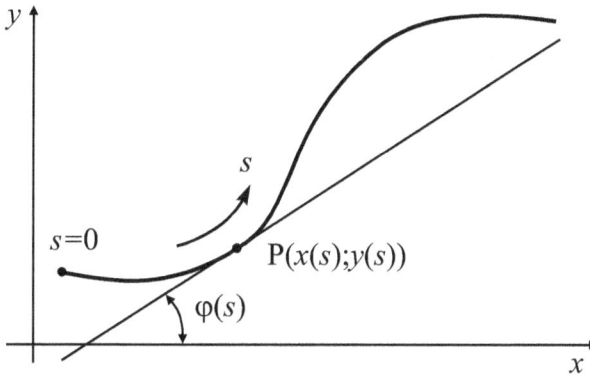

Abbildung 8.1. Tangentenwinkelfunktion.

Ist eine Kurve stochastisch gekrümmt, dann liegt es nahe, $\mathbf{r}(s) = [x(s), y(s)]^\top$ als Realisierung eines vektoriellen Prozesses anzunehmen. Allerdings hat man in einem solchen Modell erhebliche Rechenschwierigkeiten mit der Varianz-Kovarianz-

Fortpflanzung. Dies wird z. B. an der Kurvenkrümmung

$$\varkappa(t) = \frac{\dot{x}\ddot{y} - \dot{y}\ddot{x}}{(\dot{x}^2 + \dot{y}^2)^{3/2}}, \quad \varkappa(s) = \dot{x}\ddot{y} - \dot{y}\ddot{x}, \tag{8.1}$$

wobei $\dot{x}^2 + \dot{y}^2 = 1$ für $t = s$, deutlich. In (8.1) sind die 1. und 2. Ableitungen der Koordinaten nach dem Parameter nicht-linear miteinander verknüpft. Um z. B. die Krümmungsvarianz abschätzen zu können, bräuchte man die AKF aller Ableitungen bis 2. Ordnung, ferner alle KKF zwischen den genannten Größen. Neben der nicht-linearen Beziehung (8.1) kommt noch hinzu, dass die Komponenten des Vektorprozesses in aller Regel instationär sind. Doch ist die Lage nicht hoffnungslos. In allen Problemen, bei denen die Krümmung eine Rolle spielt, erweist sich die Kurvendarstellung mit Hilfe der TWF als hilfreich.

Unter der TWF versteht man den Winkel zwischen einer Koordinatenachse, vorzugsweise der (positiven) x-Achse, und der Tangente an die Kurve als Funktion der Bogenlänge (Abbildung 8.1), analytisch

$$\varphi(s) = \arctan[\dot{y}(s)/\dot{x}(s)]. \tag{8.2}$$

Sie steht also in engem Zusammenhang mit der PD, die sich ihrerseits aus (8.2) zurückgewinnen lässt. Sei $\mathbf{r}(s_0)$ ein Anfangspunkt, dann berechnen sich die Komponenten der PD aus

$$x(s) = x(s_0) + \int_{s_0}^{s} \cos\varphi(t)dt, \quad y(s) = y(s_0) + \int_{s_0}^{s} \sin\varphi(t)dt. \tag{8.3}$$

Die Formeln (8.3) sind die stetige Version der üblichen Formeln der Polygonzugberechnung bzw. ergeben sich aus letzteren, indem man die Polygonseitenlängen gegen Null gehen lässt.

Die TWF kann auch für Kurven, die nur stückweise glatt sind, angegeben werden. Insbesondere ist die TWF eines (die Kurve approximierenden) Polygonzuges eine Stufenfunktion. Anstelle der PD mit *zwei* Funktionen in s hat man mit der TWF (8.2) nur *eine* Funktion in s, im stochastischen Fall nur die Realisierung *eines* skalaren 1D-Prozesses, welche die differentiellen Eigenschaften der Kurve repräsentiert. Speziell ergibt sich die Kurvenkrümmung, definiert als Änderung der Kurvenrichtung nach der Bogenlänge, sofort zu

$$\varkappa(s) = \dot{\varphi}(s). \tag{8.4}$$

Formal berechnet man aus (8.2):

$$\dot{\varphi} = \frac{1}{1 + (\dot{y}/\dot{x})^2} \cdot \frac{\ddot{y}\dot{x} - \dot{y}\ddot{x}}{\dot{x}^2} = \frac{\dot{x}\ddot{y} - \dot{y}\ddot{x}}{\dot{x}^2 + \dot{y}^2} = \dot{x}\ddot{y} - \dot{y}\ddot{x},$$

identisch mit (8.1).

Beispiel 8.1: Halbkreis mit positiver TWF (Abbildung 8.2)

Implizit: $x^2 + (y - r)^2 - r^2 = 0; \quad x \geq 0, \ y \geq 0.$

Explizit: $y_{1,2} = r \pm \sqrt{r^2 - x^2}.$

PD: $\quad x = r\sin(s/r), \qquad\qquad y = r - r\cos(s/r), \quad s \in [0, \pi r]$

$\quad\quad \dot{x} = \cos(s/r), \qquad\qquad\quad \dot{y} = \sin(s/r),$

$\quad\quad \ddot{x} = -(1/r)\sin(s/r), \qquad\quad \ddot{y} = (1/r)\cos(s/r),$

$\quad\quad \varkappa = (1/r)\cos^2(s/r) + (1/r)\sin^2(s/r) = 1/r.$

TWF: $\quad \varphi = \arctan[\tan(s/r)] = s/r, \quad \varkappa = \dot{\varphi} = 1/r.$

Rückrechnung: $\quad x = \int_0^s \cos\frac{t}{r}dt = r\sin\frac{s}{r}, \quad y = \int_0^s \sin\frac{t}{r}dt = r - r\cos\frac{s}{r}.$

Nach diesem Beispiel einer determinierten Kurve mit konstanter Krümmung betrachten wir nun stochastisch gekrümmte Kurven wie in Abbildung 8.3, links. Ihre TWF $\varphi(s)$ in Abbildung 8.3, rechts, ist eine zufällig schwankende Funktion; jene des approximierenden Polygonzuges (φ_p) ist mit horizontalen Strichen angedeutet.

Sei $\Phi(s)$ ein 1D-Prozess, aus dem $\varphi(s)$ stammt, mit bekannten Momenten bis zur 2. Ordnung. In aller Regel ist Φ instationär, so dass $\mathsf{E}\Phi \neq$ const und die AKF $C_{\Phi\Phi} = C_{\Phi\Phi}(s', s'')$. Dann ergibt sich die AKF des Krümmungsprozesses zu

$$C_{\dot\Phi\dot\Phi}(s', s'') = \frac{\partial^2 C_{\Phi\Phi}(s', s'')}{\partial s' \partial s''} \tag{8.5}$$

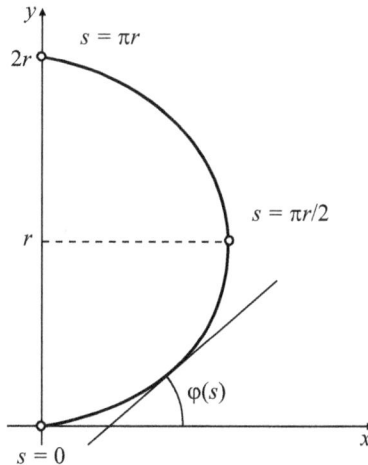

Abbildung 8.2. Halbkreis mit positiver Tangentenwinkelfunktion.

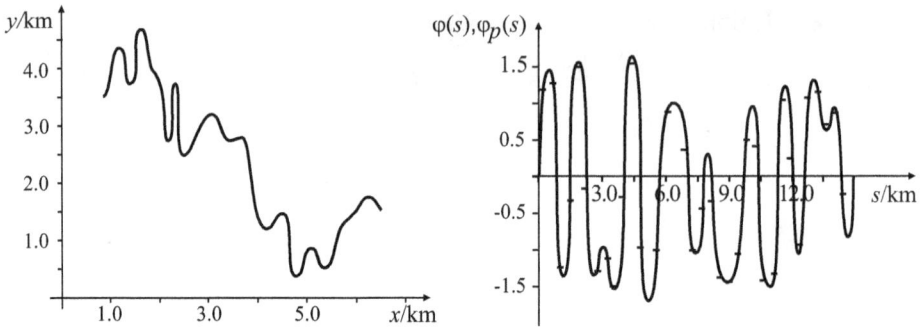

Abbildung 8.3. Zufällig oszillierende Kurve in der (x, y)-Ebene (links) und ihre TWF (rechts); nach Bethge (1997).

und die Krümmungsvarianz wird ortsabhängig:

$$\sigma_{\dot{\Phi}}^2(s) = C_{\dot{\Phi}\dot{\Phi}}(s,s). \tag{8.6}$$

Ist Φ stationär bzw. gelingt es, Stationarität durch Abspalten eines Trends (wenigstens annähernd) zu erreichen, wird

$$C_{\dot{\Phi}\dot{\Phi}}(\Delta s) = -\ddot{C}_{\Phi\Phi}(\Delta s), \quad \sigma_{\dot{\Phi}}^2 = -\ddot{C}_{\Phi\Phi}(0) = \text{const}, \quad \Delta s := s'' - s'. \tag{8.7}$$

Die Varianz $\sigma_{\dot{\Phi}}^2$ ist ein Maß für die Glattheit (Welligkeit, Rauigkeit) stochastisch gekrümmter Kurven und erweist sich als entscheidender Parameter bei Schätzungen von Linienlänge und -lage. Diskret schätzt man $\sigma_{\dot{\Phi}}^2$ bzw. $\sigma_{\dot{\varphi}}^2$ an *einer* Realisierung φ aus Richtungsänderungen $\Delta\varphi_i$ des approximierenden Polygonzuges:

$$\varphi(s) \longmapsto \varphi_i, \quad \dot{\varphi}(s) \longmapsto \Delta\varphi_i/\Delta s, \quad \sigma_{\dot{\varphi}}^2 \longmapsto \sigma_{\Delta\varphi}^2/\Delta s^2, \quad (\Delta s = \text{const}).$$

Die Krümmung natürlicher oder künstlicher Linienobjekte kann man in der Regel als varianz-stationär annehmen, denn ihre Schwankungen sind beschränkt. Beispielsweise können naturbelassene Wasserläufe nicht beliebig eng mäandrieren und Verkehrswege im Bergland haben vorgeschriebene Maximalkrümmungen. Extreme Werte treten z. B. an Gebirgsstraßen mit Spitzkehren auf. In solchen (Ausnahme-)Fällen bräuchte man robuste Varianz-Schätzer. Alternativ kann man die sog. Ausreißer von der Varianz-Schätzung ausschließen, was in der Regel ausreicht. Die Güte der Schätzung hängt neben den Diskretisierungsfehlern, insbesondere den Querfehlern des approximierenden Polygonzuges, vor allem von der Tastweite ab.

Beispiel 8.2: Krümmungsvarianzen an Fließgewässern in Sachsen

In Abbildung 8.4 sind geschätzte Krümmungsvarianzen an drei weitgehend naturbelassenen Fließgewässern als Funktion der Tastweite aufgetragen. Die Wesenitz im

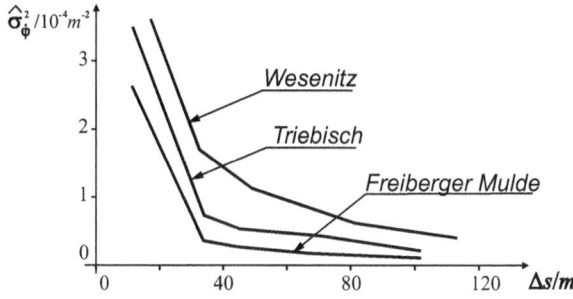

Abbildung 8.4. Abhängigkeit der geschätzten Krümmungsvarianz von der Tastweite (nach Bethge, 1997).

Lausitzer Bergland mäandriert stärker als Triebisch und Freiberger Mulde im Erzgebirgsvorland. Die Schätzwerte gehen mit zunehmender Tastweite stark zurück. Eine gute Annäherung an die tatsächliche Krümmungsvarianz ist offensichtlich nur mit einer genügend kleinen Tastweite möglich.

8.1.2   Linienlänge aus Vektordaten. Geometrische Approximation

Wird eine gekrümmte Kurve der Länge L abgetastet bzw. durch einen Polygonzug mit N Punkten approximiert und berechnet man die Polygonzuglänge aus Punktkoordinaten,

$$\hat{L}_0 = \sum_{i=1}^{N-1} s_i, \quad s_i^2 = (x_{i+1} - x_i)^2 + (y_{i+1} - y_i)^2, \tag{8.8}$$

dann ist immer $\hat{L}_0 \leq L$, wobei $\hat{L}_0 = L$ am gestreckten Zug (Abbildung 8.5, oben). Dass an gekrümmten Kurven $\hat{L}_0$ immer zu klein ausfällt, wollen wir im folgenden Beispiel quantifizieren.

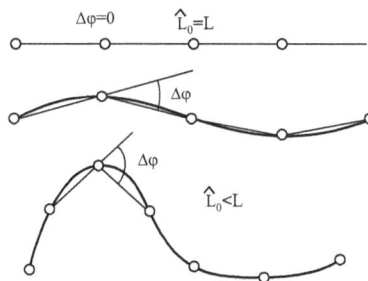

Abbildung 8.5. Polygonzug-Approximation ebener Kurven. Richtungsänderung $\Delta\varphi$ als Maß der Kurvenkrümmung.

Beispiel 8.3: Kreis mit einbeschriebenem regulären N-Eck

Das einbeschriebene N-Eck (Abbildung 8.6, links) entspricht einer äquidistanten Abtastung der Kreislinie. Die Länge L des Kreisrandes (der Umfang U) ist $L = U = 2\pi r$ und die Länge des Polygons mit N Seiten $\hat{L}_0 = Ns = N2r\sin(\pi/N)$. Somit ergibt sich das Längenverhältnis

$$\frac{\hat{L}_0}{L} = \frac{\sin(\pi/N)}{\pi/N} =: \operatorname{sinc}(\pi/N) < 1 \tag{8.9}$$

für $3 \leq N < \infty$; vgl. Abbildung 8.6, rechts. Analog ergibt sich für das Verhältnis der Flächeninhalte

$$\hat{A}_0/A = \operatorname{sinc}(2\pi/N), \quad 3 \leq N < \infty. \tag{8.10}$$

Die Abweichungen bzw. Approximationsfehler sind für $N = 3$ am größten und gehen mit zunehmender Punktanzahl bzw. abnehmender Tastweite zurück: $\hat{L}_0 \to L$, $\hat{A}_0 \to A$ im Grenzübergang $N \to \infty$ bzw. $s \to 0$.

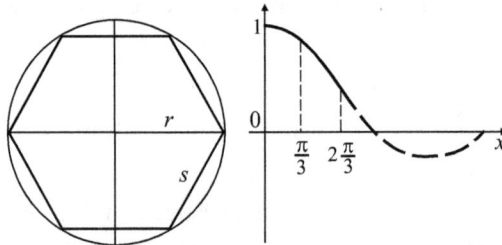

Abbildung 8.6. Kreis mit approximierendem regulären N-Eck (links) und Spaltfunktion sinc x (rechts), welche die Approximationsgenauigkeit steuert.

Die tatsächliche Linienlänge L wird mit (8.8) deshalb unterschätzt, weil die in den Punktkoordinaten enthaltene Krümmungsinformation nicht berücksichtigt ist. Große Krümmungswerte, diskret: Große Richtungsänderungen $\Delta\varphi$ von Polygonseite zu Polygonseite (vgl. Abbildung 8.5) ziehen – bei gleicher Tastweite – große Abweichungen nach sich und umgekehrt. Dieser Mangel lässt sich mit Blick auf Beispiel 8.3 am einfachsten beheben, indem man den Bogen über jeder Polygonseite als kreisbogenförmig annimmt (Abbildung 8.7). Dann kann jede Seitenlänge s aus dem Vergleich von Bogen- und Seitenlänge korrigiert werden (Meier und Bethge, 1994). Im Kreisausschnitt Abbildung 8.7 ist die Bogenlänge $l = r\alpha$ (α in Bogenmaß), die Sehnenlänge $s = 2r\sin(\alpha/2)$ und der Zentriwinkel $\alpha = (\Delta\varphi_1 + \Delta\varphi_2)/2 = \Delta\varphi$ wegen

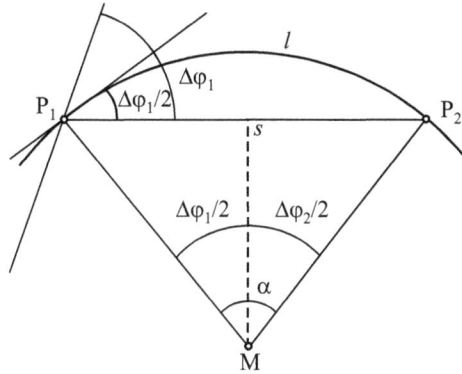

Abbildung 8.7. Kreisausschnitt mit Zentriwinkel α. Kreisbogen der Länge l über einer Polygonseite der Länge s.

$\Delta\varphi_1 = \Delta\varphi_2$ im Ausschnitt $P_1 M P_2$. Aus dem Vergleich von l und s folgt der Korrekturfaktor für *eine* Polygonseite

$$K_1 := \frac{l}{s} = \left[\text{sinc}\left(\frac{\Delta\varphi_1 + \Delta\varphi_2}{4} \right) \right]^{-1} \geq 1 \qquad (8.11)$$

und die um die Krümmungsinformation verbesserte Schätzung

$$\hat{l}_{12} = s_{12} K_1(\Delta\varphi_1, \Delta\varphi_2). \qquad (8.12)$$

Ist nun eine offene oder geschlossene Kurve durch N nicht notwendig äquidistante Punkte $P_i = P(x_i, y_i)$ repräsentiert, ergibt sich die Gesamtlänge als Summe der korrigierten Seitenlängen zu

$$\hat{L}_1 = \begin{cases} s_{12}[\text{sinc}(\frac{\Delta\varphi_2}{2})]^{-1} + \sum_{i=2}^{N-2} s_{i,i+1}[\text{sinc}(\frac{\Delta\varphi_i + \Delta\varphi_{i+1}}{4})]^{-1} \\ + s_{N-1,N}[\text{sinc}(\frac{\Delta\varphi_{N-1}}{2})]^{-1} \qquad \text{(offene Kurven)} \\ \sum_{i=1}^{N} s_{i,i+1}[\text{sinc}(\frac{\Delta\varphi_i + \Delta\varphi_{i+1}}{4})]^{-1} \qquad \text{(geschlossene Kurven)} \\ x_{N+1} = x_1, \; y_{N+1} = y_1, \; \Delta\varphi_{N+1} = \Delta\varphi_1 \end{cases} \qquad (8.13)$$

mit

$$s_{i,i+1} = \sqrt{(x_{i+1} - x_i)^2 + (y_{i+1} - y_i)^2},$$

$$\Delta\varphi_i = \arctan\frac{y_{i+1} - y_i}{x_{i+1} - x_i} - \arctan\frac{y_i - y_{i-1}}{x_i - x_{i-1}}$$

$$= \arccos\frac{(x_i - x_{i-1})(x_{i+1} - x_i) + (y_i - y_{i-1})(y_{i+1} - y_i)}{s_{i-1,i} \; s_{i,i+1}}.$$

Die Ergebnisse numerischer Tests stehen im Abschnitt 8.1.3, Beispiel 8.4.

Entwickelt man den Kehrwert der Spaltfunktion (8.11) in eine Reihe und bricht sie nach dem quadratischen Glied ab, ergibt sich (nach Gradstein und Ryshik, 1981)

$$K_1 = \left[\text{sinc} \left(\frac{\Delta\varphi}{2} \right) \right]^{-1} = \frac{\Delta\varphi}{2} \text{cosec} \left(\frac{\Delta\varphi}{2} \right) \approx 1 + \frac{1}{6} \left(\frac{\Delta\varphi}{2} \right)^2$$

für $\Delta\varphi \ll \pi$. Sei ferner speziell $s = \text{const}$, jedoch $\Delta\varphi$ variabel, dann kann man wegen

$$l \approx s(1 + \Delta\varphi^2)/24, \quad \mathsf{E}l \approx s(1 + \mathsf{E}\{\Delta\varphi^2\}/24)$$

die mittlere Bogenlänge $\bar{l} := \mathsf{E}l$ über s durch die Varianz $\sigma^2_{\Delta\varphi} = \mathsf{E}\{\Delta\varphi^2\}$ der Richtungsänderungen $\Delta\varphi$ ausdrücken:

$$\hat{l} \approx s(1 + \sigma^2_{\Delta\varphi}/24) \approx s(1 - \sigma^2_{\Delta\varphi}/24)^{-1}. \tag{8.14}$$

Die Varianz $\sigma^2_{\Delta\varphi}$ entspricht der diskreten Approximation der Varianz $\sigma^2_{\dot\varphi}$ der Kurvenkrümmung $\dot\varphi$. Man kann daher vermuten, dass diese Größen die entscheidenden Parameter für die Längenschätzung nicht nur an sehr glatten ($|\Delta\varphi_i| \ll \pi$), sondern an beliebig gekrümmten Kurven sind. Dies bedarf der Prüfung mit stochastischen Hilfsmitteln.

8.1.3   Linienlänge aus Vektordaten. Stochastisch-geometrische Approximation

Unter stochastisch-geometrischer Approximation wollen wir verstehen, dass – im Gegensatz zur rein geometrischen im letzten Abschnitt – die Kurvenkrümmung $\dot\varphi(s)$ zufällig variiert, d. h., $\dot\varphi$ stamme aus einem Krümmungsprozess $\dot\Phi$ und die TWF aus einem Richtungsprozess Φ, der als im quadratischen Mittel differenzierbar angenommen wird. Der Weg zu einer expliziten Schätzformel ist steiniger als jener der Kreisbogen-Approximation. Wir werden ihn in den Hauptschritten skizzieren und verweisen bezüglich der umfangreichen Zwischenrechnungen auf die Arbeiten von Bethge (1995, 1997).

Die Länge einer Polygonseite lässt sich mit Hilfe der TWF darstellen. Sei $\varphi_{p,i}$ die Richtung der i-ten Seite und $\varphi(s) - \varphi_{p,i}$ der Winkel zwischen ihr und der Kurvenrichtung (Abbildung 8.8), dann gilt

$$\Delta s_i = \int_{s_i}^{s_i + \Delta s} \cos[\varphi(l) - \varphi_{p,i}] dl, \tag{8.15}$$

wobei die $\varphi_{p,i}$ der Bedingung

$$\int_{s_i}^{s_i + \Delta s} \sin[\varphi(l) - \varphi_{p,i}] dl = 0 \tag{8.16}$$

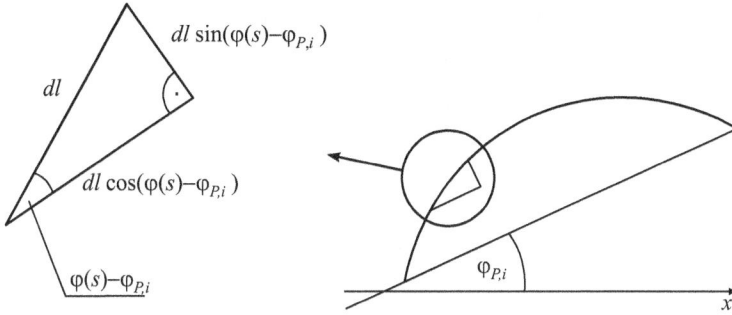

Abbildung 8.8. Differentielle Beziehungen zwischen der TWF der gekrümmten Kurve und dem approximierenden Polygonzug (nach Bethge, 1997).

genügen. Da es sich im Dreieck der Abbildung 8.8 um infinitesimal kleine Größen handelt, kann man in (8.16) den Sinus durch sein Argument ersetzen und erhält approximativ

$$\varphi_{p,i} = \frac{1}{\Delta s} \int_{s_i}^{s_i + \Delta s} \varphi(l) dl, \tag{8.17}$$

d. h. die Polygonseitenrichtung als Integralmittel über die Bogenrichtungen. Aus dem gleichen Grund ersetzt man den Kosinus in (8.15) durch die ersten beiden Glieder seiner Reihenentwicklung,

$$\Delta s_i = \int_{s_i}^{s_i + \Delta s} [1 - \frac{1}{2}(\varphi(l) - \varphi_{p,i})^2] dl, \tag{8.18}$$

setzt (8.17) in (8.18) ein und fasst geeignet zusammen:

$$\Delta s_i = \Delta s \left\{ 1 - \frac{1}{2} \left[\frac{1}{\Delta s} \int_{s_i}^{s_i + \Delta s} [\varphi(l)]^2 dl - \frac{1}{(\Delta s)^2} \iint_{s_i}^{s_i + \Delta s} \varphi(l')\varphi(l'') dl' dl'' \right] \right\}. \tag{8.19}$$

Wenn nun $\varphi(s)$ als Realisierung des Richtungsprozesses $\Phi(s)$, der überdies stationär mit $\mathsf{E}\Phi = 0$ und der AKF $C_{\Phi\Phi}(s'' - s')$ sei, aufgefasst wird, dann sind die Δs_i Realisierungen einer Zufallsgröße ΔS_i mit dem Erwartungswert

$$\mathsf{E}\Delta S_i = \mathsf{E}\Delta s \left[1 - \frac{1}{2} \left(\frac{1}{\Delta s} \int_{s_i}^{s_i + \Delta s} [\Phi(l)]^2 dl - \frac{1}{(\Delta s)^2} \iint_{s_i}^{s_i + \Delta s} \Phi(l')\Phi(l'') dl' dl'' \right) \right]$$

$$= \Delta s \left[1 - \frac{1}{2} \left(C_{\Phi\Phi}(0) - \frac{1}{(\Delta s)^2} \iint_0^{\Delta s} C_{\Phi\Phi}(l'' - l') dl' dl'' \right) \right]. \tag{8.20}$$

Das Doppelintegral über die AKF $C_{\Phi\Phi}$ kann mit Hilfe der Spektralzerlegung stationärer Prozesse ausgewertet werden (Bethge, 1997, Anhang 10.4, S. 87). Es ergibt sich der vereinfachte Ausdruck

$$\mathsf{E}\Delta S_i = \Delta s\left(1 - \frac{\sigma_{\dot{\Phi}}^2}{24}\Delta s^2\right), \tag{8.21}$$

ferner für die Schätzung der Krümmungsvarianz approximativ

$$\mathsf{E}\{\widehat{\sigma_{\dot{\Phi}}^2}\} = \widehat{\sigma_{\dot{\Phi}}^2}\Delta s^2. \tag{8.22}$$

Der diskrete Schätzwert an *einer* Kurve sei

$$\widehat{\sigma_{\dot{\Phi}}^2} = \frac{1}{N-2}\sum_{i=2}^{N-1}\Delta\varphi_i^2. \tag{8.23}$$

Damit folgt aus (8.21) bis (8.23) für den gesuchten Korrekturfaktor K_2 und die korrigierte Linienlänge $\hat{L}_2$

$$K_2 = \left[1 - \frac{1}{24(N-2)}\sum_{i=2}^{N-1}\Delta\varphi_i^2\right]^{-1}, \quad \hat{L}_2 = K_2\hat{L}_0. \tag{8.24}$$

Wie vermutet ist K_2 gleichwertig mit (8.14).

Der Vergleich zwischen der rein geometrischen und der stochastisch-geometrischen Approximation, Längenschätzungen aus äquidistanten oder nicht-äquidistanten Daten, ihre Abhängigkeit von der (mittleren) Tastweite, schließlich Abweichungen zwischen Theorie (mit einschränkenden Voraussetzungen) und Experiment geben Anlass zu einigen Bemerkungen:

(1) *Stochastisch-geometrische versus Kreisbogen-Approximation*

Bei der Kreisbogen-Approximation Abbildung 8.7, Rechenformeln (8.13), wird jede Polygonseite für sich korrigiert. Dagegen wird bei der stochastisch-geometrischen Approximation ein Korrekturfaktor aus den Krümmungseigenschaften der Kurve geschätzt und mit Formel (8.24) die Polygonzuglänge insgesamt korrigiert.

Beispiel 8.4: Vergleichende Schätzung von Linienlängen

Tabelle 8.1 enthält drei Testbeispiele zur Polygonzug-, Kreisbogen- und stochastisch-geometrischen Approximation. Die Bezugslänge L wurde aus sehr dicht liegenden Punkten einer simulierten Kurve (Test 1) und an zwei Fließgewässern (Tests 2 und 3), $\hat{L}_{0,1,2}$ mit ausgedünnten Punktfolgen berechnet. In allen Tests liefert die stochastisch-geometrische Approximation die genauesten Ergebnisse.

Test	$\hat{L}_0/L$	$\hat{L}_1/L$	$\hat{L}_2/L$	m_0	m_1	m_2
1	0,9918	0,9986	0,9996	0,82	0,14	0,04
2	0,9960	0,9986	0,9995	0,40	0,14	0,05
3	0,9960	0,9979	0,9991	0,40	0,21	0,09

Tabelle 8.1. Numerische Längenschätzung mit (8.8), (8.13), (8.24). Längenverhältnisse $\hat{L}_{0,1,2}/L$, relative Fehler $m_{0,1,2} := 1 - \hat{L}_{0,1,2}/L$ in Prozent. Daten nach Bethge (1995).

Nach den Ergebnissen im letzten Beispiel und weiteren Tests von Bethge (1997) ist die stochastisch-geometrische Approximation an nicht determinierten Kurven, insbesondere an natürlichen Linienobjekten, der rein geometrischen vorzuziehen. Allerdings muss die Tastweite genügend klein sein, andernfalls fallen die Schätzwerte für die Krümmungsvarianz und die Korrekturfaktoren zu klein aus (vgl. Beispiel 8.2). Bei zu großer Tastweite macht sich bemerkbar, dass die Schätzformel über abgebrochene Taylor-Reihen, also nur für kleine Tastweiten hergeleitet wurde. Abweichungen von der vorausgesetzten Stationarität sind zulässig; vgl. hierzu die Bemerkungen bezüglich der Krümmungsschätzung im Abschnitt 8.1.1.

Auch die Längenschätzungen an einer um eine Gerade oder um einen Kreisbogen zufällig oszillierenden Kurve in den Abschnitten 7.2.2, 7.2.3 sind ihrem Konzept nach stochastisch-geometrische. Allerdings ist die Parametrisierung eine andere und die dortigen Schätzformeln mit den kritischen Größen $\sigma^2_{x'}$ in 7.2.2, σ^2_R sowie $\sigma^2_{R'}$ in 7.2.3 sind mit Formel (8.24), in der eine Schätzung für $\sigma^2_{\dot{\varphi}}$ steht, nicht direkt vergleichbar. Bemerkenswert ist noch, dass zur Herleitung von (8.24) keine Verteilungsannahmen über die Richtungs- oder Krümmungswerte nötig sind.

(2) *Variable versus konstante Tastweiten*

Exakt gleiche Tastweiten Δs kommen in der Praxis nicht vor; sie schwanken mehr oder weniger um einen Mittelwert $\overline{\Delta s}$. Die stochastisch-geometrische Längenschätzung (8.24) liefert auch dann noch zuverlässige Werte, wenn Δs geringfügig um $\overline{\Delta s}$ schwankt, insbesondere dann, wenn die Varianz von Δs klein gegenüber $\overline{\Delta s}^2$ ist. Größere Abweichungen vom Mittelwert $\overline{\Delta s}$ können vorkommen, wenn man stochastisch gekrümmte Kurven in sog. charakteristischen Punkten, Wendepunkte ($s = s_w$) mit Krümmung $\dot{\varphi}(s_w) = 0$ und Extremstellen der Krümmung ($s = s_E$) mit Krümmungsänderung $\ddot{\varphi}(s_E) = 0$, abtastet, nicht zuletzt, um den Datenumfang zu reduzieren (siehe Abschnitt 6.2.2).

Die Detektion charakteristischer Punkte (*critical points*) wurde zuerst von Thapa (1987) mit Hilfe der o.a. Bedingungen, allerdings formuliert für die Seitenrichtungen des approximierenden Polygonzuges, untersucht. Bethge (1997) benutzte die o.a. Bedingungen, um die mittlere quadratische Länge $\sqrt{\overline{l_p^2}}$ der Polygonseiten für ein vorgegebenes Δs zu schätzen:

$$\overline{l_p^2} = \mathsf{E}(L_p^2|\dot{\Phi}(s_i)) = 0, \quad \ddot{\Phi}(s_i + \Delta s) = 0,$$

$$\dot{\Phi}(t_1)\dot{\Phi}(t_2) > 0 \quad \text{für } s_i < t_1, t_2 < s_i + \Delta s. \quad (8.25)$$

Die darin enthaltene zusätzliche Bedingung dafür, dass die erste Ableitung der TWF zwischen s_i und $s_i + \Delta s$ das Vorzeichen nicht wechselt, besagt, dass sich zwischen den Punkten $P(s_i)$ und $P(s_i + \Delta s)$ keine weiteren charakteristischen Punkte befinden. Die genannte Bedingung lässt sich wahrscheinlichkeitstheoretisch nicht in analytischer Form beschreiben. Deshalb kann auch der bedingte Erwartungswert (8.25) nicht analytisch berechnet werden, sondern nur numerisch unter Annahme eines gaußschen Prozesses Φ und spezieller AKF-Modelle $C_{\Phi\Phi}$ (Rychlik, 1987a,b; Bethge, 1997).

Beispiel 8.5: Numerische Schätzung der mittleren quadratischen Polygonseiten-länge

Unter Annahme einer AKF $C_{\Phi\Phi}$ vom Typ der Gauß-Funktion wertete Bethge (1997) den bedingten Erwartungswert (8.25) numerisch aus (Abbildung 8.9). Wenn es gelingt, genau die charakteristischen Punkte eines Linienobjekts zu erfassen (Verfahren der Identifikation aus Rasterdaten bei Thapa, 1987), fällt die Verkürzung der Linienlänge durch Polygonzug-Approximation geringer aus als bei der äquidistanten Abtastung (bei vergleichbarer Tastweite). Insbesondere bei kleinen Tastweiten bis $\Delta s = 0{,}5$, d. h. an stark oszillierenden Linienobjekten, liegt $\sqrt{\overline{l_p^2}}/\Delta s$ sehr nahe bei Eins. Der unregelmäßige Verlauf der Kurve (a) deutet noch einmal darauf hin, dass zwischen Kurvenkrümmung und mittlerer Polygonseitenlänge kein einfacher Zusammenhang besteht.

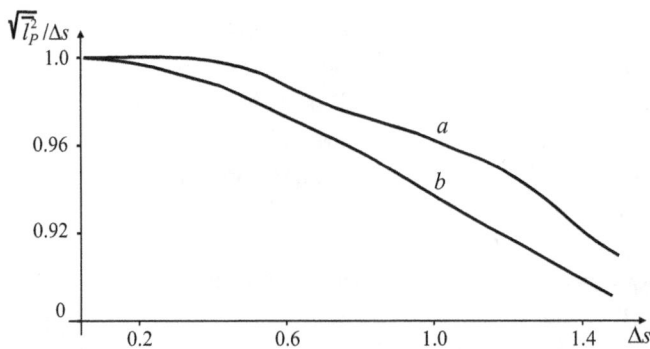

Abbildung 8.9. Mittlere quadratische Länge einer Polygonseite, bezogen auf mittlere Tastweite, bei Abtastung in charakteristischen Punkten einer Kurve (a) im Vergleich zur äquidistanten Abtastung (b) (nach Bethge, 1997).

(3) *Rechnergestützte versus konventionelle Kartometrie*

Die Bestimmung von Linienlängen war schon immer eine Aufgabe der konventionellen Kartometrie (Stechzirkel-Approximation). Dabei sind Längenvergleiche nur statthaft, wenn die Daten aus dem gleichen Kartenwerk und dem gleichen Kartenmaßstab erhoben wurden, denn in kleinmaßstäbigen Karten sind Linienobjekte wegen generalisierender Glättung in der Regel kürzer als in großmaßstäbigen! Mit Blick auf die Schwierigkeiten, die einer korrekten Behandlung der Probleme an stochastisch gekrümmten Kurven entgegenstehen, ist es nur zu verständlich, dass es bis in die jüngste Zeit bei empirischen (Polygonzug-)Verfahren blieb, erfüllen sie doch ihren praktischen Zweck, wenn man nur die Maßstabsabhängigkeit nicht außeracht lässt.

Seien L_1, L_2 zwei mit unterschiedlicher Zirkelweite ermittelte Polygonzuglängen. Dann lautet eine mögliche Rechenvorschrift

$$L = L_1 + K(L_1 - L_2), \tag{8.26}$$

wobei K aus empirischen Untersuchungen abgeleitet werden kann. Auf Einzelheiten gehen wir hier nicht ein, sondern verweisen auf Maling (1968, 1989), Peucker (1976), Hakanson (1978), Buttenfield (1985), ferner auf Bethge (1997), der den Unterschied zwischen (8.24) und (8.26) stochastisch-geometrisch untersucht hat: Beide Approximationen an die Originallänge L unterscheiden sich um einen Faktor, der nur um ein Weniges von Eins abweicht und wieder die Krümmungsvarianz als dominante Größe enthält.

Geodaten werden heutzutage in Geoinformationssystemen gespeichert, speziell die Linienobjekte als Punktfolgen abgelegt. Die Digitalisierverfahren bzw. die Abtastmodi sind bekannt, Tastweiten in den Punktfolgen implizit enthalten. Damit sind Mehrfachabtastungen, wie sie (8.26) erfordern, von vornherein ausgeschlossen. Allenfalls könnte man die Punktfolgen interpolierend verdichten oder ausdünnen, was der Genauigkeit nicht zuträglich sein dürfte. Wozu also – bei aller Würdigung der kartographischen Tradition – auf empirische Verfahren zurückgreifen, wenn die Längenschätzung aus den gespeicherten Daten mit (8.24) direkt möglich ist?

8.1.4   Linienlänge aus Rasterdaten

Das Skelett eines Linienobjekts sei im sog. Freeman- oder Kettenkode abgelegt. Die Konturfolgeschritte von einem beliebigen Bildpunkt zu seinen direkten (indirekten) Nachbarn der 8-Umgebung haben gerade (ungerade) Kodeziffern (Abbildung 8.10, links). Die Schrittweiten sind auf den Hauptachsen gleich der Rasterweite Δ und über den Diagonalen $\sqrt{2}\Delta$. Ist nun n_1 (n_2) die Anzahl der Folgeschritte mit gerader (ungerader) Kodeziffer im Konturdurchlauf, ergibt sich ein erster Wert

$$L_0 = (n_1 + \sqrt{2}n_2)\Delta. \tag{8.27}$$

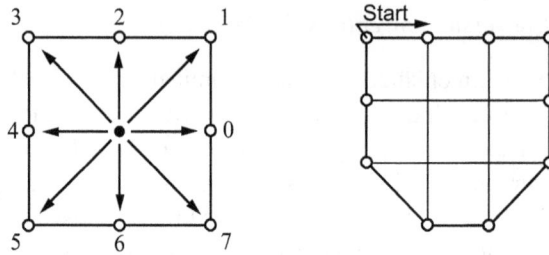

Abbildung 8.10. Konturkodierung nach dem Kettenkode. Kodeziffern für Folgeschritte in der 8-Umgebung eines Bildpunktes (links). Konturbeispiel mit Startpunkt (rechts).

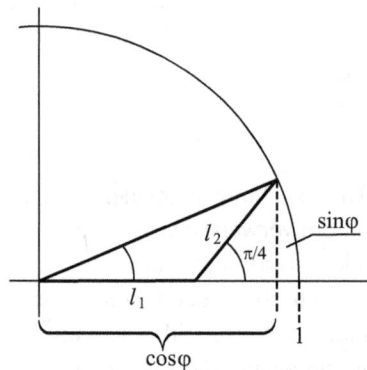

Abbildung 8.11. Zur Korrektur von Linienlängen aus Rasterdaten.

Im Gegensatz zur *unter*schätzten Linienlänge (8.8) bei den weitabständigen, in der Regel irregulären Vektordaten fällt L_0 nach (8.27) mit sehr dicht liegenden regulären Rasterdaten *zu groß* aus. Ursache ist die endliche Anzahl der diskreten Richtungen φ_k ($k = 0, 1, \ldots, 7$), weshalb nur achsenparallele und diagonale Wege von Punkt zu Punkt möglich sind. Die gescannte Kurve ist rauer als die Originalkurve mit Richtungen $\varphi(s) \in [0, 2\pi)$. Um L_0 nach unten zu korrigieren, bedarf es eines Korrekturfaktors $K < 1$. Nach Franke et al. (1989) berechnet man mit Blick auf Abbildung 8.11 die Länge

$$l = l_1 + l_2 = (\cos \varphi - \sin \varphi) + \sqrt{2} \sin \varphi$$

und mittelt l unter der Annahme gleichhäufiger achsenparalleler und diagonaler Schritte o. B. d. A. über den Viertelkreis:

$$\bar{l} = \frac{4}{\pi} \int_0^{\pi/4} [\cos \varphi + (\sqrt{2} - 1) \sin \varphi] d\varphi = \frac{8(\sqrt{2} - 1)}{\pi}.$$

Der Korrekturfaktor K ergibt sich dann zu $K = 1/\bar{l} \approx 0{,}948$ und die verbesserte Länge zu

$$L_1 = KL_0 \approx 0{,}948L. \qquad (8.28)$$

Beispiel 8.6: Längenberechnung aus Rasterdaten

In der Figur in Abbildung 8.10 (rechts) hat man vom Startpunkt an die Folgeschritte mit den Kodeziffern 0 0 0 6 6 5 4 3 2 2, also nach (8.27) $n_1 = 8$, $n_2 = 2$, $L_0 = (8 + 2\sqrt{2}) \approx 10{,}83\Delta$ und mit (8.28) $L_1 \approx 10{,}27\Delta$.

8.2   Reliefbezogene Kurven

8.2.1   Höhen- und Gefällelinien

Höhenlinien (HL) entstehen als Schnitte horizontaler Ebenen mit dem Relief $h(x, y)$ und die Gefällelinien sind ihre orthogonalen Trajektorien. Beim 2D-Schnittproblem im stetigen Fall (Abschnitt 5.3.1) und beim Vorabschätzen von Gitterweiten für DHM (Abschnitt 6.4.3) haben wir die Höhenlinienschar natürlicher Reliefs als zufälliges Faserfeld beschrieben. Jetzt betrachten wir nur einzelne, vom Relief abgeleitete, z. B. aus den diskreten Höhenwerten eines DHM interpolierte, ebene Kurven. Eine vom Koordinatensystem unabhängige Eigenschaft solcher Kurven ist ihre Krümmung. Sie wird von der Oberflächenkrümmung des (wenigstens stückweise stetig partiell differenzierbaren) Reliefs bestimmt, und es hängt vom Gradientenvektor

$$\operatorname{grad} h = [h_x, h_y]^\top, \quad |\operatorname{grad} h| = \sqrt{h_x^2 + h_y^2}, \quad \tan\psi = h_y/h_x$$

ab, wie sich diese auf die Kurvenkrümmung auswirkt. Deshalb hat Bethge (1997, S. 65, Anhang 10.7, S. 91) die x- und y-Komponente reliefbezogener ebener Kurven nach den Komponenten von $\operatorname{grad} h$ parametrisiert und erhält die Krümmung in jedem Punkt (x, y) als Funktion der Richtung ψ des Gradientenvektors und der Richtung des Tangentenvektors φ der Kurve:

$$\varkappa(\psi, \varphi) = \frac{h_{yy}\cos\psi\sin\varphi - h_{xx}\sin\psi\cos\varphi + h_{xy}\cos(\psi + \varphi)}{\sqrt{h_x^2 + h_y^2}}. \tag{8.29}$$

Daraus ergibt sich speziell für Höhenlinien ($\varphi = \psi + \pi/2$)

$$\varkappa_{\mathrm{HL}}(\psi) = \frac{h_{yy}\cos^2\psi - 2h_{xy}\cos\psi\sin\psi + h_{xx}\sin^2\psi}{\sqrt{h_x^2 + h_y^2}} \tag{8.30}$$

und für Gefällelinien ($\varphi = \psi$)

$$\varkappa_{\mathrm{GL}}(\psi) = \frac{(h_{yy} - h_{xx})\sin\psi\cos\psi + h_{xy}\cos 2\psi}{\sqrt{h_x^2 + h_y^2}}. \tag{8.31}$$

Formel (8.30) kann auch mit Hilfe des Satzes von Meusnier, welcher den Zusammenhang zwischen Oberflächen- und Kurvenkrümmung im Normalschnitt vermittelt, verifiziert werden.

Beispiel 8.7: Ebene Welle

Nach dem Bild „Steinwurf ins Wasser" werde die sich konzentrisch ausbreitende (un-gedämpfte) Welle durch

$$h(r) = -a \cos \omega r, \quad r^2 = x^2 + y^2$$

mit dem Gradienten

$$h_r = \sqrt{h_x^2 + h_y^2} = a\omega \sin \omega r, \quad \tan \psi = y/x$$

beschrieben. Wir betrachten lediglich das Wellental im Bereich $0 \le \omega r < \pi$ (Abbil-dung 8.12, links). Setzt man die Größen

$$h_x = h_r \frac{\partial r}{\partial x} = a\omega \sin \omega r \cos \psi, \quad h_y = h_r \frac{\partial r}{\partial y} = a\omega \sin \omega r \sin \psi,$$

$$h_{xx} = h_{rr} \left(\frac{\partial r}{\partial x}\right)^2 + h_r \frac{\partial^2 r}{\partial x^2} = a\omega^2 \cos \omega r \cos^2 \psi + \frac{a\omega}{r} \sin \omega r \sin^2 \psi,$$

$$h_{yy} = h_{rr} \left(\frac{\partial r}{\partial y}\right)^2 + h_r \frac{\partial^2 r}{\partial y^2} = a\omega^2 \cos \omega r \sin^2 \psi + \frac{a\omega}{r} \sin \omega r \cos^2 \psi,$$

$$h_{xy} = h_{rr} \frac{\partial r}{\partial x} \frac{\partial r}{\partial y} + h_r \frac{\partial^2 r}{\partial x \partial y} = a\omega^2 \cos \omega r \sin \psi \cos \psi - \frac{a\omega}{r} \sin \omega r \sin \psi \cos \psi$$

in (8.30) und (8.31) ein, ergibt sich erwartungsgemäß $\varkappa_{HL} = 1/r$ und $\varkappa_{GL} = 0$. Die Höhenlinien sind konzentrische Kreise

$$x^2 + y^2 = [\pi - \arccos(h/a)]^2/\omega^2$$

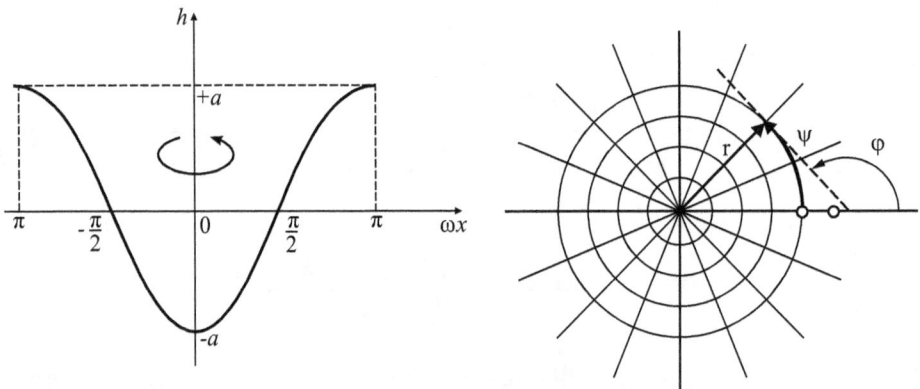

Abbildung 8.12. Konzentrisches Wellental (links), Höhen- und Gefällelinien (rechts).

mit Radien

$$r = [\pi - \arccos(h/a)]/\omega \quad (-a \le h < +a, \ 0 \le r < \pi/\omega)$$

und die Gefällelinien ein Büschel sich im Ursprung schneidender Geraden mit Anstieg $\tan \psi$ (Abbildung 8.12, rechts). Im Punkt $(0, -a)$ wird der Gradient $h_r = 0$ und die Kreislinie schrumpft zum (Null-)Punkt. In seiner unmittelbaren Umgebung ist h_r sehr klein und $\varkappa$ sehr groß. Daraus kann man schließen, dass Höhenlinien auch im natürlichen Flachgelände i. Allg. sehr stark gekrümmt und nur mit großer Unsicherheit zu interpolieren sind (vgl. hierzu auch Abschnitt 6.4.2).

Um die Interpolationsgenauigkeit reliefbezogener ebener Kurven beurteilen zu können, benötigt man nun nicht die Kurvenkrümmung in jedem einzelnen Punkt des Reliefs, sondern – wie bei der stochastisch-geometrischen Schätzung von Linienlängen (Abschnitt 8.1.3) – die Krümmungsvarianz. Als Alternative zu ihrer Berechnung aus der TWF, Formeln (8.4), (8.23), die bei a priori-Schätzungen noch nicht vorliegt, ist es wünschenswert, diesen Parameter direkt aus den Höhenwerten des DHM schätzen zu können. Allerdings zeigt bereits ein Blick auf die nicht-linearen Beziehungen (8.29) bis (8.31), dass eine analytische Rechnung für beliebige Zufallsfelder *nicht* möglich ist. Indessen hat Bethge (1997, S. 67, Anhang 10.7, S. 91) ein Idealmodell unter ziemlich einschneidenden Voraussetzungen konstruiert:

(1) Das Relief $h(x, y)$ sei die Realisierung eines homogenen normalen Prozesses $H(x, y)$. Seine Eigenschaften 2. Ordnung sind durch die AKF C_{HH} vollständig bestimmt.

(2) Entgegen der in natürlichen Reliefs i. Allg. existierenden Vorzugsrichtungen sei $H(x, y)$ außerdem isotrop. Die Krümmungsvarianz kann nämlich unter der Voraussetzung (1) nur dann berechnet werden, wenn $|\text{grad } H|$ von den 2. Ableitungen H_{xx}, H_{yy}, H_{xy} sowie von der Richtung Ψ von grad H unabhängig ist. Zusätzlich muss Ψ von den genannten 2. Ableitungen unabhängig sein. Das ist aber nur im Fall eines homogen-isotropen Prozesses gegeben (vgl. z. B. Keller und Meier, 1980).

Unter den Voraussetzungen (1), (2) können die Erwartungswerte der Quadrate von Zähler und Nenner in (8.29) wegen ihrer Unabhängigkeit getrennt (als Funktion der Richtungsdifferenz $\varphi - \psi =: \Delta\psi$) untersucht werden und die Krümmungsvarianz ergibt sich als Produkt dieser Erwartungswerte:

$$\sigma_{\dot\Phi}^2 = \mathsf{E}\{|\text{grad } H|^{-2}\}\mathsf{E}\{[\cos \Psi \sin(\Psi + \Delta\psi)H_{yy} \tag{8.32}$$
$$+ \cos(2\Psi + \Delta\psi)H_{xy} - \sin \Psi \cos(\Psi + \Delta\psi)H_{xx}]^2\}.$$

Die Großbuchstaben Ψ, Φ symbolisieren Richtungsprozesse und $\dot\Phi$ den Krümmungsprozess. Der erste Erwartungswert in (8.32) existiert nicht. Dies hat eine weitere Konsequenz bzw. Voraussetzung zur Folge:

(3) Die Krümmungsvarianz kann selbst unter Annahme von (1) und (2) nur für konkrete Geländeneigungen α (in praktischen Anwendungen für geeignet gewählte Neigungsklassen) berechnet werden:

$$\tan \alpha := |\mathrm{grad}\, H|, \quad \mathsf{E}\{|\mathrm{grad}\, H|^{-2}\} \longmapsto \cot^2 \alpha.$$

Der zweite Erwartungswert in (8.32) kann unter konsequenter Anwendung der Taylor-Karman-Beziehung (3.35) bezüglich der AKF/KKF auf die 1. und 2. Ableitungen von $H(x, y)$ berechnet werden. Die theoretische Krümmungsvarianz dieses Idealmodells ergibt sich schließlich zu

$$\sigma_{\Phi}^2(\Delta\psi, \alpha) = \frac{1}{3} \cot^2 \alpha (1 + 2 \sin^2 \Delta\psi) C_{HH}^{(IV)}(0). \tag{8.33}$$

Die Krümmungsvarianzen von Höhenlinien ($\Delta\psi = \pi/2$) und Gefällelinien ($\Delta\psi = 0$) verhalten sich bei konstanter Neigung α wie $3 : 1$. Ohne an realen Reliefs diesem Verhältnis ein allzu großes Gewicht beizumessen, kann man sagen, dass Höhenlinien im statistischen Mittel viel stärker gekrümmt sind als Gefällelinien. Der Parameter $C_{HH}^{(IV)}(0)$, identisch mit der Varianz der Wölbung im homogen-isotropen Modell, ist ein durchaus *kritischer*. Dass der Formel (8.33) überhaupt eine praktische Relevanz zukommt, ist der Tatsache zuzuschreiben, dass Reliefs selbst mit ausgeprägten Vorzugsrichtungen ihrer Täler und Höhenzüge dennoch lokal-isotrop sein können (vgl. Beispiel 5.9, Abbildung 5.9). Ergebnisse numerischer Tests stehen im Beispiel 8.8, Tabelle 8.2 des folgenden Abschnittes.

8.2.2 Gewässerlinien

Unter Gewässerlinien verstehen wir die Uferlinien stehender und fließender Gewässer. Die Uferlinien stehender Gewässer wie Seen und Teiche, aber auch stationärer Hochwässer, entsprechen Höhenlinien. Wasser fließt in Richtung des größten Gefälles. Folgerichtig beruhen die Standardalgorithmen zur Dedektion von Gewässerläufen aus diskreten Höhendaten auf der Annahme, dass ihre Fließrichtung mit jener der zugehörigen Gefällelinie übereinstimmt (vgl. z. B. Rieger, 1992). Die Uferlinien fließender Gewässer, einschließlich abfließender Hochwässer, verlaufen fast parallel zu unmittelbar benachbarten Höhenlinien und schneiden diese wegen des geringen Gefälles schleifend an gewissen Stellen. Die Wasseroberfläche kann lokal als eine schwach geneigte Ebene $z(x, y) = ax + by + c$ angenommen werden. Die in die (x, y)-Ebene projizierte Uferlinie entspricht dann der Höhenlinie des Reliefs $h_1(x, y) := h(x, y) - z(x, y)$ mit dem Gradienten

$$\mathrm{grad}\, h_1 = \begin{bmatrix} h_x - a \\ h_y - a \end{bmatrix}, \quad |\mathrm{grad}\, h_1| = \sqrt{(h_x - a)^2 + (h_y - a)^2}, \quad \tan \psi_1 = \frac{h_y - a}{h_x - a}.$$
$$\tag{8.34}$$

Ihre Krümmung ist entsprechend (8.30)

$$\varkappa_{\text{HL}}^{(1)} = \frac{\cos^2 \psi_1 h_{yy} - 2 \cos \psi_1 \sin \psi_1 h_{xy} + \sin^2 \psi_1 h_{xx}}{\sqrt{(h_x - a)^2 + (h_y - b)^2}}. \tag{8.35}$$

Im Flachgelände unterscheiden sich die Komponenten der Gradienten des Reliefs h und der Wasseroberfläche z nur wenig, so dass ψ_1 in (8.34) und die Krümmung (8.35) nur sehr unsicher bestimmt werden können. Im Grenzfall $\alpha \to 0$ sind diese Größen unbestimmt. In einer unverbauten Ebene breitet sich Hochwasser in alle möglichen Richtungen aus. Ihre Grenzen, in der Hydrologie auch Überschwemmungsgebiets-grenzen (ÜGG) genannt, sind nicht mehr sicher vorherzusagen: Es ist ungewiss, wo Wasser in wassergetränkten Boden, schließlich in festen Boden übergeht; die ÜGG werden unscharf (Fuzzy-Linien).

Günstiger stehen die Chancen der Krümmungsschätzung im Bergland. Sowohl die Krümmung an jedem Punkt der Gewässerlinie, speziell vorherzusagender ÜGG, als auch ihre Varianz können mehr oder weniger genau geschätzt werden. Der Formel (8.33) liegt ein homogen-isotropes Modell zugrunde. Die Krümmungsvarianz $\varkappa_{\text{HL}}^{(1)}$ nach (8.35) bezieht sich jedoch auf das Differenzrelief $h_1 = h - z$; das Relief h ist von einer Schrägebene z überlagert. Demzufolge ist h_1 kein homogenes Zufallsfeld, allenfalls eines mit homogenen Zuwächsen (vgl. Beispiel 6.7 im Abschnitt 6.3.2). Eine Rechnung wie jene, die zu (8.33) führte, ist mit diesem Modell nicht möglich. Wegen der geringen Neigung von z dürfte es zulässig sein, als Krümmungsvarianz von ÜGG diejenige der unmittelbar benachbarten Höhenlinie(n) anzuhalten. Aus (8.33) folgt dann

$$\widehat{\sigma_{\phi}^2}(\text{ÜGG}) \approx \overline{\cot^2 \alpha}\, \widehat{C_{HH}^{(\text{IV})}(0)} \tag{8.36}$$

mit dem Klassenmittel $\overline{\cot^2 \alpha}$ und einem Schätzwert

$$\widehat{C_{HH}^{(\text{IV})}(0)} = \frac{1}{2N(N-2)} \sum_{i=1}^{N} \sum_{j=2}^{N-1} \left[\frac{(h(x_i, y_{j-1}) - 2h(x_i, y_j) + h(x_i, y_{j+1}))^2}{\Delta^2} \right.$$
$$\left. + \frac{(h(x_{j-1}, y_i) - 2h(x_j, y_i) + h(x_{j+1}, y_i))^2}{\Delta^2} \right]. \tag{8.37}$$

Beispiel 8.8: Numerische Schätzung von Krümmungsvarianzen einer vorhergesagten ÜGG

Testgebiet: Harzgebirge, Umgebung des Rappbodetals von ca. 4 km × 4 km Gebiets-fläche. DHM mit Gitterweite $\Delta = 50$ m, für den genannten Zweck mittels gleitender Schrägebene (vgl. z. B. Koch, 1973) auf $\delta = 12{,}5$ m verdichtet.

$\alpha°$	n	$\overline{\cot^2 \alpha}$	Test 1	Test 2	Test 3
0,9	4	10 424	12,86	11,59	11,10
1,8	5	1444	1,78	1,60	5,74
2,7	73	596	0,73	0,66	0,78
3,7	148	320	0,39	0,36	0,59
4,6	214	189	0,23	0,21	0,36
5,5	173	128	0,16	0,14	0,35
6,4	137	96	0,12	0,11	0,49
7,3	88	71	0,09	0,08	0,28
8,2	47	54	0,07	0,06	0,19
9,1	30	43	0,05	0,05	0,06
10,0	34	36	0,04	0,04	0,04
10,9	7	30	0,04	0,03	0,10
11,7	3	26	0,03	0,03	0,04

Tabelle 8.2. Numerisch geschätzte Krümmungsvarianzen einer vorhergesagten ÜGG (Rappbode, Harz, nach Bethge (1997), Datenauszug linkes Ufer) in $10^{-3}\,\mathrm{m}^{-2}$.

Reliefeigenschaften 2. Ordnung: Das Relief ist weder homogen noch isotrop. Trotzdem wurde versuchsweise eine AKF unter Annahme der Homogenität geschätzt. Das Flusstal mit flachem Boden und teilweise steilen Hängen spiegelt sich in den „Spitzen" der Linien gleicher Korrelation wider (Abbildung 8.13). Selbst die Annahme lokaler Isotropie ist allenfalls über Entfernungen der ursprünglichen Gitterweite $\Delta = 50\,\mathrm{m}$ zulässig.

Schätzverfahren: Test 1 und 2 mit Höhenwerten gemäß (8.36), (8.37). Im Test 1 wurde $\widehat{C_{HH}^{(IV)}}(0) = 1{,}25 \cdot 10^{-6}\,\mathrm{m}^{-2}$ aus dem gesamten DHM geschätzt, im Test 2 wurden lokale Schätzwerte dieses Parameters entlang der ÜGG benutzt. Test 3 mit Richtungsdifferenzen der interpolierten ÜGG gemäß (8.23) innerhalb der Neigungsklassen. In Tabelle 8.2 sind unter α die oberen Klassengrenzen angegeben; n bezeichnet die Anzahl der in eine Neigungsklasse fallenden Werte, $\overline{\cot^2 \alpha}$ einen Mittelwert je Neigungsklasse. Die Schätzwerte $\widehat{\sigma_{\phi}^2}$ von Test 1, 2, 3 haben die Maßeinheit $10^{-3}\,\mathrm{m}^{-2}$.

Ergebnisse: Die Schätzwerte $\widehat{\sigma_{\phi}^2}$ nehmen vom Steilgelände ($\alpha \sim 10°$) bis ins Flachgelände ($\alpha \sim 1°$) um *drei* Größenordnungen zu! Im Test 1 und 2 stimmen sie am linken Ufer, obwohl allenfalls lokale Isotropie gegeben ist, erstaunlich gut überein (was am rechten Ufer nicht überall der Fall ist). Im Neigungsbereich von ca. 1°

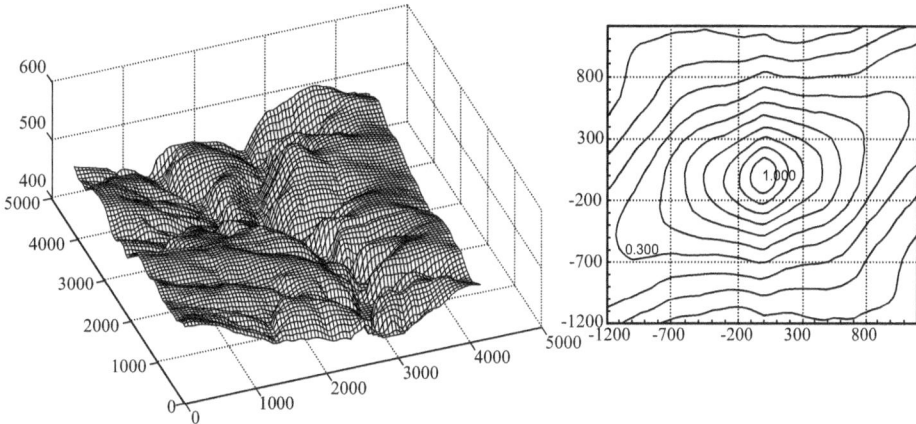

Abbildung 8.13. Testgebiet Harz. Höhenlinienbild (links) und Linien gleicher Korrelation der Höhen (rechts).

bis $8°$ sind die Werte aus Test 3 deutlich größer als jene aus den Tests 1, 2. Die Unterschiede dürften aus den Modellannahmen, wobei Unstetigkeiten an den Talhängen nicht auszuschließen sind, aber auch aus der unterschiedlichen Fortpflanzung der Höhenfehler resultieren. Test 1 und 2: Zweite Differenzen der Höhenwerte (2D-Hochpassfilter), anschließend Mittelung ihrer Quadrate (2D-Tiefpassfilter). Test 3: Erzeugung der ÜGG (Interpolationsfilter) und ihrer Richtungen (nicht-lineares Filter), erste Differenzen der Richtungen (1D-Hochpassfilter), anschließend Mittelung ihrer Quadrate (1D-Glättungsfilter). Ferner ist die Schätzung (8.23) mit Richtungsdifferenzen sehr empfindlich gegenüber der Wahl des Punktabstandes (vgl. Beispiel 8.2, Abbildung 8.4). Es liegt auf der Hand, dass sich die vermischten Effekte nicht trennen lassen. Mehr als die richtige Größenordnung kann man nicht erwarten.

8.3 Darstellung und Eigenschaften ebener Figuren

8.3.1 Figurenvielfalt, Formparameter und Darstellungsmöglichkeiten

Ebene Figuren kommen in Bildern und Karten in vielfältigen Formen vor:

(1) *Polygonale Figuren*

Diese können regelmäßig oder unregelmäßig sein. Regelmäßige Figuren sind z. B. Quadrat, Rechteck, reguläres N-Eck (Beispiel 8.3). Unregelmäßige Polygone entstehen, wenn man die Umrisse natürlicher Objekte, z. B. Seen, Inseln und dergleichen digitalisiert. Außerdem können sie Elemente von Flächenzerlegungen sein (Abschnitt 8.4), z. B. in Kataster-, Flur-, Forst- oder administrativen bzw. politischen Karten.

(2) *Figuren mit gekrümmtem Rand*

Diese können ebenfalls einen regelmäßigen oder unregelmäßigen Rand haben. Regelmäßige Figuren sind z. B. der Kreis oder die Ellipse, unregelmäßige die Umrisse natürlicher Objekte. Eine spezielle Klasse sind die konvexen (eiförmigen) Figuren, also solche ohne Ein- und Ausbuchtungen des Randes, genauer: Eine Teilmenge M der euklidischen Ebene heißt genau dann konvex, wenn mit zwei Punkten P_1, $P_2 \in M$ auch alle Punkte der Strecke $\overline{P_1 P_2}$ in M liegen. Konvexe Teilmengen M, die beschränkt und abgeschlossen sind, heißen konvexe Figuren. Die im Abschnitt 7.2.3, Abbildung 7.2 betrachtete, zum Kreis homöomorphe Figur mit stochastisch gekrümmtem Rand hat Ein- und Ausbuchtungen, ist also nicht konvex.

Die Abweichungen ebener Figuren von der Kreisform kann mit einfachen geometrischen Formgrößen, die nur Umfang U und Flächeninhalt A einschließen, charakterisiert werden. Unter dem Formfaktor F, dem Fläche-Umfang-Faktor f und dem Konturindex K versteht man die Größen

$$F := U^2/A \geq 4\pi, \quad f := 4\pi A/U^2 \leq 1, \quad K := U/U_\circ \geq 1. \tag{8.38}$$

Die Gleichheitszeichen gelten für den Kreis; $U_\circ$ ist der Umfang des flächengleichen Kreises. Alle Größen sind untereinander gleichwertig mit den gegenseitigen Beziehungen

$$Ff = F/K^2 = 4\pi, \quad fK^2 = 1. \tag{8.39}$$

Außer jenen in (8.38) gibt es diverse weitere Formparameter, die z. T. in anschaulicher Weise jeweils eine spezielle oder mehrere Eigenschaften ebener Figuren charakterisieren. Die meisten davon sind mengentheoretisch definiert, d. h., sie sind den Methoden der Bildanalyse mit Rasterdaten angepasst und dienen vorzugsweise der Gestaltanalyse biologischer Formelemente, technischer Partikel, Gesteinspartikel wie Sandkörner, Gerölle, Geschiebe, usf. – Eine ausführliche Darstellung findet sich bei Stoyan und Stoyan (1992, S. 121–158).

Beispiel 8.9: Spezielle Formparameter zweier Figuren

Die Figur aus Abschnitt 7.2.3, Abbildung 7.2 hat den Flächeninhalt (7.18):

$$\overline{A} = \pi r_\circ^2 (1 + \sigma_R^2/r_\circ^2).$$

Dabei ist $A = \pi r_\circ^2$ der Inhalt des Erwartungswertkreises. Die Randlänge (7.22) ist

$$\overline{L} = \overline{U} = 2\pi r_\circ [1 + (\sigma_R^2 + \sigma_{R'}^2)/2r_\circ^2] \quad \text{mit} \quad L = U = 2\pi r_\circ$$

als Umfang des Erwartungswertkreises. Daraus ergeben sich die Formparameter (8.38) in Tabelle 8.3, oben.

Figur	F	f	K
Abbildung 7.2	$\dfrac{4\pi(1+\sigma_R^2+\sigma_{R'}^2)^2}{1+\sigma_R^2/r_0^2}$	$\dfrac{1+\sigma_R^2/r_0^2}{(1+\sigma_R^2+\sigma_{R'}^2)^2}$	$\dfrac{1+\sigma_R^2+\sigma_{R'}^2}{\sqrt{1+\sigma_R^2/r_0^2}}$
Abbildung 8.6	$4N\tan(\pi/N)$	$(\pi/N)\cot(\pi/N)$	$\sqrt{(N/\pi)}\tan(\pi/N)$

Tabelle 8.3. Formparameter (8.38) zweier Figuren. Erläuterungen im Text.

Das reguläre N-Eck aus Abschnitt 8.1.2, Abbildung 8.6 hat den Flächeninhalt

$$A = (Nr^2/2)\sin(2\pi/N) \quad \text{und den Umfang} \quad U = 2Nr\sin(\pi/N).$$

Daraus ergeben sich die Formparameter (8.38) in Tabelle 8.3, unten. Numerisch gesehen nähern sich bei wachsendem N der Formfaktor F von oben der Zahl 4π an, f von unten und K von oben der Zahl Eins.

Die Eigenschaften ebener Figuren sind durch ihren Rand vollständig bestimmt. In der Bildanalyse spricht man auch von *Kontur*. Allerdings kann ein Flächenobjekt mehrere Konturen haben, z. B. innere und äußere, aber nur einen Rand. Beschreibt man demnach den Rand determinierter Figuren durch Gleichungen oder stochastisch geformter Figuren als Prozessrealisierungen, so können daraus geometrische Größen wie Randlänge, Flächeninhalt und Schwerpunkt analytisch berechnet oder stochastisch-geometrisch geschätzt werden (Abschnitt 8.3.2). Alle Beschreibungsmöglichkeiten haben ihre Vor- und Nachteile. Deshalb ist in aller Regel anwendungsspezifisch zu entscheiden, welche Darstellung den Vorzug vor anderen verdient.

In der Geodatenverarbeitung sind vor allem die PD mit der Bogenlänge s als Parameter und die TWF, ebenfalls mit s als Argument, von Bedeutung, vor allem darum, weil sie den Diskretisierungsverfahren, konventionelle oder Rasterdigitalisierung, und der Datenablage angepasst sind (Abschnitt 8.1.1). Die Ränder ebener Figuren sind geschlossene Kurven. In der PD ist der Endpunkt gleich dem Anfangspunkt und in der TWF die Endrichtung gleich der Anfangsrichtung, d. h. die TWF ist eine periodische Funktion mit $\varphi(s_\circ) = \varphi(s_\circ + L) - 2\pi$, wenn die Kurve so durchlaufen wird, dass das Flächenobjekt immer links der Kurve liegt. Zahn und Roskies (1972) haben, speziell für Gestaltsanalysen, die normierte TWF

$$\varphi^\star(t) = \varphi(Lt/2\pi) + t \quad (0 \le t \le 2\pi) \tag{8.40}$$

vorgeschlagen. Zum gleichen Zweck ist auch die Fourier-Darstellung des Randes möglich; gewisse Koeffizienten der Fourier-Reihe können als Formparameter dienen. Weitere Beschreibungsmöglichkeiten sind die Radiusvektorfunktion (RVF) und die Querschnitts- oder Stützfunktion (SF); beide sind an spezielle Eigenschaften der Figuren gebunden und stark von einem Bezugspunkt abhängig. Die RVF ist nur für sternförmige Figuren geeignet und hängt von der Wahl des Ursprungs ab. In einem Spezialfall haben wir Gebrauch davon gemacht (siehe Abschnitt 7.2.3). Die SF ist an die Konvexität gebunden. Auf die letztgenannten, anwendungsmäßig eher beschränkten Darstellungsmöglichkeiten gehen wir nicht weiter ein, sondern verweisen auch hier auf das mit einer Fülle von Quellenangaben ausgestattete Werk von Stoyan und Stoyan (1992, S. 80–120).

8.3.2   Geometrische Größen aus Vektordaten

Die Schätzformeln für die Linienlänge in 8.1.2, 8.1.3 gelten auch für geschlossene Kurven, also auch für die Ränder von Flächenobjekten. Deshalb können wir uns sogleich dem Flächeninhalt zuwenden.

Der Flächeninhalt A einer ebenen Figur mit dem Rand C ist durch das Umlaufintegral

$$A = \frac{1}{2} \oint_C (x \, dy - y \, dx) \tag{8.41}$$

gegeben, wobei der Rand im mathematischen Drehsinn durchlaufen wird. Beim Diskretisieren von (8.41) in Bezug auf Polygone werden die Inkremente dx, dy durch Vorwärtsdifferenzen und die Koordinaten x, y durch Mittelwerte der Koordinaten benachbarter Punkte ersetzt:

$$\hat{A}_o = \frac{1}{2} \sum_{i=1}^{N} \left\{ \frac{1}{2}(x_i + x_{i+1})(y_{i+1} - y_i) - \frac{1}{2}(y_i + y_{i+1})(x_{i+1} - x_i) \right\}$$

$$= \frac{1}{2} \sum_{i=1}^{N} (x_i y_{i+1} - y_i x_{i+1}), \tag{8.42}$$

wobei $x_{N+1} = x_1$, $y_{N+1} = y_1$. Ersetzt man wahlweise im ersten und zweiten Produkt den Index i durch $i - 1$, entstehen die Gaußschen Flächeninhaltsformeln

$$\hat{A}_o = \frac{1}{2} \sum_{i=1}^{N} x_i (y_{i+1} - y_{i-1}) = -\frac{1}{2} \sum_{i=1}^{N} y_i (x_{i+1} - x_{i-1}). \tag{8.43}$$

Ist das Polygon die diskrete Approximation einer konvexen Figur, so fällt $\hat{A}_o$, ebenso wie die Randlänge $\hat{L}_o$ als Polygonzuglänge, immer *zu klein* aus (vgl. Beispiel 8.3). Diesen Defekt kann man wie bei der Linienlänge weitgehend beheben. Die Teilfläche $(x_1 y_2 - y_1 x_2)/2$ im diskretisierten Umlaufintegral (8.42) entspricht der Teilfläche des Dreiecks $P_1 M P_2$ in Abbildung 8.7. Diese ergibt sich auch zu $a := (r^2/2) \sin \alpha$. Die gesuchte Teilfläche ist aber jene des Kreisausschnitts $f := r^2 \alpha/2$. Daraus folgen sofort der Korrekturfaktor für *eine* Teilfläche

$$K_a := \frac{f}{a} = \left[\text{sinc}\left(\frac{\Delta\varphi_1 + \Delta\varphi_2}{2} \right) \right]^{-1} \geq 1, \tag{8.44}$$

die um die Krümmungsinformation verbesserte Schätzung *einer* Teilfläche

$$\hat{f}_{12} = a_{12} K_a(\Delta\varphi_1, \Delta\varphi_2) \tag{8.45}$$

und aus (8.42), (8.44) und (8.45) die korrigierte Gesamtfläche

$$\hat{A}_1 = \frac{1}{2} \sum_{i=1}^{N} \frac{x_i y_{i+1} - y_i x_{i+1}}{\text{sinc}[(\Delta\varphi_i + \Delta\varphi_{i+1})/2]} \tag{8.46}$$

mit $x_{N+1} = x_1$, $y_{N+1} = y_1$ und $\Delta\varphi_i$ wie in (8.13). Die Korrekturfaktoren der Polygonseiten (8.11) und der Teilflächen (8.44) verhalten sich wie

$$\frac{K_1}{K_a} = \frac{\text{sinc}(\Delta\varphi)}{\text{sinc}(\Delta\varphi/2)} = \cos\frac{\Delta\varphi}{2} \leq 1, \tag{8.47}$$

d. h. der Flächeninhalt einer konvexen Figur wird unter gleichen Voraussetzungen bzw. mit den gleichen Daten (etwas) stärker korrigiert als ihr Umfang.

Beispiel 8.10: Äquidistant abgetasteter Kreis (Fortsetzung von Beispiel 8.3)

Sei $N = 6$ wie in der Abbildung 8.6 (links), somit $\Delta\varphi_1 \equiv \pi/3$. Aus (8.42) oder (8.43), einfacher als sechsfacher Inhalt des gleichseitigen Dreiecks mit Seitenlänge r folgt

$$\hat{A}_o = \frac{3\sqrt{3}}{2} r^2, \text{ aus (8.44) } K_a = \frac{\pi/3}{\sin(\pi/3)} = \frac{2\pi\sqrt{3}}{9} \text{ und aus (8.46) } \hat{A}_1 = \pi r^2.$$

Bei konstanter Krümmung der Bögen über allen Polygonseiten reproduziert (8.46) exakt den Flächeninhalt der konvexen Figur. Die Korrekturfaktoren bezüglich Umfang und Flächeninhalt verhalten sich wie $K_1/K_a = \cos(\pi/6) \approx 0{,}9659$. $\hat{A}_o$ wird um etwa 3,4 % stärker korrigiert als $\hat{L}_o$.

Betrachten wir nun noch nicht-konvexe Figuren mit stochastischem Rand. Oszilliert der Rand mit zufällig wechselnden Ein- und Ausbuchtungen, heben sich positive und negative Abweichungen der Teilflächen (z. B. bezüglich des Mittelwertkreises an der im Abschnitt 7.2.3 behandelten speziellen Figurenklasse) weitgehend auf, zumindest dann, wenn der Rand lt. Abtasttheorem diskretisiert wurde. Trotzdem hat Bethge (1997) das Problem einer stochastisch-geometrischen Schätzung analog zu jener der Linienlänge (Abschnitt 8.1.3) untersucht. Eine praktisch brauchbare Lösung kann hier wie dort nur über abgebrochene Taylor-Reihen erzwungen werden: Die stochastisch-geometrische Approximation gelingt nicht mit genügender Genauigkeit. Numerische Tests an nicht-konvexen Figuren ergaben keine Verbesserung gegenüber der Flächenberechnung mit den Standardformeln (8.42) oder (8.43).

Wo liegt der Mittelpunkt Deutschlands? Mit dieser Frage (und äquivalenten wie Mittelpunkt eines Bundeslandes, eines Stadtgebietes usf.), gelegentlich medienwirksam in Szene gesetzt, beschäftigen sich Hobbykartographen, Heimatkundler und Tourismus Manager. Darüber hat Brüggemann (1997) einen historisch launigen Text geschrieben. Die Lösungen mit unzulänglichen Mitteln sind oft nicht sehr vertrauenserweckend. Das beginnt bereits bei der Definition: Geometrischer Schwerpunkt einer gekrümmten oder verebneten Figur, mit oder ohne Nord- und Ostseeinseln, mit oder ohne Kontinentalschelf? Beim Schnitt eher willkürlich durch die Figur gelegter Sehnen in Karten unterschiedlicher Verzerrungseigenschaften und Maßstab können leicht Fehler in der Größenordnung km entstehen. Es verwundert daher nicht, wenn benachbarte Orte beanspruchen, *der* Mittelpunkt zu sein.

Bleiben wir bei ebenen Figuren! Ihre Schwerpunktkoordinaten x_s, y_s können, ebenso wie der Flächeninhalt, als Umlaufintegrale angegeben werden (vgl. z. B. Körber und Pforr, 1985):

$$x_s = \frac{1}{3A} \oint x(x\,dy - y\,dx),$$

$$y_s = \frac{1}{3A} \oint y(x\,dy - y\,dx). \tag{8.48}$$

Mit der gleichen Diskretisierung wie oben erhält man

$$x_s = \frac{1}{6A} \sum_{i=1}^{N} (x_i + x_{i+1})(x_i y_{i+1} - y_i x_{i+1}),$$

$$y_s = \frac{1}{6A} \sum_{i=1}^{N} (y_i + y_{i+1})(x_i y_{i+1} - y_i x_{i+1}). \tag{8.49}$$

Ähnliche Formeln gibt es für die Trägheitsmomente J_x, J_y bezüglich der Achsen x, y:

$$J_x = \frac{1}{4} \oint y^2(x\,dy - y\,dx),$$

$$J_y = \frac{1}{4} \oint x^2(x\,dy - y\,dx), \tag{8.50}$$

diskretisiert

$$J_x = \frac{1}{16} \sum_{i=1}^{N} (y_i + y_{i+1})^2 (x_i y_{i+1} - y_i x_{i+1}),$$

$$\text{(8.51)}$$

$$J_y = \frac{1}{16} \sum_{i=1}^{N} (x_i + x_{i+1})^2 (x_i y_{i+1} - y_i x_{i+1}).$$

Alle genannten Größen können in *einem* Durchlauf der Randpunkte *gemeinsam* berechnet werden! Den Flächeninhalt A konvexer Figuren bestimme man zweckmäßig mit der verbesserten Formel (8.46), andernfalls verschieben sich x_s, y_s (geringfügig) in positive Achsenrichtung. In allen anderen Fällen sind keine krümmungsbedingten Korrekturen nötig.

Es gibt auch andere Diskretisierungsmöglichkeiten als die hier bevorzugte, bei der das diskretisierte Umlaufintegral (8.42) zwanglos in die Gaußschen Formeln (8.43) übergeht; vgl. z. B. Körber und Pforr (1985), Lenzmann und Lenzmann (1997). Zur oben gestellten Frage sei abschließend bemerkt, dass kein hinlänglicher Grund besteht, den geometrischen Schwerpunkt mit unzulänglichen Methoden zu ermitteln. Aus gemessenen oder digitalisierten Koordinaten von Grenz- bzw. Randpunkten lassen sich jene des Schwerpunktes mit (8.49) berechnen und ihre Fehler schätzen. So haben z. B. die letztgenannten Autoren den geometrischen Schwerpunkt des Stadtgebietes von Münster, Westfalen, mit mittleren quadratischen Koordinatenfehlern von ca. 0,5 m bestimmt.

8.3.3 Geometrische Größen aus Rasterdaten

Wie bei den Linienlängen ergänzen wir die Schätzungen mit weitabständigen Vektordaten durch solche mit dicht liegenden Rasterdaten, und zwar lediglich, um einige Besonderheiten zu benennen. Die Randlänge ist mit (8.27), rauhigkeitskorrigiert (8.28), und zwar unter der Annahme gleichhäufiger achsenparalleler und diagonaler Konturfolgeschritte, gegeben. Bei allen anderen Größen, z. B. dem Flächeninhalt, sind kaum Korrekturen nötig. Den Flächeninhalt kann man in *einem* Konturdurchlauf oder durch Zählen aller Pixel (Gitterpunkte) der Figur (des Segments) bestimmen. Das Umlaufintegral (8.41) sei schematisch in der diskreten Form

$$2\hat{A} = \sum_i (x_i \Delta y_i - y_i \Delta x_i) \tag{8.52}$$

geschrieben. Als Koordinatendifferenzen kommen, normiert auf Rasterweite Δ, nur die Werte $-1, 0, +1$ vor. Die y-Achse ist entsprechend dem Abtastmodus *line by line* nach unten orientiert. Damit $A > 0$ ausfällt, ist die Kontur im Urzeigersinn zu durchlaufen. Sei n_i die Anzahl der inneren Gitterpunkte und n_r die Anzahl der Randpunkte, dann gilt die (erste) Picksche Formel (Pick, 1899; Voss, 1988)

$$\hat{A} = n_i + n_r/2 - 1. \tag{8.53}$$

Die Schwerpunktkoordinaten können ebenfalls aus *einem* Konturdurchlauf bestimmt werden oder man bildet das Mittel aller Koordinaten x_i, y_i der Pixel P_i, die zur Figur gehören.

Beispiel 8.11: Flächenberechnung aus Rasterdaten. Fortsetzung von Beispiel 8.6, Abbildung 8.10 (rechts) mit Startpunkt $(0, 0)$.

In Tabelle 8.4 stehen die Koordinaten und -differenzen zeilenweise so, dass die jeweils übereinanderstehenden Werte miteinander zu multiplizieren sind. Mit (8.52) ergibt sich $2\hat{A} = (3+3+3-1)-(-2-3-3) = 16$, $\hat{A} = 8$, in Einheiten des Rasterquadrates. Alternativ zählt man $n_i = 4$ innere und $n_r = 10$ Randpunkte, so dass (8.53) das gleiche Ergebnis liefert. Die Schwerpunktkoordinaten sind $x_s = 3/2$, $y_s = 9/7$, in Einheiten der Rasterweite.

Startpunkt			Kodezeile								
$x_1 = 0$	$y_1 = 0$		0	0	0	6	6	5	4	3	2	2
x_i		0	1	2	3	3	3	2	1	0	0	0
	Δy_i	0	0	0	1	1	1	0	-1	-1	-1	
	y_i	0	0	0	0	1	2	3	3	2	1	0
Δx_i		1	1	1	0	0	-1	-1	-1	0	0	

Tabelle 8.4. Koordinaten und -differenzen der Randpunkte der Figur Abbildung 8.10, rechts.

8.4   Flächenzerlegungen

8.4.1   Zufällige Mosaike

Ebene Figuren kommen häufig nicht isoliert, sondern im Verbund vor, d. h. als Zerlegungen ebener Bereiche in Teilflächen (Segmente, Polygone), kurz und anschaulich *Mosaike* genannt. Wie bei den Einzelfiguren gibt es reguläre und irreguläre bzw. zufällige Mosaike (ZM); vgl. Abschnitt 4.1.4. Hier betrachten wir lediglich ebene stationäre ZM, speziell Geradenmosaike im Zusammenhang mit gewissen Generalisierungskriterien.

Bezüglich der Zerlegung eines endlichen Bereiches B kommen in der Eulerschen Charakteristik (6.27) nur Anzahlen von Knoten, Kanten und Teilflächen (einschließlich einer äußeren Fläche) vor; es ist eine rein *topologische* Invariante. Im ZM, gedeutet als Ausschnitt aus einer unendlich ausgedehnten Flächenzerlegung (ohne äußere Fläche) sind die Anzahlen gewisser Elemente je Flächeneinheit mit geometrischen Größen verknüpft, und zwar im statistischen Mittel. Einschlägige Mittelwertbeziehungen sind im Abschnitt 4.1.4, Tabelle 4.1 bereitgestellt und dort erläutert. Speziell entnehmen wir Tabelle 4.1 die Beziehung

$$\lambda_0 - \lambda_1 + \lambda_2 = 0, \qquad (8.54)$$

wobei λ_0, λ_1 und λ_2 die Knoten-, Kanten- und Zellenanzahlen je Flächeneinheit sind. Man kann sie als Eulerschen Polyedersatz für unendlich ausgedehnte Flächenzerlegungen deuten. Ebenso wie die Eulersche Charakteristik (6.27) hat sie gewisse Konsequenzen bezüglich der Strukturgeneralisierung.

Beispiel 8.12: Zusammenfassen von Teilflächen

Das Modell ZM ist ein geeignetes, wenn $\lambda_{0,1,2}$ große Zahlen sind, z. B. in Flächennutzungskarten. Beim Übergang vom Grundmaßstab $1 : M_G$ zum Folgemaßstab $1 : M_F$ mit $M_F > M_G$ sollen Teilflächen zusammengefasst werden, indem man Kanten eliminiert. Bezeichnen wir die Anzahlen der eliminierten Elemente mit $\lambda_{0,1,2}^{(G)} - \lambda_{0,1,2}^{(F)} =:$ $\Delta\lambda_{0,1,2}$, dann bleibt die Invariante (8.54) genau dann erhalten, wenn

$$\Delta\lambda_1 - \Delta\lambda_0 - \Delta\lambda_2 = 0 \qquad (8.55)$$

analog (6.30) ausfällt. Ebenso wie bei der Kantenauswahl in 6.5.4 kann die Auswahlregel (6.21) nicht gleichzeitig auf alle Elemente, hier auf die Anzahl der Teilflächen, in den Übungsaufgaben 6.2, 8.2 auf Kanten und Knoten, angewendet werden, andernfalls würde der Zusammenhalt des ZM (leicht) gestört.

Beispiel 8.13: Vergleich einer generalisierten Flächennutzungskarte mit der ursprünglichen ($M_G : M_F = 1 : 2$)

Die in beiden Karten gezählten, gemessenen und mit Hilfe der Mittelwertformeln in Tabelle 4.1 berechneten Größen stehen in Tabelle 8.5. Alle metrischen Größen sind auf den Grundmaßstab $1 : M_G$ bezogen. Die berechneten Mittelwerte s_2 bis k sind im Folgemaßstab $1 : M_F$ (*vor* der Transformation $M_G \rightarrow M_F$) sämtlich größer als im Grundmaßstab: Durch Zusammenfassen von Teilflächen vergrößern sich ihr mittlerer Inhalt, ihr mittlerer Umfang, usf. – Wegen der endlichen Stichproben ist die Beziehung (8.54) *nicht* korrekt erfüllt; stattdessen die Eulersche Charakteristik (6.27). Indessen genügen die mittleren Anzahlen $\Delta\lambda_{0,1,2}$ der eliminierten Elemente

gezählt/	λ_0	λ_1	λ_2	L		
gemessen	(je FE)	(je FE)	(je FE)	(cm)		
$1 : M_G$	591	1002	413	685		
$1 : M_F$	136	221	87	160		
berechnet	s_0	s_2	u_0 (cm)	u_2 (cm)	a (FE)	k (cm)
$1 : M_G$	3,40	4,86	2,32	3,32	0,00242	0,684
$1 : M_F$	3,28	5,13	2,35	3,68	0,0115	0,724

Tabelle 8.5. Zahlenwerte zu Beispiel 8.13

der Forderung (8.55). Die Verhältnisse

$$\lambda_0^{(F)}/\lambda_0^{(G)} \approx 0,23, \quad \lambda_1^{(F)}/\lambda_1^{(G)} \approx 0,22, \quad \lambda_2^{(F)}/\lambda_2^{(G)} \approx 0,21$$

lassen auf eine ausgewogene Knoten-, Kanten- und Zellenauswahl schließen. Im nachhinein kann man die Auswahlstufen $n_{0,1,2}$ bezüglich $\lambda_{0,1,2}$ aus (6.21) berechnen. Bei einem Verhältnis der Maßstabszahlen $M_G : M_F = 1 : 2$ ergibt sich

$$n = -\frac{2\ln(\lambda^{(F)}/\lambda^{(G)})}{\ln 2} \approx -2,885 \ln \frac{\lambda^{(F)}}{\lambda^{(G)}}$$

und daraus $n_0 \approx 4,2$, $n_1 \approx 4,4$, $n_2 \approx 4,5$. Nach den kartographisch motivierten Ausführungen im Abschnitt 6.5.1 ist wegen $n_{0,1,2} > 4$ die generalisierte Karte etwas geringer belastet als die ursprüngliche.

Die Umkehrung, Berechnung des Maßstabsverhältnisses bei Vorgabe einer Auswahlstufe, findet sich in der Übungsaufgabe 6.2.

8.4.2 Delaunay-Triangulation

Auf einem Bereich $\mathbb{B} \subset \mathbb{R}^2$ sei eine diskrete Menge $\{P_i\}$ von Punkten P_i zufällig verteilt. Diese Punktmenge soll nun die Grundlage für eine Zerlegung des ebenen Bereiches $\mathbb{B}$ in ein Dreieckmosaik bilden. Das Dreieckmosaik besteht aus der Vereinigung aller Dreiecke, die so gebildet werden, dass sich die Seiten nicht schneiden und jedes Dreieck exakt durch drei Punkte aus $\{P_i\}$ definiert wird, wobei diese Punkte Ecken des Dreiecks bilden. Eine Punktmenge kann unterschiedlich trianguliert werden, und um zwischen mehreren Triangulierungen zu wählen, müssen gewisse Entscheidungskriterien eingeführt werden, z. B.: Maximum-Minimum-Winkelkriterium, Minimum-Maximum-Flächenkriterium.

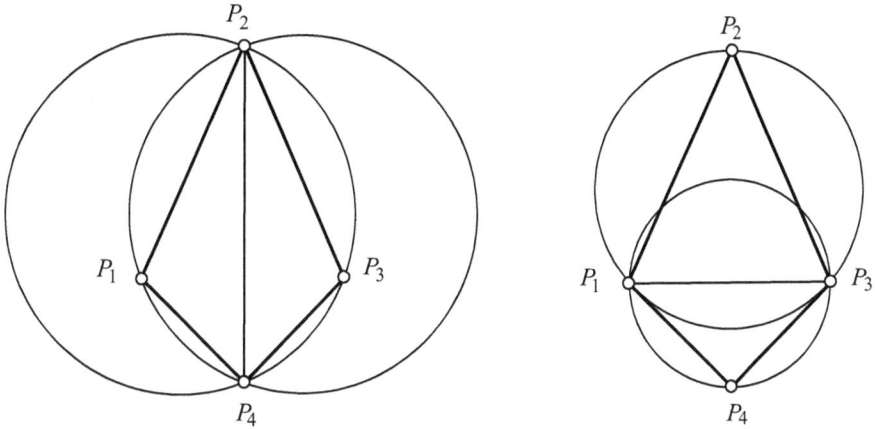

Abbildung 8.14. Keine Delaunay-Triangulation – Kreiskriterium nicht erfüllt (links) – und Delaunay-Triangulation – Kreiskriterium erfüllt (rechts).

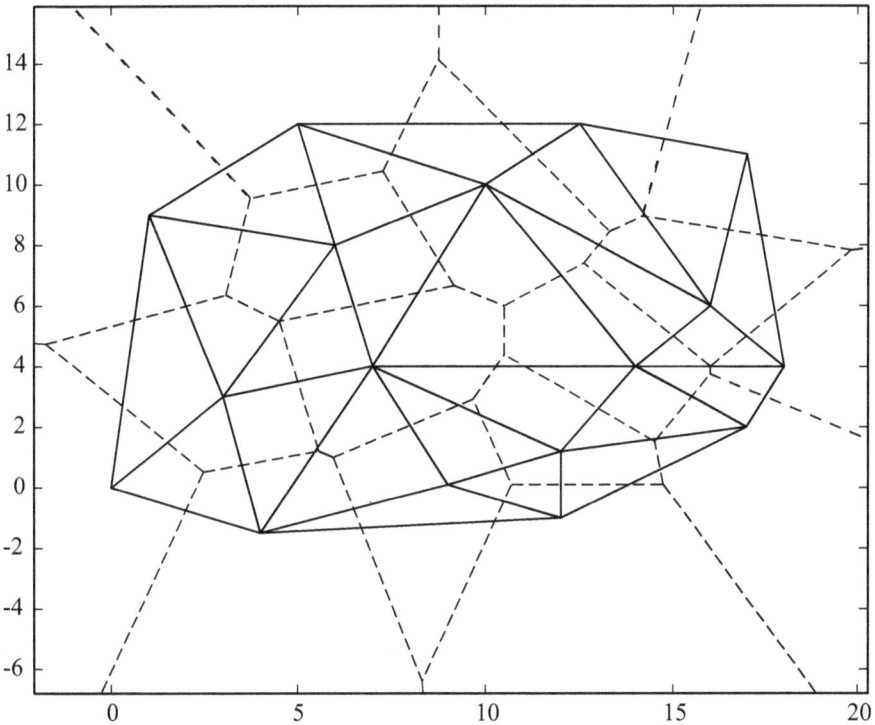

Abbildung 8.15. Delaunay-Triangulation (ausgezogen) und Voronoi-Mosaik (gerissen).

Trianguliert man die Punktmenge so, dass der kleinste aller Winkel möglichst groß wird, so entsteht die sog. Delaunay-Triangulation (Delaunay, 1934). Bei der Delaunay-Triangulation tendieren die Dreiecke zu möglichst gleichseitigen. Sie wird praktisch mit Hilfe des *Kreiskriteriums* konstruiert, wonach sich im Umkreis des Dreiecks mit Ecken P_i, P_j, P_k kein weiterer Punkt der gesamten Menge befindet. Diese Tatsache ist in Abbildung 8.14 am Beispiel von vier Punkten veranschaulicht. Wird das Umkreiskriterium für alle Dreiecke erfüllt, so wird die Delaunay-Triangulation bzw. das Delaunay-Mosaik gebildet. Als Nebenprodukt liefert die Delaunay-Triangulation eine *konvexe* Umhüllende der Punktmenge $\{P_i\}$.

Mit der Delaunay-Triangulation hängt das Voronoi-Mosaik zusammen, welches durch Verbindung von Zentren der benachbarten Kreise gebildet werden kann. Die abgeschlossenen Hüllen des Voronoi-Mosaiks nennt man die Zellen oder Dirichlet- bzw. Thiessen-Polygone des Mosaiks. Die Thiessen-Polygone bilden konvexe Zellen, die aus Punkten $Q \in \mathbb{R}^2$ bestehen, die von dem der Zelle zugehörigem Punkt P_i einen kleineren Abstand haben als zu allen anderen Punkten P_j der gegebenen diskreten Menge mit $i \neq j$. Die Dirichlet-Tesselation lässt sich auch durch Errichten der Mittelsenkrechten der Dreieckseiten der Delaunay-Triangulation erzeugen. Die Schnittpunkte der Streckensymmetralen sind die Knoten des Voronoi-Mosaiks, die mit den Zentren der Umkreise zusammenfallen. Der Delaunay-Triangulation kann man somit ein Voronoi-Mosaik zuordnen und umgekehrt ist die Delaunay-Triangulation die duale Struktur der Dirichlet-Tesselation. Ein Beispiel dafür ist in Abbildung 8.15 gezeigt.

Die Delaunay-Triangulation ist ein Standardverfahren in vielen Bereichen der Geodaten-Verarbeitung, insbesondere in der Digitaltopographie. Viele Beispiele sind hierzu bei Kraus (2000) angegeben. Die numerische Umsetzung des Delaunay-Algorithmus ist im Werk von Press et al. (2007) zu finden.

Übungsaufgaben zum Kapitel 8

Aufgabe 8.1: Formvergleich Quadratgitter – Dreieckgitter

Die im Abschnitt 10.1.3 behandelten zweidimensionalen Digitalfilter haben, da ihr Mittelungsgebiet vom Kreis abweicht, eine mehr oder weniger richtungsabhängige Wirkung. Mit diskreten Daten auf Quadratgittern ist die Anisotropie stärker ausgeprägt als mit solchen auf regulären Dreieckgittern. Dieser Unterschied ist mit dem Formfaktor in (8.38), dem Korrekturfaktor K_1 der Längen-Approximation (8.11) und der Pfeilhöhe ϵ (= größter senkrechter Abstand zwischen dem Bogen der Länge l und der Sehne der Länge s) mit

$$\epsilon^2 \approx \frac{3}{8}l^2\left(l - \frac{s}{l}\right) = \frac{3}{8}s^2 K_1^2\left(1 - \frac{1}{K_1}\right)$$

zu quantifizieren!

Lösung: 1) *Quadratgitter* mit vier direkten Nachbarpunkten im Abstand Δ (auf den Hauptachsen) und vier indirekten im Abstand $\sqrt{2}\Delta$ (auf den Diagonalen) zum Zentralpunkt. Gitterumfang $U_\square = 8\Delta$, Inhalt $A_\square = 4\Delta^2$, $F_\square = 16$. Probe mit Formel $F = 4N\tan(\pi/N)$ aus Tabelle 8.3: $F_\square = 16\tan(\pi/4) = 16$. Korrekturfaktor $K_1 =: K$, $K_\square = [\mathrm{sinc}(\pi/4)]^{-1} = \sqrt{2}\pi/4 \approx 1{,}11$. Pfeilhöhe bei $s = 2\Delta$:

$$\epsilon_\square^2 \approx \frac{3}{2}\Delta^2 K_\square^2\left(1 - \frac{1}{K_\square}\right) \approx 0{,}183\Delta^2, \quad \epsilon_\square \approx 0{,}428\Delta.$$

2) *Reguläres Dreieckgitter* mit sechs direkten Nachbarpunkten im Abstand Δ zum Zentralpunkt. Gitterumfang $U_\triangle = 6\Delta$, Inhalt $A_\triangle = 3\sqrt{3}\Delta^2/2$, $F_\triangle = 8\sqrt{3} \approx 13{,}9$, alternativ $F_\triangle = 24\tan(\pi/6) = 8\sqrt{3}$. Korrekturfaktor $K_\triangle = [\mathrm{sinc}(\pi/6)]^{-1} = \pi/3 \approx 1{,}047$. Pfeilhöhe bei $s = \Delta$:

$$\epsilon_\triangle^2 \approx \frac{3}{8}s^2 K_\triangle^2\left(1 - \frac{1}{K_\triangle}\right) \approx 0{,}0185\Delta^2, \quad \epsilon_\triangle \approx 0{,}136\Delta.$$

3) *Vergleich*: $4\pi < F_\triangle < F_\square$, $1 < K_\triangle < K_\square$, $0 < \epsilon_\triangle < \epsilon_\square$.

Aufgabe 8.2: Administrative Karte als zufälliges Mosaik

Die in Aufgabe 6.2 betrachtete Grundkarte entspricht einem zufälligen Mosaik mit nicht-geraden Kanten. Es ist zu prüfen, ob es approximativ als Stichprobe aus einem Voronoi-Mosaik angesehen werden kann (ausgenommen alle metrischen Größen).

Lösung: Die nachfolgenden Ist-Werte sind Anzahlen je Flächeneinheit. Die Soll-Werte des Voronoi-Mosaiks aus Tabelle 8.5 stehen in Klammern.

- *Zellen*: $F = \lambda_2 = \lambda = 53$ (ohne Außenfläche)
- *Kanten*: $K = \lambda_1 = 154$ ($3\lambda = 159$)
- *Knoten*: $E = \lambda_0 = 102$ ($2\lambda = 106$)
- *Kanten je Zelle*: $K/F = s_2 = 154/53 \approx 2{,}91$ ($s_2 = 3$)
- *Kanten je Knoten*: Da jede Kante zwischen *zwei* Knoten liegt, wird $2K/F = s_0 = 2(154/102) \approx 3{,}02$ ($s_0 = 3$).

Die geringen Unterschiede in den Anzahlen je Flächeneinheit sind dem begrenzten Stichprobengebiet geschuldet. Die Grundkarte kann man bezüglich der Elementeanzahlen (und nur dieser) approximativ als Ausschnitt aus einem Voronoi-Mosaik ansehen.

Aufgabe 8.3: Parabelförmige Flugbahn

Die Flugbahn $z(x)$ eines Balls in der Vertikalen, der im Punkt $(0,0)$ mit einer Anfangsgeschwindigkeit v_0 und unter einem Winkel α_0 senkrecht zur Torlinie abgeschossen wird, gibt Tolan (2010) mit

$$z(x) = x \tan \alpha_0 - \frac{g}{2v_0^2 \cos^2 \alpha_0} x^2$$

an. Bei welcher horizontalen Flugweite x trifft der Ball gerade noch das Tor in Höhe 2,44 m der Lattenunterkante, wenn $\alpha_0 = 45°$, $v_0 = 50\,\text{km/h}$, $g = 9{,}81\,\text{m/s}$? Mit den gleichen Größen bestimme man die Koordinaten der maximalen Flughöhe sowie die Fluglänge des Balls!

Aufgabe 8.4: Kopfballtor

Ein Kopfballtor mit Aufsetzer („Klose-Tor") habe in der Vertikalen die Spur $z(x) = h|\text{sinc}(\omega x)|$ mit den Parametern $h = 2\,\text{m}$, $\omega = 0{,}2\,\text{m}^{-1}$. An welcher Stelle und unter welchen Winkeln springt der Ball auf und ab? In welcher Höhe springt der Ball über die Torlinie, wenn er 8 m vor dieser abgeköpft wurde?

Kapitel 9

Fehlerschätzung an verrauschten Signalen

9.1 Vorbemerkungen zur Signalverformung

In den bisherigen Kapiteln haben wir die Geometrie stochastischer Signale vorzugsweise mit Hilfe der Prozesstheorie und – um zu expliziten Ergebnissen zu gelangen – unter mancherlei Voraussetzungen beschrieben. An manchen Stellen wurde auch auf die Empfindlichkeit oder Unempfindlichkeit gewisser Schätzungen gegenüber Abweichungen von Voraussetzungen wie Normalverteilung, Stationarität/Homogenität, Isotropie u. a. hingewiesen. Indessen erfüllen reale Signale aus Natur und Technik, schon gar nicht die gemessenen, registrierten oder weiterverarbeiteten die der Modellbildung zugrunde liegenden Annahmen. *Die eigentlichen Schwierigkeiten beginnen bei der Arbeit mit realen Daten*! Letztere können – im Sprachgebrauch der Signalverarbeitung – als Stichproben aus verformten (verzerrten, verrauschten) Signalen aufgefasst werden. Die Ursachen der Signalverformung sind vielfältiger Natur und ihre Wirkungen überlagern und mischen sich auf ebenso vielfältige, oft unübersichtliche Art und Weise. Gemessene Signale sind fehlerbehaftet. Die Messfehler pflanzen sich im Zuge der Datenverarbeitung, z. B. über lineare oder nicht-lineare Transformationen, fort. An erster Stelle stehen die *Erfassungsfehler*. Darunter zählt man zufällige und/oder nicht-zufällige Mess- und Registrierfehler, Prüf- bzw. Komparierungsfehler sowie Diskretisierungs- bzw. Digitalisierfehler. Sollen Signale oder stochastisch-geometrisch geformte Objekte aus diskreten (Vektor-)Daten wiederhergestellt werden, entstehen *Interpolationsfehler*, ggf. auch solche der Extrapolation, zusammengefasst unter dem Begriff *Vorhersage-* oder *Prädiktionsfehler*. Diese Art von Verarbeitungsfehlern kann man auch unter dem etwas weiter gefassten Begriff der *Approximationsfehler* einordnen. Im Abschnitt 9.3 befassen wir uns damit, wie sich die genannten Fehler auf die Genauigkeit geometrischer Größen auswirken.

Anstelle der linearen Prädiktion oder des verwandten Kriging als diskrete Varianten der Optimalfilterung hat sich die Spline-Approximation, die ebenfalls gewisse Optimalitätseigenschaften besitzt, durchgesetzt. Am einfachsten sind interpolierende, anspruchsvoller ausgleichende oder energieminimierende Splines (Abschnitt 10.3). Häufig werden Signale linearen Transformationen wie Linearkombination, Ausgleichung, Differentiation oder Integration bzw. Integraltransformationen unterworfen. Bei diesen Operationen beherrscht man die Fehlerfortpflanzung i. Allg. recht gut. Jede dieser Transformationen kann auch als Filter mit wohldefinierten Übertragungseigenschaften interpretiert werden; z. B. gibt es Interpolationsfilter, Integrations- oder Glättungsfilter usf.; es entstehen *Filtrationsfehler*. Eine spezielle, in den Kontext dieses

Buches passende Klasse von Filtern, solche mit geometrischen Restriktionen, wird im Abschnitt 10.1.2 betrachtet. Unter den Integraltransformationen nehmen in der Geodaten-Verarbeitung die *Spektraltransformationen* eine wichtige Stellung ein, darunter vor allem die Fourier-Transformation und neuerdings die Wavelet-Transformation mit ihren vorzüglichen Lokalisierungs-, Kompressions- und Approximationseigenschaften (Abschnitt 10.2). Denkt man sich noch die Fülle der nicht-linearen Operationen hinzu, so überdecken die verformten Signale ein weites Feld. Wir können es auch nicht annähernd vollständig bearbeiten, sondern nur jene Stellen, an denen Aussicht besteht, die Ergebnisse in den voranstehenden Kapiteln durch Qualitätsangaben zu bereichern.

Erfreulicherweise können Messfehler als Realisierungen von Rauschprozessen mit dem gleichen Werkzeug wie die zu messenden Signale behandelt werden. Das einfachste Modell ist die additive Überlagerung von Signal und Rauschen, das sog. additive Rauschen (Abschnitt 9.4). Als Standardverfahren zur Genauigkeitsschätzung mit Vektordaten bietet sich deshalb die Varianzfortpflanzung mit zufälligen Größen, Vektoren, Funktionen und Feldern an. Bei Rasterdaten ist der Qualitätsaspekt z. T. ein anderer: Es interessiert, wie sicher gewisse Bildelemente einem Objekt zugeordnet bzw. wie scharf die Grenzen zwischen benachbarten Objekten gezogen werden können. Probleme mit unscharfen Mengen (*fuzzies*) werden im Abschnitt 9.5 als Ergänzung zur geometrischen Genauigkeit von Vektordaten und ihren Derivaten (Abschnitt 9.3) angesprochen. Schließlich sei noch bemerkt, dass im nachfolgenden Kapitel 10 nicht die Numerik der Verfahren, sondern geometrische, insbesondere stochastisch-geometrische Gesichtspunkte im Vordergrund stehen.

9.2   Zur Qualität objektstrukturierter Geodaten

Geoinformationen werden heutzutage diskret, raumbezogen und objektstrukturiert in Datenspeichern (Geoinformationssystemen; GIS) abgelegt und verwaltet, bei Bedarf in Bildern, speziell in signaturierten Bildern (Karten) analog präsentiert. Den größten Anteil an den Datenbeständen haben nachweislich die Linienobjekte, einschließlich der Ränder (Konturen) von Flächenobjekten. Daher kommt der Qualität von Linien, -netzen, -scharen, reliefbezogenen Kurven und Kanten usf. eine besondere Bedeutung zu. Linien- und Flächenobjekte haben – generalisierend gesagt – geometrische, topologische und semantische Eigenschaften. Diese bestimmen, oft in ihren wechselseitigen Beziehungen, die (nicht notwendig statistische, sondern auch inhaltliche) relative Geoinformation, welche in den Objektmodellen über die natürlichen enthalten ist. Insofern ist die Qualitätsbeurteilung von Geodaten, GIS-Objekten und Folgeprodukten aller Art ein ganzheitliches Problem mit vielen Gesichtspunkten (Goodchild und Gopal, 1989; Caspary, 1992a; Zhang und Goodchild, 2002; Shi et al., 2002). Als unbedingt erforderliche Qualitätsmerkmale von Geodaten werden beispielsweise von Caspary (1993) Aussagen über die *Herkunft der Daten*, ihre *logische*

Konsistenz, Positionsgenauigkeit, Vollständigkeit, Attributgenauigkeit und *Aktualität* angesehen.

Eine lange Tradition haben Genauigkeitsbetrachtungen für topographische Karten (TK); man denke beispielsweise an die Koppesche Formel zur Beurteilung der Höhengenauigkeit von Schichtenplänen (Abschnitt 9.3.3) oder an die der Qualitätssicherung von TK dienenden Musterblätter. In Analogie zu solchen konventionellen Vorbildern bemüht man sich, bezüglich der unterschiedlich strukturierten GIS-Objekte, ihrer Basisdaten und Folgeprodukte allgemein anerkannte, mit DIN- und ISO-Normen konsistente Richtlinien interdisziplinär zwischen Geodäsie, Photogrammetrie, Bildverarbeitung und Geoinformatik auszuarbeiten. Dabei sind die o. a. Qualitäts*merkmale* in Qualitäts*modelle* zu integrieren. Die Arbeiten reichen von der Modellierung, der Geometrie und der Fehlerfortpflanzung (Veregin, 1989; Schwenkel, 1990; Caspary, 1992b; Chrisman, 1992; Stanek, 1994; Kraus und Kager, 1994; Bethge, 1997) über die Kombination hybrider Daten (Illert, 1995), ihre Konsistenz/Integrität (Plümer, 1996; Plümer und Gröger, 1997), die Visualisierung von Genauigkeitsmaßen (Kraus und Haussteiner, 1993) bis hin zu Qualitätskontrolle/Qualitätsmanagement und die Nutzeranforderungen am Geodatenmarkt (Joos et al., 1997; Schilcher, 1997; Caspary und Joos, 1998; Joos, 2000).

Unter den o. a. Qualitätsmerkmalen ist die Positionsgenauigkeit als geometrische bzw. stochastisch-geometrische Größe ein zentrales Schlüsselmerkmal. Man versteht darunter die Lagegenauigkeit eines Objektes im Raum. Aus sachlichen Gründen unterscheidet man häufig zwischen Lage und Höhe bzw. untersucht Lage- und Höhenfehler getrennt. Deshalb verstehen wir fortan unter Lagegenauigkeit jene in der Ebene (Abschnitte 9.3.1, 9.3.2) und bezeichnen jene in der dritten Dimension wie üblich als Höhengenauigkeit (Abschnitt 9.3.3). Die Lagegenauigkeit reliefbezogener Linien hängt wesentlich von der Genauigkeit der Höhendaten, aus denen sie abgeleitet wurden, ab. Deshalb kehren wir nach Erörterung der Höhengenauigkeit von TK und DHM noch einmal zur Lagegenauigkeit reliefbezogener Linien, speziell von Höhen- und Gewässerlinien, zurück (Abschnitt 9.3.4). Dass die geometrische Genauigkeit ein dominierendes Merkmal ist, ergibt sich aus den möglichen Einflüssen auf andere Merkmale. Zunächst einmal wird sie von der Erfassung der Primärdaten bestimmt. Zusammen mit der Vollständigkeit sind Aussagen über die geometrische Auflösung (*spacing*) beim Übergang von der Realität zum Modell möglich. Schließlich hat sie Einfluss auf Attributgenauigkeit und logische Konsistenz insofern, als etwa ungenaue Grenzen von Gebieten mit gewissen Eigenschaften die fehlerhafte Zuordnung von Attributen verursachen und topologische Beziehungen stören können.

Die hier als zentral herausgestellt Positionsgenauigkeit ist traditionsgemäß eine Domäne der Geodäsie, speziell der Fehlerthorie für Einzelpunkte, Punktfolgen (Polygonzüge; PZ) und Punktfelder (-netze). Um die Inhalte im folgenden Abschnitt 9.3 überblicksmäßig vorzubereiten, sind in Tabelle 9.1 Genauigkeitsmaße für ebene Objekte zusammengestellt, und zwar für punktförmige und polygonale Objekte (Abschnitt 9.3.1) sowie solcher mit regelloser Gestalt (Abschnitt 9.3.2). Dabei erweist

Objektklasse	Merkmal	Genauigkeitsmaß	Bemerkungen
Objekte mit analytisch beschreibbarer Gestalt			
punktförmige Objekte	Lagegenauigkeit	Punktfehler	mittels Messung in der realen Welt realisierbar
polygonale Objekte	Linienlage	Fehlerband	mittels Fehlerfort-
	Linienlänge	Längenfehler	pflanzung aus
	Linienrichtung	Richtungsfehler	Punktfehlern ableitbar
geschlossene Polygone	Flächeninhalt	Flächeninhaltsfehler	
Objekte mit regelloser Gestalt			
unregelmäßig	Linienlage	Lagefehler,	Einfluss von
gekrümmte		Fehlerband	Diskretisierung und
Kurven	Linienlänge	Längenfehler	Erfassungsfehlern,
	Krümmung	Krümmungsfehler	systematische und zufällige Effekte
geschlossene Kurven	Flächeninhalt	Flächeninhaltsfehler	

Tabelle 9.1. Genauigkeitsmaße für ebene Objekte (nach Bethge, 1997).

sich der Punktlagefehler, häufig abkürzend Punktfehler genannt, als ein Elementar-baustein zur Beurteilung der Lagegenauigkeit sowohl von punktförmigen Einzel-objekten und PZ als auch von digitalisierten Linienobjekten (LO).

9.3   Genauigkeit geometrischer Größen aus Vektordaten

9.3.1   Genauigkeit punktförmiger und polygonaler Objekte

Die Genauigkeit eines Punktes im euklidischen Raum wird durch die Kovarianzmatrix $\mathbf{C}$ der (zufälligen) Koordinatenfehler beschrieben. Um vom Koordinatensystem unab-hängige Genauigkeitsmaße zu erhalten, benutzt man in einem allgemeinen Punkt-fehlerkonzept (Grafarend, 1970) die Invarianten I_i der als symmetrischen Tensor 2: Stufe aufgefassten Matrix $\mathbf{C}$. Im $\mathbb{R}^2$ sind dies die Spur und die Determinante von $\mathbf{C}$, im $\mathbb{R}^3$ kommt noch die Spur der Adjunkte (des algebraischen Komplements) von $\mathbf{C}$ hinzu (siehe Formelschema 9.1, oben). Im 2D-(3D-)Fall besitzt $\mathbf{C}$ zwei (drei) reelle, positive Eigenwerte λ_i. Diese sind über die charakteristische Gleichung mit den Invarianten verknüpft. Im 2D-(3D-)Fall ergibt sich eine quadratische (kubische)

Invarianten $\mathbb{R}^2$　　　Charakteristische Gleichung　　　Invarianten $\mathbb{R}^3$

$$\text{sp } \mathbf{C} =: I_1 \qquad \det(\mathbf{C} - \lambda \mathbf{I}) = 0 \qquad \text{sp } \mathbf{C} =: I_1$$
$$\det \mathbf{C} =: I_2 \qquad\qquad\qquad \text{sp adj } \mathbf{C} =: I_2$$
$$\det \mathbf{C} =: I_3$$

$$\lambda^2 - I_1 \lambda + I_2 = 0 \qquad \lambda^3 - I_1 \lambda^2 + I_2 \lambda - I_3 = 0$$

$$\lambda_1 + \lambda_2 = I_1 \qquad\qquad \lambda_1 + \lambda_2 + \lambda_3 = I_1$$
$$\lambda_1 \lambda_2 = I_2 \qquad\qquad \lambda_1 \lambda_2 + \lambda_2 \lambda_3 + \lambda_3 \lambda_1 = I_2$$
$$\lambda_1 \lambda_2 \lambda_3 = I_3$$

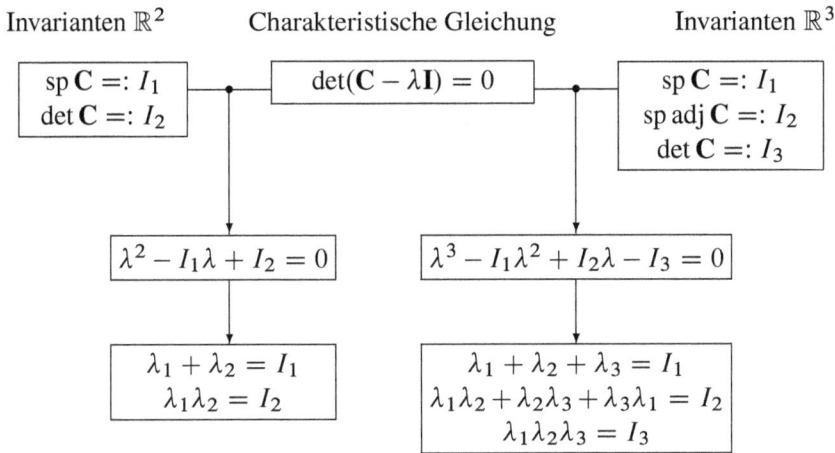

Schema 9.1. Beziehungen zwischen den Eigenwerten λ_i (reell, positiv) der Kovarianzmatrix $\mathbf{C}$ der Koordinatenfehler und den Invarianten I_i von $\mathbf{C}$, aufgefasst als symmetrischer Tensor 2. Stufe (nach Grafarend, 1970). $\mathbf{I}$ bezeichnet die Einheitsmatrix.

Gleichung in λ (Schema 9.1, Mitte). In den bekannten Eigenschaften ihrer Lösungen kommen die Beziehungen zwischen den I_i und λ_i idealsymmetrisch zum Ausdruck (Schema 9.1, unten). In Tabelle 9.2 sind Punktfehlerquadrate in Beziehung zu den I_i, λ_i zusammengestellt. Insbesondere entsprechen jene nach Möhle ($\mathbb{R}^2$) und Reißmann ($\mathbb{R}^3$) dem arithmetischen, jene nach Werkmeister ($\mathbb{R}^2$) und Grafarend ($\mathbb{R}^3$) dem geometrischen Mittel der Eigenwerte, ferner der angegebene Sonderfall den unkorrelierten Koordinatenfehlern mit gleichgroßen Varianzen. Sind die Koordinatenfehler korreliert, z. B. algebraisch als Folge einer Ausgleichung, empfiehlt es sich, zufällige Punktlagen durch Konfidenzellipsen, konventionell Fehlerellipsen genannt, zu beschreiben. Darunter versteht man ebene Vertrauensbereiche, welche die Punktlage mit einer gewissen Wahrscheinlichkeit überdecken. Ihre Größe hängt neben der frei wählbaren Irrtumswahrscheinlichkeit α bzw. dem Konfidenzniveau $1 - \alpha$ von den Elementen bzw. von den Eigenwerten der Kovarianzmatrix $\mathbf{C}$ ab; ihre Lage ist unabhängig von α. Im Sonderfall gleichgroßer, unkorrelierter Koordinatenfehler entstehen Fehlerkreise, deren Radien den in Tabelle 9.2 angegebenen Punktfehlern entsprechen können.

In PZ ist es mitunter zweckmäßig, die vom Koordinatensystem abhängigen Koordinatenfehler durch Längs- und Querfehler zu ersetzen. Letztere sind einerseits invariant gegenüber Koordinatentransformationen, andererseits der messtechnischen Situation angepasst; z. B. werden im konventionellen gestreckten PZ die Längsfehler (σ_l) von den Fehlern der Streckenmessung und die Querfehler (σ_q) von jenen der Winkel- oder Richtungsmessung verursacht. Es gilt die Zerlegung

$$\sigma_x^2 + \sigma_y^2 = \sigma_l^2 + \sigma_q^2 = \sigma_p^2 \quad \text{(Helmert)}; \qquad (9.1)$$

σ_P^2 $\mathbb{R}^2$		Speziell $\mathbf{C} = \sigma^2\mathbf{I}$	Punktfehler nach	σ_P^2 $\mathbb{R}^3$	Speziell $\mathbf{C} = \sigma^2\mathbf{I}$
$I_1 = \lambda_1 + \lambda_2$	$2\sigma^2$		Helmert (1868)	$I_1 = \lambda_1 + \lambda_2 + \lambda_3$	$3\sigma^2$
$\dfrac{I_1}{2} = \dfrac{\lambda_1 + \lambda_2}{2}$	σ^2		Möhle (1936)		
			Reissmann (1957)	$\dfrac{I_1}{3} = \dfrac{\lambda_1 + \lambda_2 + \lambda_3}{3}$	σ^2
$\sqrt{I_2} = \sqrt{\lambda_1\lambda_2}$	σ^2		Werkmeister (1920) Wilks (1932)	$\sqrt{I_2} =$ $\sqrt{\lambda_1\lambda_2 + \lambda_2\lambda_3 + \lambda_3\lambda_1}$	$\sqrt{3}\sigma^2$
			Grafarend (1970)	$\sqrt[3]{I_3} = \sqrt[3]{\lambda_1\lambda_2\lambda_3}$	σ^2

Tabelle 9.2. Punktfehlerquadrate σ_P^2 in Beziehung zu den Invarianten I_i und Eigenwerten λ_i im Schema 9.1 (nach Grafarend, 1970). $\mathbf{I}$ bezeichnet die Einheitsmatrix.

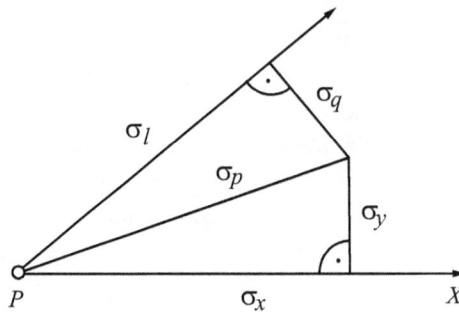

Abbildung 9.1. Standardabweichungen der Koordinatenfehler sowie der Längs- und Querfehler in einem Polygonpunkt P.

vgl. Abbildung 9.1. Sind Längs- und Querfehler korreliert, so liegt es nahe, Längs- und Querkorrelationsfunktionen entsprechend der Taylor-Karman-Beziehung (3.35) einzuführen (vgl. Abbildung 9.2). Anstelle der Kovarianzmatrix der Koordinatenfehler von n Punkten

$$\mathbf{C} = \begin{bmatrix} \sigma_{x_1}^2 & \sigma_{x_1 y_1} & \cdots & \sigma_{x_1 x_n} & \sigma_{x_1 y_n} \\ \sigma_{y_1 x_1} & \sigma_{y_1}^2 & \cdots & \sigma_{y_1 x_n} & \sigma_{y_1 y_n} \\ \vdots & \vdots & \ddots & \vdots & \vdots \\ \sigma_{x_n x_1} & \sigma_{x_n y_1} & \cdots & \sigma_{x_n}^2 & \sigma_{x_n y_n} \\ \sigma_{y_n x_1} & \sigma_{y_n y_1} & \cdots & \sigma_{y_n x_n} & \sigma_{y_n}^2 \end{bmatrix} \tag{9.2}$$

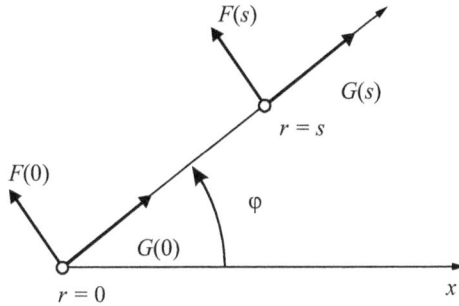

Abbildung 9.2. Polygonseite der Länge s und Richtung φ mit Längs- und Querkorrelations-funktionen $G(r)$, $F(r)$ im Anfangspunkt ($r = 0$) und im Endpunkt ($r = s$).

hat man dann die Kovarianzmatrix

$$
\mathbf{C} = \begin{bmatrix}
F(0) & 0 & F(r_{12}) + \mathrm{GF}\cos^2\varphi_{12} & \mathrm{GF}\cos\varphi_{12}\sin\varphi_{12} & \cdots \\
0 & F(0) & \mathrm{GF}\cos\varphi_{12}\sin\varphi_{12} & F(r_{12}) + \mathrm{GF}\sin^2\varphi_{12} & \cdots \\
\vdots & \vdots & \vdots & \vdots & \ddots
\end{bmatrix} \tag{9.3}
$$

mit $\mathrm{GF} := [G(r_{12}) - F(r_{12})]$.

Die Struktur dieser Matrix besagt, dass die Fehlerellipsen aller Punkte gleichgroße Kreise, die Koordinaten direkt oder indirekt benachbarter Punkte korreliert, dagegen die Koordinaten *eines* Punktes allesamt nicht korreliert sind. Im nachfolgenden Bei-spiel werden die Konsequenzen dieses Ansatzes sichtbar.

Beispiel 9.1: Längen- und Richtungsfehler einer Polygonseite

Die Fehlervarianz der Länge $s = \sqrt{\Delta x^2 + \Delta y^2}$ mit $\Delta x = x_2 - x_1$, $\Delta y = y_2 - y_1$ berechnet sich nach der allgemeinen Varianzfortpflanzung (2.46) wie folgt:

$$
\sigma_s^2 = \mathbf{a}^\top \mathbf{C}\mathbf{a}, \quad \mathbf{a} = \left[\frac{\partial s}{\partial x_1}, \frac{\partial s}{\partial y_1}, \frac{\partial s}{\partial x_2}, \frac{\partial s}{\partial y_2}\right] = \frac{1}{s}\left[-\Delta x, -\Delta y, \Delta x, \Delta y\right],
$$

$\mathbf{C}$ entsprechend (9.2) für $n = 2$,

$$
\sigma_s^2 = \frac{1}{s^2}[\Delta x^2(\sigma_{x_1}^2 - 2\sigma_{x_1 x_2} + \sigma_{x_2}^2) + \Delta y^2(\sigma_{y_1}^2 - 2\sigma_{y_1 y_2} + \sigma_{y_2}^2)
$$

$$
+ 2\Delta x \Delta y(\sigma_{x_1 y_1} + \sigma_{x_2 y_2} - \sigma_{x_1 y_2} - \sigma_{x_2 y_1})]. \tag{9.4}
$$

Bezüglich Längs- und Querfehler notieren wir die Matrix (9.3) für $n = 2$ Punkte in der Form

$$
\mathbf{C} = \begin{bmatrix} \mathbf{A} & \mathbf{B} \\ \mathbf{B} & \mathbf{A} \end{bmatrix} \tag{9.5}
$$

mit

$$\mathbf{A} = \begin{bmatrix} F(0) & 0 \\ 0 & F(0) \end{bmatrix},$$

$$\mathbf{B} = \begin{bmatrix} F(s) + [G(s) - F(s)]\cos^2\varphi & [G(s) - F(s)]\sin\varphi\cos\varphi \\ [G(s) - F(s)]\sin\varphi\cos\varphi & F(s) + [G(s) - F(s)]\sin^2\varphi \end{bmatrix},$$

setzen die Elemente von $\mathbf{C}$ in (9.4) ein und erhalten

$$\sigma_s^2 = 2[F(0) - G(s)]. \tag{9.6}$$

Die Querkorrelation hat erwartungsgemäß keinen Einfluss auf den Längenfehler, während ihn eine positive Längskorrelation verkleinern würde. Im Falle vollständig unkorrelierter Eingangsgrößen mit $F(0) = \sigma^2$, $G(s) = 0$ wird

$$\sigma_s^2 = 2\sigma^2 = \sigma_p^2, \tag{9.7}$$

d. h. die Varianz des Längenfehlers entspricht dem Punktfehlerquadrat nach Helmert, wie man es von der einfachen Fehlerfortpflanzung her kennt.

Analog berechnet man die Fehlervarianz der Seitenrichtung $\varphi = \arctan(\Delta y/\Delta x)$ mit

$$\mathbf{a}^\top = \left[\frac{\partial\varphi}{\partial x_1}, \frac{\partial\varphi}{\partial y_1}, \frac{\partial\varphi}{\partial x_2}, \frac{\partial\varphi}{\partial y_2}\right] = \frac{1}{s^2}\left[\Delta y, -\Delta x, -\Delta y, \Delta x\right]$$

zu

$$\sigma_\varphi^2 = \frac{1}{s^4}[\Delta x^2(\sigma_{y_1}^2 - 2\sigma_{y_1 y_2} + \sigma_{y_2}^2) + \Delta y^2(\sigma_{x_1}^2 - 2\sigma_{x_1 x_2} + \sigma_{x_2}^2)$$
$$+ 2\Delta x\Delta y(\sigma_{x_1 y_2} + \sigma_{x_2 y_1} - \sigma_{x_1 y_1} - \sigma_{x_2 y_2})], \tag{9.8}$$

in Termen der Längs- und Querfehler mit den Elementen der Matrix (9.5) zu

$$\sigma_\varphi^2 = 2[F(0) - F(s)]/s^2. \tag{9.9}$$

Die Längskorrelation hat keinen Einfluss auf den Richtungsfehler und eine positive Querkorrelation würde ihn verringern. Im Falle vollständig unkorrelierter Eingangsgrößen mit $F(0) = \sigma^2$, $F(s) = 0$ bekommt man die aus der einfachen Fehlerfortpflanzung bekannte Formel

$$\sigma_\varphi^2 = 2\sigma^2/s^2 = \sigma_p^2/s^2. \tag{9.10}$$

Beispiel 9.2: Lagefehler einer Polygonseite

Die o. a. Längen- und Richtungsfehler bzw. die Fehler des Anfangs- und Endpunktes einer Polygonseite bestimmen auch ihre zufällige Lage. Man denke sich ein Bündel

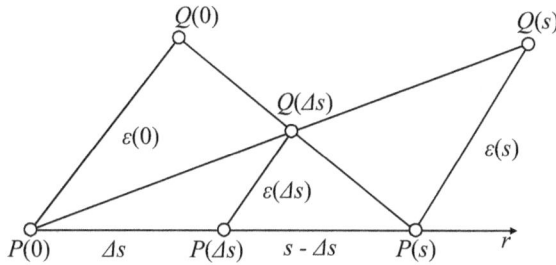

Abbildung 9.3. Lagefehler ε im Anfangspunkt ($r = 0$), Zwischenpunkt ($r = \Delta s$) und im Endpunkt ($r = s$) einer Polygonseite der Länge s.

Mikadostäbchen variabler Länge, fasse es in der Mitte zusammen und lasse es fallen. Anschaulich ist klar, dass die Umgrenzung der zufälligen Lage aller Stäbchen, von denen jedes eine potentiell mögliche Streckenlage repräsentiere, am Anfang und Ende am breitesten und in der Mitte am schmalsten ausfällt. Um den Sachverhalt zu quantifizieren, betrachten wir fehlerfrei gedachte Sollpunkte $P(\Delta s)$, $0 \leq \Delta s \leq s$ entlang der Strecke s sowie mit Fehlern $\varepsilon(\Delta s)$ behaftete Istpunkte $Q(\Delta s)$; vgl. Abbildung 9.3.

Die Fehler $\varepsilon(0)$ von $Q(0)$ und $\varepsilon(s)$ von $Q(s)$ beeinflussen $\varepsilon(\Delta s)$ in jedem Zwischenpunkt. Bezüglich des Einflusses von $\varepsilon(0)$ auf $\varepsilon(\Delta s)$ und von $\varepsilon(s)$ auf $\varepsilon(\Delta s)$ gilt lt. Strahlensatz

$$\frac{\varepsilon(\Delta s)}{\varepsilon(0)} = \frac{s - \Delta s}{s} \quad \text{und} \quad \frac{\varepsilon(\Delta s)}{\varepsilon(s)} = \frac{\Delta s}{s}.$$

Daraus folgen die Teilvarianzen

$$\sigma^2_{\varepsilon(\Delta s)} = \left(\frac{s - \Delta s}{s}\right)^2 \sigma^2_{\varepsilon(0)} \quad \text{und} \quad \sigma^2_{\varepsilon(\Delta s)} = \left(\frac{\Delta s}{s}\right)^2 \sigma^2_{\varepsilon(s)}.$$

Nimmt man nun vollständig unkorrelierte, gleichgroße Fehler im Anfangs- und Endpunkt mit Punktfehlern $\sigma_{P(0)} := \sigma_{\varepsilon(0)} = \sigma_{\varepsilon(s)}$ an, addieren sich die Teilvarinazen zu

$$\sigma^2_P(\Delta s) = \sigma^2_P(0)\left[\left(\frac{s - \Delta s}{s}\right)^2 + \left(\frac{\Delta s}{s}\right)^2\right] \leq \sigma^2_P(0) \qquad (9.11)$$

mit dem Minimum $\sigma^2_P(0)/2$ bei $s = s/2$. Das Gleichheitszeichen gilt für $\Delta s = 0$ und $\Delta s = s$. Die Einhüllende aller Fehlerkreise mit Radius $\sigma_P(\Delta s)$ ergibt ein *Fehlerband*, welches – im Sinne eines Vertrauensbereiches – die Polygonseitenlage überdeckt (Abbildung 9.4).

Fehlerbänder können auch durch Simulation erzeugt werden (Dutton, 1992; Caspary und Scheuring, 1992; Scheuring, 1995). Alternativ berechnete Bethge (1997) die Bandform als Einhüllende ungleichgroßer Fehlerellipsen und stellte sie in Termen unterschiedlicher Längs- und Querfehler im Anfangs- und Endpunkt dar. Zur Beurteilung des Lagefehlers sind auch andere Maßzahlen geeignet, z. B. der Flächeninhalt

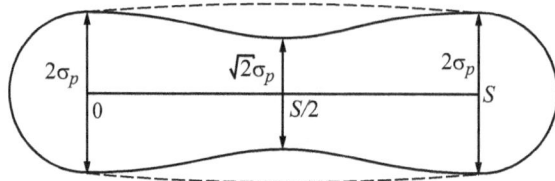

Abbildung 9.4. Fehlerband eine Polygonseite der Länge s als Einhüllende von Fehlerkreisen nach Formel (9.11). Aufwölbung des Bandes als Folge der PZ-Approximation einer gekrümmten Kurve (gerissene Linien).

F des Fehlerbandes, indem man über die Radien der Fehlerkreise von $\Delta s = 0$ bis $\Delta s = s$ integriert und den Inhalt beider Halbkreise am Anfang und Ende hinzufügt. So erhält man F mit $\sigma_P(\Delta s)$ nach (9.11) aus

$$F = \frac{2\sigma_P(0)}{s} \int_0^s \sqrt{2x^2 - 2sx + s^2}\, dx + 2\frac{\pi}{2}\sigma_P^2(0)$$

$$- 1{,}632 s\sigma_P(0) + \pi\sigma_p^2(0). \tag{9.12}$$

Eine ausführliche Diskussion aller möglichen Genauigkeitsbewertungen der Poygonseitenlage findet sich bei Bethge (1997, S. 17–20). Welche man letztendlich vorzieht, hängt von den praktischen Erfordernissen ab.

Korrelationen können die Fehlerschätzung deutlich beeinflussen; vgl. z. B. die Formeln (9.4), (9.6), (9.8) und (9.9). Indessen sind sie häufig unbekannt. bzw. können nur aus umfangreichen Stichproben sicher genug geschätzt werden. Dies trifft vor allem auf die Fehler digitalisierter LO zu. Ergebnisse empirischer Untersuchungen über die Eigenschaften von Digitalisierfehlern legten u. a. Johannsen und Giebels (1978), Carstensen (1990), Fischer (1990) vor. Häufig genug muss man sich mit der einfachen Fehlerfortpflanzung begnügen; vgl. z. B. die Formeln (9.7) und (9.10) bis (9.12). Auch im nachfolgenden Beispiel nehmen wir unkorrelierte Eingangsgrößen an.

Beispiel 9.3: Flächeninhaltsfehler eines Polygons

Die Fortpflanzung der Koordinatenfehler auf den Flächeninhalt eines Polygons wurde u. a. von Griffith (1989) und Schwenkel (1990) untersucht. Am einfachsten gelangt man mit den Gaußschen Formeln (8.43) zum Ziel, denn man erkennt sofort die Einflüsse der Koordinatenfehler auf $\hat{A}_o$:

$$\frac{\partial \hat{A}_o}{\partial x_i}\sigma_{x_i} = \frac{1}{2}(y_{i+1} - y_{i-1})\sigma_{x_i}, \qquad \frac{\partial \hat{A}_o}{\partial y_i}\sigma_{y_i} = -\frac{1}{2}(x_{i+1} - x_{i-1})\sigma_{y_i}.$$

Für gleichgroße Varianzen $\sigma_{x_i}^2 = \sigma_{x_i}^2 =: \sigma^2$ folgt damit

$$\sigma_{\hat{A}_o}^2 = \frac{\sigma^2}{4} \sum_{i=1}^{n} S_i^2 \quad \text{mit} \quad S_i^2 = (x_{i+1} - x_{i-1})^2 + (y_{i+1} - y_{i-1})^2 \qquad (9.13)$$

sowie $x_{N+1} = x_1$, $y_{N+1} = y_1$. Ergebnisse der korrelierten Fehlerfortpflanzung finden sich für bestimmte Strukturen der Kovarianzmatrix (9.2) bei Griffith (1989), ein Beispiel zu Fehlern der Schwerpunktkoordinaten ebener Polygone, in die ebenfalls der (fehlerbehaftete) Flächeninhalt eingeht, bei Lenzmann und Lenzmann (1997).

9.3.2 Genauigkeit stochastisch gekrümmter Objekte

Die Genauigkeit polygonaler Objekte wird ausschließlich von den Erfassungsfehlern bestimmt. Anders verhält es sich bei den stochastisch gekrümmten. Werden letztere durch Polygone approximiert und aus den Folgen der PP wiederhergestellt, entstehen Interpolationsfehler, die sich den Erfassungsfehlern überlagern. Erfassungsfehler wirken aufrauhend (Hochpass), die Interpolation glättet (Tiefpass), so dass sich die entgegengesetzten Effekte in der Überlagerung zum Teil gegenseitig aufheben.

Am einfachsten gestaltet sich die Fehlermodellierung, wenn man annimmt, dass die Erfassungsfehler unabhängig von den Kurveneigenschaften, speziell der Krümmung, sind, so dass beide Fehlereinflüsse getrennt untersucht werden können. Eine solche Vorraussetzung ist allerdings an digitalisierten LO nicht immer gegeben. Ferner ist es wieder zweckmäßig, Längs- und Querfehler, resp. Längs- und Querkorrelationsfunktionen einzuführen: Der Fehler in Normalenrichtung (Querfehler) entspricht der Abweichung des Kurvenpunktes von seiner tatsächlichen Lage und der Fehler in Tangentenrichtung (Längsfehler) einer Abweichung der tatsächlichen Tastweite vom vorgegebenen Wert; man hat von vornherein mit variablen Tastweiten zu rechnen. Die auf Normalen- und Tangentenrichtung orientierte Fehlermodellierung ist unabhängig vom Koordinatensystem, in welchem die PP registriert sind, und wird der realen Fehlersituation digitalisierter LO, wie sie seit langem, z. B. aus den umfangreichen empirischen Untersuchungen von Johannsen und Giebels (1978) bekannt ist, gerecht.

Um die Abweichung einer ebenen Kurve vom approximierenden PZ zu beschreiben, ist die Kurvenkrümmung als Änderung der Kurvenrichtung (TWF) nach der Bogenlänge s, Formel (8.4), der geeignete Parameter. An stochastisch gekrümmten Kurven betrachtet man zweckmäßigerweise einen Richtungsprozess $\Phi(s)$ und einen Krümmungsprozess $\dot{\Phi}(s)$ mit den Eigenschaften 2. Ordnung (8.5) bis (8.7). Am einfachsten ist es natürlich, mit einem stationären Prozess $\Phi(s)$, speziell mit konstanten Varianzen σ_Φ^2, $\sigma_{\dot{\Phi}}^2$ zu rechnen. Ist diese Vorraussetzung nicht zulässig, empfiehlt es sich, $\Phi(s)$ in einen deterministischen Trend $\varphi_1(s)$ und einen stationären Anteil $\Phi_2(s)$ zu zerlegen:

$$\Phi(s) = \varphi_1(s) + \Phi_2(s). \qquad (9.14)$$

Die Herleitung geeigneter Genauigkeitsmaße für geschätzte geometrische Größen wie Krümmung, Linienlänge und -lage erfordert die konsequente Anwendung der Prozesstheorie. In den nachfolgenden Beispielen wird auf die umfangreichen Rechnungen verzichtet; diese findet man bei Bethge (1997, S. 33–56). Es weden lediglich die Endformeln angegeben sowie Voraussetzungen und Konsequenzen bezüglich ihrer praktischen Anwendung benannt. Dabei folgen wir, insbesondere im Beispiel 9.4, ziemlich genau den überblicksmäßigen Darstellungen in der genannten Arbeit.

Beispiel 9.4: Krümmungsfehler

Die zufällige Kurvenkrümmung $\dot{\Phi}$ werde unter der Annahme, dass die Abtastung mit konstanter Weite Δs erfolgte, aus Richtungsdifferenzen benachbarter Polygonseiten gemäß

$$\hat{\dot{\Phi}}(s) = (\Phi_{P,2} - \Phi_{P,1})/\Delta s \qquad (9.15)$$

approximiert. Die Schätzung (9.15) ist erwartungstreu mit dem Erwartungswert Null und der Varianz

$$\mathsf{E}\{\hat{\dot{\Phi}}^2\} \approx \sigma_{\dot{\Phi}}^2 - \frac{(\Delta s)^2}{6}\sigma_{\ddot{\Phi}}^2. \qquad (9.16)$$

Die mittlere quadratische Abweichung zwischen der tatsächlichen Krümmung und ihrer Schätzung ist

$$\mathsf{E}\{[\hat{\dot{\Phi}}(s_i) - \dot{\Phi}]^2\} \approx \frac{(\Delta s)^4}{144}\sigma_{\dddot{\Phi}}^2 . \qquad (9.17)$$

Dabei bezeichnen $\sigma_{\dot{\Phi}}^2$, $\sigma_{\ddot{\Phi}}^2$, $\sigma_{\dddot{\Phi}}^2$ die Varianzen der 1. bis 3. Ableitung von $\Phi(s)$. Aus (9.16) ersieht man, dass die Krümmungsvarianz unterschätzt wird und aus (9.17), dass sich mit zunehmender Tastweite die Approximation rasch verschlechtert. Wenn sich die Zerlegung (9.14) notwendig macht, ändern sich Erwartungswert und Varianz der Schätzung:

$$\mathsf{E}\{\hat{\dot{\Phi}}\} \approx \dot{\varphi}_1(s_i), \quad \mathsf{E}\{[\hat{\dot{\Phi}} - \mathsf{E}\hat{\dot{\Phi}}]^2\} \approx \mathsf{E}\{\hat{\dot{\Phi}}_2^2\}. \qquad (9.18)$$

Die mittlere quadratische Abweichung kann mit

$$\mathsf{E}\{[\dot{\Phi}(s_i) - \hat{\dot{\Phi}}]^2\} \leq \frac{(\Delta s)^4}{144}\Big(\max_{s_i \leq t \leq s_i + \Delta s} (\ddot{\varphi}_1(t))^2 + \sigma_{\dot{\Phi}_2}^2\Big) \qquad (9.19)$$

abgeschätzt werden. Der Erwartungswert der Schätzung und auch die Approximationsgenauigkeit hängen in diesem Fall vom Parameter s ab.

Bis hierher sind nur die Diskretisierungseffekte beschrieben. Realistischerweise müssen nun noch die Erfassungsfehler berücksichtigt werden. Unter der Annahme, dass die Querfehler in benachbarten Punkten mit ϱ_1, die in jedem zweiten Punkt mit ϱ_2 korreliert, die Längsfehler dagegen vollständig unkorreliert sind, ergibt sich die Varianz der Krümmungsschätzung zu

$$E\{\hat{\dot{\Phi}}^2\} \approx \sigma_{\dot{\Phi}}^2 - \frac{(\Delta s)^2}{6}\sigma_{\dddot{\Phi}}^2 + \frac{\sigma_{\dot{\Phi}}^2}{2(\Delta s)^2}\sigma_l^2 + \frac{6 - 8\varrho_1 + 2\varrho_2}{(\Delta s)^4}\sigma_q^2 \qquad (9.20)$$

und die mittlere quadratische Abweichung zwischen $\dot{\Phi}$ und der Schätzung $\hat{\dot{\Phi}}$ vergrößert sich im Vergleich zu (9.17) auf

$$E\{[\dot{\Phi}(s_i) - \hat{\dot{\Phi}}]^2\} \approx \frac{(\Delta s)^4}{144}\sigma_{\dddot{\Phi}}^2 + \frac{\sigma_{\dot{\Phi}}^2}{2(\Delta s)^2}\sigma_l^2 + \frac{6 - 8\varrho_1 + 2\varrho_2}{(\Delta s)^4}\sigma_q^2. \qquad (9.21)$$

Außer der Genauigkeit der Krümmungsschätzung interessiert besonders jene der Krümmungsvarianz

$$\widehat{\sigma_{\dot{\Phi}}^2} = \frac{1}{(\Delta s)^2}\sum_{i=1}^{N-1}\frac{\varphi_{P_{i+1}} - \varphi_{P_i}}{N-1}, \qquad (9.22)$$

z. B. in der stochastisch-geometrischen Approximation von Linienlängen (Abschnitt 8.1.3). Wenn $\Phi(s)$ stationär, unterscheidet sich der Erwartungswert der Schätzung (9.22) nicht von der Varianz der Krümmungsschätzung (9.20). An dieser Formel erkennt man die aufrauhende Wirkung der Erfassungsfehler (Terme mit σ_l^2, σ_q^2) und den Glättungseffekt infolge Diskretisierung (Term mit negativem Vorzeichen): Bei kleinen (großen) Tastweiten Δs überwiegt der Einfluss der Erfassungsfehler (der Glättungseffekt). Um den Sachverhalt zu veranschaulichen, ist in Abbildung 9.5 die Differenz zwischen der Varianz der Krümmungsschätzung (= Erwartungswert der Krümmungsvarianzschätzung (9.22) im stationären Fall) und der tatsächlichen Krümmungsvarianz über Δs in einem speziellen Fall aufgetragen: $\sigma_l^2 = 0$, $\sigma_q^2 = 0.1$, $\varrho_1 = \varrho_2 = 0$,

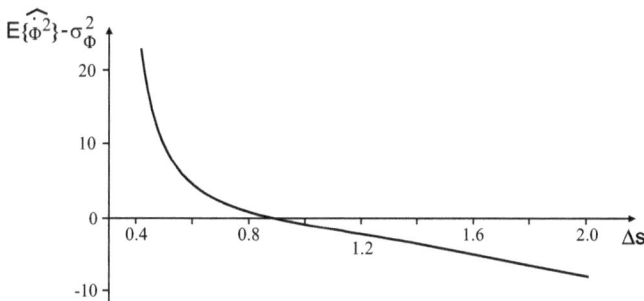

Abbildung 9.5. Einfluss von Erfassungsfehlern und Diskretisierungseffekten bei Krümmungsschätzungen. Erläuterungen im Beispiel 9.4.

AKF $C_{\Phi\Phi}(s) = \exp(-s^2)$. Die Tastweite, bei der die genannte Differenz verschwindet, ist in praxi sicher nicht zu bestimmen. Immerhin dürfte es möglich sein, bei Kenntnis der Erfassungsfehler den Gültigkeitsbereich der Schätzung (9.22) einzugrenzen. Im Beispiel 8.2, Abbildung 9.4, empirisch geschätzte Krümmungsvarianzen an Fließgewässern, haben wir einerseits festgestellt, dass eine gute Annäherung an die tatsächliche Varianz nur mit genügend kleiner Tastweite möglich ist. Andererseits darf sie nach Abbildung 9.5 nicht zu klein sein, um den Einfluss der Erfassungsfehler zu begrenzen. Eine Überabtastung stochastisch gekrümmter LO erweist sich deshalb keineswegs als sinnvoll.

Beispiel 9.5: Lagefehler

Wird eine stochstisch gekrümmte Kurve abgetastet, ist neben den Tastfehlern, Fehlerband gemäß Formel (9.11), Abbildung 9.4, noch die zufällige Abweichung des Bogens von der Polygonseite der Länge s zu berücksichtigen. Diese als Pfeilhöhe bezeichnete Abweichung ε_H ist in den PP gleich Null und in der Mitte am größten, so dass sich das Fehlerband aufwölbt (gerissene Linien in Abbildung 9.4). Wenn die TWF der Kurve als stationär angenommen werden kann, verschwindet der Erwartungswert von ε_H und die Varianz von ε_H in jedem Kurvenpunkt Δs mit $0 \leq \Delta s \leq s$ ist

$$\sigma_{\varepsilon_H}^2(\Delta s) \approx \Delta s^2 (s - \Delta s)^2 \sigma_{\dot\Phi}^2/4, \qquad (9.23)$$

hängt also von der (konstanten) Krümmungsvarianz $\sigma_{\dot\Phi}^2$ ab. (Man beachte, dass in diesem Beispiel Δs eine variable Länge ist und s approximativ der Tastweite entspricht.) Die Pfeilhöhenvarianz (9.23) ist in den PP ($\Delta s = 0$ und $\Delta s = s$) ebenfalls Null und hat ihr Maximum an der Stelle $\Delta s = s/2$:

$$\sigma_{\varepsilon_H}^2(s/2) \approx \Delta s^4 \sigma_{\dot\Phi}^2/64. \qquad (9.24)$$

Ist die TWF instationär und ist eine Zerlegung wie (9.14) möglich, dann bleibt zwar die Varianz (9.23) erhalten, aber es kommt noch der vom Trend $\varphi_1(s)$ abhängige systematische Anteil

$$\mathsf{E}\{\varepsilon_H(s)\} \approx \Delta s(\Delta s - s)\dot\varphi_1(s)/2 \qquad (9.25)$$

hinzu, der ebenfalls in den PP verschwindet. Zusätzlich können variable Tastweiten und die Korrelation der Querfehler das resultierende Fehlerband asymmetrisch verformen. Die Diskretisierungseffekte (9.23) bis (9.25) braucht man nur bei weitabständiger Abtastung, z. B. in charakteristischen Punkten (Abschnitt 8.1.3, (2)), zu berücksichtigen; bei dichter Abtastung dominieren die Erfassungsfehler. Ferner kann man sie vernachlässigen, wenn die Kurven aus den Folgen der PP mit Splines höherer als von erster Ordnung interpoliert worden sind.

Beispiel 9.6: Längen- und Flächeninhaltsfehler

Die systematische Verkürzung der Linien durch PZ-Approximation kann man mit der krümmungsabhängigen Korrektur jeder einzelnen Polygonseitenlänge, Formeln (8.12), (8.13), oder der PZ-Länge insgesamt, Formel (8.24), weitgehend kompensieren. An natürlichen LO liefert die stochastisch-geometrische Approximation (8.24) die genauesten Ergebnisse; vgl. Beispiel 8.4, Tabelle 8.1. Der Korrekturfaktor K_2 in (8.24) enthält als kritische Größe einen Schätzwert der Krümmungsvarianz. Die Erfassungsfehler bestimmen daher nicht nur die Genauigkeit der PZ-Länge $\hat{L}_0$ (Beispiel 9.1), sondern gehen auch in K_2 ein. Somit sind die Fehlereinflüsse von $\hat{L}_0$ und von K_2 auf die krümmungskorrigierte Länge $\hat{L}_2$ *nicht* voneinander unabhängig. Ebenso wie beim Schätzen der Krümmung, Varianz (9.20), überlagern sich Erfassungsfehler und Diskretisierungseffekte. Die Abhängigkeit der resultierenden Fehler von der Tastweite Δs ist qualitativ ähnlich wie in Abbildung 9.5. Bei kleinen Δs dominieren die Erfassungsfehler, K_2 unterscheidet sich von Eins höchstens in der Größenordnung 10^{-3}, so dass die Fehlervarianz von $\hat{L}_2$ gleich jener der PZ-Länge $\hat{L}_0$ gesetzt werden kann. Der Diskretisierungseffekt wirkt erst bei großen Δs. In solchen Fällen reicht es praktisch aus, die Fehlervarianz von $\hat{L}_2$ mit

$$\sigma^2_{\hat{L}_2} \approx K_2^2 \sigma^2_{\hat{L}_0} \geq \sigma^2_{\hat{L}_0} \qquad (9.26)$$

abzuschätzen. Wird jede Polygonseite für sich mit K_1 entsprechend (8.12) korrigiert, ersetze man in (9.26) K_2 durch einen Mittelwert $\overline{K}_1$.

Die gleichen Überlegungen kann man zum Flächeninhalt ebener Figuren mit stochastisch gekrümmtem Rand anstellen. Der Flächeninhalt $\hat{A}_0$ des approximierenden Polygons einer *konvexen* Figur kann, ebenso wie ihre Randlänge, krümmungskorrigiert werden; vgl. die Korrekturformeln (8.44) bis (8.46). Bei großen Tastweiten empfiehlt sich die Fehlervarianz des korrigierten Inhalts $\hat{A}_1$, genähert

$$\sigma^2_{\hat{A}_1} \approx \overline{K}_a^2 \sigma^2_{\hat{A}_0} \geq \sigma^2_{\hat{A}_0}, \qquad (9.27)$$

wobei $\overline{K}_a$ ein Mittelwert der Korrekturfaktoren bezüglich der Teilflächen ist. In allen anderen Fällen reicht es aus, die Fehlervarianz des approximierenden Polygons $\sigma^2_{\hat{A}_0}$ nach Formel (9.13) anzuhalten.

9.3.3 Höhengenauigkeit

Die Genauigkeit von Geländehöhen hängt vom Aufnahmeverfahren, von der Geländestruktur, speziell von der Geländeneigung, der Weiterverarbeitung der Primärdaten (Ausdünnung, Interpolation, Generalisierung), schließlich von der analogen Präsentation (Höhenschichtpläne, TK) oder der Speicherung diskreter Daten in DHM/DGM ab (Kraus, 2000; Hake et al., 2002). Beginnen wir mit dem konventionellen Bestand.

Beispiel 9.7: Topographische und photogrammetrische Aufnahmefehler

In den früheren topographischen Geländeaufnahmen mit Messtisch, Kipregel, Tachymeter wurde der Punktabstand zu $s = \sqrt{M}$ (in Meter) angehalten, z. B. $s \approx 30\,\text{m}$ (100 m) bei Maßstabszahlen $M = 10^3$ (10^4) der Aufnahme, und der mittlere Höhenfehler mit $\sigma_h = k\sqrt{M}$ abgeschätzt, z. B. $k = 0{,}003\,\text{m}$ im Flachland, $\sigma_h = 3\,\text{dm}$ für die TK 10 (Töpfer, 1962). Etwa die gleiche Genauigkeit erzielt man aus photogrammetrischen Aufnahmen mit Weitwinkelkammer (Tabelle 9.3). Der mittlere Höhenfehler aus Luftbildauswertungen hängt von der Kammerkonstanten c und dem Bildmaßstab $1 : M_B$ ab. Die Zahlenwerte in Tabelle 9.3 sind nach Kraus (1994a) aus

$$\sigma_h = k \cdot c \cdot M_B/1000 \qquad (9.28)$$

mit den Konstanten $k = 0{,}25$ für Höhenlinien und $k = 0{,}15$ für Höhenprofile oder -raster berechnet.

Bildwinkel:	NW	WW	ÜWW	$M_B/10^3$
c/m	0,30	0,15	0,085	
σ_h/m	1,00	0,49	0,28	13
(Höhenlinien)	0,45	0,22	0,13	6
σ_h/m	0,58	0,29	0,17	13
(Profile, Raster)	0,27	0,14	0,08	6

Tabelle 9.3. Mittlere Höhenfehler aus Luftbildern (in Meter) für Normalwinkel-, Weitwinkel- und Überweitwinkelkammern mit Konstanten c, Bildmaßstabszahl M, Standardbildformat 23 cm × 23 cm.

Beispiel 9.8: Höhengenauigkeit in Karten (Interpolationsfehler)

Der mittlere Fehler einer aus einer TK mit Maßstabszahl M und Schichthöhe (Äquidistanz) z auf oder zwischen den Höhenlinien entnommenen Höhe h ist nach Koppe (1902, 1905)

$$\sigma_h = a(z) + b(M)\tan\alpha. \qquad (9.29)$$

Diese auch heute noch gültige Fehlerformel enstand aus den Genauigkeitsanforderungen beim Trassieren von Fernbahnen vor mehr als einem Jahrhundert. Daher ist bereits die (maximale) Geländeneigung $\tan\alpha = |\text{grad}\,h|$ berücksichtigt. Die Konstante $a(z)$ beschreibt den Einfluss der Diskretisierung auf der Ordinate bzw. den Interpolationsanteil und die Konstante $b(M)$ jenen der maßstabsabhängigen Lageunsicherheit der

Relieftyp	Neigung α^0	Schichthöhe z/m						σ_h zulässig
		0,25	0,5	1	2,5	5	10	
Flachland	0	0,10	0,21	0,42				0,3
	2,5		0,26	0,47	1,1			0,6
	5			0,53	1,2	2,2		1,3
Hügelland	7,5			0,58	1,2	2,3		2,0
	10				1,3	2,3	4,4	
Bergland	20	\multicolumn{2}{}{$0.2M/1000 = 1$}	1	1,5	2,5	4,6	3,0
Gebirge	35	\multicolumn{3}{}{$\sigma_h = 1{,}25(z/3 + \tan\alpha)$}		3,0	5,0	4,0
	$z/3$	0,08	0,17	0,33	0,83	1,7	3,3	

Tabelle 9.4. Mittlere Höhenfehler (in Meter) als Funktion der Geländeneigung α und der Schichthöhe z in einer TK 5. Zulässige Werte lt. Musterblatt (rechts) zum Vergleich.

Höhenlinien. Beide Konstanten werden in verschiedenen Modifikationen angegeben, z. B. nach Töpfer (1960)

$$\sigma_h \approx 1{,}25 \left(\frac{z}{3} + \frac{0{,}2\,M}{1000} \tan\alpha \right). \qquad (9.30)$$

Bei gleicher Geländeneigung sind gleiche, im Bergland größere, im Flachland kleinere Höhenfehler zu erwarten, z. B. ist in der DGK 5 der mittlere Höhenfehler von der Größenordnung Dezimeter (Meter) im Flachland (Hügel- und Bergland); vgl. die zahlenmäßige Auswertung von (9.30) in Tabelle 9.4. Im Gebirge wird σ_h mit der Koppeschen Formel in der Regel *über*schätzt. Dort gilt eher die Faustformel $\sigma_h \approx z/3$ (Tabelle 9.4, letzte Zeile), entsprechend der Drei-Sigma-Regel der Fehlerstatistik, wonach der als $3\sigma_h$ definierte Maximalfehler nicht größer als die Schichthöhe sein kann.

Beispiel 9.9: Höhengenauigkeit in Karten (Generalisierungsfehler)

Beim Übergang $M_1 \to M_2$ ($M_2 > M_1$) wird auch die Reliefdarstellung vereinfacht (größere Schichthöhe, glattere Höhenlinien). Der ursprüngliche Höhenfehler (σ_{h_1}) vergrößert sich um den Generalisierungsfehler (σ_G) gemäß

$$\sigma_{h_2}^2 = \sigma_{h_1}^2 + \sigma_G^2 \quad \text{mit} \quad \sigma_{h_2}^2/\sigma_{h_1}^2 = (M_2/M_1)^n$$

lt. Auswahlregel nach Töpfer (1962, 1979). Danach ist die Fehlervarianz infolge Generalisierung

$$\sigma_G^2 = \sigma_{h_2}^2 - \sigma_{h_1}^2 = \sigma_{h_1}^2 [(M_2/M_1)^n - 1]. \qquad (9.31)$$

Sei speziell $\sigma_{h_1} \approx z_1/3$ (Steilgelände), $M_2/M_1 = 2$, $n = 1$. In diesem Fall wird $\sigma_G^2 = z_1^2/9 \approx \sigma_{h_1}^2, \sigma_h^2 \approx 2\sigma_{h_1}^2$.

Es hat in der Vergangenheit nicht an Versuchen gefehlt, die Koppesche Formel (9.29) zu modifizieren bzw. zu verbessern. Sieht man vom Steilgelände ab, hat sich jedoch an ihrer Struktur bis heute nichts geändert. Neuerdings können mit ihr auch Höhenfehler in DHM quantifiziert werden.

Beispiel 9.10: Höhenfehler in Laser-DHM

Die Auflösung der Laserabtastung ist seit den ersten Anfängen enorm gesteigert worden; man kann mit mindestens einer Punkthöhe je Quadratmeter rechnen. Zum Aufbau von DHM mit Gitterweite 10 m oder mehr stehen also genügend Daten zur Auswahl/Mittelung/Interpolation bereit. Wenn die Daten nach Höhe und Lage so in das Koordinatensystem eingepasst werden, dass systematische Verzerrungen ausgeschlossen sen, ferner Grobfehler wegen Mehrfachreflexionen im bewachsenen Gelände beseitigt sind, verbleibt ein mittlerer Höhenfehler

$$\sigma_h = \frac{a}{\sqrt{n}} + b \tan \alpha. \tag{9.32}$$

Im Gegensatz zu TK ist σ_h in DHM maßstabsfrei. In (9.29) hängt der erste Term von der Schichthöhe z (= Tastweite auf der Höhenkoordinate) ab, hier nun von der Punktanzahl n, d. h. letztlich von der Abtastrate in der Ebene. Nach Mitteilung von Prof. Karl Kraus (†), Wien liegen empirisch ermittelte Konstanten a zwischen 5 und 6 cm und b zwischen 34 und 37 cm. Bei Fehlervorabschätzungen kann man $a = 6$ cm, $b = 40$ cm setzen.

Höhenfehler der unterschiedlichsten Messsysteme kann man in ihrer räumlichen Verteilung, ebenso wie die zu messenden Reliefs selbst, als Zufallsfelder modellieren. Die Beschreibung technischer und topographischer Oberflächen, einschließlich der verrauschten, mit zweidimensionalen stochastischen Prozessen geht auf frühe Arbeiten von Longuet-Higgins (1957), Nayak (1971), Botman et al. (1975), Kubik und Botman (1976), Sayles und Thomas (1978) zurück. Bezüglich des Rauschens sind einschränkende Vorraussetzungen wie z. B. Normalverteilung oder Homogenität eher zulässig als am zu messenden Relief selbst. Unterstellt man Homogenität, liegt auch eine spektrale Betrachtungsweise nahe (Tempfli, 1980, 1982). Sind die genannten Vorraussetzungen nicht erfüllt, sei es durch systematische Fehler und/oder viele Ausreißer, empfehlen sich robuste statistische Schätzmethoden (siehe z. B. Höhle und Höhle, 2009).

Beispiel 9.11: DHM Tharandt. Korrelationsfunktion der Höhenfehler

Das DHM Tharandt mit Gitterweite $\Delta = 125$ m wurde für Testzwecke aus einer TK 25 mit Schichthöhe $z = 10$ m generiert. Trotz Interpolation zwischen (glatten)

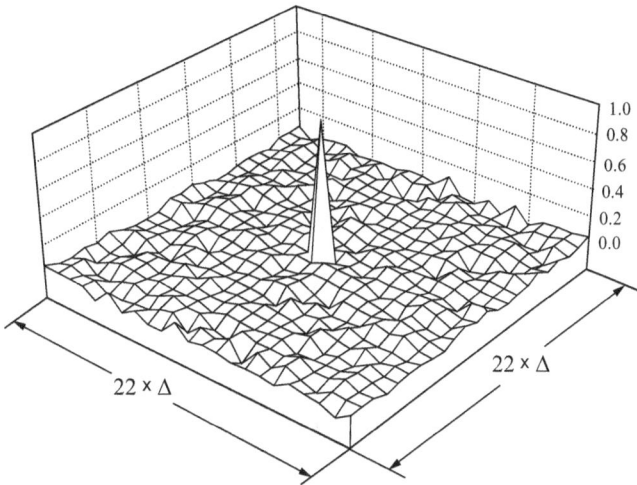

Abbildung 9.6. DHM Tharandt. Korrelationsfunktion der Höhenfehler.

HL sind die Korrelationen, selbst zwischen benachbarten Werten, klein. Die Korrelationsfunktion (Abbildung 9.6) kann genähert als jene eines breitbandigen homogenisotropen Rauschens entsprechend Beispiel 3.1 im Abschnitt 3.2.1 angesehen werden.

Korrelationen wie im letzten Beispiel können dazu dienen, die Genauigkeit von Größen, die aus DHM-Daten abgeleitet wurden, realistisch zu beurteilen; z. B. sind die Fehlervarianzen von Höhenunterschieden $\Delta h = h_2 - h_1$ und mittleren Geländeneigungen $\Delta h/\Delta$

$$\sigma^2_{\Delta h} = 2\sigma^2(1-\varrho), \quad \sigma^2_{\Delta h/\Delta} = 2\sigma^2(1-\varrho)/\Delta^2, \tag{9.33}$$

wenn $\sigma^2_{h_1} = \sigma^2_{h_2} =: \sigma^2$ und ϱ der Korrelationskoeffizient zwischen den Höhenfehlern von h_1 und h_2 ist. Vernachlässigt man die in der Regel positiven Nachbarschaftskorrelationen, werden die genannten Fehler überschätzt. – Der Fehlervarianz zweiter Differenzen widmet sich die Übungsaufgabe 9.1.

Schwach korreliert sind auch benachbarte Höhenunterschiede aus geometrischen Nivellements, insbesondere aus Präzisionsnivellements mit mittleren Fehlern von 0,3 bis 0,5 mm je Kilometer (Hin-Rück-)Doppelmessung. Die Fortpflanzung der elementaren Ablese- bzw. Registrierfehler auf den Höhenunterschied wird mit Hilfe der Filtertheorie in den Abschnitten 10.1.1, 10.1.2 (Beispiele 10.2, 10.6) untersucht. Zu den klassischen Höhenmessverfahren zählt auch die (in der Regel stündliche) Registrierung der Wasserstände an Küstenpegeln. Der *Permanent Service for Mean See Level* (PSMSL) hält qualitätsgeprüfte Reihen mittlerer Wasserstände weltweit verteilter Pegelstationen vor (Woodworth und Player, 2003). Die Genauigkeit monatlicher oder jährlicher Mittelwerte ist i. Allg. besser als 1 cm (Torge, 2003). Druckpegelmessungen in der Flachsee und in Binnengewässern leisten das Gleiche (Richter, 2007). Im Abschnitt 10.1.2, Beispiel 10.4 wird gezeigt, wie man Gezeitenwirkungen durch gleitende Mittelbildung äquidistanter Wasserstandsbeobachtungen minimieren kann.

An leistungsfähigen Höhenmessgeräten sind neben den Laserscannern die Radaraltimeter zu nennen. Über die *Shuttle Radar Topography Mission* (SRTM) zur Ableitung eines weltweiten Höhenmodells liegen detaillierte Genauigkeitsuntersuchungen von Kleusberg und Klaedtke (1999a, b) Koch und Heipke (2001), Koch et al. (2002), Reich (2001) vor. Die Satellitenaltimetrie (ab 1975) dient vor allem der Erfassung der regionalen und globalen Meerestopographie (= Unterschied zwischen dem Meeresspiegel und dem Geoid als Äquipotentialfläche), des mitteleren Meeresspiegels (als geglättetes Abbild des Meeresbodens) und seines säkularen Anstiegs. Neben dem Abschmelzen der Gletscher, des Meer- und Inlandeises hat daran die thermische Ausdehnung des Meerwassers maßgeblichen Anteil und ist ein Indikator der Erderwärmung, wie sie vom Internationalen Ausschuss zur Untersuchung des Klimawandels (*Intergovernmental Panel on Climate Change*; IPCC) vorhergesagt wird (vgl. Beispiel 9.12, Tabelle 9.5). Als bisher erfolgreichste Altimetermissionen sind TOPEX/Poseidon (13 Jahre Messzeit, Orbitwiederholzeit ca. zehn Tage) sowie die Nachfolgemission Jason-1 mit gleicher Charakteristik zu nennen. Verfeinerte Auswertemethoden, z. B. Korrekturen wegen athmosphärischer Laufzeitverzögerung der Mikrowellenimpulse, interner Effekte des Messsystems und geophysikalischer Effekte gewährleisten eine Genauigkeit altimetrisch bestimmter Meeresspiegelhöhen von 3 bis 5 cm (Chelton et al., 2001; Menard et al., 2003; Ablain und Dorandeu, 2005; Faugere et al., 2006; Novotny, 2007), ferner DGFI München (2006/2007), steht also jener von GPS-Höhen kaum noch nach. Die Höhengenauigkeit der ungestörten, quasistationären Meeresoberfläche wird von Torge (2003) mit 5 bis 10 cm angegeben. Die genannten Genauigkeitsmaße resultieren einerseits aus der Analyse der einzelnen Anteile des Fehlerhaushalts, andererseits aus den Höhendifferenzen von Doppelmessungen an gleichen Orten, den Kreuzungspunkten der Satellitenspuren (*crossover*). Obwohl dieser Abschnitt der Höhengenauigkeit gewidmet ist, verlockt es gerade dazu, abschließend noch einen Blick auf gewisse Ergebnisse der Satellitenaltimetrie (im Vergleich mit Pegel- und GPS-Messungen im Küstenbereich) zu werfen.

Beispiel 9.12: Mittlerer Meeresspiegelanstieg und postglaziale Landhebung

Die Genauigkeit und Zuverlässigkeit altimetrisch bestimmter Höhen gewährleisten, teils in Kombination mit jahrzehntelangen Pegelmessreihen und gestützt durch ozeanographische Modelle, sichere Angaben zum weltweiten Meeresspiegelanstieg (Datenauswahl in Tabelle 9.5). Der Anstieg im säkularen Vorhersageintervall des IPCC wird bereits an seiner unteren Grenze erreicht bzw. überschreitet diese und es deutet sich an, dass sich der Trend noch verstärkt. Die Anstiegsraten variieren auf den

Mittlerer Meeresspiegelanstieg, global

Vorhersage (1990–2100)	*Quelle*
1,8 bis 4,5 mm/Jr.	IPCC
Pegelmessungen	
1,8 mm/Jr.	Douglas (1997)
Pegelmessungen (1950–2000) und Altimetermessungen	
1,8 mm/Jr.	Church et al. (2004)
Altimetermessungen	
$(3,4 \pm 0,1)$ mm/Jr.	DGFI (2006/2007)

Mittlerer Meeresspiegelanstieg, Ostsee

Pegelmessungen	
1,9 mm/Jr.	Johansson et al. (2002)
Altimetermessungen	
$(1,2 \pm 0,8)$ mm/Jr.	Novotny (2007)

Postglaziale Landhebung, Fennoskandien

Pegelmessungen			
$0,2 \pm 1,4$ (W);	$5,9 \pm 0,9$ (S);	$12,0 \pm 1,7$ (K) mm/Jr.	Novotny (2007)
Pegel- und Altimetermessungen			
	$7,2 \pm 0,4$;	$10,4 \pm 0,4$ mm/Jr.	Kuo et al. (2004)
GPS-Messungen			
	$5,8 \pm 0,2$;	$10,4 \pm 0,4$ mm/Jr.	Johansson et al. (2002)

Tabelle 9.5. Mittlerer Meeresspiegelanstieg und postglaziale Landhebung. Ausgewählte Daten nach Novotny (2007). Pegel Warnemünde (W), Stockholm (S), Kemi (K) am nördlichen Ende des Bottnischen Meerbusens.

Weltmeeren zeitlich und räumlich sehr stark; der mittlere Anstieg des Ostseeniveaus folgt knapp dem mittleren globalen Anstieg. Die Beträge der mittleren Landhebung im Ostseeraum, in Tabelle 9.5 (unten) an je einem Pegel der südlichen, mittleren und nördlichen Ostsee als Auswahl aus insgesamt 26 Pegelstationen (Novotny, 2007) dokumentiert, sind ebenfalls auf hohem Genauigkeitsniveau gesichert; sie nehmen entsprechend der quartären fennoskandischen Vereisung bekanntermaßen von Nord nach Süd ab.

9.3.4 Genauigkeit interpolierter Höhen- und Gewässerlinien

Die Genauigkeit interpolierter Höhen- und Gewässerlinien wird wie jene beliebig anderer stochastisch gekrümmter Linien (Abschnitt 9.3.2) von Erfassungs- und Interpolationsfehlern bestimmt. Lediglich anstelle der Erfassungsfehler in der Lage, z. B. Digitalisierfehler, hat man jetzt solche der Höhenwerte, z. B. in DHM, einzuführen. Als Lagefehler der betrachteten Linien verstehen wir wieder den Abstand eines interpolierten Punktes vom tatsächlichen senkrecht zur Kurvenrichtung (= Querfehler). Der mittlere Lagefehler von HL in TK wird gewöhnlich mit

$$\sigma_L = \sigma_h \cot \alpha = b + a \cot \alpha, \tag{9.34}$$

also als Umkehrung der Koppeschen Formel (9.29) angegeben (Hake et al., 2002). Der mittlere Höhenfehler σ_h überträgt sich mit dem Kotangens der Geländeneigung auf den mittleren Lagefehler σ_L. Die Konstante b bewertet die Zeichengenauigkeit und die Konstante a den Einfluss der Geländeneigung.

Die Genauigkeit von HL, abgeleitet aus DHM, wurde schon frühzeitig untersucht (Ackermann, 1978, 1980). Da die Höhenfehler in DHM ebenfalls mit der Koppeschen Formel quantifiziert werden können (Beispiel 9.10, Laser-DHM), gilt auch die Umkehrung (9.34) für HL aus DHM (Kraus, 1994b). Gleiches trifft für die Uferlinien stehender Gewässer einschließlich stationärer Hochwässer zu. An Uferlinien fließender Gewässer kann analog zur Krümmungsschätzung (Abschnitt 8.2.2, Formeln (8.34), (8.35)) der Schnitt einer Schrägebene z mit dem Relief h betrachtet werden. Der mittlere Lagefehler der in die (x, y)-Ebene projizierten Uferlinie (= HL des Reliefs $h_1 := h - z$) mit dem Gradienten (8.34) ist

$$\sigma_L \approx \sigma_h / |\text{grad } h_1| = \sigma_h / \sqrt{(h_x - a)^2 + (h_y - b)^2}, \tag{9.35}$$

d. h. umso größer, je weniger sich die Gradienten des Reliefs und der Wasseroberfläche in der lokalen Umgebung der Schnittlinie unterscheiden. In praktischen Anwendungen mit unsicheren Eingangsdaten dürfte die einfache Formel (9.34) immer ausreichen; vgl. dazu die Übungsaufgabe 9.3.

Die größten Interpolationsfehler entstehen bei linearer Interpolation und in der Mitte zwischen den Stützpunkten. Die Fehlervarianz entspricht der Pfeilhöhenvarianz (9.23) mit dem Maximum (9.24). Sie hängt vom Stützpunktabstand Δs in vierter Potenz und von der Varianz der Kurvenkrümmung ab. Da σ_Φ^2 einerseits nicht in jedem Fall sicher genug geschätzt werden kann (vgl. Beispiele 8.8, 9.4) und andererseits bei Vorabschätzungen (noch) unbekannt ist, empfiehlt es sich, diese Größe 2. Ordnung bezüglich der HL durch solche des Reliefs, numerisch der DHM-Höhen, gemäß (8.33), (8.36) zu ersetzen. In Kombination mit (9.24) folgt dann

$$\sigma_L^2 \approx \Delta^4 \cot^2 \alpha \cdot C_{HH}^{(IV)}(0) \tag{9.36}$$

mit dem Schätzwert (8.37) der Varianz der Reliefwölbung im homogenen und isotropen (mindestens lokal-isotropen) Modell; vgl. Übungsaufgabe 9.5. Der Stützpunktabstand ist jetzt die Gitterweite Δ. Bei Bedarf könnte man sogar eine neigungsabhängige Weite $\Delta(\alpha)$ derart festlegen, dass (9.36) eine vorgegebene Schranke S nicht überschreitet:

$$\Delta(\alpha) \leq [64S \tan^2 \alpha / C_{HH}^{(IV)}(0)]^{1/4}. \tag{9.37}$$

Indessen werden Gitterweiten nach anderen Gesichtspunkten als der Interpolationsgenauigkeit von HL festgelegt (Abschnitt 6.4.3). Außerdem sind die Lagefehler bei nicht-linearer Interpolation gegenüber dem Einfluss der Höhenfehler auf die Lagefehler vernachlässigbar. So liegen beispielsweise die mittleren Lagefehler einer vorhergesagten ÜGG an der Rappbode, Harz (Beispiel 8.8) auf Grund fehlerbehafteter Geländehöhen in der Größenordnung Meter, jene der linearen Interpolation in der Größenordnung Dezimeter (Bethge, 1997, S. 74–77). So wie die Koppesche Formel (9.29) im Steilgelände versagt, liefert die Umkehrung (9.34) im Flachgelände unsichere Werte: Die Lagefehler werden deutlich überschätzt, am Beispiel Rappbode bei Neigungen $\alpha < 4°$.

9.4   Zur Trennung von Signal und Rauschen

Man kann das Problem, zugeschnitten auf das häufig benutzte einfache Modell des additiven Rauschens (und ggf. Stationarität), wie folgt formulieren: Gemessen werde das verrauschte Signal

$$r = s + n \quad \text{mit} \quad m_r = m_s + m_n,$$
$$C_{rr} = C_{ss} + C_{sn} + C_{ns} + C_{nn}, \tag{9.38}$$
$$S_{rr} = S_{ss} + S_{sn} + S_{ns} + S_{nn},$$

das verformte Signal

$$\hat{s} \quad \text{mit} \quad m_{\hat{s}}, \quad C_{\hat{s}\hat{s}}, \quad S_{\hat{s}\hat{s}} = U \, S_{ss} \tag{9.39}$$

mit U als sog. Übertragungsfunktion, oder das verrauschte *und* verformte Signal

$$\hat{r} = \hat{s} + \hat{n} \quad \text{mit} \quad m_{\hat{r}} = m_{\hat{s}} + m_{\hat{n}},$$
$$C_{\hat{r}\hat{r}} = C_{\hat{s}\hat{s}} + C_{\hat{s}\hat{n}} + C_{\hat{n}\hat{s}} + C_{\hat{n}\hat{n}}, \quad S_{\hat{r}\hat{r}} = U \, S_{rr}. \tag{9.40}$$

Gesucht ist das (weitgehend) rausch- und verformungsfreie Signal s mit m_s, C_{ss}, S_{ss}. Dieser Abschnitt ist dem Teilproblem (9.38) gewidmet; die Signalverformung durch lineare Transformationen wird im Kapitel 10 behandelt.

Ein Rauschprozess kann als geophysikalischer Prozess und mit dem interessierenden Prozess gekoppelt auftreten, z. B. atmosphärische Turbulenz. Er kann ein reiner, mit dem Signal nicht notwendig kreuzkorrelierter Fehlerprozess, z. B. zufällige, periodische und grobe Fehler, schließlich beides zugleich sein. Es kann daher auch kein Patentrezept geben, um Signal und Rauschen zu trennen, sondern man muss von Fall zu Fall nach einigermaßen bewährten Richtlinien verfahren. An sich ist diese Aufgabe in sich widersprüchlich: Die Trennung selbst erfordert a priori-Kenntnisse über die statistischen Eigenschaften von s und n, die ihrerseits nur an s und n *getrennt* studiert werden können. Indessen erweist sich das Dilemma als nicht ausweglos: Man versucht zunächst, Mittelwerte und AKF und/oder Spektraldichten in (9.38) zu trennen. Dabei müssen von den Komponenten r, s, n wenigstens die Eigenschaften zweier bekannt sein. Häufig ist n von ziemlich einfacher statistischer Struktur, z. B. weißes oder breitbandiges Rauschen, periodische Störung o. ä. und mit s nicht oder höchstens schwach korreliert, so dass

$$C_{rr} \approx C_{ss} + C_{nn}, \quad \sigma_r^2 \approx \sigma_s^2 + \sigma_n^2, \quad S_{rr} \approx S_{ss} + S_{nn}. \tag{9.41}$$

Ferner können m_n, C_{nn}, S_{nn} aus den Fehlercharakteristiken der Messverfahren oder Übertragungskanäle oder aus der physikalischen Natur der Störungen modelliert und abgeschätzt werden. Mitunter verfügt man auch schon über gewisse Vorkenntnisse des Signalverlaufs, z. B. aus den Grundgleichungen, welche den Prozess im Mittel beschreiben.

Sind die statistischen Eigenschaften von s und n näherungsweise bekannt, ist die Signalprädiktion eine *Filteraufgabe*. Die wirksamsten Verfahren sind natürlich die *Schätzverfahren mit minimaler Fehlervarianz* (Optimalfilterung, Prädiktion nach kleinsten Quadraten, robuste Schätzer). Erscheint der Rechenaufwand, z. B. bei Routineauswertungen mit niedrigen Genauigkeitsanforderungen und/oder schwachem Rauschen nicht gerechtfertigt, können Tief-, Hoch- oder Bandpassfilter benutzt werden, um hochfrequentes Rauschen, langwellige Trends oder periodische Störungen zu unterdrücken (vgl. Abschnitt 10.1). Diese häufig benutzten Standardverfahren sind jedoch *nicht* optimal: Je nach den spektralen Eigenschaften von s, n sowie der Wahl der Filtercharakteristik werden nicht nur die Störungen mehr oder weniger gut beseitigt, sondern auch gewisse spektrale Anteile von s mitverformt! Immerhin können diese Verfahren ggf. als Vorstufe der eigentlichen Signalprädiktion dienen.

In einfachen Sonderfällen können Signal- und Rauschvarianz mittels Häufigkeitsanalyse der verrauschten Signalwerte getrennt werden. Besitzen nämlich die Ordinaten von s eine Verteilung mit der Dichtefunktion f und jene von n eine solche mit g, sind außerdem s und n nicht nur unkorreliert, sondern sogar voneinander unabhängig, ergibt sich die Dichte h der verrauschten Signalwerte aus der Faltung von f mit g:

$$h = f * g = g * f. \tag{9.42}$$

Verfügt man nun über Vorinformationen über die Dichten f, g, so kann man die Dichte h lt. Faltung (9.42) mit dem Histogramm der Messwerte vergleichen. Ein analytisches und ein numerisches Beispiel mögen den Sachverhalt verdeutlichen.

Beispiel 9.13: Ordinatenverteilung eines sinusförmigen Signals mit überlagertem Rauschen

Die Dichtefunktion der Ordinaten $s_i = s(t_i)$ eines Signals $s(t) = a_0 + a \sin \omega t$, o. B. d. A. auf einem Intervall $-\pi/2 \le \omega t \le +\pi/2$, ist (vgl. Beispiel 2.3)

$$f(x) = \begin{cases} \pi^{-1}[a^2 - (x - a_0)^2]^{-1/2} & (-a + a_0 \le x \le +a + a_0) \\ 0 & \text{(sonst)} \end{cases} \qquad (9.43)$$

mit dem Erwartungswert $M_{1,s} = m_s = a_0$ und den 2. bis 4. zentralen Momenten

$$M_{2,s} = \sigma_s^2 = a^2/2, \quad M_{3,s} = 0, \quad M_{4,s} = 3\sigma_s^4/2 = 3a^4/8. \qquad (9.44)$$

Dem Signal s sei normales Rauschen mit der Dichte

$$g(y) = (2\pi)^{-1/2}\sigma_n^{-1} \exp[-(y - m_n)^2/2\sigma_n^2] \quad (-\infty < y < +\infty) \qquad (9.45)$$

und den Momenten

$$M_{1,n} = m_n, \quad M_{2,n} = \sigma_n^2, \quad M_{3,n} = 0, \quad M_{4,n} = 3\sigma_n^4 \qquad (9.46)$$

additiv überlagert. In Abbildung 9.7 sind f und g für $m_s = m_n = 0$ dargestellt. Die Dichte der verrauschten Ordinaten $r_i = s_i + n_i$ ergibt sich nach (9.42) als Faltungsintegral

$$\begin{aligned} h(z) &= \frac{1}{\pi\sqrt{2\pi}\sigma_n} \int_{-a+a_0}^{a+a_0} \frac{\exp[-(z - x - m_n)^2/2\sigma_n^2]}{[a^2 - (x - a_0)^2]^{1/2}} dx \\ &= \frac{1}{\pi\sqrt{2\pi}\sigma_n} \int_{z-a-a_0}^{z+a-a_0} \frac{\exp[-(y - m_n)^2/2\sigma_n^2]}{[a^2 - (z - y - a_0)^2]^{1/2}} dy. \end{aligned} \qquad (9.47)$$

Alternativ kann man f und g in den Fourier-Bereich überführen und das Produkt der $\mathcal{F}$-Transformierten von f und g in den Originalbereich zurücktransformieren. Das Ergebnis (Meier, 1981a; Meier und Keller, 1990)

$$h(z) = \frac{1}{2\pi} \int_{-\infty}^{+\infty} J_0(a\omega) \exp(-\sigma_n^2\omega^2/2) \cos[(z - m_r)\omega]d\omega \qquad (9.48)$$

ist identisch mit (9.47). (Die Identität ergibt sich, wenn man die Bessel-Funktion $J_0(a\omega)$ durch die Integraldarstellung

$$J_0(a\omega) = \frac{1}{\pi} \int_0^\pi \exp(ja\omega \cos \varphi)d\varphi, \quad j^2 = -1$$

ersetzt und die Integrationsreihenfolge vertauscht.) Den Lösungen (9.47), (9.48) sieht man die Eigenschaften nicht unmittelbar an. Eine auf praktische Belange zugeschnittene Approximationslösung ist möglich, wenn man in (9.48)

$$J_0(a\omega) \quad \text{durch} \quad \exp(-\alpha^2\omega^2) \cos(\beta\omega)$$

mit den Approximationsparametern α^2, β ersetzt. Dann lässt sich (9.48) explizit auswerten:

$$h_1(z) = \frac{1}{2\pi} \int_{-\infty}^{+\infty} \exp(-\alpha^2 \omega^2) \cos(\alpha\omega) \cos[(z - m_r)\omega] d\omega \tag{9.49}$$

$$= (4\alpha)^{-1} \pi^{-1/2} \{\exp[-(z - m_r - \beta)^2/4\alpha^2] + \exp[-(z - m_r + \beta)^2/4\alpha^2]\}$$

mit $\int_{-\infty}^{+\infty} h_1(z) dz = 1$ und den Momenten

$$\begin{aligned} M_{1,r} &= m_r = m_s + m_n, & M_{2,r} &= \sigma_r^2 = 2\alpha^2 + \beta^2, \\ M_{3,r} &= 0, & M_{4,r} &= 12\alpha^2(\alpha^2 + \beta^2) + \beta^4. \end{aligned} \tag{9.50}$$

Nutzt man die Eigenschaften der 2. und 4. zentralen Momente in (9.44), (9.46) und (9.50) aus (die dritten verschwinden in allen Verteilungen), ergeben sich die Anpassungsparameter

$$\beta = 3^{1/4} a/2 \approx 0{,}658a, \quad \alpha^2 = (\sigma_s^2 + \sigma_n^2 - \beta^2)/2 \approx \sigma_n^2/2 + 0{,}0335a^2. \tag{9.51}$$

Die approximierte Dichte h_1 besitzt bei $z_{1,2} \approx m_r \pm \beta$ je ein Maximum und bei $z_0 = m_r$ ein Minimum (Abbildung 9.7). Wegen $\beta = \beta(a)$ bestimmt die Signalamplitude den gegenseitigen Abstand der Maxima, m_r legt ihre Lage bezüglich $z = 0$ fest:

$$z_1 - z_2 \approx 2\beta, \quad m_r \approx (z_1 + z_2)/2. \tag{9.52}$$

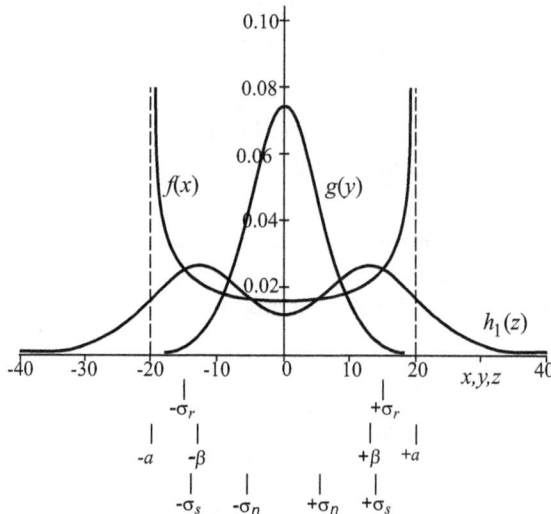

Abbildung 9.7. Dichtefunktionen (9.43), (9.45) und (9.49) mit Zahlenwerten auf der Abszisse wie im Beispiel 9.14.

Bei starkem Rauschen rücken die Gipfel zusammen; für $a \to 0$, $m_s \to 0$ gehen $\beta \to 0$, $\alpha^2 \to \sigma_n^2/2$ und h_1 in die Dichte (9.45) über. Dagegen erhält man für $m_n \to 0$, $\sigma_n^2 \to 0$ (wegen Approximation $h \to h_1$) nicht die ursprüngliche Ordinatenverteilung (9.43). Die Approximationsgüte ist demnach umso besser, je stärker der Rauschanteil das Signal überdeckt; die Lösung h_1 ist fast streng für starkes und noch gut brauchbar bei mittlerem Rauschen. Liegt ein Histogramm sinusoidaler Messwerte mit einem Schätzwert für σ_r^2 vor, so können a, σ_s^2 und m_r sofort aus der Lage der Gipfel (9.52) sowie mit (9.50), (9.51), ferner σ_n^2 mit (9.41) geschätzt werden.

Beispiel 9.14: Geschwindigkeitslängsprofil des Hays-Gletschers, Enderbyland, Antarktika

Am Hays-Gletscher wurde das Längsprofil der Oberflächengeschwindigkeit aus wiederholten, gleichorientierten Messbildern punktweise bestimmt. Die Geschwindigkeit nimmt in Fließrichtung bis zur Aufsetzlinie gleichmäßig zu. Eine überlagerte Welle – als stark gedämpftes Abbild einer solchen des subglazialen Reliefs – konnte vermutet, wegen der Messfehler aber nicht sicher abgegriffen werden. Dietrich (1978) gelang es, nach vorangegangener Kovarianzanalyse eine Geschwindigkeitswelle zu prädizieren. Die Anteile, welche Geschwindigkeitsschwankungen (Signal s) und Messfehler (Rauschen n) enthalten, sind in Abbildung 9.8 als Histogramm dargestellt. Die Schätzwerte der Häufigkeitsanalyse sind

$$\hat{m}_r \approx 0, \quad \widehat{\sigma_r^2} \approx 227\,\mathrm{cm}^2\,\mathrm{d}^{-2}, \quad \hat{\beta} = z_2 \approx -z_1 \approx 12 \text{ bis } 13\,\mathrm{cm}\,\mathrm{d}^{-1},$$

$$\widehat{\alpha^2} \approx 29\,\mathrm{cm}^2\,\mathrm{d}^{-2}, \qquad\qquad \hat{a} \approx 18 \text{ bis } 20\,\mathrm{cm}\,\mathrm{d}^{-1},$$

$$\widehat{\sigma_s^2} \approx 169 \text{ bis } 196\,\mathrm{cm}^2\,\mathrm{d}^{-2}, \quad \widehat{\sigma_n^2} \approx 29 \text{ bis } 61\,\mathrm{cm}^2\,\mathrm{d}^{-2}.$$

Der Vergleich mit den Ergebnissen aus anderen Verfahren (Tabelle 9.6) zeigt nur geringfügige Unterschiede.

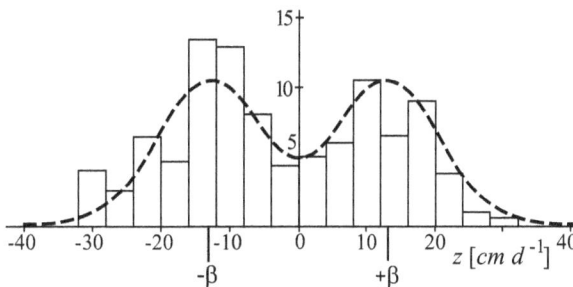

Abbildung 9.8. Längsprofil der Oberflächengeschwindigkeit des Hays-Gletschers. Histogramm der Zufallsanteile (nach Dietrich, 1978, S. 53) mit angepasster Dichtefunktion (9.49).

Schätzverfahren	$\hat{a}$	$\hat{\sigma}_s$	$\hat{\sigma}_n$	$\hat{\sigma}_r$
Kovarianzanalyse	18,5	13	7,5	15
Prädiktion	17	12	9,1	15
Häufigkeitsanalyse	18 bis 20	13 bis 14	5,4 bis 8,7	15

Tabelle 9.6. Längsprofil der Oberflächengeschwindigkeit des Hays-Gletschers. Trennung von Signal- und Rauschanteilen nach drei Schätzverfahren. Maßeinheit: cm je Tag.

Das periodische Signal s braucht nicht notwendig ein geophysikalisches zu sein. Man kann auch periodische Fehler (siehe Übungsaufgabe 9.2), wie sie z. B. an Kreisteilungen von Theodoliten, Spindelvortrieben an Rasterscannern und -plottern oder Messschrauben aller Art auftreten, mittels Häufigkeitsanalyse von Rauschanteilen trennen.

9.5   Bewertung unscharfer Objekte

In den vorangehenden Abschnitten haben wir die Unsicherheit geometrischer Größen mit Hilfe der statistischen Fehlertheorie einschließlich der Theorie stochastischer (Fehler-)Prozesse untersucht. Neben diesem bewährten *stochastischen Modell* stehen in jüngster Zeit Alternativmodelle zur Beschreibung von Unsicherheit in der Diskussion: das *Minimum-Maximum-Modell*, beruhend auf der Intervalarithmetik, und das *Fuzzy-Modell*, gegründet auf die Theorie unscharfer Mengen. Da zwar künstliche Objekte scharf, natürliche dagegen in aller Regel unscharf sind, verdient vor allem das letztere eine die bisherigen Untersuchungen ergänzende Betrachtung. Dies umso mehr, als die in den Kapiteln 7 und 8 behandelten geometrischen Objekte häufig aus Bildern extrahiert, defussifiziert und in GIS integriert werden. Jedes der drei Modelle hat seine anwendungsspezifischen Vorzüge, Besonderheiten, Vor- und Nachteile, und bei Bedarf kann man in gewissen Grenzen von einem zum anderen übergehen.

Das stochastische Modell hat eine solide theoretische Grundlage und ist ausnahmslos akzeptiert; schließlich verfügt man seit C. F. Gauß über eine zweihundertjährige Erfahrung. Es empfiehlt sich, wenn die Beziehungen zwischen den (fehlerbehafteten) Eingangs- und Ausgangsgrößen mathematisch eindeutig formuliert werden können. Die Übertragung der Unsicherheit geschieht über die Fortpflanzung der statistischen Momente, insbesondere der Erwartungswerte und Varianzen (vgl. Abschnitt 2.4), seltener über die Transformation von Dichtefunktionen. Gegenseitige Abhängigkeiten bzw. Korrelationen zwischen den Eingangsgrößen kann man, die Korrelationstheorie stochastischer Prozesse nutzend, zwanglos einführen. Dazu ist in den Abschnitten 9.3, 9.4 eine Reihe von Beispielen enthalten. Ein Wechsel zum *Minimum-Maximum-Modell* ist mit Informationsverlust verbunden, weil man in diesem Modell kleinste und größte Werte anhält bzw. mit ihrer Differenz die größtmögliche Variationsbreite untersucht. Es empfiehlt sich, wenn an die Behandlung von Unsicherheit geringere Anforderungen gestellt werden oder nach einer einfach zu realisierenden Lösung gesucht wird. Abgesehen von einem Bezug des Fuzzy-Index zur Variationsbreite des Minimum-Maximum-Modells im unten stehenden Beispiel 9.16 gehen wir nicht weiter darauf ein.

Das Fuzzy-Modell sollte man bei ausgesprochen unscharfen Analyseaufgaben heranziehen, insbesondere dann, wenn man anpassungsfähig sein möchte oder muss. Die Zugehörigkeitsfunktion kann man, über die im Abschnitt 4.2.2 angegebenen linearen Standardfunktionen hinausgehend, sehr flexibel gestalten, z. B. den Besonderheiten der Bezugsgeometrie anpassen. Das setzt allerdings erhebliches fachspezifisches (Vor-)Wissen (etwas überhöht gesagt Expertenwissen) voraus. Die Möglichkeiten zur Formalisierung sind eher begrenzt, die Anforderungen an logisches Schließen hoch. Das sind die Gründe, warum das Fuzzy-Modell bisher nicht so breitenwirksam wurde wie das stochastische. In den Geowissenschaften und in der Geoinformatik wird das Potential des Fuzzy-Modells bisher nur von einem überschaubaren Expertenkreis ausgeschöpft. Über solches Expertenwissen verfügen die Verfasser nicht. Deshalb beschränkt sich dieser, als Ergänzung zur statistischen Fehleranalyse gedachte Abschnitt auf Beispiele, die den Bezug zu bisherigen Ergebnissen der stochastischen resp. der stochastisch-geometrischen Betrachtungsweise herstellen, beginnend mit einem Elementarbeispiel.

Beispiel 9.15: Unscharfe Punktobjekte

Die Variation $v_P(a, b)$ unscharfer PO endlicher Ausdehnung ($b > 0$) ist durch (4.28), jene singulärer Punkte ($b = 0$) durch (4.29) gegeben. Aus Abbildung 4.8 ersieht man sofort, dass v_P in beiden Fällen dem Radius eines Konfidenzkreises mit beliebiger Überdeckungswahrscheinlichkeit, konventionell dem mittleren Punktlagefehler von $\overline{P}$ (vgl. Abschnitt 9.3.1) äquivalent ist.

Beispiel 9.16: Unscharfe Linienlängen

An LO mit unscharfen Anfangs- und Endpunkten A, E fällt die Länge l um ein Geringes kleiner als $\bar{l} = \overline{A\,E}$ aus, da die Bereiche um A und E nach (4.23) i. Allg. eine geringere Zugehörigkeit als im mittleren Linienverlauf aufweisen. Als Zugehörigkeitsfunktion gibt Glemser (2001, S. 84)

$$\mu_l = \begin{cases} 1 & (0 < l < b) \\ (a - l)/(a - b) & (b \le l \le a) \\ 0 & (l > a > b) \end{cases} \qquad (9.53)$$

an. Sie ist vergleichbar mit μ_L nach (4.20), jedoch haben die Parameter a, b eine andere Bedeutung, nämlich $a = l_{\max}$ und $b = l_{\min}$ mit Zugehörigkeitsgraden null und eins. Das heißt nichts anderes als $l \in (l_{min}, l_{max})$ mit Zugehörigkeit $\mu_l \in (0,1)$. Die Variation berechnet sich aus (4.25) und (9.53) zu

$$v_l = \frac{a - b}{4} = \frac{l_{max} - l_{min}}{4}, \qquad (9.54)$$

ist also der *Variationsbreite* (*Spannweite*) des Minimum-Maximum-Modells proportional. (*Hinweis*: Begriffe wie *Variation* und *Variationsbreite* sind nicht zu verwechseln mit dem *Variationskoeffizienten* einer ZG, definiert durch DX/EX, wobei $DX/|EX|$ dem sog. mittleren relativen Fehler der konventionellen Fehlerlehre entspricht.)

Fasst man die Länge l als ZG auf, lässt sich ein Zusammenhang zwischen der Variation v_l und der Standardabweichung σ_l herstellen. Ist es z. B. zulässig, diese ZG als normalverteilt anzunehmen, dann ist die Variationsbreite entsprechend der Drei-Sigma-Regel genähert $6\sigma_l$ und aus (9.54) folgt

$$v_l \approx 3\sigma_l/2. \qquad (9.55)$$

Bemerkt sei noch, dass v_l keinerlei Information über die diskrete Realisierung von LO (Tastweite, Zwischenpunktanzahl) enthält. Der *einseitigen* Abweichung der Länge des approximierenden PZ von jener der gekrümmten Linie ist gewiss mehr Aufmerksamkeit zu schenken als möglichen Unschärfen der Randpunkte. Wie diese negativen (positiven) Abweichungen bei Vektordaten (Rasterdaten) wirkungsvoll kompensiert werden können, ist in den Abschnitten 8.2 bis 8.4 ausführlich behandelt worden.

Beispiel 9.17: Unscharfe Höhenlinien im Flachgelände

HL im Flachgelände, ferner Uferlinien stehender Gewässer einschließlich stationärer Hochwässer sind unterhalb einer nicht scharf zu bestimmenden Grenzneigung α_G von einigen Grad (vgl. Abschnitt 6.4.2, Beispiele 6.11, 6.12) höchst unsicher. Ihr mittlerer Lagefehler (Querfehler) σ_L wird vom Kotangens der Geländeneigung bestimmt und nimmt für sehr kleine α sehr große Werte an (vgl. Abschnitt 9.3.4, speziell Formel (9.34)), so dass die Fehlerbänder interpolierter HL je nach Neigung α und Schichthöhe z nicht nur einzelne HL, sondern auch ihre Nachbarn überdecken können. Unter diesen Umständen liegt es nahe, solche Linien als unscharfe mit der Zugehörigkeitsfunktion (4.21) und der Variation (4.29) zu betrachten. Als Unschärfeparameter setzen wir $a \leq w/2$ mit w als örtlich variabler Schichtweite (Abbildung 9.9). Größer als $w/2$ sollte a nicht sein, denn dann wäre die Zuordnung eines beliebigen Punktes P zu einer benachbarten Linie, abgesehen vom Zugehörigkeitsgrad, nicht eindeutig, das Defussifizieren erschwert und die Visualisierung verlöre ihren Sinn. Lediglich an Einzelobjekten wie z. B. (Hoch-)Wassergrenzen ist a frei wählbar.

Anstelle von w kann man über die Beziehung $\tan\alpha = z/w$ die Geländeneigung in Richtung Gefällelinie einführen und erhält

$$w = z\cot\alpha, \quad a \leq \frac{z}{2}\cot\alpha, \quad v_L = \frac{a}{4} \leq \frac{z}{8}\cot\alpha \quad (0 < \alpha \leq \alpha_G), \qquad (9.56)$$

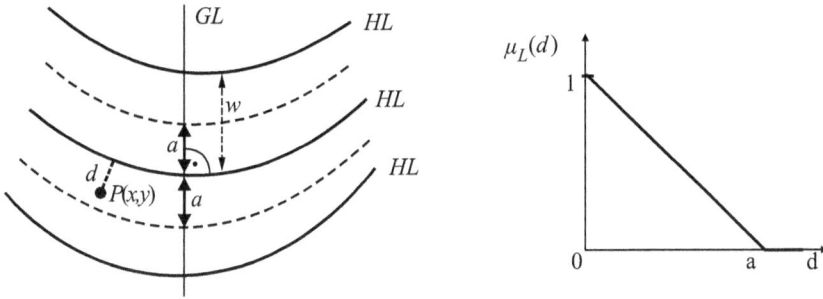

Abbildung 9.9. Maximale Unschärfebereiche benachbarter Höhenlinien (HL) in Richtung der Gefällelinie (GL) und Zugehörigkeitsfunktion (4.21).

womit sich die Variation v_L als äquivalent zur Standardabweichung σ_L der konventionellen Formel (9.34) erweist. Wegen $z \geq n\sigma_h$, $n \geq 8$ nach (9.34), (9.56) wird z in der Regel um ein Mehrfaches, bis etwa eine Größenordnung höher als der mittlere Höhenfehler σ_h angesetzt. In analogen Präsentationen (Höhenschichtenpläne, TK) sind bei Geländeneigungen $\alpha < 5°$ Schichthöhen z zwischen $0{,}25\,\text{m}$ und $2{,}5\,\text{m}$ üblich (vgl. hierzu auch Abschnitt 9.3.3, speziell Tabelle 9.4). Im gegliederten natürlichen Flachland sollte man z eher der mehr oder weniger zufälligen Reliefstruktur anpassen. Beschreibt man diese als Realisierung $h(x_1, x_2)$ eines homogenen 2D-Prozesses $H(x_1, x_2)$, mindestens aber eines solchen mit homogenen Zuwächsen, ist z/w durch den Gradientenvektor festgelegt (vgl. Abschnitt 6.3.2, speziell Beziehung (6.14)) und mit $a \leq w/2$ stellt sich die Variation wie folgt dar:

$$v_L = \frac{a}{4} \leq \frac{\overline{w}}{8} \geq \frac{z/8}{\mathsf{E}|\operatorname{grad} h(x_1, x_2)|}. \tag{9.57}$$

Ist H ein homogen-isotroper Gauß'-Prozess, wird gemäß (6.10)

$$v_L \leq \frac{\overline{w}}{8} = \frac{z}{4\sqrt{2\pi\sigma_{h'}^2}} \tag{9.58}$$

mit $\sigma_{h'}^2$ als (konstante) Varianz der Geländeneigung. Damit ist gezeigt, wie man von der fuzzy-geometrischen zur stochastisch-geometrischen Modellbildung übergehen kann.

Alle Aussagen betreffen zunächst genau eine HL, gelten aber auch für eine HL-Schar als Vereinigung endlich vieler unscharfer Mengen, zumindest im homogenen Gelände. Dort ist der Unschärfebereich für alle HL gleichgroß und nach Regel (4.14) bleiben deshalb die Zugehörigkeitsfunktion (4.21), die Variation (4.29) und die Beziehungen (9.56) bis (9.58) erhalten. Schließlich sei noch bemerkt, dass man beim Defussifizieren und Visualisieren lagemäßig unscharfer HL in scharfen Niveaus $h_k = k\,z$; $k = 0, 1, 2, \dots$ bezüglich der Punktzuordnung natürlich anders vorzugehen hat als

beim Beurteilen der Lageunsicherheit: Mehrfachinterpolation jeder HL je nach Da-
tenvorrat und Mittelbildung in der Lage oder Einmalinterpolation aus Gebietsmitteln
von Einzelhöhen. Dabei sind – unabhängig von ihrer Lage – alle Punkte P_i mit Höhen $h_i \in [h_k - z/2, h_k + z/2]$ einzubeziehen. An Einzellinien ist dieses Intervall in
„vernünftigen" Grenzen frei wählbar.

Übungsaufgaben zum Kapitel 9

Aufgabe 9.1: Fehlervarianz zweiter Differenzen

Eine äquidistante Folge von Signalwerten $\{s_i\}$ sei fehlerbehaftet mit überall gleicher
Varianz σ_s^2. Direkt benachbarte Werte seien mit ϱ_1, indirekt benachbarte mit ϱ_2 ($0 <
\varrho_2 < \varrho_1 < 1$) korreliert. Gesucht ist die Fehlervarianz der zweiten Differenzen $f_i :=
s_{i-1} - 2s_i + s_{i+1}$!

Lösung: Aus (2.43) oder (2.46) folgt

$$\sigma_f^2 = \sigma_s^2 \begin{bmatrix} 1, & -2, & 1 \end{bmatrix} \begin{bmatrix} 1 & \varrho_1 & \varrho_2 \\ \varrho_1 & 1 & \varrho_1 \\ \varrho_2 & \varrho_1 & 1 \end{bmatrix} \begin{bmatrix} 1 \\ -2 \\ 1 \end{bmatrix} = 2\sigma_s^2(3 - 4\varrho_1 + \varrho_2).$$

Aufgabe 9.2: Periodische Fehler

Die Spindelfehler eines Rasterplotters wurden mit Hilfe von Laserinterferenzen gemessen und in den Achsrichtungen durch

$$\epsilon(x) = a_0 + a_1 \sin(\omega_1 x + \varphi_1), \quad \epsilon(y) = b_0 + b_1 \sin(\Omega_1 y + \phi_1) + b_2 \sin(\Omega_2 y + \phi_2)$$

approximiert. Schätzwerte (in 10 mm):

$$\hat{a}_0 = -38,6 \pm 13,8, \quad \hat{a}_1 = 49,4, \quad \hat{b}_0 = -13,5 \pm 18,3, \quad \hat{b}_1 = 27,7, \quad \hat{b}_2 = 48,1.$$

Die Gleichanteile $\hat{a}_0$, $\hat{b}_0$ kann man mit einer Koordinatentransformation eliminieren.
Die zufälligen Restfehler sind mit den periodischen Anteilen zu Gesamtvarianzen zu-
sammenzufassen und der mittlere Punktfehler nach Helmert zu berechnen! Ist letzterer bei Kartierungen zulässig?

Lösung: $\sigma_x^2 = \sigma_{a_0}^2 + \hat{a}_1^2/2 = 1411,$ $\qquad\qquad \sigma_x \approx 0,038\,\text{mm},$

$\qquad\quad \sigma_y^2 = \sigma_{b_0}^2 + \hat{b}_1^2/2 + \hat{b}_2^2/2 = 1875,$ $\quad \sigma_y \approx 0,043\,\text{mm},$

$\qquad\quad \sigma_p^2 = \sigma_x^2 + \sigma_y^2 = 3286,$ $\qquad\qquad \sigma_p \approx 0,057\,\text{mm} < 0,1\,\text{mm}$

Zeichengenauigkeit, daher bei Kartierungen zulässig.

Aufgabe 9.3: Lagefehler einer Hochwasserlinie im Flachgelände

Man bestimme den mittleren Lagefehler einer vorhergesagten Hochwasserlinie (HQ; approximativ Höhenlinie) im Flachgelände bei einer mittleren Geländeneigung von $\alpha = 5°$ und Interpolation

1) aus Luftbildern mit Bildmaßstab 1 : 13000, Kammerkonstante 0,15 m,
2) aus einer TK5 mit Schichthöhe 2,5 m,
3) aus einem Laser-DHM ($n = 1$).

In allen drei Fällen ist ein vom Höhenfehler unabhängiger Schätzfehler der vorhergesagten Pegelstände $\sigma_{HQ} = 0,5$ m zu berücksichtigen.

Lösung: Mit (9.34) wird $\sigma_L = \sqrt{\sigma_h^2 + \sigma_{HQ}^2} \cot\alpha$.

1) Aus (9.28) oder Tabelle 9.3 folgt $\sigma_h \approx 0,49$ m, $\sigma_L \approx 8,0$ m.
2) Aus (9.30) folgt $\sigma_h = 1,25(z/3 + \tan\alpha) \approx 1,15$ m, $\sigma_L \approx 14,3$ m.
3) Aus (9.32) folgt $\sigma_h = 0,06 + 0,40\tan\alpha \approx 0,095m$, $\sigma_L \approx 5,8$ m.

Aufgabe 9.4: Längenfehler

Ein ebenes LO wurde punktweise gemessen und durch eine Kettenlinie

$$y = a \cosh\left(\frac{x}{a}\right) = \frac{a}{2}(e^{+x/a} + e^{-x/a})$$

approximiert: Schätzwert $\hat{a} = (19,95 \pm 0,32)$ m. Man berechne die Länge

$$L = a \sinh\left(\frac{x}{a}\right) = \frac{a}{2}(e^{+x/a} - e^{-x/a})$$

für $x = 20$ m und ihren mittleren Fehler!

Aufgabe 9.5: Theoretischer Lagefehler interpolierter Höhenlinien

Man bestimme den theoretischen Lagefehler interpolierter Höhenlinien, wenn das in äquidistanten Höhen zu schneidende Relief ein homogen-isotropes Zufallsfeld mit der AKF

$$^2C(r) = \sigma^2 e^{-(r/d)^2} \quad \text{oder} \quad C(r) = \frac{\sigma^2}{1 + (r/d)^2}$$

ist! Unter welcher Voraussetzung sind die aus beiden Modellen berechneten Lagefehler gleich groß?

Kapitel 10

Geometrie transformierter Signale

10.1 Gefilterte Signale

10.1.1 Grundlagen der linearen Filterung

Unter linearer Filterung versteht man eine lineare Operation, die eine zeit- oder ortsabhängige Funktion X auf eindeutige Weise in eine andere zeit- oder ortsabhängige Funktion Y überführt, symbolisch $Y = LX$. Die Funktion X ist also die ungefilterte oder *Eingangsfunktion*, Y die gefilterte oder *Ausgangsfunktion* und die Operation L heißt *Filtervorschrift*. Jede lineare Operation kann als lineares Filter aufgefasst werden; insbesondere gibt es Integrations- und Differentiationsfilter mit den Vorschriften

$$Y(t) = \int_{-\infty}^{+\infty} g(t - t')X(t')dt', \quad Y(t) = \frac{d^m}{dt^m}X(t). \qquad (10.1)$$

Der Kern g des Integrationsfilters heißt *Gewichtsfunktion* und seine Fourier-Transformierte $\mathcal{F}\{g\} = \hat{g} =: G(j\omega)$ *Filter-* oder *Durchlasscharakteristik* (*frequency response*). Bei Differentiationsfiltern treten diese Begriffe zunächst nicht auf. Man kann aber g formal durch Deltafunktionen ausdrücken, indem man die Integraltransformation durch geeignete Wahl des Kernes auf Differentiationsfilter zurückführt. Die *Filterwirkung* besteht nun darin, dass diejenigen Spektralanteile auf der Frequenz ω, für die $|G(j\omega)| > 1$ ($< 1; 0$) gilt, verstärkt (abgeschwächt; ausgelöscht) werden. Ist g eine gerade Funktion, dann ist $G(j\omega) = G(\omega)$ eine reellwertige und die Filterung *phasentreu* (unbeschadet möglicher Phasensprünge, wenn $G(\omega) < 1$). Andernfalls tritt eine (frequenzabhängige) Phasenverschiebung

$$\phi(\omega) = \arctan \frac{\text{Im}\{G(j\omega)\}}{\text{Re}\{G(j\omega)\}} \qquad (10.2)$$

zwischen X und Y auf. Das Integral in (10.1) ist vom Faltungstyp und lt. Faltungssatz gilt $\hat{Y} = \hat{g} \cdot \hat{X}$. Diese Darstellung eröffnet die Möglichkeit, im Frequenzbereich zu filtern.

Sei nun X ein stationärer stochastischer Prozess mit der AKF $C_{XX}(\tau)$ und der Spektraldichte $S_{XX}(\omega)$. Existiert das Integral in (10.1), dann ist Y ebenfalls stationär und es gilt

$$C_{YY} = g^- * g * C_{XX} \quad \text{mit} \quad g^-(t) := g(-t), \quad \hat{C}_{YY} = \hat{g}^- \cdot \hat{g} \cdot \hat{C}_{XX},$$

d. h. die Spektraldichte am Ausgang ist

$$S_{YY}(\omega) = G(-j\omega)G(j\omega)S_{XX}(\omega) = |G(j\omega)|^2 S_{XX}(\omega). \qquad (10.3)$$

Die Funktion $|G(j\omega)|^2 =: U(\omega)$ heißt *Übertragungsfunktion* (*transfer function*) des Filters. Die beim Faltungsintegral zutreffende Übertragungseigenschaft (10.3) gilt in einem allgemeinen Sinne für jede lineare Filterung eines stationären Prozesses. Ferner ist

$$S_{YY}(\omega) = G(j\omega)S_{YX}(\omega) = G(-j\omega)S_{XY}(\omega) \qquad (10.4)$$

mit den gegenseitigen Spektraldichten

$$S_{XY}(\omega) = G(j\omega)S_{XX}(\omega), \quad S_{YX}(\omega) = G(-j\omega)S_{XX}(\omega) \qquad (10.5)$$

und nach dem Theorem von Wiener/Chintchin

$$C_{YY} = \mathcal{F}^{-1}\{S_{YY}\}, \quad C_{XY} = \mathcal{F}^{-1}\{S_{XY}\}, \quad C_{YX} = \mathcal{F}^{-1}\{S_{YX}\}. \qquad (10.6)$$

Ist die Filterung phasentreu mit $\phi \equiv 0$, $G(-j\omega) = G(j\omega) = G(\omega)$, so wird $S_{XY} \equiv S_{YX}$, $C_{XY} \equiv C_{YX}$ und X, Y sind ein Paar stationär verbundener Prozesse wie im Beispiel 3.5.

Beispiel 10.1: Integralmittel und Differentiation

Das Integralmittel

$$Y(t) = \frac{1}{T} \int_{-T/2}^{+T/2} X(t)dt$$

hat die gerade Gewichtsfunktion

$$g = \begin{cases} 1/T & (-T/2 \le t \le +T/2) \\ 0 & (\text{sonst}). \end{cases}$$

Daher wird G reellwertig (vgl. Tabelle 10.1, oben),

$$G(\omega) = \frac{2}{T} \int_0^{T/2} \cos \omega t\, dt = \frac{2}{\omega T} \sin \omega t \big|_0^{T/2} = \mathrm{sinc}(\omega T/2),$$

allerdings mit Phasenumkehr auf Teilintervallen, wo die Spaltfunktion sinc(.) < 0.
  Beim Differenzieren gilt formal $\mathcal{F}\{d^m/dt^m\} = (j\omega)^m$.

$m = 1$: $G(j\omega) = j\omega$ ist rein imaginär, woraus nach (10.2) eine frequenzunabhängige Phasenverschiebung folgt.

$m = 2$: $G(j\omega) = G(\omega) = -\omega^2$ mit Phasensprung um π, usf.

1D-Filter	2D-Filter

$$G(j\omega) = \int_{-\infty}^{+\infty} g(t)e^{-j\omega t}\,dt \qquad G(jk_1, jk_2) = \iint_{-\infty}^{+\infty} g(x_1, x_2)e^{-j(k_1x_1+k_2x_2)}dx_1dx_2$$

$$g(-t) = g(t): \qquad g(-x_1, -x_2) = g(x_1, x_2):$$

$$G(\omega) = 2\int_0^\infty g(t)\cos\omega t\,dt \qquad G(k_1, k_2) = 4\iint_0^\infty g(x_1, x_2)\cos k_1x_1 \cos k_2x_2 dx_1dx_2$$

$$g := \{g_k\}: \qquad\qquad\qquad g := \{g_{k,l}\}:$$

$$G(j\omega) = \sum_k g_k e^{-j\omega t_k} \qquad G(jk_1, jk_2) = \sum_k \sum_l g_{k,l} e^{-jk_1x_{1,k}} e^{-jk_2x_{2,l}}$$

$$g_{-k} = g_k: \qquad\qquad\qquad g_{-k,-l} = g_{k,l}:$$

$$G(\omega) = g_0 + \qquad\qquad G(k_1, k_2) = g_{0,0} + 2\sum_{k=1}^{N_1} g_{k,0}\cos k_1x_{1,k} +$$

$$2\sum_{k=1}^{N} g_k \cos\omega t_k \qquad 2\sum_{l=1}^{N_2} g_{0,l}\cos k_2x_{2,l} + 4\sum_{k=1}^{N_1}\sum_{l=1}^{N_2} g_{k,l}\cos k_1x_{1,k}\cos k_2x_{2,l}$$

$$g(t) = \frac{1}{2\pi}\int_{-\infty}^{+\infty} G(j\omega)e^{j\omega t}\,d\omega \quad g(x_1, x_2) = \frac{1}{4\pi^2}\iint_{-\infty}^{+\infty} G(jk_1, jk_2)e^{j(k_1x_1+k_2x_2)}dk_1dk_2$$

$$G(-\omega) = G(\omega): \qquad G(-k_1, -k_2) = G(k_1, k_2):$$

$$g(t) = \frac{1}{\pi}\int_0^\infty G(\omega)\cos\omega t\,d\omega \quad g(x_1, x_2) = \frac{1}{\pi^2}\iint_0^\infty G(k_1, k_2)\cos k_1x_1 \cos k_2x_2 dk_1dk_2$$

Tabelle 10.1. Gewichtsfunktion g und Durchlasscharakteristik G ein- und zweidimensionaler Filter als gegenseitige Fourier-Transformierte: $G = \mathcal{F}\{g\}$ für stetige (oben) und diskrete Filter (Mitte), $g = \mathcal{F}^{-1}\{G\}$ unten. Die $\mathcal{F}$-Transformationen mit geradem g und reellwertigem, geradem G (Phasentreue) sind gesondert notiert; hier gelten die diskreten Formeln bei gleichabständigen Stützpunkten auf den Achsen: $t_k = k \cdot \Delta t$; $x_{1,k} = k\Delta x_1$, $x_{2,l} = l\Delta x_2$.

Man kann diesen Sachverhalt an einem periodischen Signal als Testsignal leicht sehen:

$$s(t) = a\sin\omega t,$$

$$s'(t) = a\omega\cos\omega t = a\omega\sin(\omega t + \pi/2), \quad \phi = \pi/2,$$

$$s''(t) = -a\omega^2\sin\omega t, \quad \phi = \pi, \quad \text{usf.}$$

Beim Differenzieren ändern sich also Amplitude *und* Phase.

Aus der Elektrotechnik stammt eine anschauliche Einteilung der Filter: Man nennt ein Filter *Tiefpassfilter* (*Hochpassfilter*), wenn $|G|$ mit zunehmenden ω fällt (wächst),

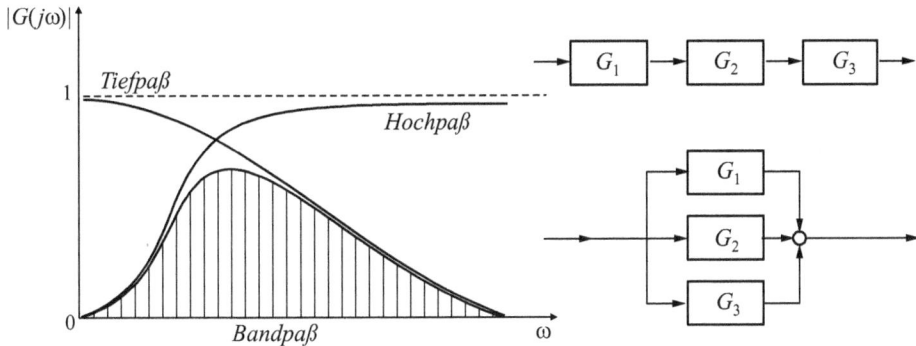

Abbildung 10.1. Durchlassverhalten eines Tief-, Hoch- und Bandpassfilters (links). Schema der multiplikativen und additiven Filterung (rechts).

d.h. niederfrequente (hochfrequente) Signalanteile das Filter *passieren* (Abbildung 10.1, links). Filtert man X mehrfach hintereinander mit den Charakteristiken G_1, G_2, ..., G_n, so ist die Charakteristik der gesamten Operation (sog. *multiplikative* Filterung oder *Reihenschaltung* (Abbildung 10.1, rechts)

$$G = G_1 \cdot G_2 \cdots G_n. \tag{10.7}$$

Mehrfaches Differenzieren ist ein Beispiel dafür. Wird dagegen X verschiedenen Filterungen mit G_1, G_2, ..., G_n unterworfen und addiert man die gefilterten Y_1, Y_2, ..., Y_n, so ist die Charakteristik der gesamten Operation (sog. *additive* Filterung oder *Parallelschaltung* (Abbildung 10.1, rechts)

$$G = G_1 + G_2 + \cdots + G_n. \tag{10.8}$$

Diese beiden (Schaltungs-)Möglichkeiten kann man einerseits ausnutzen, um Filter mit einer gewünschten Wirkung zu konstruieren, andererseits um Filterwirkungen von Mess- und Auswerteverfahren zu analysieren (vgl. Beispiel 10.2). Werden z. B. ein Hoch- und ein Tiefpassfilter (unabhängig von der Reihenfolge) nacheinander angewendet, fällt die resultierende Charakteristik $|G(j\omega)|$ beidseitig eines Maximums ab (Abbildung 10.1, links). Derartige *Bandfilter* sind ein geeignetes Hilfsmittel, um periodische oder quasiperiodische Vorgänge im Beobachtungsmaterial aufzuspüren, kommen aber auch als spezifische Eigenschaften von Mess- und Auswerteverfahren vor.

Beispiel 10.2: Das geometrische Nivellement als Bandfilter. Stetige Approximation

Der nivellitische Höhenunterschied Δh über eine Strecke $l = 2sn$ ergibt sich als Summe von n Standpunktdifferenzen δh_i aus Lattenablesungen bzw. -registrierungen

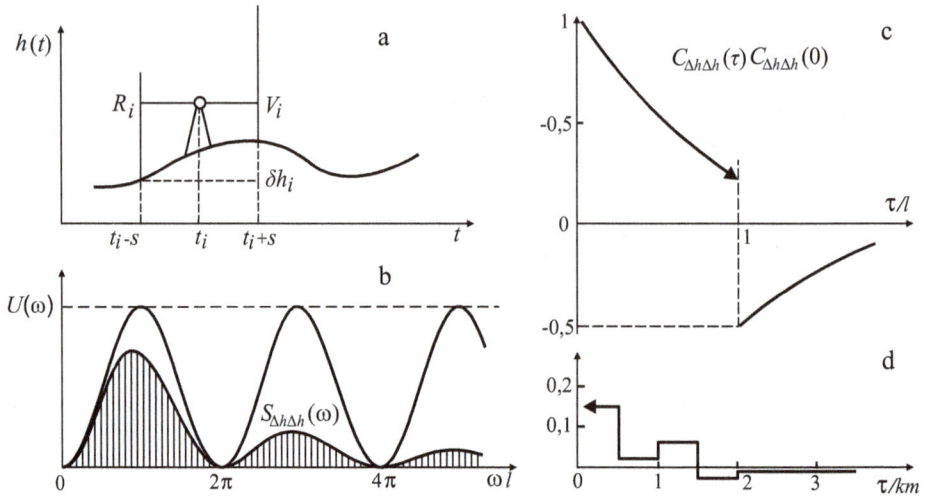

Abbildung 10.2. Das geometrische Nivellement als Bandfilter. (a) Messprinzip, (b) Übertragungsfunktion $U(\omega)$ und Spektraldichte $S_{\Delta h \Delta h}(\omega)$ für Höhenunterschiede Δh über Streckenlängen l, (c) spezielles AKF-Modell $C_{\Delta h \Delta h}(\tau)$, (d) empirische Korrelationskoeffizienten zwischen gemessenen Δh_i im Abstand τ, Klassenbreite 0,5 km. Erläuterungen in den Beispielen 10.2 und 10.6.

im Rückblick (R_i) und im Vorblick (V_i) mit der (hier als konstant angenommenen) Zielweite s (Abbildung 10.2, a) zu

$$\Delta h = \sum_{i=1}^{n} \delta h_i = \sum_{i=1}^{n} (R_i - V_i), \tag{10.9}$$

entspricht also einer Summe von Differenzen. Wegen $s \ll l$ approximieren wir

$$\Delta h = \sum_{i=1}^{n} \frac{\delta h_i}{\delta t} \delta t \quad \text{durch} \quad \Delta h = \int_{-l/2}^{+l/2} h'(t) dt.$$

Dem Differentiationsfilter (Hochpass) $h'(t)$ ist ein Integrationsfilter (Tiefpass) nachgeschaltet. Mit den Durchlasscharakteristiken im Beispiel 10.1 und der Multiplikationsregel (10.7) findet man

$$G_1 = j\omega, \quad G_2 = \sin(\omega l/2)/(\omega/2), \quad G_1 G_2 = 2j \sin(\omega l/2),$$
$$U(\omega) = |G_1 G_2|^2 = 4 \sin^2(\omega l/2), \quad \phi = \pi/2, \tag{10.10}$$

wobei $U(\omega)$ periodisch in $2\pi/l$ ausfällt (sog. *Kammfilter*; vgl. Abbildung 10.2, b). Ein reiner Bandpass mit *einem* Gipfel entsteht, wenn $\omega l = 2\pi l/\lambda \leq 2\pi$ bzw. $l \leq \lambda$. Dieses Beispiel setzen wir mit der diskreten Version im nachfolgenden Abschnitt fort.

Alle o. a. Regeln gelten sinngemäß auch bei 2D-Filtern: Anstelle der einfachen hat man die doppelte Faltung, anstelle der 1D-FT die 2D-FT anzuwenden. Alle relevanten Funktionen besitzen zwei Argumente, jene im Ortsbereich die Koordinaten x_1, x_2 oder -differenzen $\Delta x_1, \Delta x_2$ und jene im Spektralbereich die Wellenzahlen k_1, k_2. Die Beziehungen zwischen zweidimensionaler Gewichtsfunktion und Durchlasscharakteristik stehen in Tabelle 10.1 (rechts).

10.1.2 Eindimensionale Digitalfilter

Diskrete oder Digitalfilter sind *gleitende Mittel* der Form

$$Y(t_k) = \sum_m g(t_{k+m}) X(t_{k+m}), \quad \text{kurz } Y_k = \sum_m g_{k+m} X_{k+m} \text{ mit } \left| \sum_k g_k \right| < \infty.$$

$$(10.11)$$

Die Filterwirkung wird von der diskreten Gewichtsfunktion

$$g(t) = \sum_k g(t_k) \delta(t - t_k) \qquad (10.12)$$

bzw. von der Anzahl, dem Betrag und dem Vorzeichen der *Gewichtskoeffizienten* (kurz: *Gewichte*) $g_k = g(t_k)$, ferner von den Stützpunktabständen bestimmt. Nachfolgend nehmen wir äquidistante Signalwerte im Abstand $t_{k+1} - t_k =: \Delta = \pi/\omega_g$ lt. Abtasttheorem an. Sind einerseits die Gewichte bekannt bzw. ist die Filtervorschrift gegeben, so kann man über die FT die Filterwirkung im Spektralbereich untersuchen. Möchte man andererseits eine bestimmte Filterwirkung erzielen und gibt die Charakteristik G vor, findet man die Gewichte und damit die Filtervorschrift über die inverse FT von G. Die Transformationsformeln stehen in Tabelle 10.1 (links).

Beispiel 10.3: Einfaches arithmetisches Mittel und Differenzenbildung (als diskrete Versionen zum Beispiel 10.1)

Das einfache arithmetische Mittel

$$Y_k = \frac{1}{2N + 1} \sum_{m=-N}^{m=+N} X_{k+m} \quad \text{mit konstanten Gewichten} \quad g_k = \frac{1}{2N + 1}$$

hat die Durchlasscharakteristik

$$G(\omega) = \frac{1}{2N + 1} \sum_{k=-N}^{+N} \cos(k\omega\Delta) = \frac{1}{2N + 1} \left\{ 2 \sum_{k=0}^{N} \cos(k\omega\Delta) - 1 \right\}.$$

Daraus findet man mit Hilfe der endlichen Reihe

$$\sum_{k=0}^{N} \cos k x = \cos\left(\frac{N + 1}{2} x\right) \sin\left(\frac{N}{2} x\right) \operatorname{cosec}\left(\frac{x}{2}\right), \quad x := \omega\Delta,$$

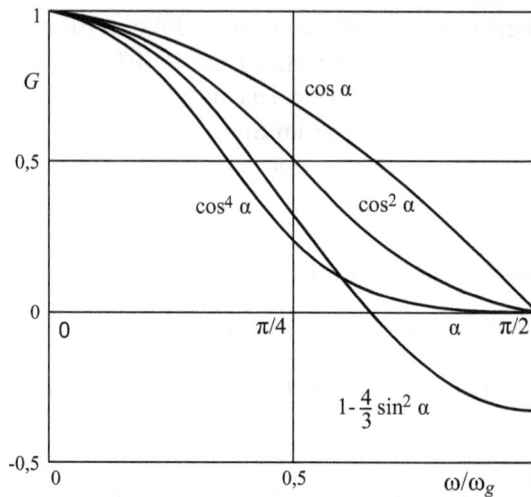

Abbildung 10.3. Durchlasscharakteristiken diskreter Glättungsfilter. Erläuterungen in den Beispielen 10.3 und 10.4.

vgl. Gradstein und Ryshik (1981), den geschlossenen Ausdruck

$$G(\omega) = \frac{\sin[(2N+1)\omega\Delta/2]}{(2N+1)\sin(\omega\Delta/2)}. \tag{10.13}$$

In Abbildung 10.3 ist die Charakteristik des Dreipunktmittels ($N = 1$),

$$G(\omega) = 1 - \frac{4}{3}\sin^2\alpha, \quad \alpha := \frac{\omega\Delta}{2} = \frac{\pi}{2}\frac{\omega}{\omega_g},$$

dargestellt. Gleitende Mittel mit konstanten Gewichten führen, ebenso wie das Integralmittel im Beispiel 10.1, zu Phasenumkehr auf hohen Frequenzen. Diese oft unerwünschte Nebenwirkung kann man mit ungleichen Gewichten vermeiden (vgl. Beispiel 10.5).

Das diskrete Pendant zum Differentiationsfilter ist das Differenzenfilter

$$Y_{k+1/2} = X_{k+1} - X_k, \quad \{g_k\} := |-1, +1|,$$

$$G^{(1)}(j\omega) = -e^{+j\omega\Delta/2} + e^{-j\omega\Delta/2} = -2j\sin\alpha, \quad \phi = \pi/2.$$

Zweite Differenzen entsprechen der zweimaligen Anwendung des Differenzenfilters:

$$G^{(2)}(\omega) = G^{(1)}(j\omega)G^{(1)}(j\omega) = -4\sin^2\alpha, \quad \phi = \pi; \quad \text{usf.}$$

Außer mit Differenzenbildung kann man hochpassgefilterte Signale erzeugen, indem man eine tiefpassgefilterte Version des Eingangssignal vom selbigen subtrahiert:

$$Y = X - L_T X, \quad G = 1 - G_T \equiv G_H, \tag{10.14}$$

vgl. Abbildung 10.1 (links) und die Übungsaufgabe 10.1.

Beim einfachen arithmetischen Mittel ist $\sum_k g_k = 1$. Diese Bedingung gilt für jeden Tiefpass mit $G(0) = 1$. Die äquivalente Bedingung für einen Hochpass ist $\sum_k g_k = 0$, sofern $G(0) = 0$.

Zum einfachen arithmetischen Mittel betrachten wir nun noch ein numerisches Beispiel.

Beispiel 10.4: Elimination von Gezeitenwirkungen am Pegel Warnemünde durch gleitende Monatsmittel äquidistanter Wasserstandsbeobachtungen (nach Liebsch, 1997)

Um langfristige Änderungen des Meeresspiegels aus Pegelmessungen ableiten zu können, muss man u. a. die periodischen Gezeitenwirkungen eliminieren. Dies gelingt bereits mit einfachen Monatsmitteln gemäß Beispiel 10.3. In Tabelle 10.2 sind die Frequenzen v und Amplituden A ausgewählter Partialtiden (z. B. halbtägige Mondtide M2, halbtägige Sonnentide S2) aufgeführt. Die Durchlasscharakteristiken $G(v)$ wurden mit Formel (10.13) und $\omega = 2\pi v$, bei je einem und bei je vier Werten pro Tag, also für

$$\Delta t = 1d, \quad \text{Grenzfrequenz} \quad v_g = 0,5 d^{-1}, \quad 2N + 1 = 31,$$

$$\Delta t = 0,25d, \quad v_g = 2 d^{-1}, \quad \text{identisch mit} \quad v_{S2}, \quad 2N + 1 = 121$$

berechnet (siehe Tabelle 10.2). Bei eintägigen Werten passieren die Signale $P1$, $K1$ noch fast ungeschwächt das Filter; an $N2$ verzeichnet man Phasenumkehr. Bei (mindestens) vier Werten je Tag betragen *alle* Amplituden $|G|A$ der ausgewählten Tiden in Tabelle 10.2 höchstens noch 1 % der Eingangsamplituden A, über alle Partialtiden höchstens 3 %, werden also weitgehend eliminiert.

Tide	Frequenz v (d^{-1})	Amplitude A (mm)	$G(v)$ ($\Delta t = 1$ d)	$|G|A$ (mm)	$G(v)$ ($\Delta t = 0,25$ d)	$|G|A$ (mm)
$O1$	0,930	16	0,075	1,2	0,0050	0,08
$P1$	0,997	4	0,988	4,0	0,0056	0,02
$K1$	1,003	14	0,988	14	0,0102	0,14
$N2$	1,896	9	−0,065	0,6	−0,0074	0,07
$M2$	1,932	43	0,051	2,2	0,0081	0,35
$S2$	2,000	8	1	8	0,0083	0,07

Tabelle 10.2. Amplitudendämpfung ausgewählter Partialtiden des Pegels Warnemünde durch gleitende Monatsmittel bei täglichen ($\Delta t = 1$ Tag) und vierteltägigen ($\Delta t = 0,25$ Tag) äquidistanten Wasserstandsbeobachtungen. Eingangsdaten nach Liebsch (1997).

Beispiel 10.5: Binomialfilter

Unter Binomialfilter versteht man diskrete Glättungsfilter, deren Gewichte den Binomialkoeffizienten proportinal sind. Da die Summe der Koeffizienten von $(a+b)^n$ gleich 2^n ist, muss man sie, um die Tiefpassbedingung $\sum_k g_k = 1$ einzuhalten, durch 2^n teilen und erhält das Gewichtsschema

$$
\begin{array}{rll}
1 \cdot \{g_k^{(0)}\} := & & 1 \\
2 \cdot \{g_k^{(1)}\} := & & 1 \quad 1 \\
4 \cdot \{g_k^{(2)}\} := & & 1 \quad 2 \quad 1 \\
8 \cdot \{g_k^{(3)}\} := & & 1 \quad 3 \quad 3 \quad 1 \\
16 \cdot \{g_k^{(4)}\} := & 1 \quad 4 \quad 6 \quad 4 \quad 1 \; ; \quad \text{usf.}
\end{array}
$$

Die Gewichte dieser Mehr-Punkt-Mittel findet man ab $n = 2$ (Drei-Punkt-Mittel) aus dem mehrmaligen Anwenden des Zwei-Punkt-Mittels

$$
Y_k^{(1)} = \frac{1}{2}X_{k-1/2} + \frac{1}{2}X_{k+1/2}, \quad \{g_k^{(1)}\} := |1,1|,
$$

$$
G^{(1)}(\omega) = \frac{1}{2}2\cos\left(\frac{\omega\Delta}{2}\right) =: \cos\alpha.
$$

Zweimaliges Anwenden ergibt zunächst die Charakteristik

$$
G^{(2)} = G^{(1)}G^{(1)} = \cos^2\alpha.
$$

Die zugehörige Gewichtsfunktion findet man mittels inverser FT von $G^{(2)}$:

$$
g^{(2)}(t) = \mathcal{F}^{-1}\{G^{(2)}(\omega)\} = \frac{1}{\pi}\int_0^\infty \cos^2\left(\frac{\omega\Delta}{2}\right)\cos\omega t\, d\omega
$$

$$
= \frac{1}{\pi}\int_0^\infty \left\{\frac{1}{4}\cos[(t+\Delta)\omega] + \frac{1}{2}\cos\omega t + \frac{1}{4}\cos[(t-\Delta)\omega]\right\} d\omega.
$$

Die Integrale über die Kosinusfunktiom existieren nicht im Bereich der reellen, jedoch im Bereich der verallgemeinerten Funktionen. Ausgedrückt durch Deltafunktionen bekommt man eine Darstellung wie (10.12):

$$
g^{(2)}(t) = \frac{1}{4}\delta(t+\Delta) + \frac{1}{2}\delta(t) + \frac{1}{4}\delta(t-\Delta) \neq 0 \quad \text{für} \quad t = 0, \pm\Delta,
$$

also ein Drei-Punkt-Mittel mit den Gewichten

$$
\{g_k^{(2)}\} := c \left|\frac{1}{4}, \ \frac{1}{2}, \ \frac{1}{4}\right|_{\sum \stackrel{!}{=} 1} \Rightarrow c = 1.
$$

Allgemein gehört zu den Gewichten $\{g_k^{(n)}\}$, d. h. zum $(n+1)$-Punkt-Mittel, die Durchlasscharakteristik $G^{(k)} = \cos^n\alpha$; sie ist also nicht-negativ auf allen Frequenzen

$\omega \in [0, \omega_g]$; vgl. Abbildung 10.3. Ohne Phasensprünge auf hohen Frequenzen sind diese Filter in aller Regel der einfachen Mittelbildung vorzuziehen. Ausnahmen von der Regel sind, wie das Beispiel 10.4 zeigt, durchaus möglich.

Beispiel 10.6: Das geometrische Nivellement als Bandfilter (Fortsetzung von Beispiel 10.2)

Die Rechenvorschrift (10.9) ist eine diskrete und wir wollen zunächst prüfen, ob sich Abweichungen zum Durchlassverhalten aus der stetigen Approximation (10.10) ergeben. Mit Ausnahme des ersten Rückblicks R_1 und des letzten Vorblicks V_n fallen je Lattenstandort *zwei* Werte, nämlich R_{i+1} und V_i an. Deshalb kann man hier nicht die Summe von Differenzen (10.9) zugrunde legen, sondern muss die Messwertfolgen $\{R_i\}$, $\{V_i\}$ getrennt betrachten und dann die Differenz zweier Summen, $\Delta h = \sum R_i - \sum V_i$, bilden. Ordnet man die elementaren Höhenunterschiede δh_i den Instrumentenstandpunkten t_i zu, so sind die R_i um $-s$ und die V_i um $+s$ gegen t_i verschoben (Abbildung 10.2, a). Mit Hilfe der Verschiebungsregel der FT,

$$f(t) \longmapsto f(t - s), \quad \hat{f}(\omega) \longmapsto e^{-j\omega s}\,\hat{f}(\omega),$$

und der Durchlasscharakteristik einer Summe (identisch mit (10.13) bis auf den Faktor $1/(2N + 1) =: 1/n$ sowie $ns = l/2$) ergeben sich die Charakteristiken von $\sum R_i, \sum V_i$ zu

$$G_R = \frac{\sin(\omega l/2)}{\sin \omega s} e^{+j\omega s}, \quad G_V = \frac{\sin(\omega l/2)}{\sin \omega s} e^{-j\omega s}.$$

Lt. Additionsregel (10.8) folgt damit schließlich die Gesamtcharakteristik

$$G_R - G_V = \frac{\sin(\omega l/2)}{\sin \omega s}(e^{+j\omega s} - e^{-j\omega s}) = 2j \sin(\omega l/2)$$

wie bei der stetigen Approximation.

Das Durchlassverhalten des geometrischen Nivellements wurde nicht vordergründig zur Eingangs-Ausgangs-Analyse der Signale hergeleitet, sondern um die Fortpflanzung der ursprünglichen Messfehler zu untersuchen. Nivelliert man im Nullniveau, entsprechen die in Tabelle 10.3 für drei Standardmodelle angegebenen Kennfunktionen jenen der Fehler am Ein- und Ausgang. Periodische Eingangsfehler haben am Ausgang die gleiche Periode und die Varianz $\sigma_{\Delta h}^2 \leq 4\sigma_h^2$. Weißes Rauschen am Eingang zieht zusätzliche Singularitäten bei $|\tau| = l$ nach sich, was auf negative Korrelation benachbarter Δh_i hinweist. An den gleichen Stellen zeigt das Exponentialmodell einen Sprung ins Negative (Abbildung 10.2, c) und aus der Varianz

$$\sigma_{\Delta h}^2 = 2\sigma_h^2(1 - e^{-l/d}) \approx 2\sigma_h^2 l/2 \quad (l \gg d)$$

liest man ab, dass die Fehlervarianz der Δh_i – wie hinlänglich bekannt – mit der Streckenlänge l wächst, außerdem mit zunehmender Korrelationslänge $\tau_0 \sim d$ der

Modell	$C_{hh}(\tau)$	$S_{hh}(\omega)$	$C_{\Delta h \Delta h}(\tau)$
Periodisches Signal	$\sigma_h^2 \cos \omega_0 \tau$ $(\sigma_h^2 = a^2/2)$	$2\pi\sigma_h^2 \delta(|\omega| - \omega_0)$	$4\sigma_h^2 \sin^2(\omega_0 l/2) \cos \omega_0 \tau$
Exponential-modell	$\sigma_h^2 \exp(-|\tau|/d)$ $(d > 0)$	$\dfrac{2d}{1 + (\omega d)^2}$	$2\sigma_h^2 \exp(-|\tau|/d)$ $- \exp(-|\tau|/d - l/d)$ $- \exp(-||\tau|/d - l/d|)]$
Weißes Rauschen	$S_0 \delta(\tau)$	S_0 $(-\infty < \omega < +\infty)$	$2S_0[\delta(\tau) - \delta(|\tau| - l)]$

Tabelle 10.3. Geometrisches Nivellement als Bandfilter. AKF C_{hh} und Spektraldichte S_{hh} dreier Modelle am Eingang und die aus der Filtervorschift *Summe von Differenzen* bzw. *Differenz zweier Summen* resultierenden AKFs am Ausgang.

ursprünglichen Messfehler abnimmt. Letzteres ist eine Folge der Differenzenbildung an den Instrumentenstandpunkten. In realen Nivellements sind die Unstetigkeiten bei $|\tau| = l$ eher ausgeglichen (Abbildung 10.2, d); benachbarte Δh_i sind in der Regel (schwach) negativ korreliert. Die Bandpasseigenschaften sind vor allem zu beachten, wenn man vertikale Boden- oder Erdkrustenbewegungen aus Wiederholungsnivellements ableiten möchte, besonders bei starkem Rauschen. Nicht-differenzierbare AKFs weisen immer auf die Dominanz gefilterter Nivellementsfehler hin (Meier, 1984, 1987).

Tiefpassfilter mit monoton abnehmender Durchlasscharakteristik, z. B. Binomialfilter, glätten nicht nur auf hohen, sondern bereits auf mittleren Frequenzen. Dominieren Signalamplituden über einem mittleren Frequenz- oder Wellenzahlbereich, dann kann dieses Verhalten durchaus unerwünscht sein, z. B. beim Generalisieren (Formvereinfachen) von LO in der Kartographie, wo zwar Kleinformen beseitigt, jedoch dominierende Formen erhalten, ggf. sogar verstärkt dargestellt werden sollen. Eine solcherart gewünschte Filterwirkung kann man erzielen, indem die Durchlasscharakteristik in einem mittleren Bereich mit Hilfe der Kombinationsregeln (10.7) oder (10.8) nahe an den Wert Eins gebracht wird oder diesen sogar geringfügig überschreitet. Filter dieser Art sind seit langem bekannt (Holloway, 1958); man bezeichnet sie auch als *restaurierende* Filter.

Beispiel 10.7: Restaurierende Filter

Aus diversen Möglichkeiten betrachten wir eine einfache Klasse restaurierender Filter: Einem Tiefpass (G_1) werde ein Bandpass (G_2) additiv hinzugefügt. Die resultierende Charakteristik $G_3 = G_1 + G_2$ zeigt den gewünschten Effekt (Abbildung 10.4).

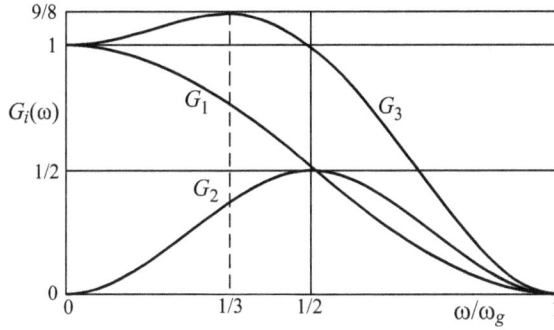

Abbildung 10.4. Durchlasscharakteristiken phasentreuer Digitalfilter: Tiefpass (G_1), Bandpass als restaurierender Anteil (G_2), Tiefpass mit Restaurierung ($G_3 = G_1 + G_2$); vgl. Tabelle 10.4.

i	$G_i(\omega)$	$g^{(i)}_{k+m}$	Filtertyp
1	$\cos^2\alpha,\quad \alpha := \dfrac{\pi}{2}\dfrac{\omega}{\omega_g} = \dfrac{\omega\Delta}{2}$	$\dfrac{1}{4}, \dfrac{1}{2}, \dfrac{1}{4}$	Tiefpass
2	$2\sin^2\alpha\cos^2\alpha$	$-\dfrac{1}{8}, 0, \dfrac{1}{4}, 0, -\dfrac{1}{8}$	Bandpass
3	$G_1 + G_2 = 3\cos^2\alpha - 2\cos^4\alpha$	$-\dfrac{1}{8}, \dfrac{1}{4}, \dfrac{3}{4}, \dfrac{1}{4}, -\dfrac{1}{8}$	Tiefpass mit Restaurierung
4	$a + bG_3\quad (0 \le a < 1,\ 0 < b \le 1,\ a + b = 1)$	$-\dfrac{b}{8}, \dfrac{b}{4}, a + \dfrac{3}{4}b, \dfrac{b}{4}, -\dfrac{b}{8}$	Tiefpässe mit Restaurierung

Tabelle 10.4. Durchlasscharakteristiken $G_i(\omega)$ und Gewichtskoeffizienten $g^{(i)}_{k+m}$ phasentreuer Digitalfilter.

Aus dem ursprünglichen Drei-Punkt-Mittel entsteht ein Fünf-Punkt-Mittel mit negativ bewichteten Randpunkten (vgl. Tabelle 10.4; negative Gewichte am Rand deuten immer auf Restaurierungseffekte hin). Aus der Charakteristik G_3 kann man mit positiven Konstanten a, b eine ganze Schar von Charakteristiken $G_4(\omega; a, b)$ und damit restaurierende Fünf-Punkt-Mittel erzeugen (vgl. Tabelle 10.4 und Abbildung 10.5). Ein Übertreiben dominierender Formen in der Umgebung des Maximums von G_4 an der Stelle $\omega = \omega_g/3$ ist nicht zu befürchten, denn der Maximalwert $G_4(\omega_g/3) = a + 9b/8$ ist nur wenig größer als Eins und die Amplitudenverstärkung moderat, z. B.

$$a = 0,\quad b = 1,\quad G_4(\omega; 0, 1) \equiv G_3(\omega),\quad G_3(\omega_g/3) = 9/8.$$

Weitere Modifikationen finden sich bei Borkowski (1994, S. 18).

Mit Filteroperationen der beschriebenen Art lässt sich (im statistischen Mittel) u. a. die Formvereinfachung von LO mit Betonung dominierender Formen – wie in

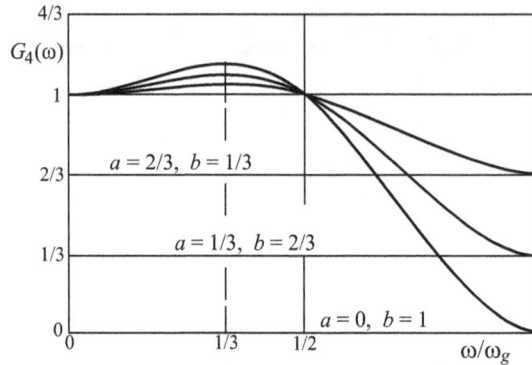

Abbildung 10.5. Durchlasscharakteristiken restaurierender Filter nach Tabelle 10.4.

der konventionellen Kartographie üblich – rechnergestützt nachbilden (Schwarzbach, 1995). In der Digitalkartographie bevorzugt man allerdings aus operationellen Gründen und nicht zuletzt wegen ungleicher Punktabstände digitalisierter LO (z. B. im ATKIS) interpolierende Splines mit unterschiedlichen Glättungsgraden. Wie die Durchlasscharakteristiken von B-Splines im nachfolgenden Beispiel ausweisen, verzichtet man damit auf das Betonen typischer Formen.

Beispiel 10.8: Interpolationsfilter

Zuerst betrachten wir die Interpolationsvorschrift (6.2) lt. Abtasttheorem und begründen u. a., warum ihr, trotz minimaler Fehlervarianz, heute nur noch theoretische bzw. historische Bedeutung zukommt. Als Gewichtsfunktion tritt die Spaltfunktion auf, welche an äquidistant abgetasteten Signalen aus stationären, bandbegrenzten Prozessen die diskreten Wiener-Hopf-Gleichungen der Optimalfilterung erfüllt (vgl. z. B. Meier und Keller, 1990, S. 145–150). Wir ermitteln die zu (6.2) gehörende Durchlasscharakteristik für den Fall, dass die zu interpolierenden Werte in der Mitte zwischen je zwei Stützpunkten liegen, wo der Interpolationsfehler am größten ausfällt, und setzen o. B. d. A. $\omega_g = \pi$, $\Delta = 1$. Die Abstände $t - t_k$ der symmetrisch zum Interpolationspunkt liegenden Stützpunkte und die zugehörigen Gewichte sind dann

$$t - t_k = \pm \frac{2k-1}{2}, \quad g_k = \mathrm{sinc}\left(\pm \frac{2k-1}{2}\pi\right) = \frac{2(-1)^{k-1}}{(2k-1)\pi} \quad (k = 1,2,\dots)$$

und die Durchlasscharakteristik bei $2N$ Stützpunkten ergibt sich (vgl. Tabelle 10.1, links) zu

$$G_{2N}(\omega) = 2 \sum_{k=1}^{N} \mathrm{sinc}\left(\frac{2k-1}{2}\pi\right) \cos\left(\frac{2k-1}{2}\omega\right)$$

$$= \frac{4}{\pi} \sum_{k=1}^{N} \frac{(-1)^{k-1}}{2k-1} \cos\left(\frac{2k-1}{2}\omega\right). \tag{10.15}$$

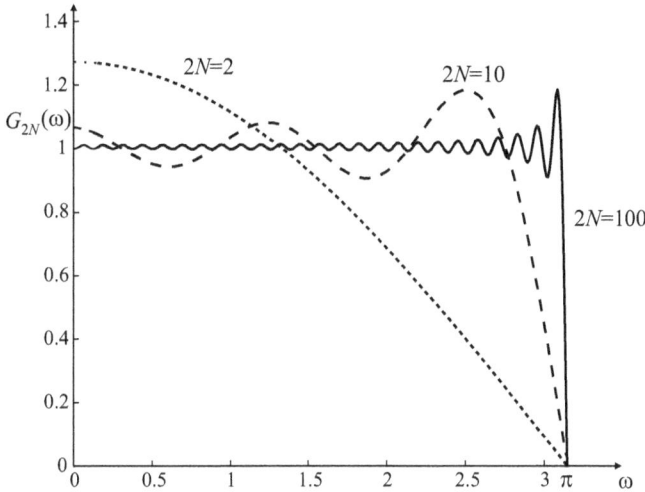

Abbildung 10.6. Durchlasscharakteristiken (10.15) für $2N = 2, 10, 100$ Stützpunkte.

In Abbildung 10.6 ist (10.15) für $2N = 2, 10, 100$ Stützpunkte dargestellt. Man sieht den schwingenden Einfluss der Spaltfunktion (bei $N > 1$), also wechselnde Amplitudenverstärkung und -dämpfung, der selbst noch bei großen N, vornehmlich auf hohen Frequenzen wirkt und erst im Grenzfall $N \to \infty$ verschwindet. Die Summe in (10.15) ergibt dann nach Gradstein und Ryshik (1981) gerade $\pi/4$ und es gilt

$$\lim_{N \to \infty} G_{2N}(\omega) = \begin{cases} 1 & (0 \le \omega < \pi) \\ 0 & (\pi \le \omega < \infty). \end{cases} \tag{10.16}$$

Im Vergleich zu (10.15) hat die Spline-Interpolation günstigere Eigenschaften. Von Unser et al. (1991) wurde die Durchlasscharakteristik von B-Splines hergeleitet; vgl. auch Bethge (1997, S. 28–30). Unter den gleichen Voraussetzungen wie oben ist die Charakteristik $G_n(\omega)$ von Splines der Ordnung n

$$G_n(\omega) = \frac{\sum_{k=-\infty}^{+\infty} (-1)^k \left[\mathrm{sinc}(\frac{\omega}{2} - k\pi) \right]^{n+1}}{\sum_{k=-\infty}^{+\infty} \left[\mathrm{sinc}(\frac{\omega}{2} - k\pi) \right]^{n+1}}. \tag{10.17}$$

Um die Unterschiede zwischen verschiedenen n deutlich sichtbar zu machen, sind in Abbildung 10.7 die Übertragungsfunktionen $U_n(\omega) = G_n^2(\omega)$ für $n = 1, 3, 5$ aufgetragen: $n = 1$ ist der Spezialfall der linearen, $n = 3$ jener der kubischen Interpolation. Die Charakteristiken zeigen reines Tiefpassverhalten und bleiben ab $n = 3$ über einen weiten Frequenzbereich nahe Eins (nahezu „echt restaurierende" Filter). Bei wachsendem n nähern sie sich, analog zum Grenzwert (10.16), der Rechteckfunktion auf $[0, \pi]$ an: Die Spline-Filterung und jene nach dem Abtasttheorem sind *asymptotisch äquivalent* (Unser et al., 1992).

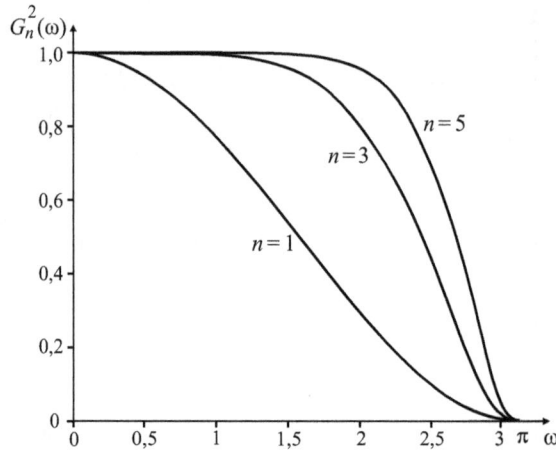

Abbildung 10.7. Übertragungsfunktionen $U(\omega) = G_n^2(\omega)$, $G_n(\omega)$ entsprechend (10.17) für die Spline-Interpolation 1., 3. und 5. Ordnung (nach Bethge, 1997).

10.1.3   Zweidimensionale Digitalfilter

Zweidimensionale Digitalfilter sind gleitende Mittel der Form

$$Y(x_k, y_k) = \sum_m \sum_n g(x_{k+m}, y_{l+n}) X(x_{k+m}, y_{l+n}), \tag{10.18}$$

$$\text{kurz} \quad Y_{k,l} = \sum_m \sum_n g_{k+m,l+n} X_{k+m,l+n} \quad \text{mit} \quad \left| \sum_m \sum_n g_{k+m,l+n} \right| < \infty.$$

Die Filterwirkung wird von der diskreten Gewichtsfunktion

$$g^{(2)}(x, y) = \sum_k \sum_l g(x_k, y_l) \delta(x - x_k, y - y_l) \tag{10.19}$$

bzw. von der Anzahl, dem Betrag und dem Vorzeichen der Gewichte $g_{k,l} = g(x_k, y_l)$, ferner von den Stützpunktabständen $\Delta_{1,2} = \pi/k g_{1,2}$ auf dem (in der Regel regulären) Gitter bestimmt. Die zweidimensionale Gewichtsfunktion (10.19) und die zweidimensionale Durchlasscharakteristik $G^{(2)}(k_1, k_2)$ sind wieder ein Paar von $\mathcal{F}$-Transformierten; ihre gegenseitigen Beziehungen stehen in Tabelle 10.1, rechts. Im Vergleich zu den 1D-Filtern kommt im 2D-Fall noch die *richtungsabhängige Wirkung* der Filter hinzu. Ein 2D-Filter heißt isotrop, wenn seine Durchlasscharakteristik nur vom Betrag des Wellenzahlvektors $|\mathbf{k}| = \sqrt{k_1^2 + k_2^2}$ abhängt bzw. wenn $G^{(2)}$ und $g^{(2)}$ rotationssymmetrische Funktionen sind. Es liegt auf der Hand, dass diskrete 2D-Filter höchstens genähert isotrop sein können. Lässt sich ferner ein 2D-Filter durch zwei 1D-Filter, die man hintereinander anwendet, ersetzen, so heißt er separabel: Die zweidimensionale Durchlasscharakteristik ist nach Regel (10.7) das Produkt zweier eindimensionaler.

Beispiel 10.9: Glättende Mittelwertfilter auf Quadratgitter

Das einfache arithmetische Mittel

$$Y_{k,l} = \frac{1}{(2N_1 + 1)(2N_2 + 1)} \sum_{m=-N_1}^{N_1} \sum_{n=-N_2}^{N_2} X_{k+m,l+n}$$

mit konstanten Gewichten

$$g_{k+m,l+n} = \frac{1}{(2N_1 + 1)(2N_2 + 1)}$$

ist separabel (indem man zeilen- und spaltenweise mittelt). Die Durchlasscharakteristik ist

$$G^{(2)}(k_1, k_2) = G^{(1)}(k_1) G^{(1)}(k_2), \quad G^{(1)}(k_{1,2}) \quad \text{wie (10.13)},$$

wobei lediglich ω durch $k_{1,2}$ und N durch $N_{1,2}$ zu ersetzen sind. In Abbildung 10.8 (links) ist $G^{(2)}$ des Neun-Punkt-Mittels ($N_1 = N_2 = 1$, $\Delta_1 = \Delta_2 = \Delta$),

$$G_1^{(2)}(k_1, k_2) = \left(1 - \frac{4}{3} \sin^2 \alpha_1\right)\left(1 - \frac{4}{3} \sin^2 \alpha_2\right), \quad \alpha_{1,2} := \frac{k_{1,2}\Delta}{2} = \frac{\pi}{2} \frac{k_{1,2}}{k_{g1,2}},$$

über den Hauptachsen- und Hauptdiagonalenrichtungen, wo die größten Unterschiede auftreten, dargestellt. Das Filter ist anisotrop und führt – wie im vergleichbaren 1D-Fall (Abbildung 10.3) – zu Phasenumkehr auf großen Wellenzahlen. Günstiger sind – analog zu den Binomialfiltern – solche mit ungleichen Gewichten bzw. separablen Durchlasscharakteristiken $G_n^{(2)} = \cos^n \alpha_1 \cos^n \alpha_2$, $n \geq 1$. Das Vier-Punkt-Mittel mit Gewichten

$$\{g_{k,l}\} := \frac{1}{4} \begin{vmatrix} 1 & 1 \\ 1 & 1 \end{vmatrix},$$

wobei der gefilterte Wert in die Mitte der Stützpunkte, also jeweils im Abstand $\Delta/2$ zu jenen angeordnet wird, hat die Charakteristik

$$G_1^{(2)} = \frac{1}{4} 4 \cos\left(\frac{k_1 \Delta}{2}\right) \cos\left(\frac{k_2 \Delta}{2}\right) = \cos \alpha_1 \cos \alpha_2.$$

Dieses elementare Glättungsfilter ist phasentreu und anisotrop (Abbildung 10.8, links). Zweimaliges Anwenden ergibt die Charakteristik $G_2^{(2)} = \cos^2 \alpha_1 \cos^2 \alpha_2$. Das Gewichtsschema der Gesamtoperation findet man wie im 1D-Fall mit Hilfe von Deltafunktionen (vgl. Beispiel 10.5):

$$g_2^{(2)}(x_1, x_2) = {}^2\mathcal{F}^{-1}\{G_2^{(2)}\}$$

$$= \left\{\frac{1}{\pi}\int_0^\infty \cos^2\left(\frac{k_1\Delta}{2}\right)\cos k_1 x_1 dk_1\right\}\left\{\frac{1}{\pi}\int_0^\infty \cos^2\left(\frac{k_2\Delta}{2}\right)\cos k_2 x_2 dk_2\right\}$$

$$= \left\{\frac{1}{\pi}\int_0^\infty \left\{\frac{1}{4}\cos[(x_1+\Delta)k_1] + \frac{1}{2}\cos(x_1 k_1) + \frac{1}{4}\cos[(x_1-\Delta)k_1]\right\}dk_1\right\}$$

$$\cdot\left\{\frac{1}{\pi}\int_0^\infty \left\{\frac{1}{4}\cos[(x_2+\Delta)k_2] + \frac{1}{2}\cos(x_2 k_2) + \frac{1}{4}\cos[(x_2-\Delta)k_2]\right\}dk_2\right\}$$

$$= \frac{1}{4}\delta(x_1)\delta(x_2) + \frac{1}{8}\{\delta(x_1)\delta(x_2+\Delta) + \delta(x_1)\delta(x_2-\Delta)$$

$$+ \delta(x_2)\delta(x_1+\Delta) + \delta(x_2)\delta(x_1-\Delta)\}$$

$$+ \frac{1}{16}\{\delta(x_1+\Delta)\delta(x_2+\Delta) + \delta(x_1-\Delta)\delta(x_2+\Delta)$$

$$+ \delta(x_1+\Delta)\delta(x_2-\Delta) + \delta(x_1-\Delta)\delta(x_2-\Delta)\}.$$

Wegen $\delta(x_1)\delta(x_2) \neq 0$ für $(x_1, x_2) = (0,0)$ ist $g_2^{(2)}(x_1, x_2) \neq 0$ in neun Punkten des Quadratgitters ($\Delta \times \Delta$), und zwar im Verhältnis $4 : 2 : 1$ (Zentralpunkt : direkte Nachbarn : indirekte Nachbarn):

$$\{g_2^{(2)}{}_{k,l}\} := c \begin{vmatrix} 1 & 2 & 1 \\ 2 & 4 & 2 \\ 1 & 2 & 1 \end{vmatrix}_{\sum \overset{!}{=} 1} \implies c = \frac{1}{16}.$$

Die Anisotropie dieses Neun-Punkt-Mittels ist nur noch schwach ausgeprägt (Abbildung 10.8, rechts). Die zweimalige Anwendung dieses Filters bzw. die viermalige des elementaren Filters ergibt die Charakteristik

$$G_4^{(2)} = [G_2^{(2)}]^2 = [G_1^{(2)}]^4 = \cos^4\alpha_1 \cos^4\alpha_2$$

und mit einer gleichen Rechnung wie oben findet man die Gewichte der Gesamtoperation zu

$$\{g_4^{(2)}{}_{k,l}\} := \frac{1}{256}\begin{vmatrix} 1 & 4 & 6 & 4 & 1 \\ 4 & 16 & 24 & 16 & 4 \\ 6 & 24 & 36 & 24 & 6 \\ 4 & 16 & 24 & 16 & 4 \\ 1 & 4 & 6 & 4 & 1 \end{vmatrix}.$$

Dieses Mittel über $5 \times 5 = 25$ Punkte ist fast-isotrop (Abbildung 10.8, rechts).

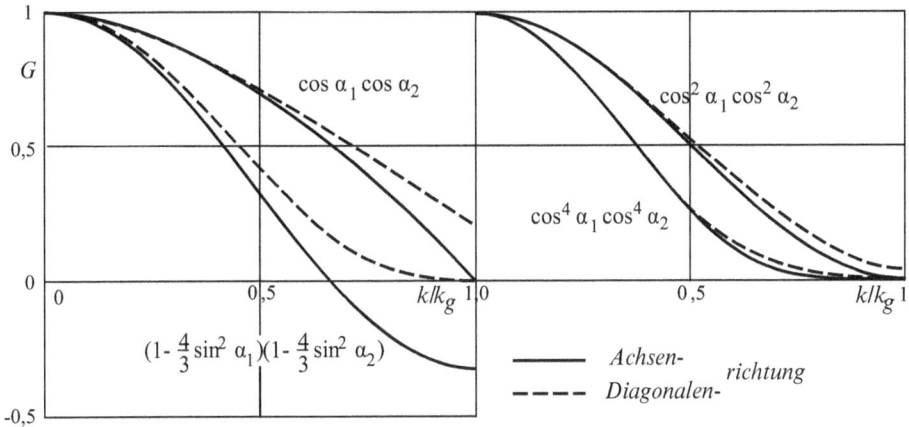

Abbildung 10.8. Durchlasscharakteristiken diskreter Glättungsfilter auf Quadratgitter. Erläuterungen im Beispiel 10.9.

Glättungsfilter auf Quadratgitter können mit variablen Gewichten phasentreu und durch Vergrößern des Mittelungsgebietes fast-isotrop gestaltet werden. Sie glätten dann allerdings sehr stark. Möchte man annähernd isotrop, aber nur schwach glätten, bieten sich Mittelwertfilter auf regulären Dreieckgittern an, z. B. eine Sechs-Punkt-Umgebung um den Zentralpunkt, welche sich einem Kreis gut annähert. Betrachtungen über nicht-quadratische Gitter findet man, ebenso wie Rechnungen mit schief-winkligen Koordinaten, bei Jaroslawskij (1985), Gewichtsschemata und Durchlass-charakteristiken einfacher Glättungsfilter auf Dreieckgitter siehe Übung 10.5.

Ebenso wie die eindimensionalen Tiefpassfilter kann man die zweidimensionalen restaurieren und diese ebenfalls annähernd isotrop gestalten. Da hier bereits gewisse geometrische Bedingungen gemeinsam erfüllt werden sollen, bringen wir Beispiele dazu im Abschnitt 10.1.4. – Zweidimensionale Interpolationsfilter haben qualitativ die gleichen Eigenschaften wie die im Beispiel 10.8 betrachteten eindimensionalen. Diverse Übertragungsfunktionen der Interpolation topographischer Oberflächen aus DHM-Daten von gleichem oder ähnlichem Verhalten wie jene in Abbildung 10.7 sind bei Tempfli (1982, S. 49) und auszugsweise im Lehrbuch von Kraus (2000, S. 246), ferner bei Zavoti (1984) angegeben. – Wenden wir uns nun noch den Hochpassfiltern, speziell solchen mit diskretisierten Differentialoperatoren zu.

Beispiel 10.10: Gradient- und Laplace-Filter

Unter einem Gradientfilter versteht man das zweidimensionale Pendant zum Differen-zenfilter im Beispiel 10.3. In der digitalen Bildverarbeitung ist es (neben Differenzen in Zeilen und Spalten) üblich, den Betrag des Gradienten

$$|\nabla X| = \sqrt{\left(\frac{\partial X}{\partial x_1}\right)^2 + \left(\frac{\partial X}{\partial x_2}\right)^2} \quad \text{durch} \quad \left|\frac{\partial X}{\partial x_1}\right| + \left|\frac{\partial X}{\partial x_2}\right|$$

zu ersetzen und zu diskretisieren:

$$Y_{k,l} := |\nabla X|_{k,l} \cdot \Delta$$

$$:= \frac{1}{2}\{|X_{k-1,l} - X_{k,l}| + |X_{k,l} - X_{k+1,l}| + |X_{k,l-1} - X_{k,l}| + |X_{k,l} - X_{k,l+1}|\}.$$

Es werden also die Differenzen zwischen Werten im Zentralpunkt (k, l) und in den um Δ entfernt liegenden direkten Nachbarpunkten gebildet und ihre Beträge gemittelt. Jeder dieser Beträge hat die Durchlasscharakteristik $G^{(1)} = 2\sin\alpha$, so dass nach der additiven Filterung, Regel (10.8)

$$G^{(2)}(k_1, k_2) = \frac{1}{2}(4\sin\alpha_1 + 4\sin\alpha_2) = 2(\sin\alpha_1 + \sin\alpha_2),$$

$$\alpha_{1,2} := \frac{k_{1,2}\Delta}{2} = \frac{\pi}{2}\frac{k_{1,2}}{kg_{1,2}}.$$

Wegen der Betragsbildung entsteht ein phasentreuer, außerdem anisotroper Hochpass (Abbildung 10.9).

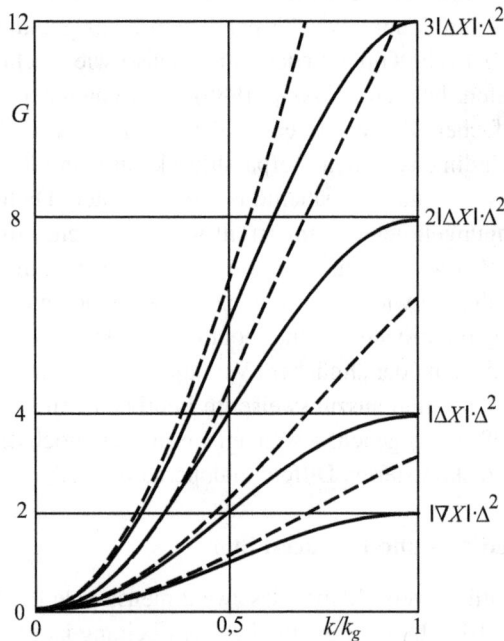

Abbildung 10.9. Durchlasscharakteristiken des Gradientenfilters $|\nabla X|\Delta$ und der Laplace-Filter $n|\Delta X|\Delta^2$ ($n = 1, 2, 3$) in Hauptachsenrichtung (ausgezogen) und in Hauptdiagonalenrichtung (gerissen). Erläuterungen im Beispiel 10.10.

Zweite Differenzen verstärken den Hochpasseffekt. Gleitende Mittel mit den Gewichten

$$\{g_{k,l}^{(2)}\} := \begin{vmatrix} 0 & -1 & 0 \\ -1 & 4 & -1 \\ 0 & -1 & 0 \end{vmatrix}; \quad \begin{vmatrix} -1 & 0 & -1 \\ 0 & 4 & 0 \\ -1 & 0 & -1 \end{vmatrix}; \quad \begin{vmatrix} -1 & -1 & -1 \\ -1 & 8 & -1 \\ -1 & -1 & -1 \end{vmatrix}$$

und den zugehörigen Durchlasscharakteristiken

$$G^{(2)}(k_1, k_2) = 4(\sin^2 \alpha_1 + \sin^2 \alpha_2); \quad 4(1 - \cos 2\alpha_1 \cos 2\alpha_2);$$

$$4(1 - \cos 2\alpha_1 \cos 2\alpha_2 + \sin^2 \alpha_1 + \sin^2 \alpha_2)$$

approximieren den Laplace-Operator, angewendet auf X,

$$|\mathbf{\Delta} X| = \left| \frac{\partial^2 X}{\partial x_1^2} + \frac{\partial^2 X}{\partial x_2^2} \right|, \quad \text{durch} \quad |\mathbf{\Delta} X| \cdot \Delta^2; \quad 2|\mathbf{\Delta} X| \cdot \Delta^2; \quad 3|\mathbf{\Delta} X| \cdot \Delta^2.$$

Zum Beweis schreiben wir die Filtervorschrift für das erste Gewichtsschema in der Form

$$Y(x_1, x_2) = 4X(x_1, x_2) - X(x_1 + \Delta, x_2) - X(x_1 - \Delta, x_2)$$
$$- X(x_1, x_2 + \Delta) - X(x_1, x_2 - \Delta)$$

und entwickeln nach Taylor bis zu Gliedern 2. Ordnung:

$$Y(x_1, x_2) \approx 4X((x_1, x_2) - X(x_1, x_2) - \frac{\partial X}{\partial x_1}\Delta - \frac{1}{2}\frac{\partial^2 X}{\partial x_1^2}\Delta^2$$

$$- X(x_1, x_2) + \frac{\partial X}{\partial x_1}\Delta - \frac{1}{2}\frac{\partial^2 X}{\partial x_1^2}\Delta^2$$

$$- X(x_1, x_2) - \frac{\partial X}{\partial x_2}\Delta - \frac{1}{2}\frac{\partial^2 X}{\partial x_2^2}\Delta^2$$

$$- X(x_1, x_2) + \frac{\partial X}{\partial x_2}\Delta - \frac{1}{2}\frac{\partial^2 X}{\partial x_2^2}\Delta^2,$$

$$Y(x_1, x_2) \approx -\mathbf{\Delta} X \cdot \Delta^2.$$

Alle Varianten der Laplace-Filter sind – wie die Gradientfilter – phasentreu und anisoptrop (Abbildung10.9); die Anisotropie ist stärker als bei Tiefpässen mit (3×3)-Umgebung ausgeprägt. Vorzugsweise in der digitalen Bildverarbeitung angewendet, verstärken sie den Kontrast lokal. Kanten, Lineamente u. a. linienförmige Strukturen bzw. Abgrenzungen treten im gefilterten Bild deutlicher als im ungefilterten hervor. Deshalb bezeichnet man derartige Filter auch als *Kantenverstärker* oder *-detektoren*. Der Grad der Kontrastverstärkung wird von der Flankensteilheit in G gesteuert (Abbildung 10.9).

Neben den phasentreuen Hochpässen wie im letzten Beispiel wendet man in der digitalen Bildverarbeitung eine Vielzahl weiterer Filteroperationen, vorzugsweise auf (3×3)-Umgebung an, z. B. reine Zeilen- oder Spaltengradienten mit ungerader Gewichtsfunktion (benannt nach Prewitt, Sobel u. a.; hierzu Übung 10.4), Kantenverstärker unter dem Terminus *edge crispening*, usf. – Einen theoretisch fundierten und zugleich anwendungsorientierten Überblick gibt das Textbuch von Pratt (1991).

10.1.4 Lineare Filter mit geometrischen Restriktionen

Geometrieänderungen sind den Filteroperationen immanent. Sie äußern sich, wie hinlänglich ausgeführt, als frequenz- bzw. wellenzahlabhängige Amplitudenänderung und – bei ungerader Gewichtsfunktion bzw. komplexwertiger Durchlasscharakteristik – als Phasenverschiebung. Tiefpassbedingungen wie $G^{(1)}(0) = 1$, $G^{(2)}(0,0) = 1$ sorgen dafür, dass sehr langwellige Trends (Großformen) erhalten bleiben (Maßstabstreue) und $G^{(1)}(\omega_g) = 0$, $G^{(2)}(k_{g_1}, k_{g_2}) = 0$ sprechen für Auslöschung der Kleinformen. Bei Hochpässen ist es gerade umgekehrt. Bandpässe heben periodische, quasiperiodische oder schmalbandige Variationen hervor. Additiv mit Tiefpässen kombiniert entstehen restaurierende Filter wie im Beispiel 10.7, Abbildungen 10.4, 10.5. Sie verstärken die Amplituden geringfügig in der Umgebung des Maximums von $G^{(1)}$ bzw. betonen typische Formen (sofern solche im Spektralbereich dominieren). Deshalb bezeichnen wir diese Filter auch als *formtreue*. Dabei ist die Bedingung $G^{(1)}(\omega_{\max}) = G^{(1)}(\omega_g/3)$ wie in der Übungsaufgabe 10.2 nicht zwingend, sondern eher eine „weiche"; das Maximum von $G^{(1)}$ kann auch an anderer Stelle liegen. Im 2D-Fall kann man zusätzlich eine (ebenfalls „weiche") Isotropiebedingung stellen.

Beispiel 10.11: Formtreue 2D-Filter auf Quadratgitter (nach Borkowski, 1994, S. 17–20)

Restaurierende oder formtreue 1D-Filter wie im Beispiel 10.7 sind Fünf-Punkt-Mittel mit negativen Gewichten am Rande. Um formtreue 2D-Filter zu entwerfen, muss man analog dazu ein (5×5)-Gewichtsschema mit negativen Randgewichten ansetzen,

$$\{g_{k,l}^{(2)}\} := \begin{bmatrix} -f & -e & -d & -e & -f \\ -e & c & b & c & -e \\ -d & b & a & b & -d \\ -e & c & b & c & -e \\ -f & -e & -d & -e & -f \end{bmatrix},$$

und an die zugehörige Durchlasscharakteristik (vgl. Tabelle 10.1, rechts)

$$G^{(2)}(k_1, k_2) = a + 4c \cos \alpha_1 \cos \alpha_2 + 2b(\cos \alpha_1 + \cos \alpha_2) - 4f \cos 2\alpha_1 \cos 2\alpha_2$$
$$- 2d(\cos 2\alpha_1 + \cos 2\alpha_2) - 4e(\cos 2\alpha_1 \cos \alpha_2 + \cos \alpha_1 \cos 2\alpha_2),$$

	Forderung	erfüllt, wenn
1	$G(0,0) = 1$	$a + 4b + 4c - 4d - 8e - 4f = 1$
2	$G(k_{g_1}, 0) = G(0, k_{g_2})$	$a - 4c - 4d - 4f = 0$
3	$\frac{\partial}{\partial k_1} G(k_1, 0)\big|_{k_1 = \frac{k_{g_1}}{3}} =$ $\frac{\partial}{\partial k_2} G(0, k_2)\big|_{k_2 = \frac{k_{g_2}}{3}} = 0$	$-b - 2c + 2d + 6e + 4f = 0$
4	$\frac{\partial}{\partial k}[G(\frac{\sqrt{2}}{2}k, \frac{\sqrt{2}}{2}k) - G(k,0)]\big|_{k = \frac{k_g}{2}} = 0$	$-0{,}134b + 0{,}437c + 1{,}125d$ $- 0{,}768e - 1{,}363f = 0$

Tabelle 10.5. Forderungen an ein minimal-anisotropes 2D-Glättungsfilter mit restaurierenden Eigenschaften. Erläuterungen im Beispiel 10.11.

wobei jetzt $\alpha_{1,2} := k_{1,2} \cdot \Delta$, Forderungen wie in Tabelle 10.5 stellen: Die ersten beiden sorgen für das Erhalten der Großformen und das Glätten der Kleinformen. Die dritte Forderung legt das Maximum von $G^{(2)}$ bei $k_{1,2}/k_{g1,2} = 1/3$ fest; es könnte ggf. auch an anderer Stelle liegen. Die vierte Forderung schließlich soll die Anisotropie minimieren; sie könnte ebenfalls modifiziert werden. Bei sechs (positiven) Parametern a bis f und nur vier Bedingungen sind zwei davon frei wählbar, was zu geringfügig unterschiedlichen Filtereigenschaften führen kann, die allerdings kaum praktisch bedeutsam sind. Borkowski (1994, S. 20) gibt dazu zwei Gewichtsschemata,

$$\{g_{k,l}^{(2)}\} := \frac{1}{160} \begin{bmatrix} -1 & -7 & -4 & -7 & -1 \\ -7 & 14 & 26 & 14 & -7 \\ -4 & 26 & 76 & 26 & -4 \\ -7 & 14 & 26 & 14 & -7 \\ -1 & -7 & -4 & -7 & -1 \end{bmatrix} ; \quad \frac{1}{160} \begin{bmatrix} 0 & -9 & -2 & -9 & 0 \\ -9 & 17 & 24 & 17 & -9 \\ -2 & 24 & 76 & 24 & -2 \\ -9 & 17 & 24 & 17 & -9 \\ 0 & -9 & -2 & -9 & 0 \end{bmatrix} ,$$

an, wobei sich die zugehörigen Durchlasscharakteristiken sowohl in beliebiger Richtung als auch untereinander fast nicht unterscheiden. Sie zeigen das gleiche Verhalten wie im 1D-Fall, Beispiel 10.7, liegen insbesondere mit einem Grenzwert $G^{(2)}(k_{g1,2}) \approx 0{,}18$ zwischen den beiden unteren Kurven in Abbildung 10.5.

Formtreue Filter mit den o. a. Gewichtsschemata kann man z. B. zur Generalisierung natürlicher, einigermaßen homogener Reliefs anwenden. Nach numerischen Tests von Borkowski (1994, S. 55–57) weisen die Höhenlinien des geglätteten Reliefs einen ruhigeren Verlauf als die ursprünglichen auf. Die morphologischen Formen bleiben, obwohl abgerundet oder sogar geringfügig betont, gut erhalten.

Wenden wir uns nun dem Erhalten geometrischer Größen, z. B. der Länge stochastisch gekrümmter Linien oder dem Inhalt stochastisch gekrümmter Oberflächen, also

„härteren" Bedingungen als den bisherigen zu. Sind die zu filternden Signale Realisierungen stationärer oder homogener Prozesse, dann hängen die genannten Größen unter gewissen, nicht unrealistischen Verteilungsannahmen von den Varianzen der 1. Prozessableitungen und nur von diesen ab (vgl. Kapitel 7). Notiert man diese Varianzen als Integrale über Spektraldichten vor und nach der Filterung, letztere nach Regel (10.3), dann enthält die Differenz dieser Integrale die – vorerst noch unbekannte – Durchlasscharakteristik G desjenigen Filters, welches die gewünschte Wirkung im statistischen Mittel über ein möglichst großes Stichprobengebiet erzielt. Minimiert man diese Differenz, entsteht ein Variationsproblem zur Bestimmung von G, einschließlich weiterer Forderungen wie z. B. in Tabelle 10.5 ein solches mit Nebenbedingungen. Indessen liegt es auch ohne exakte Beweisführung nahe, dass längen- oder oberflächeninhaltstreue Filter restaurierende sein müssen, denn nur dann kann der Inhaltsverlust infolge Amplitudendämpfung im Hochfrequenzbereich durch Amplitudenverstärkung im mittleren (dominierenden) Bereich kompensiert werden. Die Struktur solcher Filter ist uns aus den Beispielen 10.7 und 10.11 bekannt, so dass man auf das Lösen von Variationsproblemen durchaus verzichten kann. Man variiert stattdessen die Gewichte der Standardfilter oder die Stützpunktabstände (geringfügig) so, dass die jeweilige Bedingung zur Erhaltung einer geometrischen Größe (wenigstens approximativ) erfüllt wird. Diese theoretisch nicht ganz exakte, eher praktische Vorgehensweise hat folgende Gründe:

(a) Standardfilter mit kleinem Mittelungsgebiet haben nur geringe Randeffekte.

(b) Fast allen expliziten Schätzformeln für geometrische Größen liegt die Normalverteilung zugrunde.

(c) An instationären oder inhomogenen Signalen trägt die Theorie nicht; man muss sich mit Trendabspaltung behelfen.

(d) Es stehen nur mehr oder weniger sichere Schätzungen der Spektraldichten der (Rest-)Signale zur Verfügung.

(e) Die Berechnung der Gewichtsfunktion als inverse $\mathcal{F}$-Transformierte der Durchlasscharakteristik mit Hilfe von Deltafunktionen (vgl. Beispiele 10.5, 10.9) entfällt.

Integrale über Spektraldichten bezeichnet man im Hinblick auf physikalische Prozesse auch als *Leistungsintegrale*. Vergleicht man sie, wie oben skizziert, vor und nach der Filterung miteinander, so wird gewissermaßen die Gesamtleistung ausbilanziert. Deshalb bezeichnen wir Restriktionen, die zum Erreichen eines Filterzieles (auch ohne physikalischen Hintergrund) notwendig und in der Regel auch hinreichend sind, als *Bilanzgleichungen* . In Tabelle 10.6 sind Filterziele und die zugehörigen Bilanzgleichungen sowohl im Original- als auch im Spektralbereich zusammengestellt. Zuerst betrachten wir ein Beispiel, 1D-Signale $x(t) \longmapsto y(t)$, Tabelle 10.6, oben, und erläutern anschließend Besonderheiten aller weiteren Fälle.

Ziel der Filterung gemäß Formel (.)	Restriktion(en) im Originalbereich	Restriktion(en) im Spektralbereich
1D-Signale $x(t) \longmapsto y(t)$		
Längentreue (7.7), (7.10) äquivalent Neigungstreue	$\sigma_{y'}^2 = \sigma_{x'}^2$	$\int_{-\infty}^{+\infty} \omega^2 [\lvert G(\omega)\rvert^2 - 1] S_{xx}(\omega) d\omega = 0$
1D-Signale $r(\varphi) \longmapsto \rho(\varphi)$		
Längentreue (7.22)	$\sigma_\rho^2 + \sigma_{\rho'}^2 = \sigma_r^2 + \sigma_{r'}^2$	$\int_{-\infty}^{+\infty} (1 + \omega^2)[\lvert G(\omega)\rvert^2 - 1] S_{rr}(\omega) d\omega = 0$
Flächeninhaltstreue (7.19)	$\sigma_\rho^2 = \sigma_r^2$	$\int_{-\infty}^{+\infty} [\lvert G(\omega)\rvert^2 - 1] S_{rr}(\omega) d\omega = 0$
1D-Signale $\varphi(s) \longmapsto \vartheta(s)$		
Längentreue (8.24) Krümmungstreue (8.7)	$\sigma_{\dot\vartheta}^2 = \sigma_{\dot\varphi}^2$	$\int_{-\infty}^{+\infty} \omega^2 [\lvert G(\omega)\rvert^2 - 1] S_{\varphi\varphi}(\omega) d\omega = 0$
2D-Signale $h(x_1, x_2) \longmapsto z(x_1, x_2)$		
Oberflächeninhaltstreue (7.38) äquivalent Neigungstreue	$\sigma_{\partial z/\partial x_1}^2 = \sigma_{\partial h/\partial x_1}^2$ und $\sigma_{\partial z/\partial x_2}^2 = \sigma_{\partial h/\partial x_2}^2$	$\iint_{-\infty}^{+\infty} k_1^2 [\lvert G(k_1, k_2)\rvert^2 - 1] S_{hh} dk_1 dk_2 = 0$ und $\iint_{-\infty}^{+\infty} k_2^2 [\lvert G(k_1, k_2)\rvert^2 - 1] S_{hh} dk_1 dk_2 = 0$
Volumentreue (7.51)	$\sigma_z^2 = \sigma_h^2$	$\iint_{-\infty}^{+\infty} [\lvert G(k_1, k_2)\rvert^2 - 1] S_{hh} dk_1 dk_2 = 0$

Tabelle 10.6. Lineare Filterung ein- und zweidimensionaler Signale mit geometrischen Restriktionen. Bilanzgleichungen im Spektralbereich, die von den Durchlasscharakteristiken $G(\omega)$, $G(k_1, k_2)$ erfüllt werden müssen, um die Filterziele (approximativ) zu erreichen. Diskussion im Text.

Beispiel 10.12: Längentreue 1D-Filter

Zu filtern seien Signale aus einem stationären Prozess X mit der Spektraldichte S_{xx}. Die Ableitung X' hat die Spektraldichte $S_{x'x'} = \omega^2 S_{xx}$ und ihre Varianz ist

$$\sigma_{x'}^2 = \int_{-\infty}^{+\infty} \omega^2 S_{xx}(\omega)d\omega.$$

Die entsprechenden Größen der gefilterten Signale sind nach Regel (10.3)

$$S_{yy} = |G|^2 S_{xx}, \quad S_{y'y'} = \omega^2 |G|^2 S_{xx}, \quad \sigma_{y'}^2 = \int_{-\infty}^{+\infty} \omega^2 |G(\omega)|^2 S_{xx}(\omega)d\omega.$$

Aus der Forderung im Originalbereich $\sigma_{y'}^2 = \sigma_{x'}^2$ folgt die Bilanzgleichung im Spektralbereich

$$\int_{-\infty}^{+\infty} \omega^2 \left[|G(\omega)|^2 - 1\right] S_{xx}(\omega)d\omega = 0. \tag{10.20}$$

Bereits die Charakteristiken einfacher Standardfilter, z. B. $G_3 = G_1 + G_2$ in Tabelle 10.4 und Abbildung 10.4, erfüllen die Gleichung (10.20) in guter Näherung, wenn nur die Maxima von G_3 und S_{xx} mit dominierendem Frequenzbereich im Sinne formtreuer Filter nahe beieinander liegen. Quantitative Untersuchungen hierzu finden sich bei Meier (1989); Längendifferenzen zwischen gefilterten und ungefilterten Signalen sind in der Regel vernachlässigbar klein.

Wenn X stationär, ist $\mathsf{E}X' = 0$, d. h. ein stationärer Prozess steigt im Mittel ebenso sehr wie er fällt. Dagegen kann man die Neigungs*schwankungen* durch die nicht verschwindende Varianz $\sigma_{x'}^2 > 0$ charakterisieren und gleiche Neigungsvarianzen vor und nach der Filterung, $\sigma_{x'}^2 = \sigma_{y'}^2$, bezeichnen wir daher als *Neigungstreue*. Insgesamt sind formtreue Filter wie in Tabelle 10.4 sowohl *approximativ neigungstreu* als auch *approximativ längentreu*.

Der zweite Fall in Tabelle 10.6, 1D-Signale $r(\varphi) \longmapsto \varrho(\varphi)$, bezieht sich auf Prozesse über dem Kreis oder Kreisbogen bzw. auf zum Kreis homöomorphe Figuren mit stochastisch gekrümmtem Rand; der Anwendungsbereich ist stark eingeschränkt. An den Bilanzgleichungen erkennt man, dass sich längentreue Filterung des Randes und Flächeninhaltstreue gegenseitig ausschließen.

Als dritter Fall in Tabelle 10.6 sind TWF ebener Kurven aufgeführt. Die Bilanzgleichung für Längen- und zugleich Krümmungstreue ist von gleicher Struktur wie (10.20), lediglich die Spektraldichte $S_{\varphi\varphi}$ ist jene der Eingangs-TWF $\varphi(s)$ (in der Regel jener nach Trendbeseitigung). Allerdings ist diese Gleichung nicht hinreichend: Filtert man nämlich $\varphi(s)$ und berechnet mit Hilfe der gefilterten TWF $\vartheta(s)$ die Koordinaten der neuen Kurve nach Formel (8.3), beginnend im Startpunkt $\{x(s_0), y(s_0)\}$, dann endet sie gewöhnlich *nicht* im vorgegebenen Endpunkt (bei geschlossenen Kurven *nicht* im Anfangspunkt); dies kann erst eine anschließende Drehstreckung erzwingen, womit das Filterziel infragegestellt ist. Quantitative Untersuchungen hierzu gibt es nicht. Es ist einfacher, die Koordinatenfolgen $\{x(s_i)\}$, $\{y(s_i)\}$ der PD $\{x(s), y(s)\}$ getrennt zu filtern (Schwarzbach, 1995). Mit Filtern wie in Tabelle 10.4, Abbildung 10.5 kann man an ebenen Kurven, insbesondere an LO in der Kartographie, ebenfalls Formtreue und annähernd auch Längentreue erzielen.

Betrachten wir nun noch die unter geometrischen Restriktionen zu filternden 2D-Signale (Tabelle 10.6, unten). Sind die Zufallsfelder homogen, so hat man bezüglich Oberflächeninhaltstreue, äquivalent Neigungstreue wie an 1D-Signalen, *zwei* Bilanzgleichungen zu erfüllen. Sie haben die gleiche Struktur wie (10.20). Allerdings sind es Doppelintegrale und die Funktionen G und S_{hh} im Integranden sind zweidimensionale. Die Bilanzgleichung bezüglich Volumentreue ist von gleicher Struktur wie jene der Flächeninhaltstreue (7.19) kreisähnlicher Figuren, wobei jedoch die Spektraldichten S_{hh} und S_{rr} von unterschiedlicher Dimension und Bedeutung sind. Dieser Fall ist auf einparametrige Verteilungen der Signalwerte beschränkt. Ergänzend sei bemerkt, dass wir im Abschnitt 6.5.3 über die Extremaauswahl eine konventionelle Generalisierungsregel mit dem gleichen Konzept, das wir hier verfolgen, in die Sprache der Filtertheorie übersetzt haben: Die Formeln (6.22) im Beispiel 6.18 und (6.25) im Beispiel 6.19 repräsentieren Bilanzgleichungen bezüglich einer rechnergestützten Extremareduktion an 1D-Signalen. Auf den umfangreichen Formelapparat im 2D-Fall haben wir verzichtet, stattdessen auf Borkowski (1994) verwiesen. Dort sind neben der Extremareduktion an Zufallsfeldern Bedingungen wie Form-, Neigungs-, Oberflächeninhalts- und Volumentreue theoretisch begründet, an natürlichen Reliefs der Erdoberfläche getestet und alle Filterentwürfe unter dem Gesichtspunkt der Reliefgeneralisierung mit DHM-Daten auf Quadratgittern vergleichend bewertet worden. Speziell auf topographischem Anwendungsgebiet sollte der zielorientierten Filterauswahl stets eine Reliefanalyse vorausgehen.

10.2 Wavelettransformierte Signale

10.2.1 Filtereigenschaften

Die Fourier-Transformation (FT) war lange Zeit *das* Standardverfahren der Signalanalyse: Mit Hilfe des Amplitudenspektrums kann man feststellen, welche Amplituden auf welchen Frequenzen vorkommen, jedoch nicht zu welchem Zeitpunkt oder an welchem Ort. Die *gefensterte* FT nach Gabor (1946) war ein Vorläufer auf dem Wege zu einer *effizienten lokalisierenden* Transformation, welcher erst mit dem diskreten Pendant der *Multi-Skalen-Analyse* (MSA) Anwendungserfolge in Breite und Tiefe beschieden war. Die Numerik steht hier außer Diskussion; dazu muss auf die, im übrigen außerordentlich umfangreiche Literatur verwiesen werden. Ohne auch

nur annähernd vollständig zu sein, nennen wir die Monographien/Lehrbücher von
Louis et al. (1994), Wickerhauser (1996), Strang und Nguyen (1996), Blatter (1998),
Schmidt (2001a), Keller (2004). Die geometrischen Eigenschaften wavelettransformierter Signale lassen sich recht gut mit der stetigen Transformation erkunden und
manche Eigenschaften sind eng mit der Filtertheorie verbunden.

Verfolgt man eine unregelmäßige Kurve, z. B. ein LO in einer Karte oder einen
Hell-Dunkel-Kontrast (eine Kante) in einem Bild visuell, so können die Wahrneh-
mungsprozesse über die Netzhaut durch eine extrem große Anzahl von Faltungsope-
rationen beschrieben werden. Eine Transformation, auf die sich ein lokalisierendes
Verfahren der Signalanalyse bzw. eine algorithmische Lokalisierung gründet, sollte
deshalb vom Faltungstyp sein und entsprechend der ersten Formel in (10.1) Beziehungen zur Filtertheorie aufweisen. Vorzugsweise unter diesem Gesichtspunkt betrachten
wir nachfolgend die eindimensionale stetige Wavelet-Transformation, und zwar in
der Notation von Louis et al. (1994); insbesondere steht hier vor der FT und vor der
inversen FT jeweils der Faktor $1/\sqrt{2\pi}$, so dass im Faltungsprodukt der Faktor $\sqrt{2\pi}$
berücksichtigt werden muss.

Die Integraltransformation

$$L_\psi f(a,b) := \frac{1}{\sqrt{c_\psi |a|}} \int_{-\infty}^{+\infty} f(t)\psi\left(\frac{t-b}{a}\right) dt \tag{10.21}$$

heißt *stetige* oder *kontinuierliche Wavelet-Transformation* (WT) der Funktion f zum
Wavelet ψ. Letzteres wird verschoben (an den Ort b; sog. Ortsparameter) und dilatiert
(auf „Breite" a; sog. Skalenparameter; proportional zum Kehrwert der Frequenz), und
es werden gemäß (10.21) Skalarprodukte der Funktion f mit dem so veränderten
Wavelet berechnet. Der Normierungsfaktor c_ψ ist definiert durch

$$c_\psi := 2\pi \int_{-\infty}^{+\infty} \frac{|\hat{\psi}(\omega)|^2}{|\omega|} d\omega, \quad 0 < c_\psi < \infty, \tag{10.22}$$

wobei $\hat{\psi}$ die $\mathcal{F}$-Transformierte von ψ ist:

$$\hat{\psi}(\omega) := \frac{1}{\sqrt{2\pi}} \int_{-\infty}^{+\infty} \psi(x)e^{-j\omega x} dx. \tag{10.23}$$

Die Transformation (10.21) ist vom Faltungstyp (existiert also für quadratisch integrierbare Funktionen), so dass

$$L_\psi f(a,b) = \frac{1}{\sqrt{c_\psi |a|}} \{f * \psi[./(-a)]\}(b). \tag{10.24}$$

Mithin kann die WT für jedes feste $a > 0$ auch als lineares Filter interpretiert werden.
Mit Hilfe des Ähnlichkeitssatzes der FT und des Faltungssatzes erhält man zunächst

aus (10.24) die $\mathcal{F}$-Transformierte von $L_\psi f$,

$$\widehat{L_\psi f}(a,\omega) = \sqrt{\frac{2\pi|a|}{c_\psi}}\,\hat{f}(\omega)\hat{\psi}(-a\omega), \tag{10.25}$$

und daraus die Durchlasscharakteristik G und die Übertragungsfunktion U zu

$$G(j\omega) = \sqrt{\frac{2\pi|a|}{c_\psi}}\,\hat{\psi}(-a\omega), \quad U(\omega) = |G(j\omega)|^2 = \frac{2\pi|a|}{c_\psi}|\hat{\psi}(-a\omega)|^2. \tag{10.26}$$

Wegen $\hat{\psi}(0) = 0$ und $\lim_{\omega\to\infty}\hat{\psi} = 0$ ist dieses Filter ein Bandpass: Für jedes $a > 0$ liefert die WT (10.21) eine *bandgefilterte Version* von $f(t)$. Die Zerlegung selbst komplizierter strukturierter Signale in ihre „Einzelteile" – genauer: in Anteile auf unterschiedlichen Bandbereichen bzw. unterschiedlicher „Größe", in der Wavelet-Theorie „Breite" genannt – eröffnet neben der Lokalisierung die Möglichkeiten, langwellige Trends zu beseitigen bzw. Prozessrealisierungen annähernd stationär zu machen, Signal und Rauschen zu trennen, im Wavelet-Bereich (WB) zu filtern (siehe unten), Ableitungen zu approximieren (siehe Abschnitt 10.2.3) oder Daten zu komprimieren (siehe Abschnitt 10.2.4). Schließlich kann man die Funktion f aus ihrer Wavelettransformierten mit Hilfe der Umkehrtransformation

$$f(t) = \frac{1}{\sqrt{c_\psi}}\iint_{-\infty}^{+\infty} L_\psi f(a,b)\frac{1}{\sqrt{|a|}}\psi\left(\frac{t-b}{a}\right)\frac{da\,db}{a^2} \tag{10.27}$$

zurückgewinnen, wobei das Integral über b wieder vom Faltungstyp ist: $L_\psi f * \psi(./a)$.

Beispiel 10.13: WT eines Testsignals nach Mallat (1989), Mallat und Zhong (1992)

Wir betrachten ein Testsignal mit Grob- und Feinstrukturen (Abbildung 10.10, oben). Die WT zum Haar-Wavelet

$$\psi(x) = \begin{cases} +1 & (0 \le x < 1/2) \\ -1 & (1/2 \le x < 1) \\ 0 & (\text{sonst}) \end{cases} \tag{10.28}$$

auf $2^3 = 8$ Skalen (Abbildung 10.10, unten) zeigt das Bandpassverhalten. Die Grobstrukturen sind auf großen und die feinen auf kleinen a konzentriert.

In den Beispielen 10.2 und 10.6 haben wir das geometrische Nivellement als Bandfilter beschrieben. Mithin muss es einen Zusammenhang mit der WT eines Höhenprofils h geben, mit anderen Worten: Man kann die Wirkungsweise der WT an Hand eines einfachen Messverfahrens erklären.

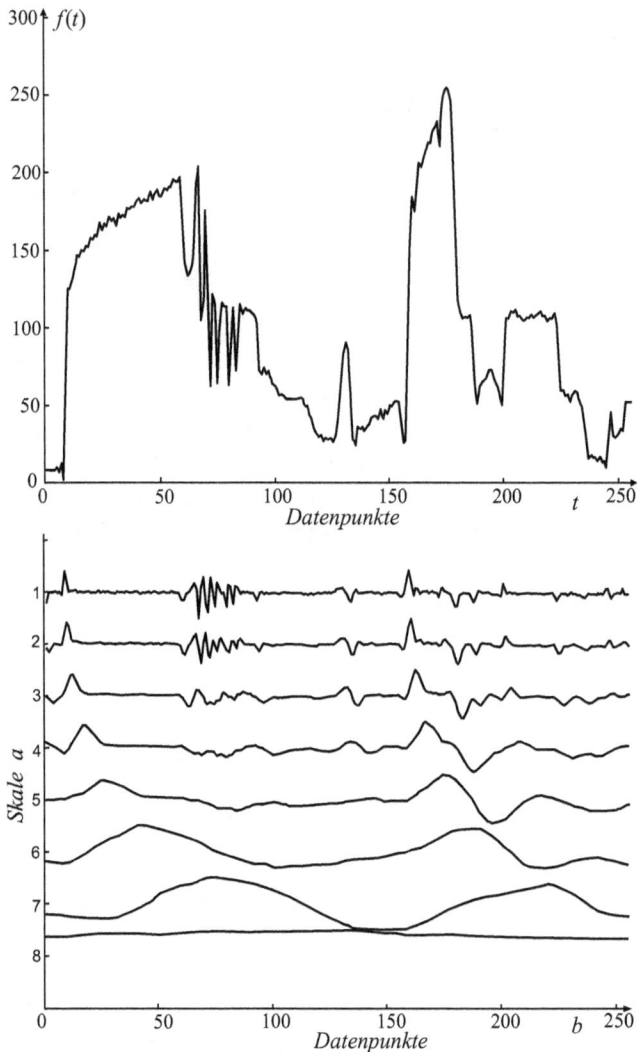

Abbildung 10.10. Testsignal $f(t)$ nach Mallat (1989), Mallat und Zhong (1992) und WT von $f(t)$ zum Haar-Wavelet auf $2^3 = 8$ Skalen a.

Beispiel 10.14: Das geometrische Nivellement als WT zum Haar-Wavelet (Abbildung 10.11)

Lt. Rechenvorschrift (10.9) steht vor den Rückblicken R_i der Faktor $+1$ und vor den Vorblicken V_i der Faktor -1 auf allen Instrumentenstandpunkten P_i, d. h. die Differenzen $R_i - V_i$ entsprechen den mit dem Haar-Wavelet (10.28) multiplizierten elementaren Höhenunterschieden auf einer Skale a_1, welche der doppelten Zielweite

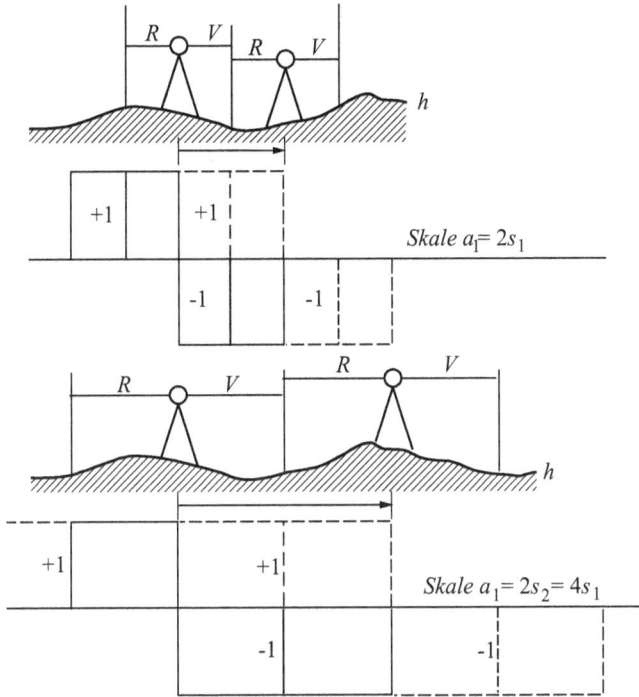

Abbildung 10.11. Das geometrische Nivellement als Wavelettransformierte zum Haar-Wavelet. Erklärung im Beispiel 10.14.

s_1 entspricht. Das Instrument umsetzen bedeutet Verschiebung (horizontale Pfeile in Abbildung 10.11), die Zielweite zu vergrößern einer Dilatation (Abbildung 10.11, unten). Das Nivellement mit *konstanter* Zielweite realisiert also $h * \psi_{\text{Haar}}$ auf genau *einer* Skale.

Die inverse WT (10.27) reproduziert exakt die ursprüngliche Funktion im Original-bereich: $L_\psi f(a, b) \longmapsto f(t)$. Verändert man $L_\psi f$ im Bildbereich, etwa mit einer Durchlasscharakteristik $G_W(a)$ im WB derart, dass $L_\psi f(a, b) G_W(a) =: L_\psi g(a, b)$, dann gewinnt man rücktransformierend eine neue, gefilterte Funktion im Originalbe-reich: $L_\psi g(a, b) \longmapsto g(t)$. Hängt $G_W(a)$ nur vom Skalenparameter, aber nicht vom Ortsparameter ab (= ortsunabhängige Filterung im WB), kann man jene Durchlass-charakteristik $G_F(\omega)$ berechnen, welche die gleiche Filterwirkung im FB gewährleis-tet (Bethge et al., 1997):

$$G_F(\omega) = \frac{2\pi}{c_\psi} \int_{-\infty}^{+\infty} \frac{|\hat{\psi}(a\omega)|^2}{|a|} G_W(a) da. \tag{10.29}$$

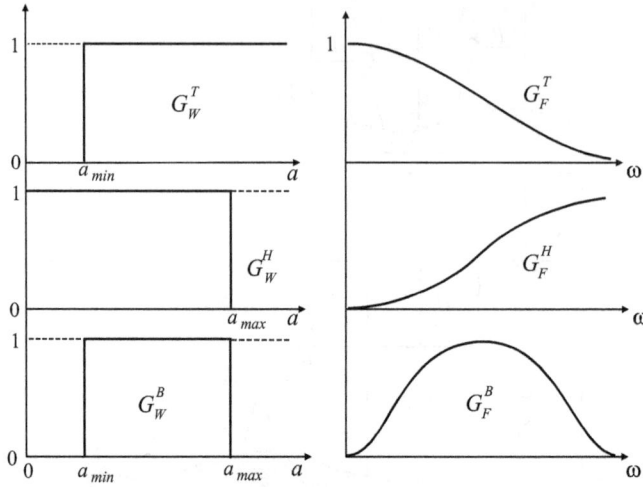

Abbildung 10.12. Durchlasscharakteristiken von Sperrfiltern im Wavelet-Bereich (links) und ihre äquivalenten Charakteristiken im Fourier-Bereich (rechts).

Wir betrachten ein Sperrfilter im WB mit unterer Filtersperre $a_{\min} > 0$ (Abbildung 10.12, oben links) und der Charakteristik

$$G_W(a) = H(a - a_{\min}),\qquad(10.30)$$

wobei H die Einheitssprungfunktion bedeutet. Damit werden offensichtlich die Feinstrukturen eliminiert und die Filterwirkung sollte einem Tiefpass entsprechen. Setzt man (10.30) in (10.29) ein, löst $|a|$ auf, substituiert $a\omega =: x$ und beachtet Definition (10.22), ergibt sich

$$G_F(\omega) = \frac{4\pi}{c_\psi} \int_{a_{\min}\omega}^{\infty} \frac{|\hat{\psi}(x)|^2}{x}dx = 1 - \frac{4\pi}{c_\psi} \int_0^{a_{\min}\omega} \frac{|\hat{\psi}(x)|^2}{x}dx \qquad(10.31)$$

mit $G_F(0) = 1$ und $\lim_{\omega\to\infty} G_F(\omega) = 0$. Das rechte Integral wächst monoton in ω und somit fällt G_F monoton in ω. Daher wirkt jedes Filter im WB mit einer unteren Sperre $a_{\min}$ als Tiefpass (Abbildung 10.12, oben rechts). Lässt man alternativ die Grobstrukturen weg, führt also eine obere Sperre $a_{\max}$ ein und notiert die Charakteristik im WB (Abbildung 10.12, Mitte links) zu

$$G_W(a) = 1 - H(a - a_{\max}),\qquad(10.32)$$

ergibt eine analoge Rechnung mit (10.29) die Charakteristik im FB

$$G_F(\omega) = \frac{4\pi}{c_\psi} \int_0^{a_{\max}\omega} \frac{|\hat{\psi}(x)|^2}{x}dx,\qquad(10.33)$$

monoton wachsend in ω von $G_F(0) = 0$ an, also einen Hochpass (Abbildung 10.12, Mitte rechts). Wenn speziell $a_{max} = a_{min}$, folgt aus (10.30) bis (10.33)

$$G_W^H = 1 - G_W^T, \quad G_F^H = 1 - G_F^T. \tag{10.34}$$

Die aus (10.14) bekannte Tiefpass-Hochpass-Beziehung gilt dann auch im WB.

Wie oben bemerkt, stellt $L_\psi f(a_0, b)$ eine bandgefilterte Version von $f(t)$ auf der Skale a_0 dar. Die Rücktransformation (10.27), Integration über b bei festem a_0, liefert ihr Äquivalent im Originalbereich. Möchte man die Informationen über einen breiteren Skalenbereich, etwa von a_{min} bis a_{max} rücktransformieren, entspricht dies einem breiteren Bandpass: Die Durchlasscharakteristik im WB ist eine Rechteckfunktion (Abbildung 10.12, unten links) als Differenz zweier Einheitssprungfunktionen,

$$G_W^B(a) = H(a - a_{min}) - H(a - a_{max}) \equiv G_W^T(a) - G_W^H(a) - 1$$
$$(a_{max} > a_{min} > 0), \tag{10.35}$$

und die zugehörige Bandpasscharakteristik im FB ist nach (10.29)

$$G_F^B(\omega) = \frac{4\pi}{c_\psi} \int_{a_{min}\omega}^{a_{max}\omega} \frac{|\hat{\psi}(x)|^2}{x} dx. \tag{10.36}$$

Beispiel 10.15: Sperrfilter im WB mit speziellen Wavelets

Die Wirkung der Sperrfilter im WB demonstrieren wir an drei Wavelets (Tabelle 10.7, Abbildung 10.13): Das erste entspricht der 1. Ableitung, das zweite der negativen 2. Ableitung einer Gauß-Funktion, sog. mexikanischer Hut, und als drittes wählen wir das Haar-Wavelet. Von den berechneten Tiefpass-, Hochpass- und Bandpasscharakteristiken in Tabelle 10.7 sind die erstgenannten als Beispiele in Abbildung 10.14 dargestellt.

Ein Sperrfilter im WB mit unterer Sperre a_{min} und dem erstgenannten Wavelet realisiert exakt ein Gauß-Filter, ein solches mit oberer Sperre $a_{max} = a_{min}$ seine Ergänzung zum Wert Eins. Bei gleicher Sperre a_{min} glättet der mexikanische Hut etwas

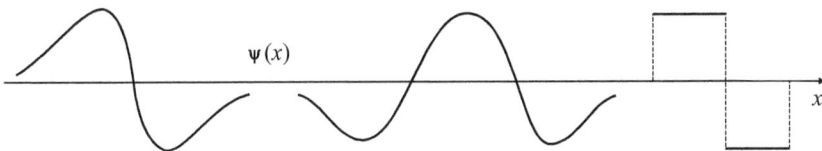

Abbildung 10.13. Drei im Text benutzte Wavelets („Wellchen") nach Tabelle 10.7, erste Zeile (schematisch). Ihre Integralmittelwerte sind Null.

Wavelet $\psi(x)$	$-\sqrt{8/\pi}\,x e^{-x^2}$	$(1-x^2)e^{-x^2/2}$	Haar (10.28)
c_ψ nach (10.22)	4	$\pi/2$	$2\ln 2$
$\hat\psi(\omega)$ nach (10.23)	$\dfrac{j}{\sqrt\pi}\omega e^{-\omega^2/4}$	$\omega^2 e^{-\omega^2}$	$\dfrac{j}{\sqrt{2\pi}}\,\dfrac{1-\cos(\omega/2)}{\omega/2}\,e^{-j\omega/2}$
$\lvert\hat\psi(\omega)\rvert^2$	$\dfrac{1}{\pi}\omega^2 e^{-\omega^2/2}$	$\omega^4 e^{-2\omega^2}$	$\dfrac{1}{2\pi}\,\dfrac{\sin^4(\omega/4)}{(\omega/4)^2}$
$G_F^{\top}(\omega)$ nach (10.31)	$e^{-(a_{\min}\omega)^2/2}$	$[1+2(a_{\min}\omega)^2]\cdot e^{-2(a_{\min}\omega)^2}$	$\dfrac{1}{\ln 2}f(x)$ $f(x):=\dfrac{\sin^3 x\,(\sin x + 4\cos x)}{2x^2}+\mathrm{ci}(4x)-\mathrm{ci}(2x)$ $x:=a_{\min}\omega/4$
$G_F^{H}(\omega)$ nach (10.33)	$1-e^{-(a_{\max}\omega)^2/2}$	$1-[1+2(a_{\max}\omega)^2]\cdot e^{-2(a_{\max}\omega)^2}$	$1-\dfrac{1}{\ln 2}f(y),\qquad y:=a_{\max}\omega/4$
$G_F^{B}(\omega)$ nach (10.36)	$e^{-(a_{\min}\omega)^2/2}$ $-e^{-(a_{\max}\omega)^2/2}$	$[1+2(a_{\min}\omega)^2]\cdot e^{-2(a_{\min}\omega)^2}$ $-[1+2(a_{\max}\omega)^2]\cdot e^{-2(a_{\max}\omega)^2}$	$\dfrac{1}{\ln 2}[f(x)-f(y)]$

Tabelle 10.7. Sperrfilter im Waveletbereich mit speziellen Wavelets. Äquivalente Durchlasscharakteristiken G_F im Fourier-Bereich. Untere (obere) Filtersperren $a_{\min}$ ($a_{\max}$); ci(.) ist der Integralkosinus. Weitere Erläuterungen im Beispiel 10.15.

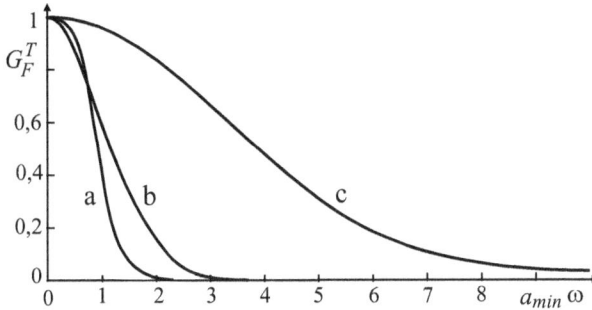

Abbildung 10.14. Sperrfilter im WB mit unterer Sperre a_{min}. Äquivalente Durchlasscharakteristiken im FB für die Wavelets in Tabelle 10.7: (a) negative zweite Ableitung der Gauß-Funktion (mexikanischer Hut), (b) erste Ableitung der Gauß-Funktion, (c) Haar-Wavelet. Diskussion im Beispiel 10.15.

stärker als die 1. Ableitung des gaußschen Hutes, das Haar-Wavelet dagegen deutlich weniger. Mit oberer Sperre a_{max} (Hochpässe) ist es gerade umgekehrt. Man sieht also, dass die Filterwirkung stark vom benutzten Wavelet abhängt. Um beispielsweise mit dem Haar-Wavelet den gleichen Glättungsgrad wie mit dem mexikanischen Hut zu erzielen, muss a_{min} etwa um den Faktor 3,5 größer als bei letzterem sein. Solche Vergleichsgrößen lassen sich sowohl aus den Charakteristiken wie in Abbildung 10.14 als auch aus der Lage der Maxima von $|\hat{\psi}(\omega)|^2$ wie in Tabelle 10.7 abschätzen.

Im Beispiel 10.7 haben wir restaurierende Filter betrachtet. Bei dieser Filterklasse ist die Charakteristik $G_F(\omega)$ in einem dominierenden Frequenzbereich leicht über den Wert Eins angehoben, um die Amplitudendämpfung im Hochfrequenzbereich teilweise auszugleichen. Den gleichen Effekt kann man auch im WB erzielen, indem man $G_W(a)$ im nicht gesperrten Bereich $a_{min} < a < a_{max}$ ebenfalls (skalenabhängig oder -unabhängig) leicht überhöht. Die resultierenden Charakteristiken $G_F(\omega)$ im FB zeigen qualitativ das gleiche Verhalten wie z. B. G_3 in Abbildung 10.4 (Bethge et al., 1997).

Andersartige Veränderungen von Wavelettransformierten entstehen durch Schwellwertbildung, insbesondere zum Zwecke der Datenkompression (Abschnitt 10.2.4). Beim sog. *hard thresholding* werden alle Wavelet-Koeffizienten (WK), die eine in aller Regel skalenabhängige Schranke $S(a)$ dem Betrage nach unterschreiten, zu Null gesetzt, und beim sog. *soft thresholding* zusätzlich alle WK, die $S(a)$ überschreiten, betragsmäßig um diesen Wert verringert. Damit werden die Wavelettransformierten sowohl skalen- als auch ortsabhängig mehr oder weniger stark verändert; am wenigsten beim *hard thresholding* und mit kleinen Schwellwerten. Eine quantitative Beurteilung der frequenzabhängigen Filterwirkung wie bei den Sperrfiltern im WB ist hier nicht möglich.

10.2.2   Eigenschaften erster und zweiter Ordnung

Sei $f(t)$ die Realisierung eines stochastischen Prozesses $F(t) = \{f_i(t)\}$. Setzt man alle Realisierungen $f_i \subset F$ in (10.21) ein und bildet den Erwartungswert, erhält man die i. Allg. skalen- und ortsabhängige Erwartungswert*funktion* der Wavelettransformierten $L_\psi F$:

$$\mathsf{E}\{L_\psi F(a,b)\} =: \mathsf{E}\{w(a,b)\} = \frac{1}{\sqrt{c_\psi |a|}} \mathsf{E}\left\{ \int_{-\infty}^{+\infty} F(t)\psi\left(\frac{t-b}{a}\right) dt \right\}$$

$$= \frac{1}{\sqrt{c_\psi |a|}} \int_{-\infty}^{+\infty} \mathsf{E}\{F(t)\}\psi\left(\frac{t-b}{a}\right) dt. \quad (10.37)$$

Wenn $\mathsf{E}\{F(t)\} =: \overline{F} = \text{const}$, folgt aus (10.37) mit der Substitution $(t-b)/a =: x$

$$\mathsf{E}\{w\} =: \overline{w} = \sqrt{\frac{|a|}{c_\psi}}\, \overline{F} \int_{-\infty}^{+\infty} \psi(x)dx \equiv 0 \quad (10.38)$$

wegen der Wavelet-Eigenschaft $\int_{-\infty}^{+\infty} \psi(x)dx = 0$; vgl. Abbildung 10.13.

Bemerkungen.   (a) Erwartungswertbildung und Integration als lineare Operationen darf man in (10.37) vertauschen.

(b) Anstelle $L_\psi F$ benutzen wir auch das Symbol w, um speziell bei den 2. Momenten einfacher indizieren zu können.

Beispiel 10.16: Ansteigende Gerade mit überlagertem stochastischen Prozess

Sei $F_1(t) = d \cdot t + F(t)$, $d \cdot t$ die ansteigende Gerade und $F(t)$ ein erwartungswertstationärer Prozess, d. h. $\mathsf{E}\{F\} = \text{const}$. Dann ist nach (10.38) $\mathsf{E}\{L_\psi F\} = 0$ und nach (10.37)

$$\mathsf{E}\{L_\psi F_1\} = \mathsf{E}\{L_\psi d \cdot t\} = \frac{d}{\sqrt{c_\psi |a|}} \mathsf{E}\left\{ \int_{-\infty}^{+\infty} t\psi\left(\frac{t-b}{a}\right) dt \right\}.$$

Mit der Substitution $(t-b)/a =: x$ folgt

$$\mathsf{E}\{L_\psi F_1\} = \sqrt{\frac{|a|}{c_\psi}} d\, \mathsf{E}\left\{ \int_{-\infty}^{+\infty} (ax+b)\psi(x)dx \right\}$$

$$= \frac{|a|^{3/2}}{\sqrt{c_\psi}} d\, \mathsf{E}\left\{ \int_{-\infty}^{+\infty} x\psi(x)dx + \frac{b}{a}\int_{-\infty}^{+\infty} \psi(x)dx \right\}.$$

Das erste Integral entspricht dem 1. Moment μ_1 des Wavelets ψ, das zweite verschwindet gemäß (10.38), so dass für jedes $a > 0$

$$\mathsf{E}\{L_\psi F_1\} = \frac{|a|^{3/2}}{\sqrt{c_\psi}} d\mu_1 \neq 0 \quad \text{sofern} \quad \mu_1 \neq 0.$$

Im Vergleich zu $L_\psi F$ ist dann $L_\psi F_1$ um skalenabhängige Konstanten auf den Ordinaten verschoben.

Wird ein Signal f der WT (10.21) unterworfen, d.h. f mit ψ gefaltet, und ist $C_{ff}(t', t'')$ die AKF von f, dann erhält man die AKF $C_{ww}(b', b''; a)$ der Wavelettransformierten auf jeder Skala $a > 0$, indem man C_{ff} mit ψ zweimal faltet:

$$C_{ww}(b', b''; a) = \frac{1}{c_\psi a} \iint_{-\infty}^{+\infty} C_{ff}(t', t'') \psi\left(\frac{t' - b'}{a}\right) \psi\left(\frac{t'' - b''}{a}\right) dt' dt''.$$
(10.39)

Zur Begründung dieser doppelten Faltung siehe z. B. Meier und Keller (1990, S. 70–72). Die Varianzfunktion ist

$$\sigma_w^2(b; a) := C_{ww}(b, b; a).$$
(10.40)

Stammt f aus einem (im weiteren Sinne) stationären Prozess, so dass $C_{ff} = C_{ff}(t'' - t')$, dann sind es auch die bandgefilterten Versionen mit

$$C_{ww} = C_{ww}(b'' - b'; a), \quad \sigma_w^2(a) = C_{ww}(0; a) = \text{const}$$
(10.41)

für jedes $a > 0$. Ferner existiert auf jeder Skala die $\mathcal{F}$-Transformierte von C_{ww}, die Spektraldichte

$$S_{ww}(\omega; a) = U(\omega; a) S_{ff}(\omega) = \frac{2\pi a}{c_\psi} |\hat{\psi}(-a\omega)|^2 S_{ff}(\omega);$$
(10.42)

vgl. (10.3) und (10.26). Die Varianz in (10.41) erhält man auch als Integral über die Spektraldichte:

$$\sigma_w^2(a) = \frac{1}{\sqrt{2\pi}} \int_{-\infty}^{+\infty} S_{ww}(\omega; a) d\omega = \frac{\sqrt{2\pi} a}{c_\psi} \int_{-\infty}^{+\infty} |\hat{\psi}(-a\omega)|^2 S_{ff}(\omega) d\omega.$$
(10.43)

In Anbetracht der Fülle unterschiedlicher Signalklassen und möglicher Wavelets sind die Eigenschaften 1. und 2. Ordnung im WB – bis auf wenige Ausnahmen – nur numerisch zu erschließen. Ein Ausnahmemodell ist z. B. das weiße Rauschen.

Beispiel 10.17: Bandgefiltertes weißes Rauschen

Unterwirft man weißes Rauschen (z. B. als Modell vollständig unkorrelierter Messfehler) einer WT, dann müssen wegen ihrer Bandpasseigenschaft die AKFs im WB unterschwingen und die zugehörigen Spektraldichten dominierende Bandbereiche aufweisen (siehe unten). Setzt man die Eingangs-AKF $C_{ff} = S_0 \delta(t'' - t')$

in (10.39) ein, integriert über den Deltaimpuls und substituiert $(t'' - b'')/a =: x$, bekommt man die AKFs

$$C_{ww}(\tau;a) = \frac{S_0}{c_\psi} \int_{-\infty}^{+\infty} \psi(x)\psi\left(x - \frac{\tau}{a}\right) dx, \quad \tau := b'' - b' \tag{10.44}$$

als Faltung des Wavelets mit sich selbst und für $\tau = 0$ die über alle Skalen konstante Varianz

$$\sigma_w^2 = \frac{S_0}{c_\psi} \int_{-\infty}^{+\infty} [\psi(x)]^2 dx =: \frac{S_0}{c_\psi}\|\psi\|^2. \tag{10.45}$$

Mit der Eingangs-Spektraldichte $S_{ff} = S_0/\sqrt{2\pi}$ folgen aus (10.42) die Spektraldichten im WB

$$S_{ww}(\omega;a) = \frac{\sqrt{2\pi}}{c_\psi} a |\hat{\psi}(-a\omega)|^2. \tag{10.46}$$

Beispielsweise bekommt man mit dem Wavelet $\psi(x) = -\sqrt{8/\pi}\, x\, e^{-x^2}$ aus (10.44) bis (10.46)

$$C_{ww}(\omega;a) = \sigma_w^2 [1 - (\tau/a)^2] e^{-(\tau/a)^2/2} \quad \text{(mexikanischer Hut)},$$

$$\sigma_w^2 = S_0/2\sqrt{2\pi}, \quad S_{ww}(\omega;a) = \sigma_w^2 a (a\omega)^2 e^{-(a\omega)^2/2}$$

und mit dem Haar-Wavelet (10.28)

$$C_{ww}(\tau;a) = \sigma_w^2 \begin{cases} 1 - 3|\tau|a & (0 \le |\tau| < a/2) \\ -1 + |\tau|a & (a/2 \le |\tau| < a), \\ 0 & \text{(sonst)} \end{cases}$$

$$\sigma_w^2 = S_0/2\ln 2, \quad S_{ww}(\omega;a) = \sigma_w^2 a \,\text{sinc}^2(a\omega/4)\sin^2(a\omega/4);$$

vgl. Abbildung 10.15. Die AKFs und Spektraldichten zum Haar-Wavelet sind vom Typ her vergleichbar mit jenen zum geometrischen Nivellemant als Bandfilter (Abbildung 10.2, b, c), allerdings sind die AKFs C_{ww} glatter als $C_{\Delta h \Delta h}$. Der Unterschied erklärt sich daraus, dass wir hier die stetige WT zur Modellbildung benutzt haben, während im diskreten Messvervahren Koeffizienten $+1$, -1 in *endlichen* Abständen $\Delta t = 2s$ eingehen.

Stationäre Prozesse im Originalbereich sind im WB ebenfalls stationär. Betrachten wir nun noch einen instationären Modellprozess.

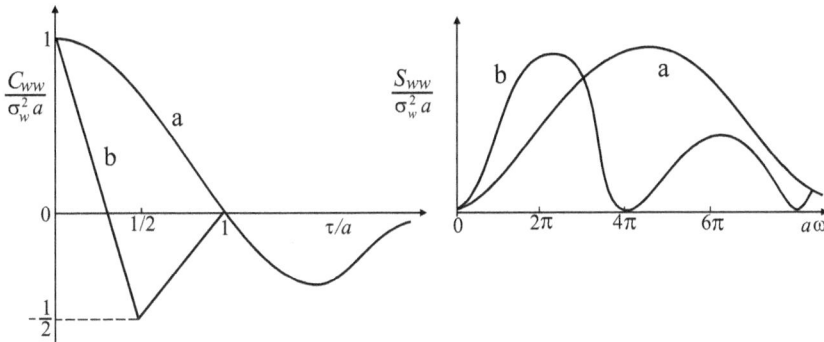

Abbildung 10.15. AKFs und Spektraldichten des bandgefilterten weißen Rauschens im WB:
(a) WT zum Wavelet $\psi(x) = -\sqrt{8/\pi}\,xe^{-x^2}$, (b) WT zum Haar-Wavelet.

Beispiel 10.18: Bandgefilterter Wiener-Prozess

Der Wiener-Prozess oder Prozess der eindimensionalen Brownschen Bewegung ist instationär mit der AKF und der Varianzfunktion

$$C_{ff}(t',t'') = \sigma_0^2 \min(t',t''), \quad \sigma_f^2(t) = \sigma_0^2 t, \quad t > 0. \tag{10.47}$$

Die Transformation in den WB mit (10.39) gestaltet sich außerordentlich schreibaufwendig; hier geben wir nur Zwischenschritte und die Ergebnisse für ein spezielles Wavelet an. Setzt man C_{ff} aus (10.47) in (10.39) ein, entstehen für positive t', t'' die Doppelintegrale

$$C_{ww}(b',b'';a) = \frac{\sigma_0^2}{c_\psi a} \int_0^\infty \int_{t'}^\infty t'\psi\left(\frac{t'-b'}{a}\right)\psi\left(\frac{t''-b''}{a}\right) dt''dt'$$

$$+ \frac{\sigma_0^2}{c_\psi a} \int_0^\infty \int_{t''}^\infty t''\psi\left(\frac{t''-b''}{a}\right)\psi\left(\frac{t'-b'}{a}\right) dt'dt''.$$

Mit dem Wavelet $\psi(x) = -\sqrt{8/\pi}\,xe^{-x^2}$ findet man die inneren Integrale

$$-\sqrt{\frac{2}{\pi}}a \exp\left[-\left(\frac{t'-b''}{a}\right)^2\right], \quad -\sqrt{\frac{2}{\pi}}a \exp\left[-\left(\frac{t''-b'}{a}\right)^2\right]$$

und die äußeren ergeben zusammengefasst

$$C_{ww}(b',b'';a) = \frac{\sigma_0^2 a^2}{4\sqrt{2\pi}} \exp\left[-\frac{1}{2}\left(\frac{b''-b'}{a}\right)^2\right]\cdot\left[1 + \Phi\left(\frac{b'+b''}{a}\right)\right]$$

mit $\Phi(\cdot)$ als Wahrscheinlichkeitsintegral. Daraus folgen mit $b' = b'' = b$ die orts- und skalenabhängigen Varianzfunktionen

$$\sigma_w^2(b;a) = \frac{\sigma_0^2 a^2}{4\sqrt{2\pi}}\left[1 + \Phi\left(2\frac{b}{a}\right)\right],$$

$$\frac{\sigma_0^2 a^2}{4\sqrt{2\pi}} \leq \sigma_w^2(b;a) < \frac{\sigma_0^2 a^2}{2\sqrt{2\pi}} \quad \text{auf} \quad 0 \leq b < \infty.$$

Die Bandpassfilterung des Wiener-Prozesses via WT sorgt also dafür, dass die im Originalbereich linear in t wachsende Varianzfunktion im WB auf *endliche* Werte beschränkt bleibt.

Mit diesem Beispiel schließen wir den knappen Exkurs über die Eigenschaften 1. und 2. Ordnung wavelettransformierter Signale und verweisen auf vollständigere Darstellungen u. a. im Sammelband von Antoniadis und Oppenheim (1995), bei Percival (1995) und in den Arbeiten von Schmidt (2000, 2001b, 2002), wo sowohl die stetige als auch die diskrete WT von ein- und zweidimensionalen Prozessen ausführlich beschrieben und durch statistische Gesichtspunkte wie z. B. Teststrategien bereichert sind.

10.2.3   Approximationseigenschaften

Die Wavelettransformierte eines Signals, multipliziert mit einem skalenabhängigen Faktor, approximiert die n-te Ableitung des Signals durch Grenzübergang des Skalenparameters $a \to 0$, sofern das benutzte Wavelet von n-ter Ordnung ist. Darunter versteht man solche, deren Mittelwert und die ersten $n - 1$ Momente verschwinden, während das n-te Moment endlich und ungleich Null ist. *Die Ordnung des Wavelets bestimmt das Verhalten der WT für kleine a.* In der Monographie von Louis et al. (1994) ist dieses sog. Hochfrequenzverhalten mit funktionalanalytischen Methoden, einschließlich distributiver Ableitungen, behandelt. Letztere können von Interesse sein, wenn man an im klassischen Sinne nicht-differenzierbare Prozesse oder an hybride DGM mit Kanteninformation denkt (Beyer, 2005). Hier betrachten wir zunächst stetig differenzierbare Funktionen und begründen die Grenzwertbeziehungen in vereinfachter Schreibweise. Anschließend geben wir Approximationsformeln der diskreten WT an, wo der Grenzübergang $a \to 0$ nicht möglich ist, jedoch die Annäherung mit diskreten Werten (Waveletkoeffizienten; WK) auf der niedersten Skale.

Die 1. Ableitung $f'(b)$ an der Stelle b wird durch den Grenzwert

$$f'(b) = \lim_{a \to 0} \frac{\sqrt{c_\psi}}{a^{3/2}\mu_1} L_\psi f(a,b), \quad a > 0, \quad \mu_1 := \int_{-\infty}^{+\infty} x\psi(x)dx \neq 0 \quad (10.48)$$

bestimmt; μ_1 ist das 1. Moment von ψ. Die Voraussetzung $\mu_1 \neq 0$ schränkt die zur Approximation zugelassenen Wavelets auf wenige Kandidaten ein. Das bekannteste ist das Haar-Wavelet (10.28) mit $\mu_1 = -1/4$. Setzt man es in die WT (10.21) ein, so ergibt sich mit (10.48)

$$f'(b) = \lim_{a \to 0} \left\{ -\frac{4}{a^2} \left[\int_b^{b+a/2} f(t)dt - \int_{b+a/2}^{b+a} f(t)dt \right] \right\}$$

und für kleine a mit Hilfe der Trapezregel

$$f'(b) = \lim_{a \to 0} \left\{ -\frac{4}{a^2} [f(b) - f(b+a)] \frac{a}{4} \right\} = \lim_{a \to 0} \frac{f(b+a) - f(b)}{a}.$$

Allgemein lässt sich (10.48) auch im FB begründen (Beyer und Meier, 2001): Der Bandpass der WT für $a > 0$ geht im Grenzfall $a \to 0$ in einen Hochpass über, der genau dem Differentiationsfilter (in der diskreten WT dem Differenzenfilter) entspricht.

Die 2. Ableitung $f''(b)$ an der Stelle b wird durch den Grenzwert

$$f''(b) = \lim_{a \to 0} \frac{2\sqrt{c_\psi}}{a^{5/2}\mu_2} L_\psi f(a,b), \quad a > 0, \quad \mu_2 =: \int_{-\infty}^{+\infty} x^2 \psi(x)dx \neq 0$$

(10.49)

approximiert, wobei μ_2 das 2. Moment von ψ ist. Setzt man beispielsweise das Wavelet

$$\psi(x) = \begin{cases} 4 \ (1/2 \le |x| \le 1), \\ -4 \ (|x| < 1/2), \\ 0 \ (\text{sonst}), \end{cases} \quad \mu_2 = 2,$$

welches dem Vierfachen der Differenz zweier Haar-Wavelets, wobei das erste auf der x-Achse um Eins nach links verschoben ist, entspricht, in (10.21) ein, so folgt mit (10.49)

$$f''(b) = \lim_{a \to 0} \left\{ -\frac{4}{a^3} \left[\int_{b-a}^{b-a/2} f(t)dt - \int_{b-a/2}^{b} f(t)dt \right. \right.$$
$$\left. \left. - \int_b^{b+a/2} f(t)dt + \int_{b+a/2}^{b+a} f(t)dt \right] \right\}$$

und daraus wieder mit der Trapezregel

$$f''(b) = \lim_{a \to 0} \left\{ \frac{1}{a} \left[\frac{f(b+a) - f(b)}{a} - \frac{f(b) - f(b-a)}{a} \right] \right\}$$
$$= \lim_{a \to 0} \frac{f(b-a) - 2f(b) + f(b+a)}{a^2}.$$

Für jedes Wavelet mit $\mu_2 \neq 0$ realisiert (10.49) ein zweimaliges Differentiationsfilter (mit der diskreten WT ein zweimaliges Differenzenfilter). Schließlich gilt für die n-te

Ableitung

$$f^{(n)}(b) = \lim_{a \to 0} \frac{n! \sqrt{c_\psi}}{a^{n+1/2} \mu_n} L_\psi f(a,b), \quad a > 0, \quad \mu_n := \int_{-\infty}^{+\infty} x^n \psi(x) dx \neq 0.$$
(10.50)

Betrachtet man die Wavelettransformierte eines stochastischen Prozesses, dann müssen sich aus ihren Kennfunktionen im WB, z. B. aus den AKFs $C_{ww}(b', b''; a)$, im Grenzübergang $a \to 0$ jene der 1., 2., allgemein der n-ten Ableitung ergeben. Da die AKF als *quadratische* Erwartungswertfunktion definiert ist, sind anstelle der Faktoren $n! \sqrt{c_\psi}/a^{n+1/2}$ ihre Quadrate einzuführen, z. B. bei der AKF der 1. Ableitung:

$$C_{f'f'}(b', b'') = \lim_{a \to 0} \frac{c_\psi}{a^3 \mu_1^2} C_{ww}(b', b''; a).$$
(10.51)

Beispiel 10.19: Erste Ableitung des Wiener-Prozesses (Fortsetzung des Beispiels 10.18)

Die erste (distributive) Ableitung des Wiener-Prozesses führt auf das weiße Rauschen mit der Deltafunktion als AKF (vgl. z. B. Meier und Keller, 1990, S. 128–130). Für das im Beispiel 10.18 benutzte Wavelet ist $c_\psi = 4$ und $\mu_1 = -2$. Setzt man die dort gefundenen AKFs C_{ww} und $c_\psi/\mu_1^2 = 2$ in (10.51) ein, hat man den Grenzwert

$$C_{f'f'} = \frac{\sigma_0^2}{2\sqrt{2\pi}} \lim_{a \to 0} \left\{ \frac{1}{a} \exp\left[-\frac{1}{2} \left(\frac{b'' - b'}{a} \right)^2 \right] \cdot \left[1 + \Phi\left(\frac{b' + b''}{a} \right) \right] \right\}$$

zu bestimmen. Wegen $\lim_{a \to 0} \Phi(\frac{b'+b''}{a}) = 1$ sowie mit $a \mapsto \sqrt{\epsilon/2}$ folgt daraus

$$C_{f'f'} = \frac{\sigma_0^2}{\sqrt{\pi}} \lim_{\varepsilon \to 0} \left\{ \frac{1}{\sqrt{\varepsilon}} e^{-(b''-b')^2/\varepsilon} \right\}.$$

Das ist eine Grenzwertdarstellung für $\sqrt{\pi}\delta(b'' - b')$, so dass – wie zu erwarten –

$$C_{f'f'} = C_{f'f'}(b'' - b') = \sigma_0^2 \delta(b'' - b').$$

Die diskrete Approximation von Ableitungen mittels Differenzenquotienten birgt folgende Besonderheiten:

(a) Die WK auf der niedersten Skale sind mit geeigneten Konstanten zu multiplizieren, damit sie den Werten der „mittleren" Ableitungen entsprechen („Amplitudenkorrektur").

(b) Die derart skalierten WK sind diskreten Argumenten zuzuordnen („Phasenkorrektur": Verschiebung im Zeit- oder Ortsbereich, Phasenverschiebung im FB).

Zwei Beispiele mögen das Zuordnungsproblem verdeutlichen.

Beispiel 10.20: Diskrete Approximation der 1. Ableitung mit dem Haar-Wavelet

Die Filterkoeffizienten des Hochpassanteils sind (bis auf einen Normierungsfaktor) $+1, -1$. Ordnet man die gefilterten Werte der Mitte zweier Signalwerte im Abstand Δ zu, so erhält man die Charakteristik des Differenzenfilters wie im Beispiel 10.3. Die WK zum Haar-Wavelet approximieren exakt den Differenzenquotienten zwischen je zwei Signalwerten. Andere Wavelets liefern „Mittelwerte" von Ableitungen über endliche Intervalle, die mehr oder weniger vom Differenzenquotienten abweichen (unterschiedliche Approximationsgüte).

Beispiel 10.21: Diskrete Approximation der 2. Ableitung mit dem Daubechies-Wavelet Daub-4

Die Filterkoeffizienten des Hochpassanteils sind (bis auf einen Normierungsfaktor) $1 - \sqrt{3}, -3 + \sqrt{3}, 3 + \sqrt{3}, -1 - \sqrt{3}$. Ordnet man die gefilterten Werte der Mitte von vier Signalwerten zu, bekommt man mit

$$G(j\omega) = (1 - \sqrt{3})e^{+3j\alpha} + (\sqrt{3} - 3)e^{+j\alpha} - (1 + \sqrt{3})e^{-3j\alpha} + (\sqrt{3} + 3)e^{-j\alpha}$$

$$= (2j \sin\alpha)^2 e^{j\Phi} = -4\sin^2\alpha e^{j\Phi},$$

$$\tan\Phi(\omega) = -(\sqrt{3}/3)\tan\alpha, \quad \alpha := \omega\Delta/2$$

die Charakteristik eines zweifachen Differenzenfilters mit der üblichen Phasenumkehr (wie im Beispiel 10.3) und einer (unerwünschten) *frequenzabhängigen* Phasenverschiebung $\Phi(\omega)$. Letztere kann restlos nur an einem Signal mit fester Frequenz ω_0 durch Ortsverschiebung δt kompensiert werden: Ist $\Delta = \pi/\omega_0$ lt. Abtasttheorem, so wird $\omega_0\Delta/2 = \pi/2$, $\Phi(\omega_0) = -\pi/2$, $\delta t = -\Delta/2$, d. h. $\phi - \omega_0\delta t = 0$, wenn der gefilterte Wert an die Stelle des *zweiten* Signalwertes zu liegen kommt. An realen Signalen sind Restdefekte nicht auszuschließen. Bei hohen Qualitätsanforderungen sollten sie für das jeweils benutzte Wavelet sorgfältig untersucht werden.

Ohne auf die numerischen Probleme der Amplitudenkorrektur einzugehen, geben wir die Approximationsformeln der diskreten WT nach Beyer und Meier (2001) an:

$$f'(t_i - t_\Phi) = \frac{w_i}{\mu_1\Delta t}, \quad f''(t_i - t_\Phi) = \frac{2w_i}{\mu_2\Delta t^2} \quad, \ldots, \quad f^{(n)}(t_i - t_\Phi) = \frac{n!w_i}{\mu_n\Delta t^n},$$

$$(10.52)$$

wobei $w_i = w(f; t_i)$ die WK auf der niedersten Skale, μ_n wieder die Wavelet-Momente, Δt die Tastweite und t_Φ die Verschiebung an den „richtigen" Ort bedeuten. Die Äquivalenz mit den stetigen Approximationsformeln (10.48) bis (10.50) ist offenkundig: Die stetige Transformierte $L_\psi f$ ist durch die Koeffizienten w_i ersetzt und dem Skalenparameter a, der im stetigen Fall gegen Null geht, entspricht im diskreten die Tastweite Δt.

Die Lage der Nullstellen der Wavelettransformierten auf der niedersten Skale entspricht der Lage gewisser relativer Extrema der Originalfunktion. Speziell mit Wavelets 1. und 2. Ordnung kann man die Extrema der Funktion und ihres Anstiegs lokalisieren. Die Approximationseigenschaften sowohl der 1D-WT als auch der 2D-WT sind deshalb praktisch bedeutsam: Um Muster in Bildern zu erkennen, lokalisiert man starke Hell-Dunkel-Unterschiede (extreme Kontraste); speziell kann man damit Kanten dedektieren. Die 2D-WT bietet also eine interessante Alternative zu konventionellen Filteroperatoren der digitalen Bildverarbeitung, z. B. zu den im Beispiel 10.10 angegebenen Gradient- und Laplace-Filtern. Dieser Anwendungsbereich wurde maßgeblich von Mallat und Zhong (1992) erschlossen.

Die 2D-WT bietet sich auch an, wenn Geoinformationen aus Bildern komprimiert und kompakt abgespeichert werden sollen. Sind diese Informationen raumbezogen, empfiehlt sich – um den Raumbezug zu erhalten – die WT gemeinsam mit einem DGM. Nicht nur die WT regulärer DHM, auch jene hybrider DGM ist möglich. Ein Verfahren, um konsistente Sätze von WK sowohl der Höhenwerte des DHM als auch der Kanten als Polygonzüge zu erzeugen, wurde von Beyer (2000, 2005) ausgearbeitet: Auf einer ersten Schicht liegen in den Gitterpunkten die WK des DHM, eine deckungsgleiche zweite Schicht nimmt die WK der Kanten auf. Im verbauten Gelände mit großer Kantendichte kann es sein, dass die Gitterpunkte der zweiten Schicht nicht ausreichen und ggf. eine dritte vorgesehen werden muss. Als Entscheidungshilfe braucht man die Anzahl der Kantenschnitte mit den Gitterlinien. Dazu haben wir im Abschnitt 5.4 über Schnittprobleme an Faserfeldern ein spezielles DGM untersucht (Beispiel 5.13). Auf den weiteren Schichten liegen – *räumlich geordnet* – die semantischen Informationen.

Die WK von DHM der diskreten 2D-WT mit Wavelets 1. oder 2. Ordnung approximieren auf den niedersten Skalen die Geländeneigung oder -wölbung (Beyer, 2003). Wenn in den WK zu Wavelets 1. Ordnung Information über die Geländeneigung grad h enthalten ist, dann sollte es möglich sein, Höhen- und Gefällelinien direkt aus den WK zu interpolieren ohne in den Ortsbereich rücktransformieren und dort numerisch differenzieren zu müssen. Ein entsprechender Algorithmus wurde von Beyer und Richter (2002) angegeben. Qualitätsmäßig steht er den konventionellen Interpolationsverfahren im Ortsbereich in keiner Weise nach.

10.2.4   Kompressionseigenschaften

Die Kompression von Geodaten ist ein weites Feld; es gibt eine Fülle von Möglichkeiten und Methoden der Datenkompression. Für Bilddaten hat sich die WT als effizient erwiesen (Zettler et al., 1990; Louis et al., 1994; Hahn und Kiefner, 1998; Kiefner und Hahn, 2000; Kiefner, 2001). Ein klassisches Beispiel ist die kompakte Speicherung von gescannten Fingerabdrücken. An sich ist die Datenkompression ein vielschichtiges Problem. Komprimiert man mit Hilfe der WT, so hängt die totale Kompressinsrate (in der Bildverarbeitung bis zur Größenornung 10^2) sowohl von den Signaleigenschaften als auch vom benutzten Wavelet ab, ferner von der Diskretisierung der Signale auf der Ordinate (in der Bildverarbeitung Quantisierung genannt) bzw. der mitgeführten Stellenzahl, der Umorganisation der Daten, schließlich von Zielen wie Datenübertragung in Echtzeit oder dauerhafte Speicherung. Hier betrachten wir nur die erstgenannten Einflüsse und versuchen, Kompressionsraten für das bereits erwähnte *hard thresholding* abzuschätzen. Es ist ein zusätzliches Beispiel zu den im Kapitel 5 behandelten Schwellenwertproblemen. Vor der Rechnung seien folgende Gesichtspunkte genannt:

(a) Kompressionsraten werden in der Literatur unterschiedlich definiert, bezüglich der WT als Verhältnis der unkomprimierten zu den komprimierten Daten. Sei N die Anzahl der WK ohne Kompression und λ der Anteil der durch Schwellwertbildung wegfallenden WK, dann ist die Kompressionsrate bezüglich der genannten Maßnahme

$$K = \frac{N}{N - N\lambda} = \frac{1}{1 - \lambda}. \tag{10.53}$$

(b) Im Kapitel 5 wurde begründet, dass man explizite Schätzformeln nur mit Verteilungsannahmen gewinnen kann, speziell mit der Normalverteilung. Sind die Signalwerte normal, dann sind es wegen der Linearität der WT auch die WK. Wir betrachten nur solche Signale, deren WK auf jeder Skale eine vom Ort unabhängige Normalverteilung besitzen:

$$w \sim N(\overline{w}, \sigma_w^2), \quad (w - \overline{w})/\sigma_w \sim N(0, 1). \tag{10.54}$$

Diese Voraussetzung ist nach Resistenzuntersuchungen im Kapitel 5 nicht besonders kritisch.

(c) Prinzipiell kann man Schwellwerte beliebig skalenabhängig ansetzen: $S = S(a)$. Es erscheint allerdings zweckmäßig, S so zu wählen, dass Defekte, die im Zuge der Rücktransformation mit ausgedünnten WK entstehen, in den Grenzen der (mehr oder weniger korrelierten) Erfassungsfehler bleiben. Da beim additiven Rauschen die Fehler genauso wie die Signale transformiert werden, setzen wir nach dem Modell des weißen Rauschens, Varianz (10.45),

$$S = \gamma m_w = \gamma m_f \|\psi\|/\sqrt{c_\psi}, \quad 0 < \gamma \le 1. \tag{10.55}$$

Anstelle σ steht (in Anlehnung an den mittleren quadratischen Fehler) das Symbol m, um zwischen Standardabweichungen bezüglich des Signals (σ_f, σ_w) und des Rauschens (m_f, m_w) zu unterscheiden. Der Schwellwert (10.55) gilt zunächst für die stetige WT. Diskret wird vorzugsweise mit normierten Wavelets der Art $\|\psi\|/\sqrt{c_\psi} = 1$ gerechnet, so dass man ihn mit

$$S = \gamma m_f, \quad 0 < \gamma \le 1 \tag{10.56}$$

sehr einfach mit Hilfe der Fehlerstandardabweichung m_f festlegen kann, und zwar auch dann noch, wenn die Fehler schwach korreliert sind.

(d) Es liegt auf der Hand, dass man Kompressionsraten im konkreten Fall nur empirisch bestimmen kann. Mit den o. a. Voraussetzungen ist es immerhin möglich, das Schwellenwertproblem zu lösen und zu erkennen, von welchen Parametern die Kompressionsraten maßgeblich abhängen.

Ein Signal $f(t)$ sei im Originalbereich durch $N = 2^n$ diskrete Werte je Zeit- oder Längeneinheit repräsentiert. Die sog. schnelle WT erzeugt auf der ersten Skale $N/2$ WK, auf der zweiten $N/4$, usf. (Abbildung 10.16).

Die Anzahlen der WK auf den Skalen folgen einer geometrischen Reihe und die Gesamtanzahl ist gleich der Partialsumme

$$\frac{N}{2} + \frac{N}{2^2} + \cdots + \frac{N}{2^n} = N\left(1 - \frac{1}{2^n}\right) = N - 1. \tag{10.57}$$

Auf der ersten Skale liegen also $N/2$ Werte und die WK auf den übrigen Skalen machen (bis auf einen) die zweite Hälfte aus. Im WB hat man zunächst die gleiche Wertanzahl wie im Originalbereich zu speichern (1D-WT ohne Kompression). Der Anteil λ_k derjenigen WK, die auf jeder Skale a_k der Kompression anheimfallen,

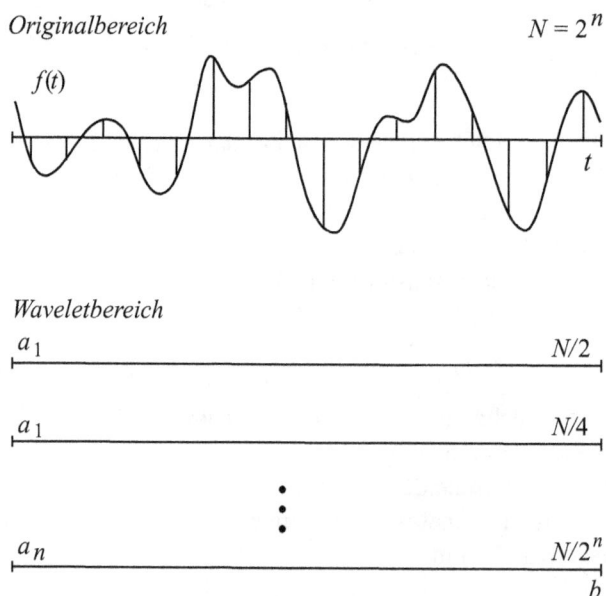

Abbildung 10.16. Schnelle 1D-WT. Aus $N = 2^n$ Signalwerten je Zeit- oder Längeneinheit im Originalbereich werden $N/2^k$ Waveletkoeffizienten auf der k-ten Skale erzeugt.

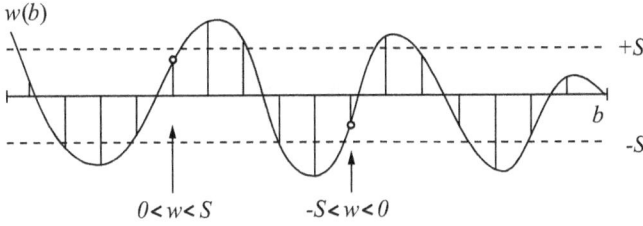

Abbildung 10.17. Schwellwertbildung im WB. Waveletkoeffizienten w, die den Schwellwert dem Betrag nach unterschreiten, werden auf Null gesetzt (*hard thresholding*).

gleicht der Wahrscheinlichkeit dafür, dass die WK den Schwellwert betragsmäßig unterschreiten (Abbildung 10.17):

$$\lambda_k = P(-S < w < +S) = P\left(g_1 < \frac{w - \overline{w}}{\sigma_w} < g_2\right)$$

$$= F(g_2) - F(g_1) = \frac{1}{\sqrt{2\pi}} \int_{g_1}^{g_2} e^{-t^2/2} dt,$$

wobei $F(g_1)$, $F(g_2)$ die Verteilungsfunktion von $N(0, 1)$ an den Stellen $g_1 = -(S + \overline{w})/\sigma_w$, $g_2 = (S - \overline{w})/\sigma_w$ ist. Näherung für $|\overline{w}| \ll \sigma_w$, $S \ll \sigma_w$:

$$F(g_2) - F(g_1) \approx (g_2 - g_1) F'(0) = (g_2 - g_1)/\sqrt{2\pi},$$

$$\lambda_k \approx \frac{2}{\sqrt{2\pi}} \frac{S}{\sigma_w} = \frac{2\gamma}{\sqrt{2\pi}} \frac{m_w}{\sigma_w} = \frac{2\gamma}{\sqrt{2\pi}} \frac{m_f}{\sigma_w}. \tag{10.58}$$

Näherung für $|\overline{w}| \gg S$:

$$F(g_2) - F(g_1) \approx (g_2 - g_1) F'(-\overline{w}/\sigma_w),$$

$$\lambda_k \approx \frac{2}{\sqrt{2\pi}} \frac{S}{\sigma_w} e^{-\overline{w}^2/2\sigma_w^2} < \frac{2}{\sqrt{2\pi}} \frac{S}{\sigma_w} \quad \text{aus (10.58)}.$$

Wenn $\overline{w} \neq 0$, ist die Anzahl der WK, die betragsmäßig unter S liegen, kleiner als bei $\overline{w} = 0$. Das kommt z. B. an Prozessen mit stationären Zuwächsen vor, sofern $\mu_1 \neq 0$ (vgl. Beispiel 10.16). Die größten Kompressionsraten sind daher unter sonst gleichen Verhältnissen an Signalen aus erwartungswert-stationären Prozessen mit $\overline{w} = 0$ entsprechend (10.38) zu erwarten. Nachfolgend rechnen wir mit (10.58), nehmen kleine Schwellwerte nach (10.55), (10.56) an und lassen höchstens kleine Mittelwerte zu. Summiert über alle Skalen ergibt sich aus (10.58) mit Blick auf die Reihe (10.57) der totale Kompressionsanteil

$$\lambda \approx \sum_{k=1}^{n} 2^{-k} \lambda(a_k) = \frac{2\gamma m_f}{\sqrt{2\pi}} \sum_{k=1}^{n} \frac{2^{-k}}{\sigma_w(a_k)}. \tag{10.59}$$

In den Standardabweichungen $\sigma_w(a_k)$ sind sowohl die Signaleigenschaften als auch die Form des Wavelets enthalten; vgl. (10.39) bis (10.43). Anstelle der stetigen WT (10.21), Skalarprodukt $< f, \psi >$, berechnet man mit der diskreten WT die Skalarprodukte $w = \psi^{\top}\mathbf{f}$. Nach der Varianzfortpflanzung linear transformierter Vektoren erhält man sofort (und einfacher als bei der stetigen WT) die Varianzen

$$\sigma_w^2 = \psi^{\top}\mathbf{C}_{ff}\psi \tag{10.60}$$

auf jeder beliebigen Skale. Diese werden von der Anzahl, dem Betrag und dem Vorzeichen der Filterkoeffizienten sowie von den Elementen der Eingangs-Kovarianz-Matrix $\mathbf{C}_{ff}$ bestimmt. Speziell wird für wavelettransformierte unkorrelierte Erfassungsfehler

$$\mathbf{C}_{ff} = m_f^2\mathbf{I}, \quad m_w^2 = m_f^2\psi^{\top}\psi \equiv m_f^2 \tag{10.61}$$

für Wavelets mit $\|\psi\| = 1$, woraus wieder (10.56) folgt. – Alle Schätzformeln für Kompressionsanteile gelten auch bei der diskreten 2D-WT, sofern mit dem zum Vektor ψ gehörenden sog. Tensorprodukt-Wavelets komprimiert wird (Beyer, 2003, 2005).

Beispiel 10.22: Kompression mit dem Haar-Wavelet

Mit $\psi^{\top} = (\sqrt{2}/2)[1, -1]$, $\|\psi\| = 1$, $\mathbf{C}_{ff} = \sigma_f^2\begin{bmatrix} 1 & \varrho \\ \varrho & 1 \end{bmatrix}$ ergibt (10.60) die Varianzen $\sigma_w^2 = \sigma_f^2(1 - \varrho)$, wobei $\varrho = \varrho(\Delta t)$; $\varrho(2\Delta t)$; $\ldots$; $\varrho(2^{k-1}\Delta t)$; $\ldots$ auf den Skalen $a_1, a_2, \ldots, a_k, \ldots$, schließlich (10.58), (10.59) die Kompressionsanteile

$$\lambda(a_1) \approx \frac{\gamma}{\sqrt{2\pi}}\frac{m_f}{\sigma_f}\frac{1}{\sqrt{1 - \varrho(\Delta t)}}, \quad \lambda \approx \frac{2\gamma}{\sqrt{2\pi}}\frac{m_f}{\sigma_f}\sum_{k=1}^{n}\frac{2^{-k}}{\sqrt{1 - \varrho(2^{k-1}\Delta t)}}.$$

Wie man sieht, hängen $\lambda(a_1)$, λ und damit die Kompressionsrate K nach (10.53) vom Signal-Rausch-Verhältnis, SRV $:= \sigma_f^2/m_f^2$, $\lambda \sim 1/\sqrt{\text{SRV}}$, ferner λ und K von der Folge von Korrelationskoeffizienten $\{\varrho(2^{k-1}\Delta t); \; k = 1, 2, \ldots, n\}$ ab. Entnimmt man sie beispielsweise einer AKF vom Gauß-Typ (vgl. Abbildung 5.7), ist $\varrho(2^{k-1}\Delta t) = [\varrho(\Delta t)]^{2^{2(k-1)}}$, d. h. sie können durch genau *einen* Koeffizienten, die Nachbarschaftskorrelation $\varrho_1 := \varrho(\Delta t)$ ersetzt werden. Abbildung 10.18 zeigt die Abhängigkeit der Größen $\lambda(a_1)$ und λ sowie $\lambda/\lambda(a_1)$ von ϱ_1: Über einen weiten Bereich von ϱ_1 ändern sich $\lambda(a_1)$ und λ nur wenig; erst für große ϱ_1 (große Erhaltungsneigung) nimmt die Kompression stark zu. Diesen Effekt können wir mit Ergebnissen aus Kapitel 5 verifizieren: Die Anzahl der wegfallenden WK wird umso größer sein, je länger $w(a, b)$ innerhalb $(-S, +S)$ verweilt, und die Verweilzeiten sind umso größer, je weniger $+S$ unter- und $-S$ überschritten wird. Die Anzahl der Niveauunter- und überschreitungen ist bei stationären normalen Zufallsfolgen $\sim \sqrt{1 - \varrho_1}$; vgl. (5.16), (5.17). Deshalb wird $\lambda(a_1) \sim 1/\sqrt{1 - \varrho_1}$, $\lambda(a_k) \sim 1/\sqrt{1 - \varrho_k}$, $\varrho_k = \varrho(2^{k-1}\Delta t)$;

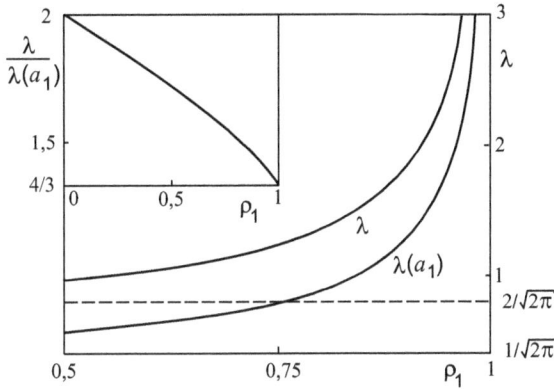

Abbildung 10.18. Kompression mit dem Haar-Wavelet: $\lambda(a_1)$ auf der ersten Skale a_1 und Summe λ über n Skalen ($n \gg 1$) als Funktion der Nachbarschaftskorrelation ϱ_1 und bezogen auf $\gamma m_f / \sigma_f$. Verhältnis $\lambda / \lambda(a_1)$ oben links. Erläuterungen im Beispiel 10.21.

$k = 1, 2, \ldots, n$. Die Grenzfälle $\varrho_1 = 0$ und $\varrho_1 = 1$ sind an realen Signalen ausgeschlossen. Immerhin erkennt man an den Grenzwerten

$$\frac{\lambda}{\lambda(a_1)} \approx \begin{cases} 2 & \text{für } \varrho_1 \longrightarrow 0 \\ 4/3 & \text{für } \varrho_1 \longrightarrow 1 \end{cases},$$

dass die Kompression von glatten Signalen zu fast drei Viertel auf der niedersten Skale stattfindet; an stark strukturierten Signalen (kleine ϱ_1) beträgt dieser Anteil noch mindestens die Hälfte.

Beispiel 10.23: Kompression mit Wavelets verschiedener Ordnung

Mit zunehmender Ordnung der Wavelets nehmen die Anzahl der Filterkoeffizienten und der Umfang der Kovarianz-Matrix $\mathbf{C}_{ff}$ zu, so dass die Summation (10.59) rasch unübersichtlich wird. Indessen zeigt bereits der Anteil $\lambda(a_1)$ das typische Kompressionsverhalten. Beispielsweise ist beim Wavelet Daub-4 der Ordnung zwei

$$\boldsymbol{\psi}^\top = (\sqrt{2}/8)[1 - 3, -3 + \sqrt{3}, 3 + \sqrt{3}, -1 - \sqrt{3}],$$

$$\lambda(a_1) \approx \frac{\gamma}{\sqrt{2\pi}} \frac{m_f}{\sigma_f} \left[1 - \frac{9}{8}\varrho(\Delta t) + \frac{1}{8}\varrho(3\Delta t) \right]^{-1/2}.$$

Abbildung 10.19 zeigt $\lambda(a_1)$ der Wavelets Daub-2, 4, 6 der Ordnung 1, 2, 3 (Daub-2 = Haar) als Funktion von ϱ_1 wie im Beispiel 10.22. Wie man sieht, komprimieren Wavelets endlicher Ordnung (theoretisch) umso stärker, je mehr sie verschwindende Momente besitzen. Die Kompressionsunterschiede machen sich allerdings erst auf großen ϱ_1 (an glatten Signalen) bemerkbar. Mit abnehmenden ϱ_1 laufen die Kurven zusammen: $\lambda(\varrho_1) \longrightarrow 1/\sqrt{2\pi} \approx 0{,}40$ für $\varrho_1 \longrightarrow 0$.

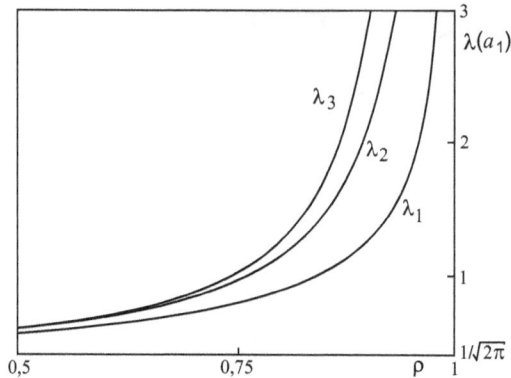

Abbildung 10.19. Kompression mit Daubechies-Wavelets 2, 4, 6 der Ordnung 1, 2, 3: Kompressionsanteile $\lambda_{1,2,3}(a_1)$ auf der ersten Skale a_1 als Funktion der Nachbarschaftskorrelation ϱ_1 und bezogen auf $\gamma m_f / \sigma_f$. Erläuterungen im Beispiel 10.23.

Ähnliche Unterschiede auf großen ϱ_1 wie im letzten Beispiel findet man auch zwischen unterschiedlichen Wavelets der *gleichen* Ordnung. Das liegt an der differierenden Anzahl von Filterkoeffizienten und folglich dem unterschiedlichen Umfang von $\mathbf{C}_{ff}$. Nun sind glatte (übersichtliche) Signale nicht gerade Kandidaten für eine WT, sondern eben die stark strukturierten (unübersichtlichen) mit in der Regel geringer Erhaltungsneigung (kleinen bis mittleren ϱ_1). So überrascht es nicht, dass sich experimentell ermittelte Kompressionsraten mit verschiedenen Wavelets kaum deutlich unterscheiden, zumindest nicht in der Größenordnung (Hahn und Kiefner, 1998; Kiefner und Hahn, 2000; Kiefner, 2001; Beyer, 2005; Meier, 2003, 2005). *Der Einfluss der Signaleigenschaften auf die Kompressionsraten überwiegt!* Hat man die „Qual der Wahl" eines Wavelets, sind andere Kriterien wichtiger, z. B. Lokalisierungsschärfe, Qualität der Mustererkennung o. a., und die Kompressionsrate ist eher ein nachgeordnetes.

Übungsaufgaben zum Kapitel 10

Aufgabe 10.1: Korrektur von Bildstörungen

Zur Korrektur von Hintergrund- bzw. streifenförmigen Störungen gibt Jaroslawskij (1985, S. 186) die folgende zweistufige Filtervorschrift an:

$$Y_{k,l}^{(1)} = \left[X_{k,l} - \frac{1}{2N_1 + 1} \sum_{m=-N_1}^{+N_1} X_{k+m,l} \right] + \overline{X},$$

$$Y_{k,l}^{(2)} = \left[Y_{k,l}^{(1)} - \frac{1}{2N_2 + 1} \sum_{m=-N_2}^{+N_2} Y_{k,l+n}^{(1)} \right] + \overline{X}.$$

Man bestimme die zugehörigen Durchlasscharakteristiken approximativ für sehr große N_1, N_2 und diskutiere die Filtereigenschaften!

Lösung: Wenn N_1, N_2 sehr groß sind, darf man die diskreten Mittel durch Integralmittel $\frac{1}{T}\int_{-T/2}^{+T/2} X(t)dt$ mit $T = (N-1)\Delta \approx N\Delta$ als Mittelungsintervall ersetzen. Lt. Beispiel 10.1 sind die zugehörigen Durchlasscharakteristiken

$$G_{1,2} \approx \text{sinc}(k_{1,2}T_{1,2}/2),$$

d. h. 1D-Tiefpässe. Die Teilvorschriften $Y^{(1)}$, $Y^{(2)}$ entsprechen dann gemäß (10.14) 1D-Hochpässen und, hintereinander angewendet, einer multiplikativen Filterung oder Reihenschaltung (10.7) mit der Gesamtcharakteristik

$$G^{(2)}(k_1,k_2) \approx [1 - \text{sinc}(k_1 T_1/2)][1 - \text{sinc}(k_2 T_2/2)].$$

Die Mittelungsintervalle T_1, T_2 bzw. die Bildpunktanzahlen N_1, N_2 bestimmen die richtungsabhängige Filterung entsprechend der Ausdehnung der Bildstörung.

Aufgabe 10.2: Formtreues Filter

Ein auf ω_g bandbegrenztes Signal mit dominierendem Spektralbereich soll im hochfrequenten Bereich geglättet werden, jedoch so, dass dominierende Strukturen weitgehend erhalten bleiben. Als restaurierenden Tiefpass wähle man das gewichtete Fünf-Punkt-Mittel mit der Durchlasscharakteristik $G_4(\omega)$, $a = 0$, $b = 1$ aus Tabelle 10.4. Bei welcher Tastweite Δ wird das Filterziel am besten erreicht?

Lösung: Dominierende Strukturen werden offenbar dann am besten erhalten, wenn das Maximum von G_4 bei $\omega = \omega_g/3$ mit der Lage des Maximums der Spektraldichte an der Stelle $\omega = \omega_0$ in etwa übereinstimmt. Wenn $\Delta = \pi/\omega_g$ lt. Abtasttheorem festgelegt wird, folgt daraus

$$\omega_0 \approx \omega_g/3 = \pi/3\Delta, \quad \Delta \approx \pi/3\omega_0.$$

Aufgabe 10.3: Rekursives Filter

Rekursive Filter reduzieren die Anzahl der Rechenoperationen, indem der k-te Wert zur Berechnung des $(k + 1)$-ten benutzt wird; z. B. gehört zum einfachen arithmetischen Mittel

$$Y_k^{(1)} = \frac{1}{2N + 1} \sum_{m=-N}^{+N} X_{k+m}$$

die Rekursionsvorschrift

$$Y_k^{(2)} = \frac{1}{2N+1}(X_{k+N} - X_{k-N-1}) + Y_{k-1}^{(1)}.$$

Man zeige, dass $Y_k^{(2)}$ mit $Y_k^{(1)}$ identisch ist!

Lösung:

$$Y_{k-1}^{(1)} = \frac{1}{2N+1}\sum_{m=-N}^{+N} X_{k+m-1}$$

$$Y_k^{(2)} = \frac{1}{2N+1}(X_{k+N} - X_{k-N-1} + X_{k-N+1} + X_{k-N} + X_{k-N+1} + \cdots$$

$$+ X_{k+N-2} + X_{k+N-1})$$

$$= \frac{1}{2N+1}(X_{k-N} + X_{k-N+1} + \cdots + X_{k+N-2} + X_{k+N-1} + X_{k+N})$$

$$= \frac{1}{2N+1}\sum_{m=-N}^{+N} X_{k+m} = Y_k^{(1)},$$

d. h. die Rekursionsvorschrift erfüllt die Filtervorschrift.

Aufgabe 10.4: Zeilen- und Spaltengradienten

Aus Pratt (1991, S. 503) sind die diskreten Gewichtsfunktionen

$$\frac{1}{4}\begin{vmatrix} 1 & 0 & -1 \\ 2 & 0 & -2 \\ 1 & 0 & -1 \end{vmatrix} \text{ (Sobel 1)}, \qquad \frac{1}{4}\begin{vmatrix} -1 & -2 & -1 \\ 0 & 0 & 0 \\ 1 & 2 & 1 \end{vmatrix} \text{ (Sobel 2)},$$

$$\frac{1}{3}\begin{vmatrix} 1 & 0 & -1 \\ 1 & 0 & -1 \\ 1 & 0 & -1 \end{vmatrix} \text{ (Prewitt 1)}, \qquad \frac{1}{3}\begin{vmatrix} -1 & -1 & -1 \\ 0 & 0 & 0 \\ 1 & 1 & 1 \end{vmatrix} \text{ (Prewitt 2)},$$

entnommen. Man diskutiere die Eigenschaften dieser 2D-Filter anhand ihrer Durchlasscharakteristiken!

Aufgabe 10.5: Tiefpassfilter auf regulärem Dreieckgitter

Tiefpassfilter auf einem regulären Dreieckgitter, z. B. mit den diskreten Gewichtsfunktionen

$$\frac{1}{7}\begin{vmatrix} & 1 & & 1 & \\ 1 & & 1 & & 1 \\ & 1 & & 1 & \end{vmatrix}, \quad \frac{1}{8}\begin{vmatrix} & 1 & & 1 & \\ 1 & & 2 & & 1 \\ & 1 & & 1 & \end{vmatrix}, \quad \frac{1}{9}\begin{vmatrix} & 1 & & 1 & \\ 1 & & 3 & & 1 \\ & 1 & & 1 & \end{vmatrix}$$

haben wegen besserer Aproximation eines kreisförmigen Mittelungsgebietes als beim
Quadratgitter eine fast richtungsunabhängige Wirkung. Dies ist mit Hilfe der zugehörigen Durchlasscharakteristiken zu zeigen! (Lösungen u. a. bei Meier (1988))

Aufgabe 10.6: Sperrfilter im Waveletbereich

Ein Sperrfilter im WB mit dem Wavelet $\Psi(x) = -\sqrt{8/\pi}\,x e^{-x^2}$ sowie einer unteren
Filtersperre $a_{\min}$ entspricht einem Gauß-Filter im FB mit $a_{\min}$ als Abklingparameter.
Man beweise die Äquivalenz mit Hilfe der Beziehung (10.31)!

Kapitel 11

Geometrie approximierter Signale

11.1 Interpolation und Approximation

In der Geodaten-Verarbeitung hat man oft mit unterschiedlichen Interpolationsproblemen zu tun; sei es, dass lückenhafte Messwertreihen zu verdichten oder ursprünglich irreguläre Daten auf ein reguläres Gitter zu interpolieren sind. Hierzu steht eine Fülle von Interpolationsverfahren zur Verfügung. Als ein Beispiel haben wir B-Splines mit ihren Übertragungseigenschaften und im Zusammenhang mit der Optimalfilterung bereits im Abschnitt 10.1 gebracht (Beispiel 10.8).

Reale Messdaten beinhalten aber stets eine, vom Messverfahren bedingte stochastische Komponente. Im Zuge der Datenbearbeitung wollen wir diese Komponente, die zufälligen Messfehler, welche das ursprüngliche Signal verrauschen, unterdrücken. Somit haben wir es mit Interpolation *und* Filterung zu tun. Formal gesehen ist das ein Approximationsproblem, d. h. die Messdaten sind mit einem geeigneten Modell zu approximieren und dann können sie, nach Bedarf, an beliebigen Stellen interpoliert werden. Zur Verfügung stehen uns in der Regel die gleichen Modelle wie bei der Interpolation, welche nun nach geeigneten Kriterien an die Messdaten angepasst werden müssen. Dabei hat man mit der Parameterschätzung in linearen Modellen zu tun, wobei die unbekannten Parameter eines Approximationsmodells meistens nach der Methode der kleinsten Quadrate, ggf. auch mit robusten Verfahren geschätzt werden.

Beispiel 11.1: Parameterschätzung nach der Methode der kleinsten Quadrate

Gegeben sei ein Zufallsvektor der Messwerte $\mathbf{y} = [\, y_1 \ y_1 \ \ldots \ y_n \,]^\top$ mit der Kovarianzmatrix $\mathbf{C}$. Der Erwartungswertvektor $\mathsf{E}\{\mathbf{y}\} =: \hat{\mathbf{y}}$ sei ferner eine Funktion der unbekannten Parameter $\boldsymbol{\beta} = [\, \beta_1 \ \beta_1 \ \ldots \ \beta_m \,]^\top$ (des Approximationsmodells),

$$\mathbf{y} + \boldsymbol{\epsilon} = \mathbf{X}\boldsymbol{\beta}, \tag{11.1}$$

wobei $\mathbf{X}$ die Koeffizientenmatrix im linearen (linearisierten) Modell und $\boldsymbol{\epsilon} := \hat{\mathbf{y}} - \mathbf{y}$ der Vektor der Residuen sind.

Als Methode der kleinsten Quadrate (MkQ) bezeichnet man die Schätzung der Parameter, indem das Extremalproblem

$$\boldsymbol{\epsilon}^\top \mathbf{P} \boldsymbol{\epsilon} \to \min \tag{11.2}$$

mit $\mathbf{P} = \mathbf{C}^{-1}$ gelöst wird. Die Parameter sind also so zu bestimmen, dass die Norm des Residuenvektors $\|\boldsymbol{\epsilon}\|$ minimal wird. Ist $\mathbf{X}$ von vollem Rang, so ist die MkQ-Schätzung $\hat{\boldsymbol{\beta}}$ eindeutig bestimmt durch

$$\hat{\boldsymbol{\beta}} = (\mathbf{X}^\top \mathbf{P}\, \mathbf{X})^{-1} \mathbf{X}^\top \mathbf{P}\, \mathbf{y}. \tag{11.3}$$

Die Kovarianzmatrix der geschätzten Parameter ist gegeben durch

$$\mathbf{C}_\beta = \sigma^2 (\mathbf{X}^\top \mathbf{P}\mathbf{X})^{-1} \tag{11.4}$$

mit

$$\sigma^2 = \frac{\boldsymbol{\epsilon}^\top \mathbf{P}\boldsymbol{\epsilon}}{n-m}. \tag{11.5}$$

Ferner lassen sich sowohl die gefilterten Messwerte

$$\hat{\mathbf{y}} = \mathbf{X}(\mathbf{X}^\top \mathbf{P}\, \mathbf{X})^{-1} \mathbf{X}^\top \mathbf{P}\, \mathbf{y} \tag{11.6}$$

als auch ihre Kovarianzmatrix

$$\mathbf{C}_{\hat{y}} = \sigma^2 \mathbf{X}(\mathbf{X}^\top \mathbf{P}\mathbf{X})^{-1} \mathbf{X}^\top \tag{11.7}$$

schätzen.

Die optimale Approximation von Messwertreihen im Sinne des Kriteriums (11.2) ist nur dann möglich, wenn ein Approximationsmodell gegeben (gewählt) ist, d. h. die analytischen Zusammenhänge zwischen den Messwerten und den Modellparametern bekannt sind. Eindimensionale Objekte aus $\mathbb{R}^2$ (Kurven) bzw. zweidimensionale aus $\mathbb{R}^3$ (Oberflächen), mit welchen man bei der Geodaten-Verarbeitung zu tun hat, sind in der Regel von komplizierter Struktur und lassen sich nur schwierig bzw. stückweise, wie es bei den Splinefunktionen der Fall ist, mit einem analytischen Modell beschreiben. Von besonderem Interesse sind deshalb solche Approximationsmodelle, welche auf die Parameterschätzung verzichten, *gleichzeitig* aber das Optimalitätskriterium (11.2) erfüllen bzw. der MkQ-Approximation äquivalent sind. Solche Eigenschaften besitzen aktive Kurvenmodelle (sog. *snakes*) und Oberflächenmodelle (sog. *flakes*).

11.2 Snakes-approximierte Signale

11.2.1 Stationäre Approximation

Wir beginnen mit der Approximation von Konturen. Zunächst setzen wir voraus, dass eine ebene Kurve in Parameterdarstellung $\mathbf{v} = [x = x(s),\, y = y(s)]^\top$ mit dem Parameter s als Bogenlänge gegeben ist (vgl. Abschnitt 8.1.1). Der Kurve wird eine für ihre Gestalt typische innere Energie E_{int} zugeteilt. Diese Energie, auch Formenergie genannt, beschreibt die geometrischen Eigenschaften der zu modellierenden Kurve,

$$E_{\text{int}} := [\alpha(x_s^2 + y_s^2) + \beta(x_{ss}^2 + y_{ss}^2)]/2, \tag{11.8}$$

mit den Abkürzungen für die 1. und 2. Ableitungen

$$x_s := dx/ds, \quad y_s := dy/ds, \quad x_{ss} := d^2x/ds^2, \quad y_{ss} := d^2y/ds^2.$$

Der erste Term in (11.8), auch Elastizitätsterm genannt, bewirkt die Längenänderung der Kurve. Die Krümmungsänderung bewirkt der zweite Term in (11.8), auch Zähigkeits- oder Glattheitsterm genannt. Die beiden Anteile der inneren Energie werden gegenseitig mit den frei wählbaren Parametern $\alpha = \text{const}$ und $\beta = \text{const}$ bewichtet.

Andererseits verfügt die äußere Umgebung der Kurve über eine eigene sog. externe Energie E_{ext}, welche die Struktur und die Eigenschaften der Datenmenge Ω bzw. die mit den Daten verbundenen äußeren Restriktionen widerspiegelt. Diese Energie ist problemorientiert und hängt von den Daten ab:

$$E_{\text{ext}} = f(\Omega). \tag{11.9}$$

Die externe Energie macht die Schlange *aktiv* auf der Suche nach der Gleichgewichtslage und versucht, die Gestalt der Kurve zweckmäßig zu ändern bzw. die Kurve solange zu verschieben, bis sich die Energieanteile ausgleichen. Die innere Energie hingegen leistet Widerstand und versucht, die Gestalt der Kurve zu erhalten. In einem Wechselspiel zwischen den beiden Energien versucht die deformierbare Kurve, eine optimale Lage, in der sich die Energieanteile ausgleichen, zu finden. Aufgrund ihres Verhalten wird dieses *aktive*, von Kass et al. (1987) vorgeschlagene Konturmodell auch als *Snake* bezeichnet.

Die optimale Snake-Lage wird gefunden, wenn die entlang der Kurve $s \in [0, l]$ integrierte Gesamtenergie minimal wird:

$$\int_0^l (E_{\text{int}} + E_{\text{ext}})ds \longrightarrow \min. \tag{11.10}$$

Die Energieminimierung entspricht dem Extremalproblem (11.2), ist aber allgemeiner formuliert: In (11.2) sind funktionale Zusammenhänge bekannt, gesucht werden optimale Schätzwerte für die Parameter. Hier sind solche Zusammenhänge unbekannt und gesucht werden Funktionen, welche die Minimalaufgabe lösen. Ein solches Problem wie (11.10) heißt *Variationsproblem* und wird mit Hilfe der Variationsrechnung gelöst. Die Grundlagen der Variationsrechnung sind z. B. im Taschenbuch der Mathematik von Bronstein et al. (1999) angegeben.

Die Lösung des Variationsproblems (11.10) führt zu zwei voneinander unabhängigen Differentialgleichungen 4. Ordnung, den sog. Euler-Gleichungen, welche nach dem Einsetzen der inneren und der äußeren Energie die Form

$$\frac{\partial E_{\text{ext}}}{\partial x} - \alpha x_{ss} + \beta x_{ssss} = 0, \tag{11.11}$$

$$\frac{\partial E_{\text{ext}}}{\partial y} - \alpha y_{ss} + \beta y_{ssss} = 0 \tag{11.12}$$

haben. Es kann leider keine explizite Funktion angegeben werden, welche die Euler-Gleichungen erfüllt. Sie können nur numerisch, und zwar iterativ gelöst werden. Die Herleitung der Gleichungen (11.1) und (11.2) ist u. a. bei Kass et al. (1987), Burghardt (2001) angegeben.

Nun wollen wir die Geometrie der durch Snakes approximierten Signale betrachten. Zu diesem Zweck greifen wir an das bewährte Filterkonzept zurück und verwenden dabei die in Borkowski und Keller (2002); Borkowski (2004) dargestellte Vorgehensweise, welche auf Pseudodifferentialoperatoren beruht.

Die Filteroperation lässt sich formal als

$$Lg = f \tag{11.13}$$

schreiben. Die Bedingungsgleichung (11.13) besagt, dass das gefilterte Signal g, kombiniert mit einem linearen Operator L, mit dem originalen Signal f übereinstimmen soll. Aus der breiten Palette von L schränken wir uns auf die Klasse der invarianten Pseudodifferentialoperatoren ein, welche durch

$$Lu = \mathcal{F}^{-1}\{a(\omega)\mathcal{F}\{u\}\} \tag{11.14}$$

definiert sind. Das gefilterte Signal ergibt sich direkt als Inverse von L und dann unter Benutzung von (11.14) zu

$$g = L^{-1}f = \mathcal{F}^{-1}\left\{\frac{1}{a(\omega)}\mathcal{F}\{f\}\right\}. \tag{11.15}$$

Daraus ist ersichtlich, dass das sog. Symbol $a(\omega)$ die Filtereigenschaften des Operators L ausdrückt. Der Filterfortgang kann äquivalent auch im Spektralbereich angeschrieben werden zu

$$\mathcal{F}\{f\} = a(\omega)\mathcal{F}\{g\}. \tag{11.16}$$

Daran ist ersichtlich, dass das mit $a(\omega)$ modifizierte Spektrum des gefilterten Signals mit dem Spektrum des ursprünglichen Signals übereinstimmen soll. Der Kehrwert von $a(\omega)$ entspricht der Durchlasscharakteristik $G(j\omega)$ (siehe Abschnitt 10.1.1).

Der „Filtervorschrift" bei Snakes ist anders, nämlich als Variationsproblem formuliert. Da die Euler-Gleichungen voneinander unabhängig sind, demonstrieren wir die Konsistenz zwischen dem Snakes-Konzept und der Pseudodifferentialgleichung an *einer* der Euler-Gleichungen. Zu diesem Zweck definieren wir die externe Energie als proportional zu den Quadraten der Abstände zwischen den Snakes-Koordinaten x und den ursprünglichen Koordinaten u (Messwerten):

$$E_{\text{ext}} := \frac{1}{2}(u - x)^2, \quad \frac{\partial E_{\text{ext}}}{\partial x} = x - u. \tag{11.17}$$

Mit dieser Definition nimmt die Euler-Gleichung (11.11) die Form

$$x - \alpha x_{ss} + \beta x_{ssss} = u \tag{11.18}$$

an. Nun ersetzen wir den Differentialoperator d/ds durch $j\omega$, $j^2 = -1$, und bekommen die zum Variationsproblem äquivalente Pseudodifferentialgleichung

$$(1 - \alpha(j\omega)^2 + \beta(j\omega)^4) \cdot \mathcal{F}\{x\} = \mathcal{F}\{u\} \tag{11.19}$$

oder die korrespondierende Snakes-Filtervorschrift

$$x = \mathcal{F}^{-1}\{G(\omega) \cdot \mathcal{F}\{u\}\}. \tag{11.20}$$

Der Ausdruck

$$G(\omega) = \frac{1}{1 + \alpha\omega^2 + \beta\omega^4} \tag{11.21}$$

ist die Durchlasscharakteristik der linearen Übertragung von Snakes. Diese Gleichung stellt ein phasen- und maßstabstreues Tiefpassfilter, sog. *Butterworth-Filter*, dar. Das

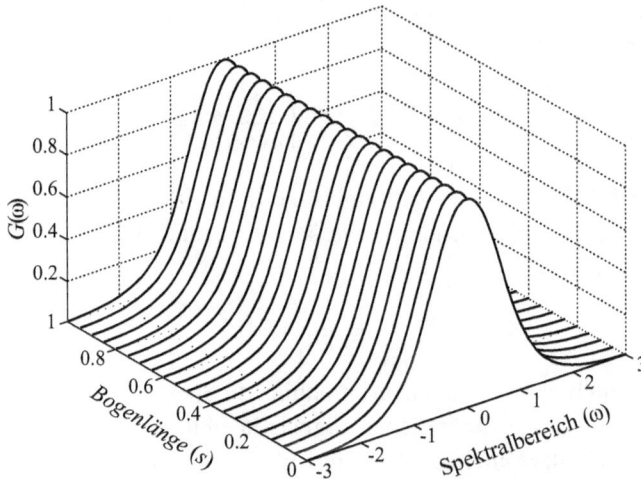

Abbildung 11.1. Durchlasscharakteristik von stationären Snakes mit konstanten Steuerparametern α und β.

Ergebnis der Snakes-Approximation ist also immer ein *geglättetes* Signal, wobei der Glättungsgrad über die Parameter α und β gesteuert wird. Der Parameter β hat aber dabei den dominierenden Einfluss. Eine Durchlasscharakteristik dieser *stationären* Snakes-Approximation ist in Abbildung 11.1 dargestellt. In jedem Punkt entlang der Kurve wird die *gleiche* Glättung sowohl der x- als auch der y-Koordinate realisiert.

Leider stellt auch die spektrale Betrachtungsweise kaum eine Abhilfe für die explizite Bestimmung der Faltungsform der Snakes-Filterung dar. Die Steuerparameter α und β lassen sich nur in seltenen Sonderfällen vorabschätzen. Dies möge das folgende Beispiel demonstrieren.

Beispiel 11.2: Breitbandrauschen

Um die Übertragungseigenschaften der Snakes-Approximation bezüglich der 2. Momente zu erkennen, setzt man die Euler-Gleichung im Punkt $(s + \Delta s)$ an, multipliziert sie linksseitig mit $u(s)$ und bildet beidseitig die Erwartungswerte. Man bekommt eine Differentialgleichung in den Kovarianzfunktionen $C_{xu}(\Delta s)$, $C_{uu}(\Delta s)$ und nach der Transformation in den Spektralbereich gemäß dem Theorem von Wiener/Chintschin eine algebraische Gleichung in den Spektraldichten $S_{xu}(\omega)$, $S_{uu}(\omega)$ (vgl. Meier (2000b)):

$$S_{xu}(\omega) = G(\omega)S_{uu}(\omega). \tag{11.22}$$

Die Spektraldichte und die Varianz der Snakes-Approximation sind dann

$$S_{xx} = G^2(\omega)S_{uu}, \quad \sigma_x^2 = \frac{1}{2\pi}\int_{-\infty}^{\infty} S_{uu}d\omega. \tag{11.23}$$

Nun betrachten wir das Breitbandrauschen (vgl. Beispiel 3.1), etwa eine horizontale Linie mit überlagertem Messrauschen, mit $S_{uu} = \sigma_u^2\pi/\omega_g = $ const über dem Bandbereich $2\omega_g$, $\omega_g = \pi/\Delta$ mit Δ als Punktabstand. Beschränken wir uns auf den Sonderfall $\alpha \ll \beta$ und $\beta > 1$, $\Delta < \pi$, bekommen wir die Näherung

$$\frac{\sigma_x^2}{\sigma_u^2} \approx \frac{1}{4\beta}\left(\frac{\Delta}{\pi}\right)^4. \tag{11.24}$$

Eine solche Modellrechnung kann benutzt werden, um die Größenordnung der Steuerparameter vorab zu schätzen. Leider ist sie eher die Ausnahme; die Regel ist, die Euler-Gleichungen numerisch mit erfahrungsmäßig gewählten Steuerparametern zu lösen.

Mit den Beziehungen (11.20) und (11.21) haben wir gezeigt, dass die Übertragungseigenschaften der Snakes-Approximation einer Tiefpassfilterung äquivalent sind. Die Tiefpassfilterung kann als Faltungsoperation mit einfachen Mitteln, z. B.

als Mittelwertbildung, realisiert werden. In diesem Zusammenhang kann die Frage nach Vorteilen der Snakes-Approximation gegenüber der linearen Filterung gestellt werden. Beim Snakes-Modell besteht die Möglichkeit, die externe Energie fast beliebig, jedoch problemorientiert zu definieren. Diese Tatsache eröffnet eine breite Palette der Anwendungsmöglichkeiten dieses Modells. Ursprünglich wurden Snakes für die Extraktion von unscharfen Konturen aus digitalen Bildern konzipiert. Die externe Energie beschreibt in diesem Falle die radiometrischen Eigenschaften des Bildes. Hierzu gibt es eine enorme Anzahl von Publikationen. Wir nennen stellvertretend die Übersichtsarbeit von Fua et al. (2000). Borkowski (2004) sowie Borkowski und Keller (2005) haben das Snakes-Modell für die Identifikation der Schnittkurve zweier Oberflächen benutzt. Die externe Energie wurde dabei als proportional zur momentanen Distanz zwischen den Oberflächen definiert. Mit Snakes lässt sich auch eine gegen Grobfehler robuste Approximation realisieren. Dies demonstrieren wir im folgendem Beispiel.

Beispiel 11.3: Profil-Approximation mit Grobfehlerbeseitigung

Wir betrachten ein mit einem flugzeuggetragenen Laserscanner-System abgetastetes Geländeprofil, konventionsgemäß bezeichnet als $z = z(s)$. Solche Datensätze enthalten außer Bodenpunkten, auch Punkte, welche Reflexionen an der Vegetation oder an Gebäuden sind. Die letzteren können als Grobfehler angesehen und müssen aus den Datensätzen beseitigt werden, wenn man die Geländeoberfläche entlang des Profils modellieren will. Betrachtet man die Struktur der Laserscannerdaten, so stellt man fest, dass die Ausreißer überwiegend *über* der zu modellierenden Oberfläche liegen. Daher liegt es nahe, die externe Energie für den Snakes-Ansatz folgendermaßen zu definieren:

$$E_{\text{ext}}(r) \propto \begin{cases} -\frac{1}{2}r^2 & \text{wenn } r < 0, \\ \frac{\sigma^2}{2}e^{-r^2/\sigma^2} & \text{wenn } r \geq 0. \end{cases} \tag{11.25}$$

Danach ist E_{ext} (quadratisch) proportional zu den Residuen $r := z_d - z_t$, wobei durch z_d die gegebenen Messhöhen und durch z_t die momentanen „Snakes-Höhen" bezeichnet werden. Die Ableitung ergibt sich unmittelbar zu

$$\frac{\partial E_{\text{ext}}}{\partial z_t} = \begin{cases} r & \text{wenn } r < 0, \\ re^{-r^2/\sigma^2} & \text{wenn } r \geq 0. \end{cases} \tag{11.26}$$

Dieser Ansatz bedeutet, dass die Ableitung der externen Energie eine zum Abstand zwischen den Daten und dem momentanen Snakes-Verlauf proportionale Anziehungskraft ist, welche dafür sorgt, dass die Snakes-Funktion an die Daten gezogen wird. Für die positiven Residuen r wird diese Abstandsfunktion durch die Gauß-Funktion gedämpft. Dadurch wirkt diese Kraft nur auf einem relativ kleinen Abstand und sperrt somit die Grobfehler aus. Die Größe der Sperre wird über den Parameter σ^2 unter Kontrolle gehalten. Die negativen Residuen werden nicht gedämpft. Das (negative) Potential wird umso größer, je höher die momentane Snakes-Funktion über den Daten liegt. Dadurch wird die Approximationsfunktion im Bereich von Punkten mit den niedrigsten Höhen platziert, wobei die Grobfehler beseitigt und die Zufallsfehler geglättet werden. Die Snakes-Approximation wird durchgeführt, indem die Bedingungsgleichung (11.11) erfüllt wird. Dies ist nur auf numerischem Wege möglich. Daher ersetzen wir die Ableitungen durch finite Differenzen und bekommen nach entsprechender Umwandlung (vgl. Borkowski (2004))

$$\mathbf{z}_t = (\mathbf{A} + \gamma \mathbf{I})^{-1} \left(\gamma \mathbf{z}_{t-1} - \left. \frac{\partial E_{\text{ext}}}{\partial \mathbf{z}_t} \right|_{t-1} \right) \tag{11.27}$$

mit

$$\mathbf{A} = \begin{bmatrix} 2\alpha + 6\beta & -\alpha - 4\beta & \beta & 0 & 0 & \cdots \\ -\alpha - 4\beta & 2\alpha + 6\beta & -\alpha - 4\beta & \beta & 0 & \cdots \\ \beta & -\alpha - 4\beta & 2\alpha + 6\beta & -\alpha - 4\beta & \beta & \cdots \\ 0 & \beta & -\alpha - 4\beta & 2\alpha + 6\beta & -\alpha - 4\beta & \cdots \\ 0 & 0 & \beta & -\alpha - 4\beta & 2\alpha + 6\beta & \cdots \\ \vdots & \vdots & \vdots & \vdots & \vdots & \ddots \end{bmatrix} \tag{11.28}$$

und dem zusätzlichen Steuerparameter γ. Über diesen Parameter wird die Konvergenz des Iterationsprozesses in jedem Iterationsschritt t gesteuert. Ein Beispiel für die robuste Approximation eines Laserscannergeländeprofils mit Snakes ist in Abbildung 11.2 veranschaulicht.

Die Flexibilität von Snakes demonstrieren wir noch an einem Beispiel aus dem Bereich der Digitalkartographie.

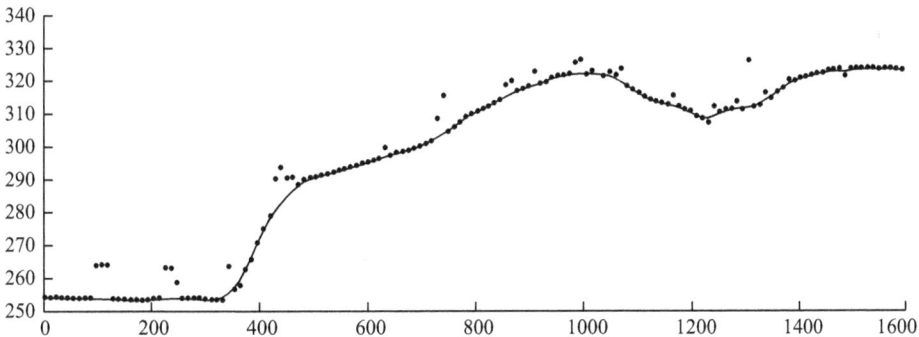

Abbildung 11.2. Robuste Profil-Approximation mit Snakes.

Beispiel 11.4: Kartographische Verdrängung mittels Snakes

Symbolisierte Bilder, wie Karten, entstehen durch Verkleinerung der Wirklichkeit, wobei Objekte durch Signaturen repräsentiert werden. Da der Maßstab verkleinert wird, kommt es aus Platzmangel zu Konfliktsituationen; die Objekte überlappen sich bzw. liegen so dicht beieinander, dass sie kaum zu unterscheiden sind. In solchen Situationen kann einer von den sog. kartographischen Generalisierungsoperatoren, die Verdrängung, angewendet werden, um die Lesbarkeit der Karte zu verbessern. Dabei geht es darum, die Objektsignaturen im Kartenbild optimal zu verschieben, ggf. auch geringfügig zu verformen, damit eine gute Lesbarkeit der Karte erreicht wird. Die ursprüngliche Form von Objekten soll aber dabei möglichst gut erhalten bleiben. Die so formulierte Zielstellung kann mit Hilfe von Snakes realisiert werden (Burghardt und Meier, 1997a,b). Zu diesem Zweck wird die externe Energie definiert zu

$$E_{\text{ext}} = \begin{cases} 1 - \frac{d}{h} & \text{wenn } d < h, \\ 0 & \text{wenn } d \geq h, \end{cases} \tag{11.29}$$

wobei h der Mindestabstand ist, der die gegenseitige Trennung und gute Lesbarkeit von Signaturen sichert. Der wirkliche momentane Abstand d zwischen den Objekten wird über alle Objekte summiert und die Ableitung der externen Energie wird numerisch berechnet. In die innere Energie werden nicht die Lagekoordinaten selbst, sondern die Koordinatendifferenzen $\mathbf{x} - \mathbf{x}_0$, $\mathbf{y} - \mathbf{y}_0$ herangezogen. $\mathbf{x}_0$, $\mathbf{y}_0$ sind hier die ursprünglichen Objektkoordinaten und $\mathbf{x}$, $\mathbf{y}$ die momentanen durch Snakes repräsentierten Koordinaten. Dieser Ansatz bedeutet, die Objekte auseinander zu schieben bzw. auch zu verformen, gleichzeitig aber die ursprünglichen Koordinaten der Objekte möglichst wenig zu ändern. Die Koordinatendifferenzen werden iterativ bestimmt zu

$$(\mathbf{x}_t - \mathbf{x}_0) = (\mathbf{A} + \gamma \mathbf{I})^{-1} \left[\gamma(\mathbf{x}_t - \mathbf{x}_0) - \frac{\partial E_{\text{ext}}}{\partial \mathbf{x}_t} \Big|_{t-1} \right], \tag{11.30}$$

$$(\mathbf{y}_t - \mathbf{y}_0) = (\mathbf{A} + \gamma \mathbf{I})^{-1} \left[\gamma(\mathbf{y}_t - \mathbf{y}_0) - \frac{\partial E_{\text{ext}}}{\partial \mathbf{y}_t} \Big|_{t-1} \right]. \tag{11.31}$$

In Abbildung 11.3 ist ein Beispiel zur kartographischen Verdrängung von drei Linienobjekten veranschaulicht. Weitere Beispiele, auch von komplizierterer Struktur, samt Einzelheiten zur praktischen und numerischen Umsetzung des Algorithmus kann man bei Burghardt (2001) finden. Dort ist auch die Verdrängung von Punkt- und Flächenobjekten mittels Snakes behandelt. Ein verfeinerter Snake-Algorithmus zur gleichzeitigen Glättung und Verdrängung von Linienobjekten ist bei Burghardt (2005) angegeben.

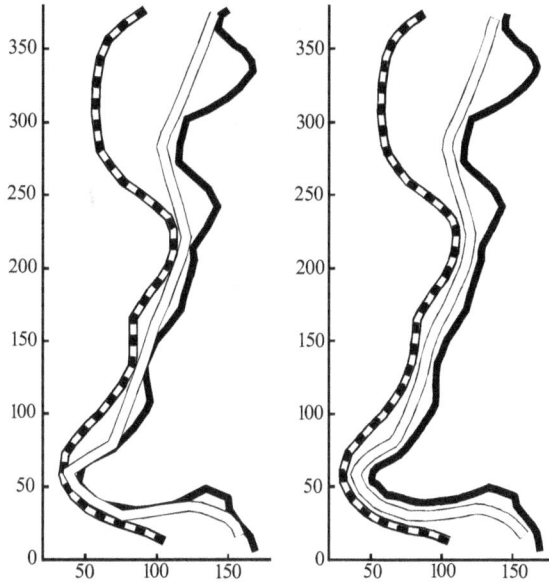

Abbildung 11.3. Konfliktsituation von drei Linienobjekten (links) und nach der Verdrängung mit Snakes (rechts).

11.2.2 Instationäre Approximation

Das im vorhergehenden Abschnitt eingeführte Snakes-Modell besitzt die *gleichen* Approximationseigenschaften in jedem Punkt des zu modellierenden Signals. Die Annahme der zeitlichen oder örtlichen Konstanz der Signaleigenschaften kann ggf. für glatte Signale akzeptiert werden. Will man indessen Diskontinuitäten im Signal, z. B. Geländekanten in einem Höhenprofil oder Gebäudeecken im Digitalbild nachbilden, so muss (große) örtliche Krümmungsänderung zugelassen werden. Dies kann durch örtliche Änderung der Steuerparameter $\alpha = \alpha(s)$, $\beta = \beta(s)$ verwirklicht werden. Somit hat die innere Energie nun die Form

$$E_{\text{int}} := [\alpha(s)(x_s^2 + y_s^2) + \beta(s)(x_{ss}^2 + y_{ss}^2)]/2. \tag{11.32}$$

Diese Energie setzen wir in (11.10) ein und bekommen nach Auflösung des Variationsproblems (vgl. Borkowski (2004)) die Euler-Gleichungen für instationäre Snakes

$$\frac{\partial E_{\text{ext}}}{\partial x} - \alpha x_{ss} + \beta x_{ssss} - \alpha_s x_s + \beta_{ss} x_{ss} + 2\beta_s x_{sss} = 0, \tag{11.33}$$

$$\frac{\partial E_{\text{ext}}}{\partial y} - \alpha y_{ss} + \beta y_{ssss} - \alpha_s y_s + \beta_{ss} y_{ss} + 2\beta_s y_{sss} = 0. \tag{11.34}$$

Vergleicht man diese Gleichungen mit den Euler-Gleichungen für stationäre Snakes, so stellt man fest, dass hier drei zusätzlichen Terme vorkommen, welche von den

Ableitungen der Steuerparameter abhängig sind. Wenn $\alpha = $ const, $\beta = $ const, gehen (11.33) und (11.34) in die Gleichungen (11.11) und (11.12) über.

Die Verformung der geometrischen Eigenschaften von Signalen, welche mit instationären Snakes approximiert werden, betrachten wir wieder im Rahmen des Pseudodifferentialoperatorenkonzeptes. Nach dem Ersetzen des Differentialoperators d/ds durch $j\omega$ hat die zu den Euler-Gleichungen äquivalente Pseudodifferentialgleichung nun die Form

$$(1 - \alpha(s)(j\omega)^2 + \beta(s)(j\omega)^4 - \alpha_s(s)j\omega + \beta_{ss}(s)(j\omega)^2 + 2\beta_s(s)(j\omega)^3) \cdot \mathcal{F}\{x\}$$
$$= \mathcal{F}\{u\}. \quad (11.35)$$

Daraus resultiert die Durchlasscharakteristik der linearen Übertragung von Snakes mit variablen Steuerparametern

$$G(j\omega) = \frac{1}{1 + [\alpha(s) - \beta_{ss}(s)]\omega^2 + \beta(s)\omega^4 - j\omega[\alpha_s(s) - 2\beta_s(s)\omega^2]}, \quad (11.36)$$

welche nicht nur von den Parametern, sondern auch von deren Ableitungen abhängig ist. Für konstante α und β geht die Gleichung (11.36) in die Gleichung (11.21) über und das Snakes-Filter wird ein Tiefpass. Lässt man eine örtliche Variation dieser Parameter zu, so wird das Tiefpassfilter mit einem Hochpass kombiniert und es entsteht ein Tiefpassfilter mit Restauration. Ein Beispiel hierzu ist in Abbildung 11.4 veranschaulicht. Zu bemerken ist, dass diese Durchlasscharakteristik komplexwertig ist. Da der Imaginärteil verschieden von Null ist, ist das Snakes-Filter nicht mehr phasentreu.

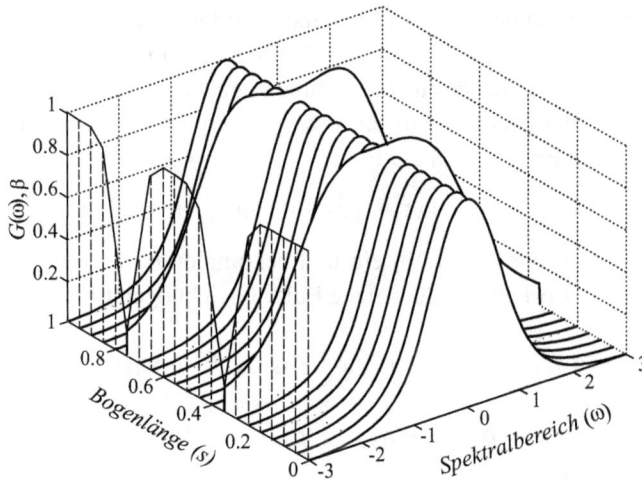

Abbildung 11.4. Örtlich instationäre Durchlasscharakteristik von Snakes mit dem eingetragenen Verlauf von β, $\alpha = $ const.

An den Stellen, wo die Steuerparameter variieren, kommt es zu einer Phasenverschiebung, die unerwünschte Defekte im gefilterten Signal verursachen kann.

Die instationäre Approximation mit Snakes demonstrieren wir an einem Beispiel, das zum Beispiel 11.3 komplementär ist.

Beispiel 11.5: Profil-Approximation mit Grobfehlerbeseitigung und Erhaltung von Diskontinuitäten

Wir betrachten wieder ein mit einem flugzeuggetragenen Laserscannersystem abgetastetes Geländeprofil, welches nun Diskontinuitäten an Geländekanten aufweist. Diese Diskontinuitäten wollen wir erhalten, gleichzeitig Messfehler glätten und Grobfehler beseitigen. Für die externe Energie wird der asymmetrische Ansatz (11.25) benutzt. Die Diskontinuitäten werden modelliert, indem die innere Energie an den zu modellierenden Knickstellen vollständig entzogen wird. Für die innere Energie wird der Ansatz

$$\beta(s) = \beta - \beta_0 \sum_i \delta(s - s_i) \tag{11.37}$$

benutzt (sog. *point break*), mit $0 < \beta_0 \leq \beta$ und $\delta(\cdot)$ als Bezeichnung für die Deltafunktion. Der Parameter α wird als konstant belassen. Die Schlange mit variabler Steuerung wird iterativ nach der Vorschrift (11.27) an die Laserpunkte angepasst, wobei die Matrix **A** die Allgemeinform

$$\mathbf{A} = \begin{bmatrix} a & d & e & 0 & 0 & 0 & \cdots \\ b & a & d & e & 0 & 0 & \cdots \\ c & b & a & d & e & 0 & \cdots \\ 0 & c & b & a & d & e & \cdots \\ 0 & 0 & c & b & a & d & \cdots \\ \vdots & \vdots & \vdots & \vdots & \vdots & & \ddots \end{bmatrix} \tag{11.38}$$

hat mit

$$c := 2\beta_{i-1} - \beta_i,$$
$$b := -\alpha_{i-1} - 5\beta_{i-1} + \beta_{i+1},$$
$$a := \alpha_{i-1} + \alpha_i + 4(\beta_{i-1} + \beta_i) - 2\beta_{i+1},$$
$$d := -\alpha_i - \beta_{i-1} - 4\beta_i + \beta_{i+1},$$
$$e := \beta_i.$$

Diese Matrix bekommt man, indem man die Euler-Gleichungen (11.33) bzw. (11.34) mit Rückwärtsdifferenzen diskretisiert. Es ist ersichtlich, dass die Koeffizienten-Matrix für instationäre Snakes eine nicht symmetrische pentadiagonale Matrix ist. Sind α, β konstant, so geht (11.38) in (11.28) über.

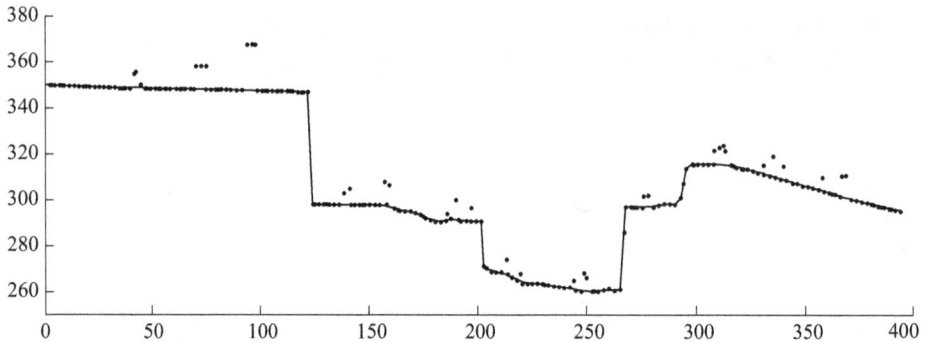

Abbildung 11.5. Snakes-Approximation mit Erhaltung von Diskontinuitäten.

Das Ergebnis der Approximation zeigt Abbildung 11.5. Es muss festgestellt werden, dass die Approximation der Zielstellung genügt und unserer Erwartung entspricht.

Mit diesem Beispiel haben wir die Vorteile der Snakes-Approximation plausibel gemacht. Eine gleichzeitige Filterung von Messfehlern, Beseitigung von Ausreißern und Nachbildung von Diskontinuitäten ist mit konventionellen Approximationsmodellen (z. B. Splinefunktionen) schwierig umsetzbar. Darüber hinaus kann dieses Snakes-Modell auch auf Raumkurven erweitert werden. Da die Euler-Gleichungen für jede Koordinate voneinander unabhängig sind, muss man die Gleichungen (11.11) und (11.12) bzw. (11.33) und (11.34) um die z-Koordinate sinngemäß erweitern.

11.2.3   Unkonventionelle Modelle

In den vorhergehenden Abschnitten haben wir die klassischen Snakes-Modelle vorgestellt, welche man durch Diskretisierung der zum Variationsproblem äquivalenten Euler-Gleichungen bekommt. Die Versuche, diese Modelle zu verbessern bzw. effizienter zu machen, z. B. durch Konvergenzbeschleunigung des Iterationsprozesses, Robustifizierung der Optimallösung in verrauschter Umgebung u. a., hat zu neuen, in der Regel bildhaft benannten Snakes-Varianten geführt. Sie sind in der zahlreichen Literatur zu finden. Hier kommen wir kurz nur auf die Modelle zu sprechen, die in der Geodaten-Verarbeitung Anwendung gefunden haben.

Parametrisiert man eine planare Kurve nach der Tangentenrichtung (vgl. Abschnitt 8.1.1), anstatt nach der Bogenlänge, so bekommt man sog. TAFUS (**T**angent **A**ngle **FU**nction **S**nakes) (Borkowski et al., 1999). Die zu (11.8) äquivalente externe Energie hat die Form

$$E_{\text{ext}} := (\alpha\varphi^2 + \beta\varphi_s^2)/2 \tag{11.39}$$

mit den Richtungs- und den Krümmungstermen

$$\varphi = \arctan(y_s/x_s), \quad \varphi_s = x_s y_{ss} - y_s x_{ss}.$$

Nach Auflösung des Variationsproblems bekommt man die Euler-Gleichung

$$\frac{\partial E_{\text{ext}}}{\partial \varphi} + \alpha\varphi - \beta\varphi_{ss} = 0. \tag{11.40}$$

Im Vergleich zu konventionellen Snakes weist dieses Modell günstigere numerische Eigenschaften auf: Eine planare Kurve wird mit *einer* Gleichung 2. Ordnung statt mit *zwei* Gleichungen 4. Ordnung modelliert.

Machen wir nun für die externe Energie, ähnlich zu (11.17), den Ansatz

$$E_{\text{ext}} := \frac{1}{2}(\varphi - \varphi_0)^2, \quad \frac{\partial E_{\text{ext}}}{\partial \varphi} = \varphi - \varphi_0 \tag{11.41}$$

mit φ_0 als Eingangsrichtung, so bekommen wir die Durchlasscharakteristik

$$G_\varphi^T(\omega) = \frac{1}{(1 + \alpha) + \beta\omega^2}. \tag{11.42}$$

Das ist ein nicht maßstabstreues Tiefpassfilter: wegen $G_\varphi(0) < 1$ wird auch im langwelligen Bereich geglättet. Das TAFUS-Filter wird nur dann maßstabstreu, wenn $\alpha = 0$. Meier und Steiniger (2005) haben den Ansatz

$$E_{\text{ext}} := (\varphi_0 - \varphi)\varphi_{s,0}, \quad \frac{\partial E_{\text{ext}}}{\partial \varphi} = -\varphi_{s,0}. \tag{11.43}$$

für die externe Energie vorgeschlagen, wobei $\varphi_{s,0}$ die Eingangskrümmung bedeutet. Das entsprechende Filter ist nun ein Bandpass mit der Durchlasscharakteristik

$$G_\varphi^B(j\omega) = \frac{j\omega}{\alpha + \beta\omega^2} \tag{11.44}$$

und der Phasenverschiebung um $\pi/2$. Solche Modelle können im Bereich der kartographischen Generalisierung angewendet werden. Beispiele sind hierzu bei Meier und Steiniger (2005) angegeben. In Abbildung 11.6 sind die Durchlasscharakteristiken der beiden TAFUS-Varianten veranschaulicht. Zum Vergleich wird auch das konventionelle Snakes-Filter gezeigt.

Parametrisiert man die verformbare Kurve mit B-Splines, so ist die sog. direkte Lösung das Variationsproblems (vgl. Beispiel 11.7) möglich. Auf diesem Wege bekommt man *B-Spline Snakes* (Brigger et al., 2000). In diesem Modell wird die optimale Snake-Lage durch Parameter des Splines beschrieben. Das Modell zeichnet sich durch eine Interpolationsmöglichkeit aus. Ein fortgeschrittenes Modell der B-Snakes stellen LSB-Snakes (*Least Squares B-Spline Snakes*) dar (Fua et al., 2000). Sie zeichnen sich vor allem dadurch aus, dass die Parameter der B-Splines nach der Methode der kleinsten Quadrate geschätzt werden. Dieses Modell lässt auch die Genauigkeitsanalyse mit Hilfe der Varianz-Kovarianz-Fortpflanzung (vgl. Abschnitt 2.4) zu.

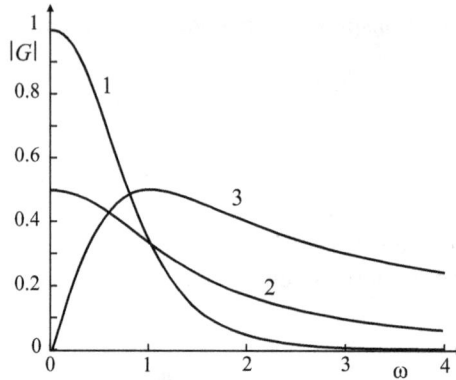

Abbildung 11.6. Durchlasscharakteristiken: (1) Snakes, (2) TAFUS – Tiefpass lt. (11.42) und (3) TAFUS – Bandpass lt. (11.44) mit $\alpha = $ const, $\beta = $ const.

Ribbon Snakes (Mayer et al., 1998) und *Twin Snakes* (Kerschner, 1998) sind Schlangenpaare (konventionelle Snakes), die durch entsprechende Modifizierung der inneren oder der externen Energie zur Modellierung von Objekten mit konstanter bzw. optimaler Breite geeignet sind. Alle diese Modelle sind Tiefpassfilter wie die klassischen Snakes. Weitere Snakes-Varianten sind in Borkowski (2004) (vgl. auch Meier, 2000a) zusammengestellt.

11.3   Flakes-approximierte Signale

11.3.1   Stationäre Approximation

Nachdem wir hinreichend kleinen und hinreichend glatten Kurvenstücken Energie zugeordnet haben, wurde die Kurve nach der Suche einer optimalen Lage aktiv. Wegen ihres Verhalten wird dieses Modell als Snake bezeichnet. Dieses Energiekonzept kann auf Oberflächen erweitert werden: Man kann sich durch Analogie hinreichend kleine und hinreichend glatte Flächenstücke vorstellen, denen Energie zugeordnet wird. Diese Energie macht das Oberflächenmodell auf der Suche nach einer optimalen Lage aktiv. Das aktive Oberflächenmodell bezeichnen wir in Anlehnung an den Begriff *Snakes* als *Flakes*.

Wir betrachten die explizite Darstellung $z = z(x, y)$ der Oberfläche, die auf einem ebenen Bereich $\mathbb{B} \subset \mathbb{R}^2$ zu modellieren ist. Auf diesem Bereich ist nun die sich aus innerer und äußerer Energie zusammengesetzte Gesamtenergie aller Flächenstücke zu minimieren:

$$\iint_{\mathbb{B}} (E_{\text{int}} + E_{\text{ext}}) dx\, dy \longrightarrow \min. \tag{11.45}$$

Die innere Energie beinhaltet Neigungs- und Krümmungsterme und wird als gewichtete Summe der Neigung und Steifigkeit der Oberfläche aufgefasst:

$$E_{\text{int}} := [\alpha(z_x^2 + z_y^2) + \beta(z_{xx}^2 + 2z_{xy}^2 + z_{yy}^2)]/2. \qquad (11.46)$$

Geometrisch gesehen ist das die Quadratsumme der Norm des Gradienten und der Norm der Hesse-Matrix. Die Abkürzungen für die partiellen Ableitungen sind sinngemäß gleich denen in (11.8), z. B. $z_x := \partial z/\partial x$. Die Gewichtsparameter α und β sind frei wählbar und konstant auf dem gesamten Bereich $\mathbb{B}$. Die externe Energie ist, ähnlich wie bei Snakes, kontext- und datenabhängig zu definieren. Meistens beschreibt dieser Term die Diskrepanz zwischen den Daten und dem Flakes-Modell.

Die Auflösung des Variationsproblems (11.45) mit Hilfe der Variationsrechnung führt zur Euler-Gleichung 4. Ordnung

$$E_z - \frac{\partial}{\partial x} E_{zx} - \frac{\partial}{\partial y} E_{zy} + \frac{\partial^2}{\partial x^2} E_{zxx} + \frac{\partial^2}{\partial x \partial y} E_{zxy} + \frac{\partial^2}{\partial y^2} E_{zyy} = 0. \qquad (11.47)$$

Nach dem Einsetzen der entsprechenden Ableitungen, mit Berücksichtigung von (11.46), bekommt man die Differentialgleichung 4. Ordnung

$$\frac{\partial E_{\text{ext}}}{\partial z} - \alpha(z_{xx} + z_{yy}) + \beta(z_{xxxx} + 2z_{xyxy} + z_{yyyy}) = 0. \qquad (11.48)$$

Um die Eigenschaften der Flakes-Approximation zu beschreiben, greifen wir wieder auf das bewährte Filterkonzept zurück und verwenden dabei die pseudodifferentiale Betrachtungsweise. Verwendet man den gleichen Gedankengang und die Definition der externen Energie (11.17), so bekommt man die Flakes-Filterfortschrift

$$z = \mathcal{F}^{-1}\{G(\omega_x, \omega_y) \cdot \mathcal{F}\{u\}\}, \qquad (11.49)$$

wobei u die ursprünglichen Funktionswerte (Messwerte) und z die korrespondierenden Flakes-Funktionswerte sind. $\mathcal{F}$ ist nun die zweidimensionale Fourier-Transformation. Die Durchlasscharakteristik, als Funktion zweier Variabler ω_x und ω_y, ist gegeben durch

$$G(\omega_x, \omega_y) = \frac{1}{1 + \alpha(\omega_x^2 + \omega_y^2) + \beta(\omega_x^4 + 2\omega_x^2\omega_y^2 + \omega_y^4)}. \qquad (11.50)$$

Dies ist ein zweidimensionales Tiefpassfilter mit dem dominierenden Einfluss des vor dem Glattheitsterm stehenden Parameters β. Dieses Filter ist maßstabs- und phasentreu und rotationssymmetrisch. In Abbildung 11.7 ist seine Durchlasscharakteristik gezeigt. Sie ist stationär auf dem gesamten Definitionsbereich der Daten, d. h. die Glättungseigenschaften sind in allen Datenpunkten gleich.

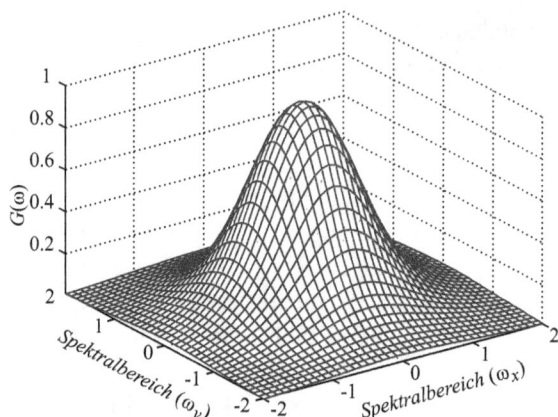

Abbildung 11.7. Stationäre Durchlasscharakteristik von Flakes mit $\alpha = \text{const}, \beta = \text{const}$.

Beispiel 11.6: Oberflächen-Approximation mit Grobfehlerbeseitigung

Für die praktische Anwendung muss die Euler-Gleichung (11.48) diskretisiert werden. Wir setzen voraus, dass die zu approximierenden Daten auf einem regulären Gitter mit $\Delta_x = \Delta_y = 1$ vorliegen (Abbildung 11.8). Dann ersetzen wir die Ableitungen in (11.48) durch die finiten Differenzen und bekommen nach Umformen die Bedingungsgleichung

$$\frac{\partial E_{\text{ext}}}{\partial z} - dz_{i-2,j+2} + cz_{i,j+2} + dz_{i+2,j+2} + bz_{i,j+1} + cz_{i-2,j} + bz_{i-1,j} + az_{i,j}$$
$$+ bz_{i+1,j} + cz_{i+2,j} + bz_{i,j-1} + dz_{i-2,j-2} + cz_{i,j-2} + dz_{i+2,j-2} = 0$$
$$(11.51)$$

mit den Abkürzungen

$$a := 4\alpha + \frac{25}{2}\beta, \quad b := -(\alpha + 4\beta),$$

$$c := \frac{3}{4}\beta, \qquad d := \frac{1}{8}\beta.$$

Für einen Punkt $P(i, j)$ können die Koeffizienten in Matrixschreibweise zusammengefasst werden:

$$\begin{bmatrix} d & 0 & c & 0 & d \\ 0 & 0 & b & 0 & 0 \\ c & b & a & b & c \\ 0 & 0 & b & 0 & 0 \\ d & 0 & c & 0 & d \end{bmatrix}. \tag{11.52}$$

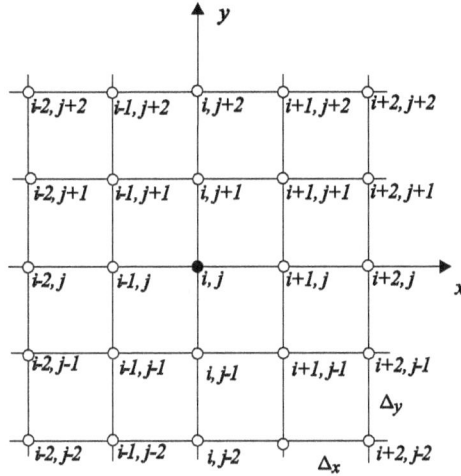

Abbildung 11.8. Rechtecksgitter für die Diskretisierung mit finiten Differenzen.

Damit ist es noch ersichtlicher, dass die Flakes-Approximation ein Filter vom Faltungstyp ist. Die Bedingungsgleichung (11.51) ist in *jedem* Datenpunkt zu erfüllen.
Vorher muss die externe Energie geeignet definiert werden. Für die Grobfehlerbesei-
tigung in Laserscannerdaten benutzen wir die Definition (11.25). In Abbildung 11.9
ist ein auf ein reguläres Gitter transformierter Laserscannerdatensatz dargestellt. Die
Reflexionen an Gebäuden können als Grobfehler angesehen werden. Die letzteren
sind zu beseitigen, wenn die Geländeoberfläche modelliert werden soll. Dies kann
durch iterative Anpassung des Flakes-Modell an die Daten erfolgen. Das Ergebnis der
Approximation zeigt ebenfalls Abbildung 11.9.

11.3.2 Instationäre Approximation

Enthält die zu modellierende Oberfläche $z = z(x, y)$ Diskontinuitäten, z. B. an Geländekanten, welche nachgebildet werden sollen, oder sollen Krümmung und Neigung
der Oberfläche lokal gestaltet werden, dann müssen die Approximationseigenschaften
des Flakes-Modells ortsabhängig sein. Dies wird realisiert, indem man die Steuerparameter ortsabhängig, $\alpha = \alpha(x, y)$, $\beta = \beta(x, y)$, variieren lässt. Berechnet man
ferner entsprechende Ausdrücke für die Ableitungen in (11.38), so bekommt man die
Euler-Gleichung für instationäre Flakes

$$
\frac{\partial E_{\text{ext}}}{\partial z} - \alpha(z_{xx} + z_{yy}) + \beta(z_{xxxx} + 2z_{xyxy} + z_{yyyy}) - (\alpha_x z_x + \alpha_y z_y)
$$
$$
+ (\beta_{xx} z_{xx} + 2\beta_{xy} z_{xy} + \beta_{yy} z_{yy}) + 2[\beta_x(z_{xxx} + z_{xyy}) + \beta_y(z_{yyy} + z_{xyx})] = 0
$$
$$
\tag{11.53}
$$

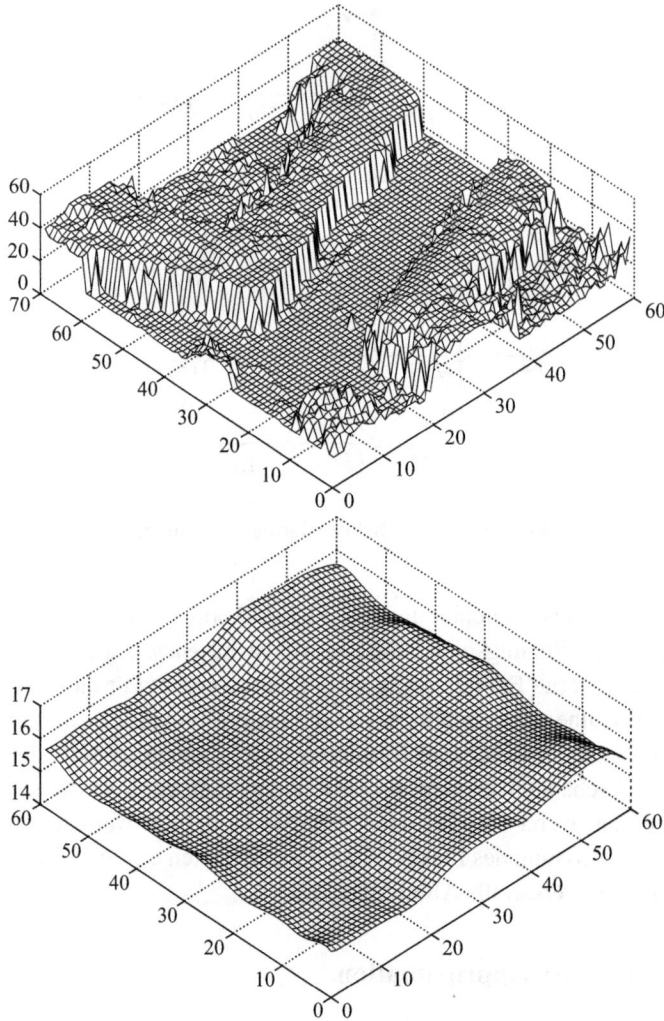

Abbildung 11.9. Laserscannerdaten mit Gebäuden als Ausreißer (oben) und Approximation der Geländeoberfläche mittels Flakes (unten).

Die Durchlasscharakteristik hat nun die Struktur

$$G(j\omega_x, j\omega_y) = 1/\{1 + \alpha(\omega_x^2 + \omega_z^2) + \beta(\omega_x^4 + 2\omega_x^2\omega_y^2 + \omega_y^4)$$
$$- (\beta_{xx}\omega_x^2 + 2\beta_{xy}\omega_x\omega_y + \beta_{yy}\omega_y^2) \tag{11.54}$$
$$- j(\alpha_x\omega_x + \alpha_y\omega_y) - 2j[\beta_x(\omega_x^3 + \omega_x\omega_y^2) + \beta_y(\omega_y^3 + \omega_y\omega_x^2)]\}.$$

Sie ist komplexwertig, also allgemein nicht phasentreu. In Abbildung 11.10 ist diese Durchlasscharakteristik beispielhaft in *einem* Punkt dargestellt.

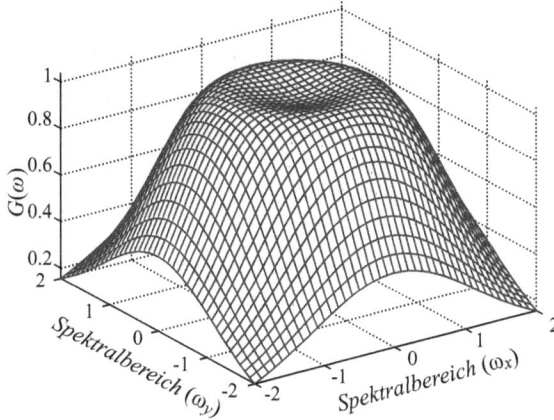

Abbildung 11.10. Durchlasscharakteristik von Flakes mit variablem β, α = const.

Für die praktische Anwendung muss die Euler-Gleichung (11.53) diskretisiert werden. Im instationären Fall ist die diskrete Bedingungsgleichung deutlich komplizierter als im stationären Fall und aus praktischer Sicht kaum überschaubar. Die entsprechenden Koeffizienten sind in Borkowski (2004) angegeben. Darüber hinaus liegen die Daten oft irregulär in der Ebene verteilt vor. Anstatt sie zu regularisieren, greifen wir auf die Lösung zurück, die auch irreguläre Daten zulässt. Nachfolgend wird dieser Lösungsweg skizziert.

Beispiel 11.7: Direkte Lösung des Variationsproblems

Anstatt die Euler-Gleichung direkt mit den finiten Differenzen zu diskretisieren, kann man versuchen, die unbekannte Lösung dieser Gleichung durch eine Funktion ϕ zu ersetzen, welche als eine Linearkombination von n bekannten, linear unabhängigen Ansatzfunktionen φ_i und unbekannten Koeffizienten c_i dargestellt wird:

$$\phi(x, y) = \sum_{i=1}^{n} c_i \varphi_i(x, y). \tag{11.55}$$

Diese Funktion wird in die Euler-Gleichungen eingesetzt und daraus werden die unbekannten Koeffizienten c_i bestimmt. Mit diesem Verfahren kann eine approximative Lösung des Variationsproblems gefunden werden. Mit $z(x, y) \approx \phi(x, y)$ definieren wir nun die Energieterme und bekommen das Variationsproblem

$$\frac{1}{2} \iint_{\mathbb{R}^2} \{\alpha[\phi_x^2(x, y, \mathbf{c}) + \phi_y^2(x, y, \mathbf{c})] + \beta[\phi_{xx}^2(x, y, \mathbf{c}) \tag{11.56}$$

$$+ 2\phi_{xy}^2(x, y, \mathbf{c}) + \phi_{yy}^2(x, y, \mathbf{c})]\}dx dy + E_{\text{ext}}(x, y, \mathbf{c}) \underset{\mathbf{c}}{\rightarrow} \min,$$

wobei der Vektor $\mathbf{c} = [c_1, c_2, \ldots, c_n]^\top$ die unbekannten Koeffizienten zusammenfasst. Nach Einsetzen von (11.55) und Umformen ergibt sich das äquivalente Variationsproblem zu

$$\frac{1}{2} \sum_{i,j=1}^{n} c_i c_j \iint_{\mathbb{R}^2} \{\alpha[\varphi_{i,x}\varphi_{j,x} + \varphi_{i,y}\varphi_{j,y}] \tag{11.57}$$

$$+ \beta[\varphi_{i,xx}\varphi_{j,xx} + 2\varphi_{i,xy}\varphi_{j,xy} + +\varphi_{i,yy}\varphi_{j,yy}]\}dx\,dy + E_{\text{ext}}(x, y, \mathbf{c}) \to \min.$$

Aus der notwendigen Bedingung für die Existenz eines Extremums

$$\frac{\partial}{\partial c_j} = 0$$

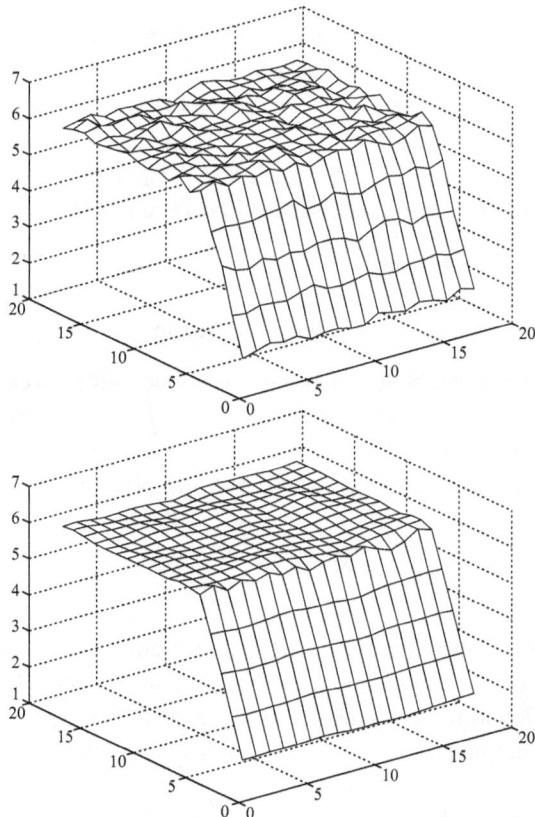

Abbildung 11.11. Daten mit überlagertem Rauschen (oben) und Flakes-Approximation mit Erhaltung der Kante (unten).

ergibt sich die Bedingungsgleichung

$$\sum_{i=1}^{n} c_i \iint_{\mathbb{R}^2} \{\alpha[\varphi_{i,x}\varphi_{j,x} + \varphi_{i,y}\varphi_{j,y}] \tag{11.58}$$

$$+ \beta[\varphi_{i,xx}\varphi_{j,xx} + 2\varphi_{i,xy}\varphi_{j,xy} + \varphi_{i,yy}\varphi_{j,yy}]\}dxdy + \frac{\partial E_{\text{ext}}(x, y, \mathbf{c})}{\partial c_j} = 0.$$

Nun ist eine Funktion als Ansatzfunktion φ zu wählen, danach sind die fünf Integrale in (11.58) zu berechnen. Auf diesem Wege erhalten wir ein lineares Gleichungssystem, mit dem die unbekannten Koeffizienten zu ermitteln sind. Diese werden dann zur Approximation der Oberfläche benutzt. In Borkowski (2004) ist das Ansatzverfahren mit der Gauß-Funktion

$$\varphi_i(x, y) = \exp\left\{-\frac{(x - x_i)^2 + (y - y_i)^2}{2\sigma_i^2}\right\} \tag{11.59}$$

als Ansatzfunktion angegeben. In diesem Fall hat man drei freie Parameter: außer α und β, die in jedem Datenpunkt individuell gewählt werden, tritt noch der Abklingparameter σ_i der Gauß-Funktion als frei wählbarer auf.

Abbildung 11.11 zeigt ein Beispiel, welches die Daten mit überlagertem Rauschen darstellt. Diese Daten wurden mit dem skizzierten Flakes-Modell und dem Ziel approximiert, das Rauschen zu unterdrücken und die Kante möglichst gut zu erhalten. Das letztere wurde realisiert, indem man die Parameter α, β an den Datenpunkten in der Kantenumgebung nahe Null setzte. Außerdem wurde auch σ_i in diesen Punkten sehr klein gehalten, so dass die Gaußsche Funktion sehr schmal wurde. Das Ergebnis der Approximation ist ebenfalls in Abbildung 11.11 dargestellt. Es ist ersichtlich, dass die Approximationsziele weitgehend erfüllt worden sind.

Kapitel 12

Geometrie fraktaler Kurven und Oberflächen

12.1 Selbstähnlichkeit und Rauigkeit

Edward Whymper (1840–1911) war nicht nur ein führender Bergsteiger seiner Zeit, sondern auch, obwohl Autodidakt, ein sorgsamer Beobachter der Natur. Seine epochemachenden Erstbesteigungen, vom Matterhorn (1865) bis zum Chimborazzo (1880), verdankte er, neben einem außerordentlichen Durchhaltevermögen, vor allem der gründlichen Studien von Fels, Schnee und Eis. So schrieb er in seinem berühmten Werk *Scrambles Amongst the Alps in 1860–1869* u. a. über die Felsstrukturen: „Es ist bemerkenswert, dass ... Steine oftmals die gleiche charakteristische Form haben wie die Felsen, von denen sie abgebrochen sind...Warum sollte es auch nicht so sein, wenn die Gebirgsmasse mehr oder weniger homogen ist? Dieselben Ursachen, die die kleinen Formen hervorbringen, gestalten auch die großen. Es sind dieselben Einflüsse am Werk – derselbe Frost und derselbe Regen geben dem Ganzen ebenso wie seinen Teilen die Form." Damit hat er ein Prinzip formuliert, das heute in der fraktionären (nicht-ganzzahligen) Geometrie ein tragendes ist, das *Prinzip der Selbstähnlichkeit*.

Die fraktionäre Geometrie befasst sich mit Gebilden, die aus Teilen bestehen, die ihrerseits dem gesamten Gebilde ähneln. Man bezeichnet sie als *Fraktale* (lat. *fractus* = Bruch) und die Eigenschaft der Ähnlichkeit des Ganzen und seiner Teile als *Selbstähnlichkeit*, wobei man zwischen geometrischer und statistischer Selbstähnlichkeit unterscheidet. Von geometrischer Selbstähnlichkeit spricht man, wenn ein Objekt derart beschaffen ist, dass seine Teile bei Vergrößerung vom Ganzen nicht zu unterscheiden sind. Statistische Selbstähnlichkeit bedeutet, dass seine statistischen Charakteristken, z. B. Erwartungswert und Varianz (fast) jenen seiner Teile entsprechen. Selbstähnliche natürliche Formen wurden lange vor dem Aufkommen der Fraktale als sog. *rhythmische Phänomene* in der Geomorphologie untersucht (Kaufmann, 1929).

Eine wichtige Kenngröße der Fraktale ist ihre nicht-ganzzahlige Dimension. In der klassischen Geometrie und Analysis ist die topologische Dimension definitionsgemäß $D_T = 1(2)$ für Kurven (Oberflächen). Dagegen haben die entsprechenden fraktalen Objekte die gebrochene Dimension D_F mit $1 < D_F < 2$ $(2 < D_F < 3)$. Es gibt unterschiedliche Definitionen dieses Parameters, die an gewissen Gebilden sogar verschiedene Werte haben können. Dieses „Dimensionsspektrum" (man spricht auch von Multifraktalen) ist eng mit der Informations- und der Chaostheorie verbunden, was den theoretischen Zugang nicht eben erleichtert. Für selbstähnliche Fraktale gilt die Hausdorff-Besikovich-Dimension. In diesem Fall ist an glatten Kurven und Oberflächen $D_F = D_T$ und an den entsprechenden gebrochenen Objekten kann D_F formelmäßig bestimmt sowie numerisch in recht anschaulicher Weise geschätzt werden (vgl. Abschnitt 12.2). Der Schätzwert $\hat{D}_F$ fällt umso größer aus, je strukturierter (gegliederter, gebrochener) eine Kurve oder Oberfläche ist: Die Hausdorff-Besikovich-Dimension ist ein Maß für die Rauigkeit fraktaler Gebilde. Beispiele sind (ggf. mit gewissen Einschränkungen) Küstenlinien von Inseln, Seen, Ländern und Kontinenten, Grenzlinien zwischen Staaten, naturbelassene Wasserläufe, Spuren der Brownschen Bewegung, Riss- und Spaltensysteme in Felsgesteinen, Oberflächen physikalischer Körper, nicht zuletzt der Erde resp. anderer Himmelskörper. Es liegt auf der Hand, dass natürliche Fraktale weder geometrisch noch statistisch ideal selbstähnlich sein können; sie sind es höchstens angenähert. Strenggenommen kann man dann die Rauigkeit nicht mit einer einzigen Zahl vollständig beschreiben. Entschließt man sich wegen der einfachen Schätzmöglichkeiten doch dazu, ensteht die Schwierigkeit, die Einflüsse der Messfehler auf $\hat{D}_F$ und jene aus der Modellannahme $D_F =$ const beurteilen bzw. trennen zu können. Prinzipiell steht man hier vor der gleichen Schwierigkeit wie bei der Analyse stochastischer Prozessrealisierungen, falls Stationarität/Homogenität als Arbeitshypothese angenommen wird.

Indessen gibt es verschiedene andere, unter Umständen bessere oder einleuchtendere Rauigkeitsmaße, z. B. nach Stoyan und Stoyan (1992) das Verhältnis $R_L = L/L_P$, wobei L die Länge einer mit bestmöglicher Genauigkeit gemessenen Kurve und L_P die Länge ihrer Projektion auf eine horizontale Linie sind, oder die längengewichtete Verteilung der Winkel approximierender PZ. Das Verhältnis R_L entspricht der im Abschnitt 7.2.2 eingeführten *relativen mittleren Länge*, vgl. die Formeln (7.5) bis (7.7), und die Analyse von Brechungswinkeln entspricht, wie im Abschnitt 8.1.1 erläutert, jener von numerisch geschätzten Krümmungen. Der diskrete Schätzwert der Krümmungsvarianz ist in der stochastisch-geometrischen Approximation der Kurvenlänge enthalten; vgl. Abschnitt 8.1.3, speziell die Formeln (8.22) bis (8.24).

Fraktale Gebilde, zumal in Farbe (Computerkunst) haben ihren eigenen ästhetischen Reiz. Natürliche Ereignisse und Strukturen sind a priori chaotisch und gebrochen (Mandelbrot, 1987). In den Geowissenschaften, speziell im Makro- bis Mesobereich, z. B. DHMs mit Gitterweiten bis herab auf 10 m, ist die Bedeutung der Fraktale eher eingeschränkt, genauer: eher eine bewertende denn eine konstruktive (vergleichbar etwa mit der Informationstheorie); man kann ebenso gut das Modell eines nicht-differenzierbaren stochastischen Prozesses heranziehen. Für Anwendungen im Geobereich, die wir hier im Auge haben, erweisen sich die klassischen Verfahren der Signalverarbeitung einschließlich der digitalen Bildverarbeitung, z. B. zielorientierte Filterungen (Abschnitte 10.1.4, 10.2.1), als konstruktiver. Das sind die Gründe, warum wir uns auf einen, eher als Ergänzung gedachten knappen Exkurs fraktaler Kurven und Oberflächen beschränken, dabei auf Beziehungen zum bisher behandelten Stoff hinweisen, ansonsten auf die einschlägige Literatur verweisen, zuvörderst auf die Grundlagenwerke von Mandelbrot (1977, 1982, 1987), Feder (1988), Falconer (1990), Stoyan und Stoyan (1992, S. 17–68), welche ihrerseits umfangreiche Literaturangaben enthalten. Zu Fraktalen in den Geowissenschaften mit Schwerpunkt Fernerkundung und Bildanalysen sei auf den Sammelband von Wilkinson et al. (1995) hingewiesen, bezüglich fraktaler Kurven, z. B. Küstenlinien, auf Mandelbrot (1967), Kränzle (1991), zu fraktalen Oberflächen, speziell der topographischen auf Shelberg et al. (1983), Mark und Aronson (1984), Lam (1990), Clarke und Schweizer (1991) sowie vorwiegend der technischen auf Stout und Blunt (2000), Griffith (2001), Whitehouse (2001), Blunt und Stout (2002).

12.2   Fraktale Kurven

Die Approximationsgüte von Kurveneigenschaften wie Richtung, Krümmung oder Länge hängt, wie in den Abschnitten 8.1.1 bis 8.1.3, 9.3.2 und 9.3.4 hinlänglich diskutiert, von der endlichen Abtastung ab. Zu den numerischen Schätzwerten sollte deshalb immer die (mittlere) Tastweite Δ, in der fraktionären Geometrie auch *Eichlänge* (*step size*) genannt, bei natürlichen bzw. reliefbezogenen Kurven ggf. der Karten- oder Bildmaßstab angegeben werden. Ein instruktives, wenn auch einfaches Beispiel ist die diskrete Approximation der Kreislinie (Abschnitt 8.1.2, Beispiel 8.3). Der Grenzübergang $\Delta \to 0$ ist durchaus nicht trivial, doch wohl eher von theoretischem, denn von praktischem Wert. Er wurde vor allem bezüglich der Länge gebrochener Küstenlinien diskutiert (Mandelbrot, 1967): Bei immer feinerer Abtastung nimmt die Linienlänge $L = L(\Delta)$ immer größere Werte an und wächst im Grenzfall $\Delta \to 0$ über alle Grenzen.

Von Richardson (1961) stammt der empirische Ansatz

$$L(\Delta) = \lambda \Delta^{1-D} \qquad (12.1)$$

mit positiven Konstanten λ und D. Logarithmiert man (12.1),

$$\log L = \log \lambda + (1 - D) \log \Delta, \qquad (12.2)$$

ergibt sich im doppelt-logarithmischen System $(\log \Delta, \log L)$ eine Gerade und damit die einfache Möglichkeit, die Parameter λ und D mittels PZ-Approximation zu schätzen: Mit variablen Tastweiten $\Delta_1 > \Delta_2 > \Delta_3, \ldots$ ermittelt man PZ-Längen $L_1 < L_2 < L_3, \ldots$ und gleicht diese aus. Dabei ist zu beachten, dass die fehlerbehafteten Messwerte L_i von der gleichen Kurve stammen und deshalb nicht unabhängig voneinander sind, ferner, dass in den ggf. mit geschätzten Genauigkeitsmaßen sowohl die Messfehler als auch allfällige Variationen der Parameter entlang der Kurve enthalten sind. Weitere Schätzverfahren, auch solche für Rasterdaten, sind u. a. bei Stoyan und Stoyan (1992) ausführlich beschrieben.

In allen numerischen Auswertungen, speziell an Küsten- und Grenzlinien, beginnend mit jenen von Richardson (1961), sind die ausgleichenden Geraden entsprechend

(12.2) fallende: $1 - \hat{D} < 0$. Die Schätzwerte $\hat{D} > 1$ übersteigen den Wert eins umsomehr, je gegliederter bzw. rauher die Kurve ist. Deshalb liegt es nahe, D als Rauigkeitsparameter zu interpretieren. Nach Mandelbrot (1967) entspricht D der fraktionären Dimension D_F mit der Definition

$$D = D_F = \lim_{\Delta \to 0} \frac{\log N(\Delta)}{\log(1/\Delta)} \quad (N = L/\Delta), \tag{12.3}$$

wobei $N(\Delta)$ die von der Tastweite abhängige Seitenanzahl des approximierenden PZ ist. Die Zweckmäßigkeit dieser Definition erkennt man leicht an wohldefinierten glatten sowie an gebrochenen, geometrisch selbstähnlichen Kurven mit eindeutiger Konstruktionsvorschrift. Dazu folgt je ein Beispiel.

Beispiel 12.1: Kreislinie (Fortsetzung der Beispiele 8.3, 8.10)

Bei regulärer Abtastung bzw. Approximation des Kreises mit Radius r durch ein reguläres N-Eck ist $\Delta = 2r \sin(\pi/N)$ und mit (12.3) folgt

$$
\begin{aligned}
D &= \lim_{N \to \infty} \frac{\log N}{\log[1/2r\sin(\pi/N)]} = \lim_{N \to \infty} \frac{-\log N}{\log 2r + \log \sin(\pi/N)} \\
&= \lim_{N \to \infty} \frac{-1/N}{[1/\sin(\pi/N)]\cos(\pi/N)(-\pi/N^2)} = \lim_{N \to \infty} \frac{\sin(\pi/N)}{\pi/N} \frac{1}{\cos(\pi/N)} \\
&= 1 = D_T.
\end{aligned}
$$

Die Kreislinie als glatte Kurve ist selbstredend *kein* Fraktal, sondern besitzt für $\Delta \to 0$ bzw. $N \to \infty$ eine endliche Länge, den Umfang $2\pi r$.

Beispiel 12.2: Triadische Koch-Kurve

Dieses klassische Beispiel einer gebrochenen, geometrisch selbstähnlichen Kurve wird wie folgt konstruiert (Schema 12.1, Abbildung 12.1): Einem Geradenstück, o. B. d. A. der Länge eins, dem sog. *Initiator*, prägt man in der Mitte ein gleichseitiges Dreieck, den sog. *Generator* auf, diesem neuen Initiator mit Seitenlängen $1/3$ wiederum einen maßstäblich verkleinerten Generator, usf. – Im i-ten Iterationsschritt ist die Seitenanzahl $N = 2^{2i}$ und die Seitenlänge $\Delta = (1/3)^i$, so dass mit (12.3)

$$D = D_F = \frac{\log 2^{2i}}{\log 3^i} = \frac{\log 4}{\log 3} \approx 1{,}26.$$

Nach der i-ten Iteration ist die ursprüngliche Einheitslänge auf $L = (4/3)^i$ angewachsen und überschreitet für $\Delta \to 0$ bzw. $i \to \infty$ alle Grenzen. – Man kann auch geschlossene Koch-Kurven konstruieren, die sog. Koch-*Inseln* oder -*Schneeflocken*. Diese sind allerdings nicht selbstähnlich (Mandelbrot, 1987).

Iteration	Initiator	Generator	N	Δ	$1/\Delta$	$L(\Delta)$
0	$\Delta=1$	1/3	1	1	1	1
1	1/3	1/9	4	1/3	3	4/3
2			16	1/9	9	16/9
⋮	⋮	⋮	⋮	⋮	⋮	⋮
i			2^{2i}	$(1/3)^i$	3^i	$(4/3)^i$

Schema 12.1. Konstruktion der Koch-Kurve.

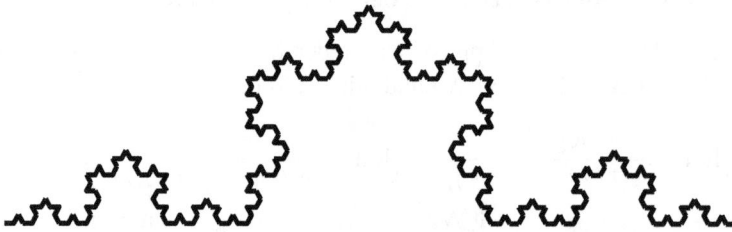

Abbildung 12.1. Ausschnitt aus einer Koch-Kurve mit fünf Iterationen.

Die fraktionäre Dimension von Küstenlinien liegt im Bereich von 1,1 bis 1,5 und gleicht im Mittel von etwa 1,3 jener der Koch-Kurve. Den unteren Wert haben verhältnismäßig glatte Küsten, z. B. die afrikanischen, den oberen erreichen nur stark strukturierte felsige Küsten, z. B. die norwegische oder die Westküste Britanniens. Im Übrigen hängen die Schätzwerte stark von den Eingangsdaten resp. vom Kartenmaßstab ab, sind also erheblich von Generalisierungseffekten beeinflusst. Umfangreiche Modellierungen und Vergleiche mit Küstenlinien in topographischen Karten (TK 50) finden sich bei Kränzle (1991).

Im Abschnitt 8.3.1 haben wir die Form ebener Figuren durch Formparameter charakterisiert, u. a. durch den Formfaktor $F = U^2/A$; vgl. (8.38). Besitzt die Figur einen fraktalen Rand, dann bleibt auch in diesem Falle der Flächeninhalt A endlich, der Umfang U jedoch nicht, so dass

$$F \to \infty \quad \text{wegen} \quad U = L \to \infty, \quad 0 < A < \infty.$$

Ein fraktales Äquivalent kann man nur für endliche Δ angeben:

$$F(\Delta) = U(\Delta)^2/A(\Delta). \tag{12.4}$$

Die Quadratwurzel aus (12.4) hat Mandelbrot (1987) als *fraktale Länge-Fläche-Relation* eingeführt.

12.3 Selbstähnliche Prozesse

Obwohl man mit geometrisch selbstähnlichen Fraktalen wie z. B. offene oder geschlossene Koch-Kurven manche Erscheinungen in Natur und Technik annähernd beschreiben kann, bleibt doch der in der Natur obwaltende Zufall, das existierende Chaos, und sei es ein strukturiertes, ausgeschlossen. Wenden wir uns nun der statistischen Beschreibungsweise, speziell der statistischen Selbstähnlichkeit zu. Dass gewisse Charakteristiken beim Übergang vom Großen ins Kleine erhalten bleiben (sollen), induziert sofort einen Zusammenhang mit stochastischen Prozessen. Sind letztere nicht differenzierbar und liegen die Knickpunkte ($\mathbb{R}^1$) bzw. Knickpunkte und/oder Kanten ($\mathbb{R}^2$), abgesehen von Sprungstellen, nur dicht genug, entsprechen die Realisierungen solcher Prozesse fraktalen Kurven bzw. Oberflächen. Wichtige Klassen dieser *zufälligen Fraktale* hängen eng mit den sog. selbstähnlichen Prozessen zusammen.

Ein Prozess $X(t)$ mit $0 \leq t < \infty$ heißt genau dann statistisch selbstähnlich (H-selbstähnlich), wenn für jedes $a > 0$

$$X(at) \stackrel{\mathrm{d}}{=} a^H X(t). \tag{12.5}$$

Das Symbol $\stackrel{\mathrm{d}}{=}$ bedeutet, dass $X(at)$ und $a^H X(t)$ die gleiche Verteilung besitzen (Mandelbrot und van Ness, 1968). Der Parameter H mit $0 < H < 1$ heißt Hurst-Exponent; er steht über

$$D = 2 - H \tag{12.6}$$

mit der fraktionären Dimension $D = D_F$ in Beziehung (Adler, 1981). Somit ist an eindimensionalen selbstähnlichen Prozessen mit $1 < D < 2$ zu rechnen. Ein klassisches Beispiel ist die Brownsche Bewegung (der Wiener-Prozess; vgl. hierzu die Beispiele 10.18 und 10.19) in unterschiedlichen Ausprägungen.

Beispiel 12.3: Brownsche Bewegung (BB), Brownsche Brücke (BBR) und Brownsche Spur (BSP)

Die 1D-BB (der Wiener-Prozess) ist ein instationärer Prozess $X(t)$ in der Zeit $t \geq 0$ mit der AKF und der Varianzfunktion (10.47). Seinen Anfang hat er im Nullpunkt: $X(0) = 0$. Er ist zwar stetig, aber nicht differenzierbar. $X'(t)$ existiert jedoch im Bereich der verallgemeinerten Funktionen und entspricht dem Modellprozess des weißen Rauschens (vgl. Beispiel 10.19). Die graphische Darstellung in der (t, X)-Ebene ergibt eine fraktale Kurve der Dimension $D_F = 1{,}5$; vgl. Abbildung 12.2.

Unter einer BBR versteht man den transformierten Prozess

$$B(t) = X(t) - tX(1), \quad 0 \leq t \leq 1, \quad B(0) = B(1) = 0, \tag{12.7}$$

wobei $X(t)$ der Wiener-Prozess auf dem Intervall $[0, 1]$ ist. Auch der Graph dieses Prozesses in der (t, B)-Ebene ist natürlich fraktal mit der Dimension $D_F = 1{,}5$.

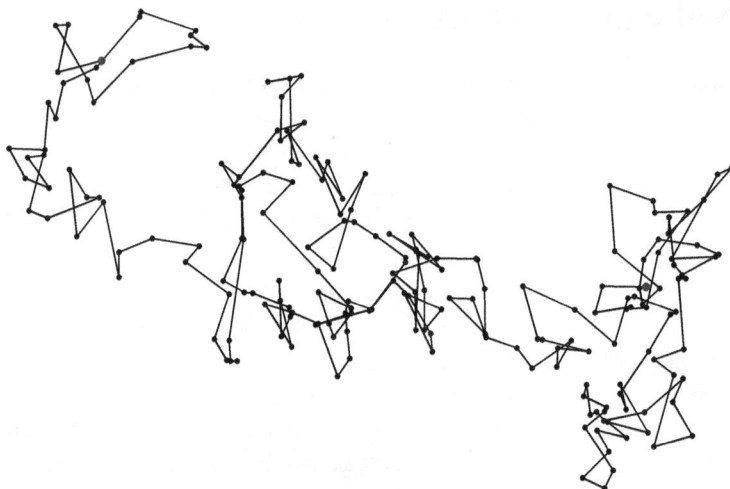

Abbildung 12.2. Graph einer Brownschen Bewegung mit endlichen Tastweiten.

Noch feingliedriger als die BB und die BBR ist die BSP – wohl zu unterscheiden vom Graph der erstgenannten Modelle – als Kombination zweier stochastisch unabhängiger BB $X(t)$, $Y(t)$: Zu jedem Wert $t \in [0, 1]$ gehört ein Punkt $(X(t), Y(t))$ in der (X, Y)-Ebene. Die Menge dieser Punkte ergibt eine zusammenhängende fraktale Kurve mit der Dimension $D_F = 2$, obwohl die topologische $D_T = 1$ ist! Um diesen Sachverhalt zu veranschaulichen, denke man beispielsweise an ein Fußballspiel, speziell an ein Kurzpassspiel mit extrem kleinen Ballweiten. Dauert es nur lange genug, überdecken die in die Ebene projizierten Ballwege das gesamte Feld, daher $D_F \to 2$.

Die Theorie nicht-differenzierbarer Prozesse und die fraktionäre Geometrie ihrer Realisierungen scheinen zunächst, da von unterschiedlichen Voraussetzungen bzw. Ansätzen ausgehend, zwei verschiedenartige Beschreibungsweisen irregulärer Objekte zu sein. An selbstähnlichen Prozessen sind sie indessen eng miteinander verbunden, und zwar über die statistischen Momente. Wir erläutern den Zusammenhang am Beispiel der sog. fraktalen oder verallgemeinerten BB, speziell ihrer AKF, welche – über den Hurst-Exponenten – die Hausdorff-Besikovich-Dimension als verbindenden Parameter enthält.

Beispiel 12.4: Verallgemeinerte Brownsche Bewegung (VBB)

Die VBB nach Mandelbrot und van Ness (1968) besitzt die AKF

$$C(t', t''; H) = \frac{\sigma_0^2}{2}(|t'|^{2H} + |t''|^{2H} - |t'' - t'|^{2H}) \qquad (12.8)$$

mit dem Hurst-Exponenten H als Parameter. Über (12.6) ist die fraktale Dimension $D = D_F$ als Rauhigkeitsparameter implizit enthalten; große (kleine) D ziehen betragsmäßig kleine (große) Korrelationen nach sich (siehe unten). Ferner ist mit $H = 1/2$ die gewöhnliche BB mit dem festen Wert $D = 3/2$ als Sonderfall eingeschlossen:

$$C(t', t''; 1/2) = \frac{\sigma_0^2}{2}(|t'| + |t''| - |t'' - t'|), \tag{12.9}$$

woraus für nicht-negative t', t''

$$C(t', t''; 1/2) = \frac{\sigma_0^2}{2}(t' + t'' - t'' + t') = \sigma_0^2 t' \quad \text{für} \quad t'' > t' \quad \text{und}$$

$$C(t', t''; 1/2) = \frac{\sigma_0^2}{2}(t' + t'' + t'' - t') = \sigma_0^2 t'' \quad \text{für} \quad t'' < t'$$

folgen, zusammengefasst $C(t', t''; 1/2) = \sigma_0^2 \min(t', t'')$ wie in (10.47). Die Verallgemeinerung besteht darin, dass außer $H = 1/2$, $D = 3/2$ *alle* Werte $H \in (0, 1)$, $D \in (1, 2)$ zugelassen sind. *Alle* Kandidaten aus dem nun breiten „Rauigkeitsspektrum" sind stetig, aber nicht differenzierbar (im Bereich der reellen Funktionen). Jene mit $H \neq 1/2$ heißen *echt gebrochen*. Sie liegen in zwei, durch den Sonderfall der gewöhnlichen BB getrennten Bereichen:

(a) *Persistent gebrochene BB* mit großer Beharrung bzw. Langzeitkorrelation sowie geringerer Rauhigkeit als jene der gewöhnlichen BB ($1/2 < H < 1, 1 < D < 3/2$).

(b) *Antipersistent gebrochene BB* mit geringer Beharrung ($0 < H < 1/2, 3/2 < D < 2$). Diese BB sind extrem rauh und zeigen die Tendenz, ständig zum Startpunkt zurückzustreben.

Persistenz ist ein Synonym für Beharrung oder Erhaltungsneigung, quantitativ für Korrelation. Betrachten wir deshalb die aus (12.8) folgende Korrelationsfunktion

$$K(t', t''; H) := \frac{C(t', t''; H)}{\sqrt{C(t', t'; H)C(t'', t''; H)}}$$

$$= \frac{1}{2} \frac{|t'|^{2H} + |t''|^{2H} - |t'' - t'|^{2H}}{|t'|^H |t''|^H}. \tag{12.10}$$

Ferner korreliere man nach Mandelbrot (1987, S. 367) den Zuwachs $X(t)$ bezüglich des Anfangspunktes $(0, X(0)) = (0, 0)$ mit seinen an $(0, 0)$ gespiegelten Wert $-X(-t)$. Mit $t' = -t, t'' = t$ folgt aus (12.10)

$$K(-t, t; H) = -\frac{1}{2} \frac{|t|^{2H} + |t|^{2H} - |2t|^{2H}}{|t|^{2H}} = 2^{2H-1} - 1, \tag{12.11}$$

d. h. die Korrelation zwischen den spiegelbildlichen Werten über eine Distanz $t'' - t' = 2t$ ist unabhängig von t und verschwindet, wenn $H = 1/2$: Die gewöhnliche BB ist ein Prozess mit unabhängigen Zuwächsen. An persistent gebrochenen BB ($1/2 < H < 1$) ist sie positiv und an antipersistent gebrochenen ($0 < H < 1/2$) negativ; Antipersistenz bedeutet also *Umkehrung*.

Zu einer anschaulichen Erklärung diene noch einmal das Kurzpassspiel. Persistenz bedeutet, dass man den Ball, obwohl gelegentlich zurückgegeben, im Mittel konsequent nach vorn spielt, bis er zielgerichtet das gegnerische Tor erreicht. Im antipersistenten Spiel gelingt es kaum, das gegnerische Mittelfeld zu überwinden. Im Hin- und Hergeben des Balls überwiegen die Rückgaben, über die Verteidiger bis zurück zum eigenen Schlussmann. Im zielgerichteten Spiel ist die Ballspur weit weniger gezackt mit positiver Langzeitkorrelation als im Hin und Her des Rückwärtsspielens mit negativer Kurzzeitkorrelation.

In Natur und Technik sind persistente Vorgänge wohl häufiger anzutreffen als antipersistente. Viele natürliche Phänomene, die mit der VBB modelliert werden können, weisen Hurst-Exponenten zwischen 0,63 und 0,75, im Mittel $\overline{H} \approx 0,73$ auf (Wilkinson et al., 1995, S. 310, 313), so dass mit $\overline{D} \approx 1,27$ entsprechend (12.6) ihre Rauhigkeit im Mittel jener der Koch-Kurve entspricht.

Außer der Erweiterung des „Rauigkeitsspektrums" von $H = 1/2$ bzw. $D = 3/2$ auf $H \in (0, 1)$ bzw. $D \in (1, 2)$ sind weitere Verallgemeinerungen möglich, vor allem jene auf den $\mathbb{R}^n$. Im $\mathbb{R}^2$ entstehen gebrochene Oberflächen, die man auch als Brown-Reliefs bezeichnet.

12.4   Fraktale Oberflächen

Mandelbrot (1987) simulierte eine Fülle von Brown-Reliefs, Gebirge mit Höhenzügen, Tälern und Senken, gebirgige Inseln usf., und bezeichnet sie wohlweislich als *Berge, die es nie gab*. Nichtsdestoweniger sind uns ihre Groß- und Kleinformen vertraut; sie ähneln durchaus den heute existierenden, insbesondere den alpinen. Deshalb kann man Brown-Reliefs als klassische Modelle statistisch selbstähnlicher Oberflächen ansehen.

Beispiel 12.5: Zweidimensionale Brownsche Bewegung (Brown-Reliefs)

Die 2D-VBB hat qualitativ die gleichen Eigenschaften wie die 1D-VBB im Beispiel 12.4: Sie ist instationär, stetig, jedoch nicht partiell diffenrenzierbar (im Bereich der reellen Funktionen). Die gewöhnliche 2D-BB hat unabhängige Zuwächse (Höhenunterschiede) über ebenen Abständen $r = \sqrt{\Delta x^2 + \Delta y^2} \geq 0$. Isotropie vorausgesetzt haben ferner Autokovarianz-, Varianz- und Korrelationsfunktion die gleiche Struktur wie jene der 1D-VBB entsprechend (12.8) bis (12.11). Lediglich die

Argumente t, t', t'' sind durch r, r', r'' zu ersetzen und der Exponent H ist

$$H = 3 - D, \quad 2 < D = D_2 < 3. \tag{12.12}$$

Das fraktionäre „Dimensionsspektrum" der Brown-Reliefs zwischen zwei und drei kann Werte $D_2 = 5/2$ (gewöhnliche 2D-BB), $D \in (2, 5/2)$ an persistenten Reliefs oder $D \in (5/2, 3)$ an antipersistenten Reliefs annehmen. Natürliche Oberflächen sind in aller Regel persistent, d. h. ihre Höhenwerte sind über endliche Abstände r positiv korreliert.

Um D_2 als Rauigkeitsmaß gebrochener Oberflächen zu schätzen, gibt es zwei einfache Möglichkeiten: Der Schnitt einer fraktalen Oberfläche mit horizontalen Ebenen (= Höhenlinien) oder der Schnitt mit senkrechten Ebenen (= Höhenprofile) ergibt jeweils fraktale Kurven der Dimension D_1. Wie im 1D-Fall schätzt man diesen Parameter mit Hilfe der Regressionsgeraden (12.2) über eine tastweitenabhängige Längenmessung an den genannten reliefbezogenen Kurven und erhält aus der Schätzung $\hat{D}_1$

$$\hat{D}_2 = 1 + \hat{D}_1. \tag{12.13}$$

Die Zuverlässigkeit solcher Schätzungen sollte man, wie schon im Abschnitt 12.2 begründet, nicht überbewerten. Reale Oberflächen sind nicht rein selbstähnlich mit $D_2 = $ const. Außerdem wird die Isotropie allenfalls eine lokale sein. Wie empirische Studien an *Landsat TM Images* zeigen, fallen die Schätzwerte hier größer aus als an konventionellen DHM. Ursache sind die dem natürlichen Relief überlagerten nicht-topographischen Elemente, insbesondere Linienmuster wie Verkehrswege, Bebauung und Bäume entlang von Straßen und dergleichen; in Stadtgebieten sind die texturbedingten Störungen am größten (Lam, 1990). Deutliche Rauigkeitsunterschiede verzeichnet man naturgemäß zwischen nicht oder kaum erodierten Gebirgen einerseits ($\hat{D}_2$ nahe 2,5) und stark erodierten bzw. glazial überformten Landschaften ($\hat{D}_2$ zwischen 2,1 und 2,2). Diverse Schätzergebnisse an natürlichen und technischen Oberflächen sind im Sammelband von Wilkinson et al. (1995) enthalten, so von Rees (S. 310–317) und von Dietler (S. 336).

Als Anwendungsmöglichkeiten der fraktalen Oberflächenmodelle werden neben der Rauigkeitsschätzung vorzugsweise die folgenden genannt: Prüfen der Leistungsfähigkeit von Interpolationsverfahren sowie der internen Zuverlässigkeit von DHM/DGM, Effizienz der approximativen Bilddarstellung durch Quadrantenzerlegung (*quadtree data structures*), Vorhersage von Generalisierungseffekten entsprechend der Abtastrate bzw. der Bildauflösung, schließlich die Simulation von Landschaften (Lam 1990, Polidori (S. 277 ff.) in Wilkinson et al. (1995). Abgesehen vom letztgenannten Punkt dürften in der Digitaltopographie klassische Prüfverfahren (aus der Sicht der Verfasser) mindestens das Gleiche leisten. Die Bedeutung der fraktionären Oberflächengeometrie liegt eben eher in der Beschreibung und Analyse von *Mikro*reliefs bzw. der technischen Oberflächen.

Literaturverzeichnis

Ablain, M.; Dorandeu (2005): Jason-1 validation and cross calibration activities. Report for Contract No 03/CNES/1340/00-DSO310-lot2.C; CLS.DOS/NT/04.279.

Ackermann, F. (1978): Experimental Investigation into the Accuracy of Contouring from DTM. Photogr. Eng. & Remote Sensing, Vol. 44, 12, 1537–1548.

Ackermann, F. (1980): The Accuracy of Digital Hight Models. Proc. 37th Photogr. Week, Stuttgart, 132–144.

Adler, R. J. (1981): The geometry of random fields. J. Wiley, New York.

Anděl, J. (1984): Statistische Analyse von Zeitreihen. Akademie-Verlag, Berlin.

Antoniadis, A.; Oppenheim, G.; eds. (1995): Wavelets and Statistics. Lecture Notes in Statistics, Vol. 103, Springer-Verlag, New York.

Aumann, G. (1993): Aufbau qualitativ hochwertiger digitaler Geländemodelle aus Höhenlinien. DGK, C 411.

Bandemer, H.; Näther, W. (1992): Fuzzy Data Analysis. Kluwer Academic Publishers, Dordrecht.

Bartels, J. (1935): Zur Morphologie geophysikalischer Zeitfunktionen: S.-B. Preuß. Akad. d. Wiss., Berlin, 30, 504–522.

Bethge, F. (1995): Schätzung von Linienlängen. Geometrisch-stochastische Approximation. ZfV, 120, 4, 186–192.

Bethge, F. (1997): Genauigkeit geometrischer Größen aus Vektordaten. DGK, C 473.

Bethge, F.; Meier, S. (1996): Stochastisch-geometrische Reliefmodelle nebst Anwendungen in der Digitaltopographie. ZfV, 121, 2, 49–60.

Bethge, F.; Meier, S.; Seegraef, C. (1997): Glättungsfilter im Wavelet- und Fourier-Bereich. AVN, 10, 341–348.

Beyer, G. (2000): Wavelet-Transformation hybrider Geländemodelle mit rasterbasierter Kanteninformation. PFG, 4, 247–257.

Beyer, G. (2003): Terrain Inclination and Curvature from Wavelet Coefficients. Approximation Formulae for the Relief. J. of Geod., Vol. 76, 557–568.

Beyer, G. (2005): Wavelettransformation hybrider Geländemodelle. DGK, C 570.

Beyer, G.; Meier, S. (2001): Geländeneigung und -wölbung aus Waveletkoeffizienten. Approximationsformeln für Profile. ZfV, 126, 1, 23–33.

Beyer, G.; Richter, M. (2002): Konstruktion von Höhen- und Gefällelinien aus Waveletkoeffizienten. VGI, 90, 3/4, 109–118.

Blatter, C. (1998): Wavelets – Eine Einführung. Friedr. Vieweg & Sohn Verl.-Ges. mbH, Braunschweig, Wiesbaden.

Blunt, L.; Stout, K. (2002): Advances in the Characterization of Tree-Dimensional Surface Roughness. Hermes Penton Science, London.

Borkowski, A. (1994): Stochastisch-geometrische Beschreibung, Filterung und Präsentation des Reliefs. DGK, C 431.

Borkowski, A. (2004): Modellierung von Oberflächen mit Diskontinuitäten. DGK, C 575.

Borkowski, A.; Burghardt, D.; Meier, S. (1999): A fast snake algorithm using tangent angle function. Internat. Arch. of Photogr. and Remote Sensing, Vol. 32, Part 3–2W5, 61–65.

Borkowski, A.; Keller, W. (2002): Von stationären und instationären Filtern. Festschrift zum 65. Geburtstag von Prof. Dr.-Ing. habil. Sigfried Meier. Technische Universität Dresden, 53–65.

Borkowski, A.; Keller, W. (2005): Global and local methods for tracking the intersection curve between two surfaces. J. of Geod., Vol. 79, 1–10.

Borkowski, A.; Meier, S. (1994): Ein Verfahren zur Schätzung der Rasterweite für digitale Höhenmodelle aus topographischen Karten. GIS, 7, 1, 2–5.

Botman, A. G.; Dijkstra, S.; Kubik, K. (1975): Theoretical Accuracy of Volume Determination for Topographic and Geological Surfaces. ITC-Journal, 3, 331–340.

Brigger, P.; Hoeg J.; Unser.; M. (2000): B-Spline Snakes: A Flexible Tool for Parametric Contour Detection. IEEE Transactions on Image Processing, Vol. 9, No. 9, 1484–1496.

Bronstein, I. M.; Semendjajew, K. A.; Musiol, G.; Mühlig, H. (1999): Taschenbuch der Mathematik. 4., überarb. u. erw. Auflage der Neubearbeitung, Verlag Harry Deutsch, Frankfurt a. M., Thun.

Brüggemann, G. (1997): Zur Lage besonderer Punkte und Linien der Erde, insbesondere sogenannter „Mittelpunkte" von Landesflächen. Vermessungswesen u. Raumordnung, 59, 5/6, 265–274.

Burghardt, D. (2001): Automatisierung der kartographischen Verdrängung mittels Energieminimierung. DGK, C536.

Burghardt, D. (2005): Controlled Line Smoothing by Snakes. GeoInformatica, Vol. 9, No. 3, 237–252.

Burghardt, D., Meier S. (1997a): Cartographic Displacement Using the Snakes Concept. [In: Förstner, W.; Plümer, L. (eds.): Semantic Modeling for the Acquisition of Topografic Information from Images and Maps] Birkhäuser Verlag, Basel, Boston, Berlin, 59–71.

Burghardt, D., Meier S. (1997b): Kartographische Verdrängung nach Extremalprinzipien, ZfV 8, 377–386.

Buttenfield, B. (1985): Treatment of the Cartographic Line. Cartographica, 22, 2, 1–26.

Carstensen, L. W. (1990): Angularity and Capture of the Cartographic Line During Digital Data Entry. Cartogr. and Geogr. Inform. Systems, 17, 3, 209–224.

Caspary, W. (1992a): Qualitätsaspekte bei Geoinformationssystemen. ZfV, 117, 7, 360–367.

Caspary, W. (1992b): Genauigkeit als Qualitätsmerkmal digitaler Datenbestände. In: Gewinnung von Basisdaten für Geo-Informations-Systeme. Schriftenreihe DVW, Verlag K. Wittwer, Stuttgart.

Caspary, W. (1993): Qualitätsmerkmale von Geodaten. ZfV, 118, 8/9, 444–450.

Caspary, W. (1995): Towards Fuzzy Geometry. GISDATA Specialist Meeting on Data Quality, Lisboa.

Caspary, W.; Haen, W.; Platz, V. (1990): The Distribution of Length and Direction of Two-Dimensional Random Vectors.- In: Vyskocil, P.; Reigber, C.; Cross, P. A. (eds.): Global and Regional Geodynamics. Springer-Verlag, New York, 232–240.

Caspary, W.; Joos, G. (1998): Quality Criteria and Control for GIS Databases. Proc., IAG, SC 4 Symp., Eisenstadt, Austria, 436–441.

Caspary, W.; Scheuring, R. (1992): Error-Bands as Measures of Geometrical Accuracy. EGIS ´92, Vol. 1, EGIS Foundation, Utrecht, 226–233.

Chelton, D.; Ries, J.; Haines, B.; Fu, L.; Callahan, P. (2001): Satellite Altimetry. In: Fu, L.; Cazenave, A. (eds.): Satellite Altimetry and Earth Sciences: A Handbook of Techniques and Applications. International Geophysics Series, Vol. 69, 1–131, Academic Press, New York.

Chrisman, N. R. (1992): The Error Component in Spatial Data. In: Geographical Information Systems, Vol. 1, Longman Scientific & Technical, Burnt Mill, Harlow, 165–174.

Christakos, G. (1992): Random Field Models in Earth Sciences. Academic Press, New York.

Church, J.; White, N.; Coleman, R.; Lambeck, K.; Mitrovica, J. (2004): Estimates of the regional distribution of sea level rise over the 1950–2000 period. J. of Climate, 17(13), 2609–2625.

Churkin, I. J.; Jakovlew, C.P.; Wunsch, G. (1966): Theorie und Anwendung der Signalabtastung. VEB Verlag Technik, Berlin.

Clarke, A. L. (1982): The Application of Contour Data for Generating High Fidelity Grid Digital Elevation Models. Auto-Carto 5, Proc., 213–222.

Clarke, K. C.; Schweizer, D. M. (1991): Measuring the Fractal Dimensions of Nature Surfaces Using a Robust Fractal Estimator. Cartogr. and Geogr. Inform. Systems, Vol. 18, 1, 37–47.

Cui, T. (1998): Generierung hochwertiger Digitaler Geländemodelle aus analogen Karten mittels Mathematischer Morphologie. Univ. d. Bundeswehr München, H.61.

Delaunay, B. N. (1934): Sur la sphére vide. Izvestia Akademii Nauk SSSR, Otdelenie Matematicheskih i Estestvennyh Nauk, 7,793–800.

Deutsches Geodätisches Forschungsinstitut (DGFI), München, Annual Report 2006/2007.

Dietrich, R. (1978): Zur Bearbeitung von Eisbewegungsmessungen durch Kollokation. Geod. Geophys. Veröff., NKGG d. DDR, R. III, H. 40.

Dörfel, G.; Meier, S. (1980): Die gestreckte Länge stochastischer Linien und das Generalisierungsproblem. VT, 28, Teil I: 10, 335–338, Teil II: 11, 369–373.

Dörfel, G.; Meier, S. (1983): Die gestreckte Länge stochastischer Linien und das Schwellenwertproblem. VT, 31, 7, 230–231.

Douglas, B. C. (1997): Global sea rise: A redetermination. Surveys in Geophysics, 18(2/3), 279–292.

Duchon, J. (1976): Interpolation des fonctions de deux varianles suivant le principle de la flexion des plaques minces. R.A.I.R.O. Analyse Numérique, Vol. 10, 5–12.

Dutton, G. (1992): Handling Positional Uncertainty in Spatial Databases. Proc., 5th SDH, Charleston, 460–469.

Ebner, H.; Reinhardt, W. (1984): Progressive Sampling and DEM interpolation by finite elements. BuL, 172–178.

Ebner, H.; Tang, L. (1989): High Fidelity Digital Terrain Models from Digitized Contours. 14th IAC-Congress, Budapest, Hungary.

Falconer, K. (1990): Fractal Geometry. J. Wiley, New York.

Faugere, Y.; Dorandeu, J.; Destouesse, M. (2006): Envisat RA2/MWR ocean data validation and cross-calibration activities. Yearly report 2005 of Contract No. 03/CNES/1340/00-DSO310 (CLS.DOS/NT/05.236L).

Feder, J. (1988): Fractals. Plenum Press, New York.

Finsterwalder, R. (1975): Überlegungen zur Ableitung eines digitalen Geländemodells aus Höhenlinien. ZfV, 100, 9, 458–461.

Fischer, G. (1990): Genauigkeitsbetrachtung zur automatisierten Digitalisierung von Katasterkarten. Verm.-Ingenieur, 41, 6, 262–264.

Fox, C. G.; Hayes, E. E. (1985): Quantitativ Methods for Analyzing the Roughness of the Seafloor. Rev. Geophys. Space Phys., Vol. 23, 1–48.

Franke, A.; Pross, E.; Reinhold, K. (1989): Erzeugung von Linienobjekten in der digitalen Kartographie. VT, 37, 2, 50–52.

Frederiksen, P.; Jacob, O.; Kubik, K. (1986): Optimal Sample Spacing in DEMs. Symp. „From Analytical to Digital", Proc., Rovaniemi, Finland.

Fritsch, D. (1991): Raumbezogene Informationssysteme und digitale Geländemodelle. DGK, C 369.

Fritsch, D. (1992): Zur Abschätzung des kleinsten Diskretisierungsintervalls bei der DGM-Datenerfassung. ZfV, 117, 7, 367–377.

Fua, P.; Grün, A.; Li, H. (2000): Opimization-Based Approaches to Feature Extraction from Areal Images [in Dermanis A.; Grün, A.; Sanso, F. (eds.): Geomatic Methods for the Analysis of Data in the Earth Sciences], Springer-Verlag, 190–228.

Gabor, D. (1946): Theory of Communication. J. Inst. Electr. Eng., London, 93(III), 429–457.

Glemser, M. (2001): Zur Berücksichtigung der geometrischen Objektunsicherheit in der Geoinformatik. DGK, C 539.

Gnedenko, B. W. (1991): Einführung in die Wahrscheinlichkeitstheorie. Akademie-Verlag, Berlin.

Goodchild, M.; Gopal, S. (eds.) (1989): Accuracy of Spatial Databases. Taylor & Francis, London, New York, Philadelphia.

Gradstein, I. S.; Ryshik, I. M. (1981): Tables of series, produkts and integrals. Verlag Harri Deutsch, Thun, Frankfurt/M.

Grafarend, E. (1970): Die Genauigkeit eines Punktes im mehrdimensionalen Euklidischen Raum. DGK, C 153.

Grafarend, E. (1976): Geodetic Applications of Stochastic Processes. Phys. Earth Planet. Inter., Amsterdam, 12, 151–179.

Griffith, D. A. (1989): Distance Calculations and Errors in Geographic Databases. In: Goodchild, M.; Gopal, S. (eds.): Accuracy of Spatial Databases. Taylor & Francis, London, New York, Philadelphia.

Griffith, B. (2001): Manufacturing Surface Technology. Hermes Penton Science, London.

Hahn, M.; Kiefner, M. (1998): Image Compression and Matching Accuracy. Internat. Arch. of Photogr. and Remote Sensing, Vol. 32, part 3/1, 444–451.

Hake, G.; Grünreich, D. (1994): Kartographie. Verlag Walter de Gruyter, Berlin, New York.

Hake, G.; Grünreich, D.; Meng, L. (2002): Kartographie. 8. Aufl., Verlag Walter de Gruyter, Berlin, New York.

Hakanson, L. (1978): The Length of Closed Geomorphic Lines. Math. Geology, Vol. 10, 2, 141–167.

Heine, K. (2001): Anwendungsmöglichkeiten von Fuzzy-Methoden in der Geodäsie. Verm., Photogr., Kulturtechnik, 3, 136–139.

Höhle, J.; Höhle, M. (2009): Accuracy assessment of digital elevation models by means of robuste statistical methods. ISPRS J. of Photogr. and Remote Sensing, 64, 398–406.

Holloway, J. L. jr. (1958): Smoothing and filtering of time series and space fields. Adv. in Geophys., Acad. Press, New York, Vol. 4, 351–389.

Illert, A. (1995): Aspekte der Zusammenführung digitaler Datensätze unterschiedlicher Quellen. Nachr. aus dem Karten- u. Vermessungswesen, R. I, H. 103, Frankfurt a. M.

Imhof, E. (1965): Kartographische Geländedarstellung. Verlag Walter de Gruyter, Berlin.

Ivanov, V. I.; Kruzkov, V. A. (1992): Opredelenie optimalnogo saga discretizacii matematiceskoj modeli relefa mestnosti. Geodesia i Kartografia, Moskva, 5, 47–50.

Jaglom, A. M. (1959): Einführung in die Theorie der stationären Zufallsfunktionen. Akademie-Verlag, Berlin.

Jahnke, E.; Emde, F.; Lösch, F. (1960): Tafeln höherer Funktionen. 5. Auflage, B. G. Teubner Verl.-Ges, Leipzig.

Jaroslawskij, L. P. (1985): Einführung in die digitale Bildverarbeitung. VEB Dt. Verl. d. Wiss., Berlin.

Johannsen, Th.; Giebels, M. (1978): Manuelle und subjektive Einflüsse beim Digitalisieren von Linien. AVN, 85, 3, 89–100.

Johansson, J. M.; Davis, J. L.; Scherneck, H.-G.; Milne, G. A.; Vermeer, M.; Mitrovica, J. X.; Bennett, R. A.; Jonsson, B.; Elgered, G.; Elosegui, P.; Koivula, H.; Poutanen, M.; Rönnäng, B. O.; Shapiro, I. I. (2002): Continuous GPS measurements of postglacial adjustment in Fennoscandia. 1. Geodetic results. J. of Geophysical Research, 107(B8), 2157, 10.1029/ 2001JB000400.

Joos, G. (2000): Zur Qualität von objektstrukturierten Geodaten. Univ. d. Bundeswehr München, Schriftenreihe Studiengang Vermessungswesen, H. 66.

Joos, G. (2001): Modellierung von Unschärfe in GIS. 1st Intern. Symp. on Robust Statistics and Fuzzy Techniques in Geodesy and GIS, ETH Zürich, IGP-Rep. 295, 133–137.

Joos, G.; Baltzer, U.; Kullmann, K.-H. (1997): Qualitätsmanagement beim Aufbau einer topographischen Grunddatenbank am Beispiel von ATKIS in Hessen. ZfV, 122, 149–159.

Kass, M.; Witkin, A.; Terzopoulos, D. (1987): Snakes: Active contour models. Proceedings of the First International Conference on Computer Vision, IEEE Comput. Soc. Press, 259–268.

Kaufmann, A. (1975): Introduction to the Theory of Fuzzy Subsets. Vol. 1: Fundamental Theoretical Elements. Academic Press, London.

Kaufmann, H. (1929): Rhythmische Phänomene der Erdoberfläche. Friedr. Vieweg Verl.-Ges, Braunschweig.

Keller, W. (2004): Wavelets in Geodesy and Geodynamics. Verlag Walter de Gruyter, Berlin, New York.

Keller, W.; Meier, S. (1980): Kovarianzfunktionen der 1. und 2. Ableitungen des Schwerepotentials in der Ebene. Veröff. Zentralinstitut f. Physik d. Erde, Nr. 60, Potsdam.

Keller, W.; Meier, S.; Schwarzbach, F. (1990): Zur Begründung des Abtasttheorems für ebene Kurven. VT, 38, 3, 80–83.

Kerschner, M. (1998): Homologous twin snakes integrated in a bundle block adjustment. Internat. Arch. of Photogr. and Remote Sensing, Vol. 32, 3/1, 244–249.

Kiefner, M. (2001): Einfluß von Bildkompressionsverfahren auf die Qualität der digitalen Bildübertragung. DGK, C531.

Kiefner, M.; Hahn, M. (2000): Image Compression versus Matching Accuracy. Internat. Arch. of Photogr. and Remote Sensing, Vol. 33, part B2, 316–323.

Kleusberg, A.; Klaedtke, H.-G. (1999a): Accuracy assessement of a digital height model derived from airborne synthetic aperture radar measurements. In: Fritsch, D.; Spiller, R. (eds.): Photogr. Woche 99, Wichmann Verlag, Heidelberg, 139–143.

Kleusberg, A.; Klaedtke, H.-G. (1999b): Zur Genauigkeit von Digitalen Höhenmodellen aus Radarbefliegungen. AVN, 106, 6, 202–207.

Koch, K.-R. (1973): Höheninterpolation mittels gleitender Schrägebene und Prädiktion. Verm., Photogr., Kulturtechnik, 71, 229–232.

Koch, K.-R. (1997): Parameterschätzung und Hypothesentests in linearen Modellen. 3. Aufl., Ferd. Dümmlers Verlag, Bonn.

Koch, K.-R.; Schmidt, M. (1994): Deterministische und stochastische Signale. Ferd. Dümmlers Verlag, Bonn.

Koch, A.; Heipke, C. (2001): Quality Assessment of Digital Surface Models derived from the Shuttle Radar Topography Mission (SRTM). Internat. Geoscience and Remote Sensing Symp., Sydney, Australia.

Koch, A.; Heipke, C.; Lohmann, P. (2002): Bewertung von SRTM Digitalen Geländemodellen – Methodik und Ergebnisse. PFG, 6, 389–398.

Koppe, C. (1902): Die neue topographische Landeskarte des Herzogtums Braunschweig. ZfV, 31, 14, 397–424.

Koppe, C. (1905): Über die zweckentsprechende Genauigkeit der Höhendarstellung in topographischen Plänen und Karten für allgemeine technische Vorarbeiten. ZfV, 34, 1, 2–13, 33–38.

Körber, K.H.; Pforr, E.A. (1985): Integralrechnung für Funktionen mit mehreren Variablen. B. G. Teubner Verl.-Ges., Leipzig.

Kotelnikov, W. A. (1933): O propusknoj sposobnosti „efira" i provoloki v elektrosvjazi. Materialy k I. Vsesojusnomu s'ezdu po voprosam tehniceskoj rekonstrukcii dela svjasi i rozvitija slabotnocnoj promyslennosti.

Kränzle, H. (1991): Messung, Berechnung und fraktale Modellierung von Küstenlinien. Münchner Geogr. Abh., Bd. B 10.

Kraus, K. (1994a): Photogrammetrie. Band 1, Ferd. Dümmlers Verlag, Bonn.

Kraus, K. (1994b): Visualization of the quality of surfaces and their derivatives. Photogr. Eng. & Remote Sensing, Vol. 60, 4, 457–462.

Kraus, K. (2000): Photogrammetrie. Band 3: Topographische Informationssysteme. Ferd. Dümmlers Verlag, Köln.

Kraus, K.; Haussteiner, K. (1993): Visualisierung der Genauigkeit geometrischer Daten. GIS, 6, 3, 7–12.

Kraus, K.; Kager, H. (1994): Accuracy of Derived Data in a Geographic System. Comput., Environ. and Urban Systems, 18, 2, 87–94.

Kubik, K.; Botman, A. G. (1976): Interpolation Accuracy for Topographical and Geological Surfaces. ITC-Journal, 2, 236–274.

Kuo, C.; Shum, C. K.; Braun, A.; Mitrovica, J. X. (2004): Vertical crustal motion determined by satellite altimetry and tide gauge data in Fennoscandia. Geophys. Res. Letters, 31, L01608, doi: 10.1029/2003GL019106.

Kutterer, H. (2002): Zum Umgang mit Ungewißheit in der Geodäsie – Bausteine für eine neue Fehlertheorie. DGK, C 553.

Lam, N. S. (1990): Description and Measurement of Landsat TM Images Using Fractals. Photogr. Eng. & Remote Sensing, Vol. 56, 2, 187–195.

Lauritzen, S. L. (1973): The Probalistic Background of Some Statistical Methods in Physical Geodesy. Medd. Geod. Inst., No. 48, København.

Leberl, F.; Glänzer, S.; Beer, M. (1984): Herstellung sehr dichter Höhenraster aus digitalisierten Schichtlinien. ZfV, 109, 1, 27–34.

Lenzmann, O.; Lenzmann, L. (1997): Schwerpunkt einer durch ein Polygon begrenzten, ebenen Fläche. Forum, Essen, 23, 4, 227–232.

Liebsch, G. (1997): Aufbereitung und Nutzung von Pegelmessungen für geodätische und geodynamische Zielstellungen. DGK, C 485.

Longuet-Higgins, M. S. (1957): The Statistical Analysis of a Random Moving Surface. Phil. Trans. Roy. Soc., A 249, 321–387.

Louis, A. K.; Maaß, P.; Rieder, A. (1994): Wavelets. Theorie und Anwendungen. B. G. Teubner Verl.-Ges, Stuttgart.

Macarovic, B. (1973): Progressive Sampling for Digital Terrain Models. ITC Journal, 397–416.

Maling, D. H. (1968): How Long is a Piece of String ? The Cartogr. J., 5, 2, 147–156.

Maling, D. H. (1989): Measurements from Maps. Principles and Methods of Cartometry. Pergamon Press, Oxford.

Mallat, S. (1989): A Theory for Multiresolution Signal Decomposition: The Wavelet Representation. IEEE Trans. on Pattern Analysis and Mach. Intelligence, 11, 674–693.

Mallat, S.; Zhong, S. (1992): Wavelet Transform Maxima and Multiscale Edges. In: Ruskai, M. B. et al. (eds.): Wavelets and Their Applications. Jones and Bartlett Publ., 67–104.

Mandelbrot, B. B. (1967): How long is the coast line of Britain? Statistical self-similarity and fractional dimension. Science, Vol. 155, 636–638.

Mandelbrot, B. B. (1977): Fractals. Forme, Chance and Dimension. Freeman, San Francisco.

Mandelbrot, B. B. (1982): The Fractal Geometry of Nature. Freeman, San Francisco.

Mandelbrot, B. B. (1987): Die fraktale Geometrie der Natur. Birkhäuser Verlag, Basel, Boston, Berlin.

Mandelbrot, B. B.; van Ness, J. W. (1968): Fractional Brownian motions, fractional noises and applications. SIAM Rev., Vol. 10, 422–437.

Mardia, K. V. (1972): Statistics of Directional Data. Academic Press, London, New York.

Mark, D. M.; Aronson, P. B. (1984): Scale-Dependent Fractal Dimension of Topographic Surfaces: An Empirical Investigation with Applications in Geomorphology and Computer Mapping. Math. Geol., Vol. 16, 7, 671–683.

Matheron, G. (1975): Random Sets and Integral Geometry. J. Wiley, New York, London, Sydney, Toronto.

Mayer, H.; Laptev, I.; Baumgartner, A. (1998): Mulit-scale and snakes for automatic road extraction. Proceedings of the 5th European Conference on Computer Vision, Springer-Verlag, Berlin, 720–733.

Meier, S. (1971): Analog-Digital- und Digital-Analog-Wandlung linienförmiger Kartenzeichen nach dem Abtasttheorem der Nachrichtenübertragung. VT, 19, 10, 365–368.

Meier, S. (1981a): Die Verteilung fehlerbehafteter sinusoidaler Meßgrößen. GBG, 90, 2, 114–124.

Meier, S. (1981b): Planar Geodetic Covariance Functions. Rev. Geophys. Space Phys., Vol. 19, No. 4, 673–686.

Meier, S. (1984): Signifikanzprüfung rezenter vertikaler Erdkrustenbewegungen mit Hilfe von Korrelationsfunktionen. GBG, Leipzig, 93, 5, 379–391.

Meier, S. (1987): Two-Point-Statistics of Vertical Crustal Movements of the Pannonian Basin. J. of Geodynamics, Amsterdam, 8, 321–335.

Meier, S. (1988): Zweidimensionale Filterverfahren und ihre Eigenschaften. VT, 36, 6, 206–208, 7, 239–242, 9, 310–311.

Meier, S. (1989): Formtreue Filterung. VT, 37, 3, 97–99.

Meier, S. (1991a): Informationsgrößen für generalisierte Punktfelder. Geowiss. Mitt. TU Wien, 39, 99–106 .

Meier, S. (1991b): Rechnergestützte Reliefgeneralisierung – ein integriertes Filterkonzept. VT, 39, 6, 188–190.

Meier, S. (1991c): Stochastische Prozesse auf dem Kreis. ZfV, Teil I: 116, 5, 201–207, Teil II: 116, 7, 289–296.

Meier, S. (1997): Zur Isoliniendarstellung geophysikalischer Felder, speziell des Anomalen Schwerefeldes. ZfV, 122, 2, 49–55.

Meier, S. (2000a): Die Snakes-Approximation als Hilfsmittel der Geodaten-Verarbeitung. AVN, 2, 50–57.

Meier, S. (2000b): Zur Qualität Snakes-approximierter Höhenprofile mit Diskontinui-täten. PFG, 6, 399–409.

Meier, S. (2003): Zur K-Frage: Kompressionsraten der schnellen Wavelettransforma-tion aus statistischer Sicht. ZfV, 128, 1, 31–39.

Meier, S. (2005): Compression of Nonstationary Signals by the Wavelet Transforma-tion. EJPAU, Vol. 8, Issue 1, http://www.ejpau.media.pl.

Meier, S.; Bethge, F. (1994): Schätzung von Linienlängen und Flächeninhalten aus Vektordaten. GIS, 7, 4, 9–13.

Meier, S.; Bethge, F.; Borkowski, A. (1995): Ordinatenabtastung stochastischer Pro-zesse mit stationären Zuwächsen. ZfV, 120, 2, 81–91.

Meier, S.; Borkowski, A. (1992): Die Äquidistanz von Höhenlinien aus der Sicht der Signalabtastung. ZfV, 117, 11, 716–726.

Meier, S.; Borkowski, A. (1993): Ordinatenabtastung diskreter Signale. ZfV, 118, 1, 11–21.

Meier, S.; Dörfel, G. (1989): Der Inhalt stochastisch gekrümmter differenzierbarer Oberflächen. GBG, Leipzig, 98, 4, 268–281.

Meier, S.; Endlich, M. (1995): Von der Topographischen Karte zum Digitalen Gelän-demodell – Schätzwerte für landschaftsgebundene Rasterweiten. GIS, 8, 6, 10–13.

Meier, S.; Keller, W. (1990): Geostatistik. Einführung in die Theorie der Zufalls-prozesse. Akademie-Verlag, Berlin, Springer-Verlag, Wien, New York.

Meier, S.; Keller, W. (1991): Das Töpfersche Wurzelgesetz im Lichte der Stochasti-schen Geometrie. Wiss. Z. TU Dresden, 40, 5/6, 213–216.

Meier, S.; Steiniger, S. (2005): Linienglättung mit Snakes als Filteroperation. PFG, 4, 311–320.

Menard, Y.; Fu, L.-L.; Escudier, P.; Parisot, F.; Perbos, J.; Vincent, P.; Desai, S.; Hai-nes, B.; Kunstmann, G. (2003): The Jason-1 mission. Marine geodesy, 26(3–4), 131–146.

Menke, K. (1980): Entwicklung digitaler Höhenmodelle aus Höhenliniendarstellun-gen. Nachr. aus dem Karten- u. Vermessungswesen, R. I., Nr. 81, 77–94, Frank-furt/M.

Miyamoto, S. (1990): Fuzzy Sets in information retrieval and cluster analysis. Kluwer Academic Publishers, Dordrecht.

Nayak, P. R. (1971): Random Process Model of Rough Surfaces. J. Lubric. Technol., 93, 398–407.

Nayak, P. R. (1973): Some Aspects of Surface Roughness Measurement. Wear, Ams-terdam, 26, 165–174.

Niemeier, W. (2002): Ausgleichungsrechnung. Verlag Walter de Gruyter, Berlin, New York.

Novotny, K. (2007): Untersuchung von Meeresspiegelvariationen in der Ostsee: Kombination von Satellitenaltimetrie, Pegelmessungen und einem ozeanographischen Modell. Dissertation, TU Dresden.

Obuchow, A. M. (1958): Statistische Beschreibung stetiger Felder. In: Goehring, H. (Hrsg.): Sammelband zur statistischen Theorie der Turbulenz. Akademie-Verlag, Berlin, 1–42.

Papoulis, A. (1991): Probability, Random Variables and Stochastic Processes. Third Edition, McGraw-Hill, Inc., New York.

Peucker, Th. K. (1976): A Theory of the Cartographic Line. Internat. Jahrbuch f. Kartogr., 134–142.

Percival, D. P. (1995): On estimation of the wavelet variance. Biometrica, Vol. 82, No. 3, 619–632.

Pick, G. (1899): Geometrisches zur Zahlenlehre. Z. d. Vereins LOGOS, Prag.

Plümer, L. (1996): Zur Überprüfung der Konsistenz von Geometrie und Topologie in Landkarten. Nachr. aus dem Karten- u. Vermessungswesen, R. I, Nr. 115, Frankfurt a. M.

Plümer, L.; Gröger, G. (1997): Achiving Integrity in Geographic Information Systems – Maps and Nested Maps. GeoInformatica, 1, 345–367.

Pratt, W. K. (1991): Digital Image Processing. Second Edition. J. Wiley, New York.

Press, W. H.; Teukolsky, S. A.; Vetterling, W. T.; Flannery, B. P. (2007): Mumerical recipes. The art of scientific computing. Third edition, Cambridge University Press.

Reich, M. (2001): Validierung von X-SAR SRTM Höhendaten mit Laserhöhen- und Laserintensitätsdaten. Final Report, Shuttle Radar Topography Mission (SRTM).

Reinhardt, W. (1991): Interaktiver Aufbau hochqualitativer digitaler Geländemodelle an photogrammetrischen Stereosystemen. DGK, C 381.

Richardson, L. F. (1961): The problem of contiguity: an appendix of statistics of deadly quarrels. General Systems Yearbook 6, 139–187.

Richter, A. (2007): Messung und Modellierung von Wasserstandsvariationen im Lago Fagnano, Feuerland. Dissertation, TU Dresden.

Rieger, W. (1992): Hydrologische Anwendungen des digitalen Geländemodelles. Geowiss. Mitt. TU Wien, H. 39.

Rosanow, J. A. (1975): Stochastische Prozesse. Akademie-Verlag, Berlin.

Rychlik, I. (1987a): Regression Approximations of Wavelength and Amplitude Distributions. Advances of Applied Probability, 19, 396–430.

Rychlik, I. (1987b): A Note on Durbins Formula for the First-Passage Density. Statistics and Probability Letters, North Holland, 5, 425–428.

Sayles, R. S.; Thomas, T. R. (1978): Surface topography as a nonstationary random process. Nature, 271, 431–434.

Shelberg, M. C.; Moellering, H.; Lam, N. S. (1983): Measuring the Fractal Dimensions of Surfaces. Proc. Auto-Carto, 6, 319–328.

Scheuring, R. (1995): Zur Qualität der Basisdaten von Landinformationssystemen. Univ. d. Bundeswehr München, Schriftenreihe Studiengang Vermessungswesen, H. 49.

Schilcher, M. (1997): Qualität der Geodaten – Anspruch und Wirklichkeit des Geodatenmarktes. Fachtagung GIS '97, Inst. of Internat. Res., Wiesbaden.

Schmidt, M. (2000): Wavelet analysis of stochastic signals. IERS Techn. Note No. 28, 65–71.

Schmidt, M. (2001a): Grundprinzipien der Wavelet-Analyse und Anwendungen in der Geodäsie. Shaker Verlag, Aachen.

Schmidt, M. (2001b): Ein Beitrag zur zweidimensionalen Wavelet-Analyse von Zufallsprozessen. ZfV, 126, 270–275.

Schmidt, M. (2002): Wavelet-Analyse von Zeitreihen. In: DGK, A 118, 46–56.

Schönwiese, Ch.-D. (1985): Praktische Statistik für Meteorologen und Geowissenschaftler. Gebr. Borntraeger, Berlin, Stuttgart.

Schwarzbach, F. (1995): Untersuchungen zur rechnergestützten Linienglättung. Kartogr. Bausteine, Bd. 10, Inst. f. Kartographie, TU Dresden.

Schwenkel, D. (1990): Genauigkeit digitalisierter Flächen. AVN, 97, 6, 220–224.

Serra, J.-P. (1982): Image Analysis and Mathematical Morphology. Akademic Press, London.

Shi, W.; Fisher, P.; Goodchild, M. (2002): Spatial Data Quality. Taylor & Francis, London, New York, Philadelphia.

Stanek, H. (1994): Datenqualität. Modellierung in GIS. VGI, 82, 1, 2, 14–20.

Stoyan, D. (1988): Thinning of Point Processes and their use in the Statistical Analysis of a Settlement Pattern with Deserted Villages. Statistics, 19, 1, 45–56.

Stoyan, D.; Mecke, J. (1983): Stochastische Geometrie. Akademie-Verlag, Berlin.

Stoyan, D.; Kendall, W. S.; Mecke, J. (1987): Stochastic Geometry and its Applications. Akademie-Verlag, Berlin, J. Wiley, Chichester.

Stoyan, D.; Stoyan, H. (1992): Fraktale – Formen – Punktfelder. Methoden der Geometrie-Statistik. Akademie-Verlag, Berlin.

Strang, G.; Nguyen, T. (1996): Wavelets and Filter Banks. Wellesley Cambridge Press, Wellesley, MA.

Stout, K.; Blunt, L. (2000): Three-Dimensional Surface Topography (2nd edition). Hermes Penton Science, London.

Sweschnikow, A. A. (1965): Untersuchungsmethoden der Theorie der Zufallsfunktionen mit praktischen Anwendungen. B. G. Teubner Verl.-Ges., Leipzig.

Sweschnikow, A. A. (1968): Prikladnye metody teorii slucajnych funkcij. Nauka, Moskva.

Taubenheim, J. (1969): Statistische Auswertung geophysikalischer und meteorologischer Daten. Akad. Verl.-Ges. Geest u. Portig K.-G., Leipzig.

Tempfli, K. (1980): Spectral analysis of terrain relief for the accuracy estimation of digital terrain models. ITC-Journal, 3, 478–509.

Tempfli, K. (1982): Genauigkeitsschätzung digitaler Höhenmodelle mittels Spektralanalyse. Geowiss. Mitt., TU Wien, H. 22.

Thapa, K. (1987): Detection of Critical Points: The First Step to Automatic Line Generalization. Dept. of Geod. Sci. and Surveying, The Ohio State University, Rep. No. 379, Columbus, Ohio.

Tolan, M. (2010): So werden wir Weltmeister. Die Physik des Fußballspiels. Piper Verlag GmbH, München.

Töpfer, F. (1960): Untersuchungen zur Beurteilung topographischer Schichtliniendarstellungen. Habilitationsschrift TU Dresden (Autorreferat in VT (1961) 12, 380–383).

Töpfer, F. (1962): Das Wurzelgesetz und seine Anwendung bei der Reliefgeneralisierung. VT, 10, 2, 37–42.

Töpfer, F. (1979): Kartographische Generalisierung. 2. Aufl., VEB Hermann Haack, Geogr.-Kartogr. Anstalt, Gotha, Leipzig.

Torge, W. (2003): Geodäsie. 2. Aufl., Verlag Walter de Gruyter, Berlin, New York.

Unser, M.; Aldroubi, A.; Eden, M. (1991): Fast B-Spline Transforms for Continuous Image Representation and Interpolation. IEEE Trans. on Pattern Analysis and Machine Intelligence, 13, 3, 277–285.

Unser, M.; Aldroubi, A.; Eden, M. (1992): Polynomial Spline Signal Approximations: Filter Design and Asymptotic Equivalence with Shannons Sampling Theorem. IEEE Trans. Inform. Theory, 38, 1, 95–103.

Veregin, H. (1989): A Taxonomy of Error in Spatial Databases. Techn. Paper 89–12. National Center for Geogr. Information and Analysis, Santa Barbara.

Viertl, R. (1996): Statistical Methods for Non-Precise Data. CRC Press, Boca Raton, New York, London.

Voss, K. (1988): Theoretische Grundlagen der digitalen Bildverarbeitung. Akademie-Verlag, Berlin

Whitehouse, D. J. (2001): Surfaces and their Measurement. Hermes Penton Science, London.

Whittle, P. (1954): On stationary processes in the plane. Biometrika, London, 41, 434–449.

Whittle, P. (1963): Stochastic processes in several dimensions. Bull. Inst. Intern. Statist., Bern, 40, 974–994.

Wickerhauser, M. V. (1996): Adaptive Wavelet-Analysis. Theorie und Software. Friedr. Vieweg & Sohn Verl.-Ges. mbH, Braunschweig, Wiesbaden.

Wiener, N. (1950): Extrapolation, interpolation, and smoothing of stationary time series. J. Wiley, New York.

Wilkinson, G. G.; Kanellopoulos, I.; Mégier, J. eds.; (1995): Fractals in Geoscience and Remote Sensing. Rep. EUR 16092 EN, Brussels, Luxembourg.

Woodworth, P.; Player, R. (2003): The Permanent Service for Mean Sea Level: An update to the 21st century. J. of Coastal Res., 19(2), 95–106.

Zadeh, L. A. (1965): Fuzzy Sets. Information and Control, Vol. 8, 338–353.

Zahn, Ch. T.; Roskies, R. Z. (1972): Fourier Descriptors for Plane Closed Curves. IEEE Trans. Comp., Vol. C-21, 3, 269–281.

Zavoti, J. (1984): Transfer Functions of Digital Terrain Model Interpolation Methods. Acta Geod. Geophys. Hungaria, Vol. 19, 3–4, 207–214.

Zettler, W.; Huffman, J.; Linden, D.C.P. (1990): Application of compactly supported wavelets to image compression. AWARE Techn. Report AD900119.

Zhang, J.; Goodchild, M. (2002): Uncertainty in Geographical Information. Taylor & Francis, London, New York, Philadelphia.

Zimmermann, H.-J. (1993): Fuzzy Set Theory and its Applications. 2nd edition, Kluwer Academic Publishers, Boston.

Abkürzungen zum Literaturverzeichnis

AVN   Allgemeine Vermessungs-Nachrichten, Heidelberg
BuL   Bildmessung und Luftbildwesen, Berlin
DGK   Deutsche Geodätische Kommission bei der Bayerischen Akademie der Wissenschaften, München (Reihe A, B oder C und Heft-Nr.)
GBG   Gerlands Beiträge zur Geophysik, Leipzig
GIS   Geo-Informations-Systeme, Heidelberg
PFG   Photogrammetrie – Fernerkundung – Geoinformation, Stuttgart
VGI   Österreichische Zeitschrift für Vermessung und Geoinformation, Wien
VT   Vermessungstechnik, Berlin
ZfV   Zeitschrift für Vermessungswesen, Stuttgart

Index

www.ingramcontent.com/pod-product-compliance
Lightning Source LLC
Chambersburg PA
CBHW081051220326
41598CB00038B/7056